Web前端开发技术 丛书

微信小程序开发实战

微课视频版

◎ 周文洁 著

清華大學出版社

北京

内容简介

本书以项目驱动为宗旨，循序渐进、案例丰富，详细介绍了微信小程序的入门基础知识与使用技巧。全书共包含20章，每章均以项目为驱动，将微信小程序的基础知识点分解实现。全书案例由浅入深，从入门篇的创建第一个微信小程序开始，到应用篇的各类API的实现，包括天气查询、口述校史、电子书橱、医疗急救卡、会议邀请函、指南针和手绘时钟等项目；在游戏篇还包含了拼图、推箱子和贪吃蛇游戏；在提高篇引入了小程序云开发的概念，例如带有云数据库的高校新闻网、带有云存储的电子书橱；最后在综合篇给出图片分享社区案例，介绍了第三方Vant Weapp组件库，并结合云开发技术实现了生日管家小程序。

本书包含完整项目案例21个，均在微信Web开发者工具和真机中调试通过，并提供全套项目案例源代码、练习题和视频讲解等电子资源供读者下载。本书适用于微信小程序爱好者、程序设计人员和计算机相关专业学生。

图书在版编目(CIP)数据

微信小程序开发实战：微课视频版/周文洁著. —北京：清华大学出版社，2020（2025.1重印）

（Web前端开发技术丛书）

ISBN 978-7-302-54163-9

Ⅰ. ①微… Ⅱ. ①周… Ⅲ. ①移动终端—应用程序—程序设计 Ⅳ. ①TN929.53

中国版本图书馆CIP数据核字(2019)第248632号

策划编辑：魏江江
责任编辑：王冰飞
封面设计：刘 键
责任校对：李建庄
责任印制：杨 艳

出版发行：清华大学出版社
网 址：https：//www.tup.com.cn，https：//www.wqxuetang.com
地 址：北京清华大学学研大厦A座 **邮 编**：100084
社 总 机：010-83470000 **邮 购**：010-62786544
投稿与读者服务：010-62776969，c-service@tup.tsinghua.edu.cn
质量反馈：010-62772015，zhiliang@tup.tsinghua.edu.cn
课件下载：https：//www.tup.com.cn，010-83470236
印 装 者：三河市天利华印刷装订有限公司
经 销：全国新华书店
开 本：185mm×260mm **印 张**：30.5 **字 数**：779千字
版 次：2020年2月第1版 **印 次**：2025年1月第12次印刷
印 数：23501～25500
定 价：89.00元

产品编号：083403-01

前言 FOREWORD

党的二十大报告中指出：教育、科技、人才是全面建设社会主义现代化国家的基础性、战略性支撑。必须坚持科技是第一生产力、人才是第一资源、创新是第一动力，深入实施科教兴国战略、人才强国战略、创新驱动发展战略，这三大战略共同服务于创新型国家的建设。高等教育与经济社会发展紧密相连，对促进就业创业、助力经济社会发展、增进人民福祉具有重要意义。

本书以项目驱动为宗旨，循序渐进、案例丰富，详细介绍了微信小程序的入门基础知识与使用技巧。

全书共包含 20 章，可分为以下 6 个部分：

第一部分是入门篇，包括第 1 章和第 2 章。其中第 1 章是开发前的准备，详细讲解如何注册开发者账号和完善信息，以及开发工具的下载与安装；第 2 章是第一个微信小程序，从零开始讲解如何新建项目、真机预览调试等操作，并基于该项目介绍自动生成和手动创建小程序项目的方式。

第二部分是基础篇，包括第 3 章和第 4 章。其中第 3 章是小程序框架，以列表和九宫格两种布局为例，讲解小程序如何使用 flex 布局进行页面规划；第 4 章是小程序组件，以猜数字小游戏为例，介绍表单中文本输入框、按钮等组件的用法。

第三部分是应用篇，包括第 5 章～第 11 章。这 7 个章节分别应用微信小程序中的网络 API、媒体 API、文件 API、数据 API、位置 API、设备 API 以及界面 API，每个 API 均对应一个完整的项目实例，包括天气查询、口述校史、电子书橱、医疗急救卡、会议邀请函、指南针和手绘时钟。

第四部分是游戏篇，包括第 12 章～第 14 章。这 3 个章节基于画布组件和绘图相关 API 分别实现简易版的拼图游戏、推箱子游戏和贪吃蛇游戏。

第五部分是提高篇，包括第 15 章～第 18 章。其中第 15 章综合应用之前所学的小程序前端知识开发一款基于模拟数据的高校新闻网小程序；第 16 章和第 17 章对第 15 章的项目进行改造，第 16 章接入自行搭建的服务器后端，形成全栈小程序，第 17 章引入云开发的概念，直接开通云环境即可快速迭代上线；第 18 章对第 7 章的电子书橱项目进行改造，接入云存储功能，可以更方便地下载电子书。

第六部分是综合篇，包括第 19 章和第 20 章。其中第 19 章是对全套云能力的综合应用，实现多用户的图片分享社区；第 20 章结合云能力和第三方组件库 Vant Weapp 快速搭建美观、大方的 UI 界面，实现一款生日管家小程序。

本书有如下几个特点：

(1) 知识全面，循序渐进。

本书首先介绍一些基于小程序框架和组件的基础项目，帮助读者打好基本功；然后正式

进入小程序各类应用 API 的相关项目介绍，让读者有针对性地逐步巩固常用小程序 API 的用法；接着介绍 3 款小游戏项目，让读者对未来小游戏的开发学习打下基础。在提高篇补充全栈开发和云开发技术，读者可以根据实际情况自行选择使用第三方服务器或云数据库进行快速开发。最后提供两个综合项目实例，让读者进一步提高对于知识的综合应用能力。

（2）项目驱动，实用性强。

全书前 11 章将主教材各章节的知识点融入综合项目案例中，帮助读者更好地理解所学知识。第 12 章～第 20 章额外提供了游戏开发、全栈开发、云开发和第三方 UI 组件的应用，具有较强的实用价值，也适合培养读者的动手能力。

（3）步骤详细，易于理解。

本书思路清晰，知识点循序渐进展开，每章的项目案例均分步骤讲解，读者可以看到从界面设计开始到样式美化以及功能逻辑完成的整个变化过程。读者跟着每章综合案例独立完成开发过程，即可达到小程序前端开发的基本要求。

注：本书包含 21 个完整项目案例，均在微信 web 开发者工具（目前最新版本为 v1.02.1906141）和真机中调试通过。本书提供 1600 分钟的视频讲解，扫描书中相应章节的二维码可以在线观看学习；本书还提供教学大纲、教学课件、期末试卷、课后拓展作业，扫描封底的课件二维码可以下载。

由于未来微信开发工具软件版本升级和官方文档变更等原因，有可能会导致您在学习时个别功能无法正确显示，如遇此情况请扫描下方二维码查看常见问题汇总文档，我们将会定期更新该文档并告知原因和解决方案。

版本更新

源码＋赠送资源

最后感谢清华大学出版社魏江江分社长、王冰飞编辑以及相关工作人员，非常荣幸能有机会与卓越的你们再度合作；感谢家人和朋友给予的关心和大力支持，本书能够完成与你们的鼓励是分不开的；特别感谢刘昕语的支持，让我可以专注于书稿的编写、修订。

愿本书能够对读者学习微信小程序有所帮助，并真诚地欢迎读者批评指正，希望能与读者朋友们共同学习成长，在浩瀚的技术之海不断前行。

作　者

2019 年 10 月

目录 CONTENTS

入 门 篇

基 础 篇

应 用 篇

游 戏 篇

提 高 篇

综 合 篇

入门篇

第1章 开发前的准备

Chapter 1

本章内容主要包括开发小程序项目前的两个准备工作，一是注册小程序账号，二是小程序开发工具部署。在注册小程序账号练习中，主要内容包括注册开发者账号、完善小程序信息和管理小程序成员；在小程序开发工具部署练习中，主要内容包括软件的下载与安装、开发者工具的登录和账号切换方法。

本章学习目标

- 掌握开发者账号的注册、信息的完善和成员的管理；
- 掌握开发者工具的下载、安装与登录。

1.1 注册小程序

1.1.1 注册开发者账号

开发者首先需要在微信公众平台上注册一个小程序账号，才能进行后续的代码开发与提交工作。注册步骤如下：

(1) 访问微信公众平台官网首页(mp. weixin. qq. com)，然后单击右上角的“立即注册”按钮进入账号类型选择页面，如图 1-1 所示。

图 1-1 微信公众平台官网首页

(2) 在当前页面上选择注册的账号类型为“小程序”,即可进入小程序的正式注册页面,如图 1-2 所示。

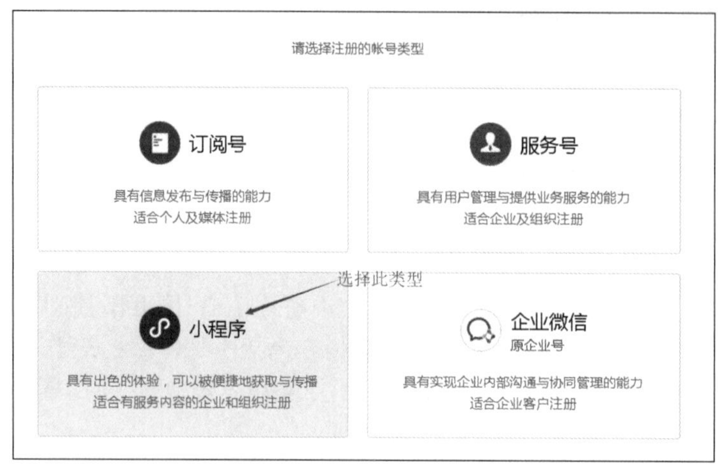

图 1-2 账号类型选择页面

(3) 小程序的正式注册页面包含 3 个填写步骤,即账号信息、邮箱激活和信息登记。

① 账号信息:在账号信息页面中需要填写邮箱、密码、确认密码、验证码并勾选同意协议条款,如图 1-3 所示。

图 1-3 小程序账号信息页面

注意该图中所填写的邮箱地址必须符合以下条件:

- 未用于注册过微信公众平台;
- 未用于注册过微信开放平台;

- 未用于绑定过个人微信号的邮箱。

此外，需要注意每个邮箱地址只能申请一个小程序。如果开发者当前暂时没有符合条件的邮箱，建议先去申请一个新的邮箱再来继续小程序的账号注册。

全部填写完成并勾选同意协议条款后，单击最下方的"注册"按钮提交账号信息。

② 邮箱激活：在提交注册后会看到邮箱激活提醒，此时页面效果如图 1-4 所示。

图 1-4　邮箱激活提醒

登录对应的注册邮箱查看激活邮件，如图 1-5 所示。

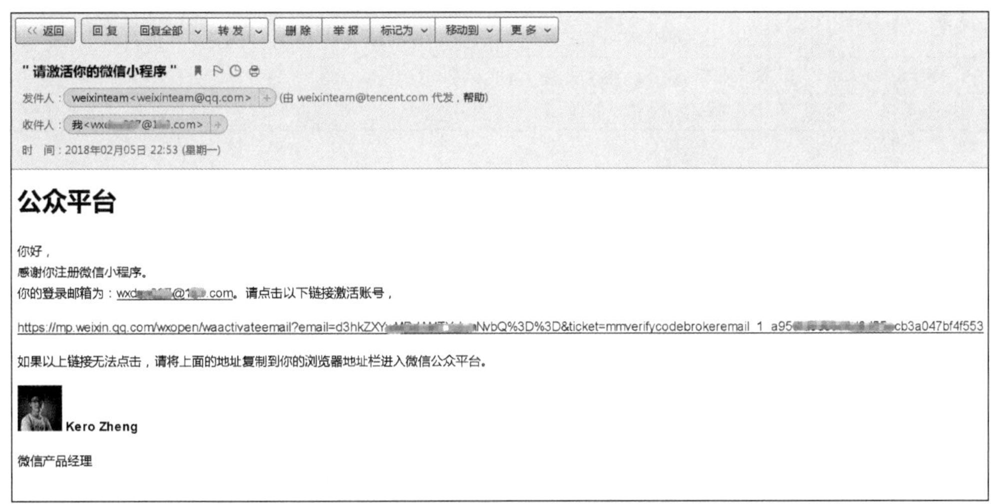

图 1-5　小程序激活邮件

单击邮件正文中的链接地址会跳转到微信平台页面完成账号激活。

③ 信息登记：邮箱账号激活完成后就进入了信息登记页面，如图 1-6 所示。

其中注册国家/地区保持默认内容"中国大陆"，然后根据实际情况进行主体类型的选择。目前小程序允许注册的主体类型共有 5 种，包括个人、企业、政府、媒体以及其他组织，详情见表 1-1。

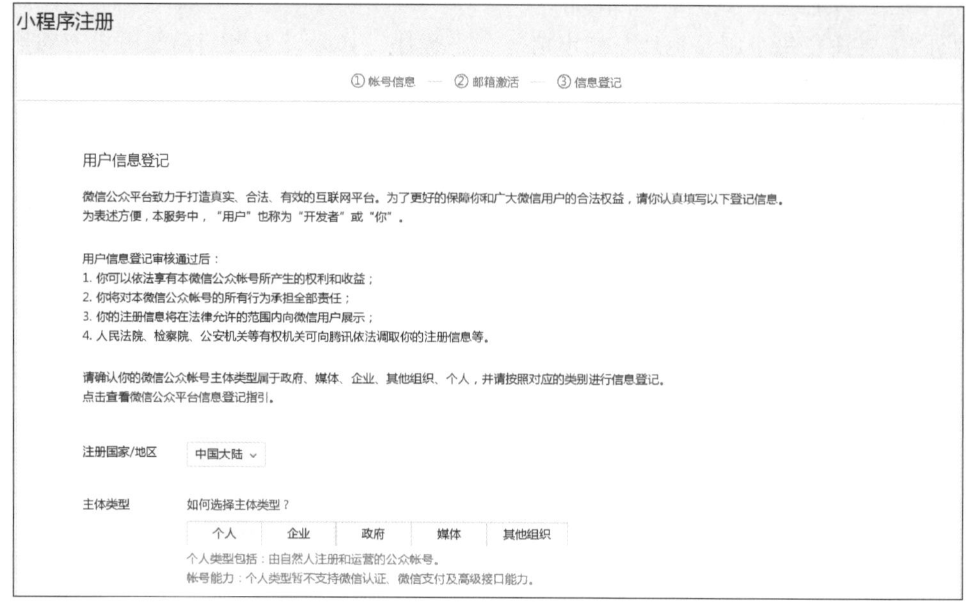

图 1-6 小程序信息登记页面

表 1-1 小程序账号主体类型介绍

账号主体类型	解释
个人	必须是 18 岁以上的微信实名用户，并且具有国内身份信息
企业	企业、分支机构、个体工商户或企业相关品牌
政府	国内各级/各类政府机构、事业单位、具有行政职能的社会组织等，目前主要覆盖公安机构、党团机构、司法机构、交通机构、旅游机构、工商税务机构、市政机构等
媒体	报纸、杂志、电视、电台、通讯社、其他等
其他组织	不属于政府、媒体、企业或个人的其他类型

由于本书为个人开发者小程序入门，所以选择"个人"类型。企业类型账号注册需要企业缴费认证，而政府、媒体或其他组织账号注册需要通过微信验证主体单位的身份，对于这几种类型暂不介绍，后续可以由开发者自行申请这些主体类型。

选择"个人"类型之后，在页面下方会自动出现主体信息登记表单，如图 1-7 所示。

开发者需要如实填写身份证姓名、身份证号码、管理员手机号码(一个手机号码只能注册 5 个小程序)，然后单击"获取验证码"按钮等待手机短信。在收到的短信中会提供一个 6 位验证码，如图 1-8 所示。

注意验证码必须在 10 分钟之内填写，否则会失效，需要重新获取。填写完成后在下方的管理员身份验证栏中会自动出现一个二维码，如图 1-9 所示。

此时需要管理员用本人微信扫描页面上提供的二维码来进行身份确认。这种验证方式是免费的，不会扣取任何费用。扫码后手机微信会自动跳转到微信验证页面，如图 1-10 所示。

检查微信验证页面上所显示的姓名和身份证号码，确认无误后点击"确定"按钮会提示身份验证成功，如图 1-11 所示。

此时该微信号就会被登记为管理员微信号，并且计算机端的网页画面也将同步提示"身份验证成功"，如图 1-12 所示。

图 1-7 小程序信息登记页面

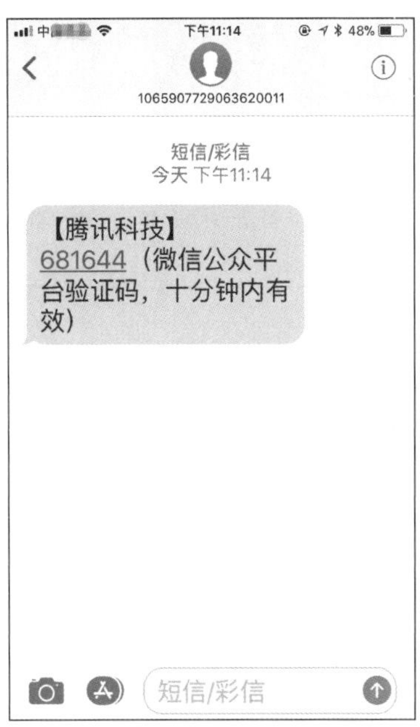

图 1-8 小程序验证码短信

图 1-9 管理员身份验证栏中出现二维码

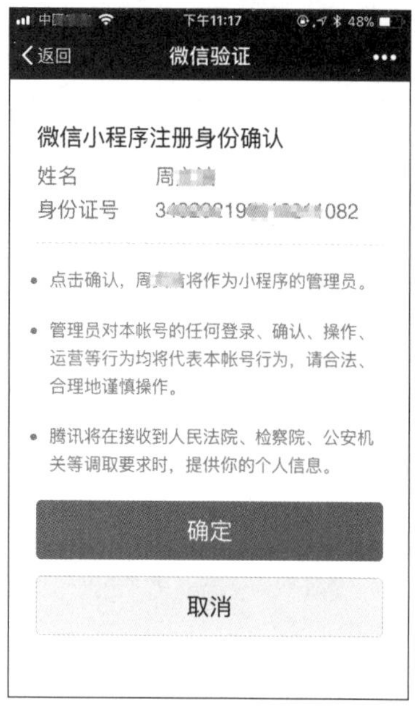

图 1-10　手机微信验证身份确认页面

图 1-11　手机微信验证成功页面

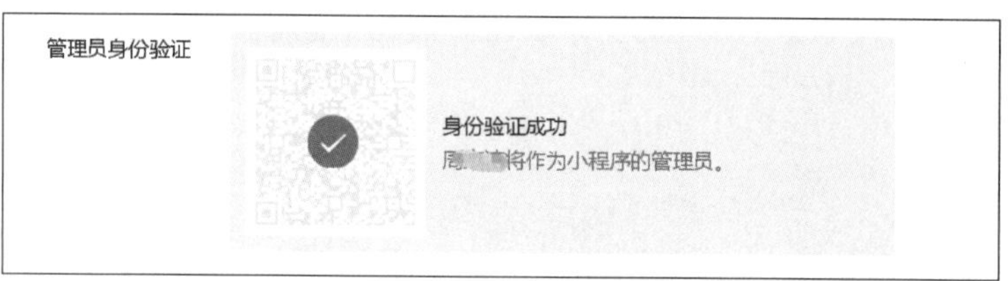

图 1-12　管理员身份验证成功

然后单击下方的“继续”按钮进行下一步，系统会弹出一个提示框让开发者做最后的确认，如图 1-13 所示。

图 1-13　主体信息确认提示框

单击“确定”按钮完成主体信息确认，会出现如图 1-14 所示的内容。

图 1-14　信息提交成功提示框

当前可以直接单击“前往小程序”按钮进入小程序管理页面，此时账号是默认登录后的状态，可以直接进行小程序的后续管理工作，如图 1-15 所示。

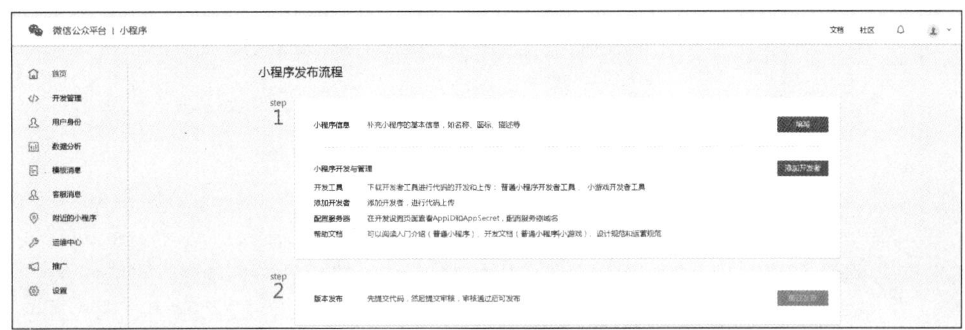

图 1-15　小程序管理页面

现在小程序的账号注册就全部完成了，之后可以访问微信公众平台(mp. weixin. qq. com)手动输入账号和密码登录进入小程序管理页面。

1.1.2　完善小程序信息

账号注册完成后还需要完善小程序的基本信息，如表 1-2 所示。

表 1-2　小程序基本信息内容介绍

填写内容	填写要求	修改次数
小程序名称	小程序名称需要控制在 4～30 个字符，并且不得与平台内已经存在的其他账号名称重复	发布前有两次改名机会； 两次改名机会用完后，必须先发布再通过微信认证改名
小程序头像	图片格式只能是 PNG、BMP、JPEG、JPG、GIF 中的一种，并且文件不得大于 2MB。注意，头像图片不允许涉及政治敏感与色情内容。图片最后会被切割为圆形效果	每个月可修改 5 次

续表

填写内容	填写要求	修改次数
小程序介绍	字数必须控制在4～120个字符，介绍内容不得含有国家相关法律、法规禁止的内容	每个月可以申请修改5次
小程序服务类目	服务类目分为两级，每一级都必须填写，不可以为空。服务类目不得少于1个，不得多于5个。特殊行业需要额外提供资质证明	每个月可以修改1次

注意：一个中文字占两个字符。

1 小程序名称

小程序名称的长度需要控制在4～30个字符，其中一个中文字占两个字符。在小程序发布前有两次改名机会。两次改名机会用完后，必须先发布再通过微信认证改名。

由于小程序名称不允许与平台内已经存在的其他账号名称重复，所以在填写好之后可以先自测一下是否符合要求，单击右侧的“检测”按钮即可进行验证。

如果该名称已经与其他公众号名称重复，会出现失败提示，如图1-16所示。

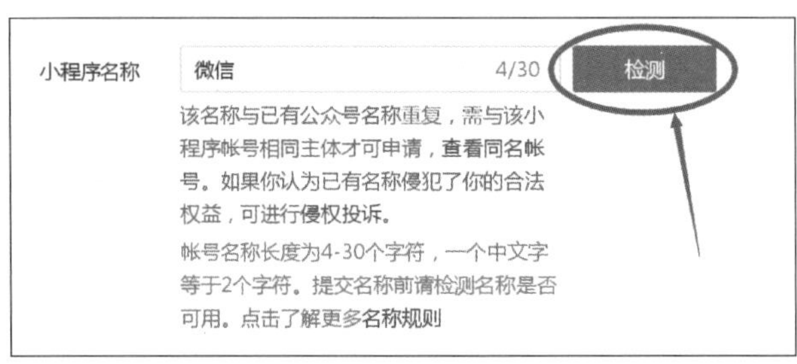

图 1-16 小程序名称检测失败提示

如果该名称没有被占用，检测后会显示“你的名字可以使用”字样，如图1-17所示。

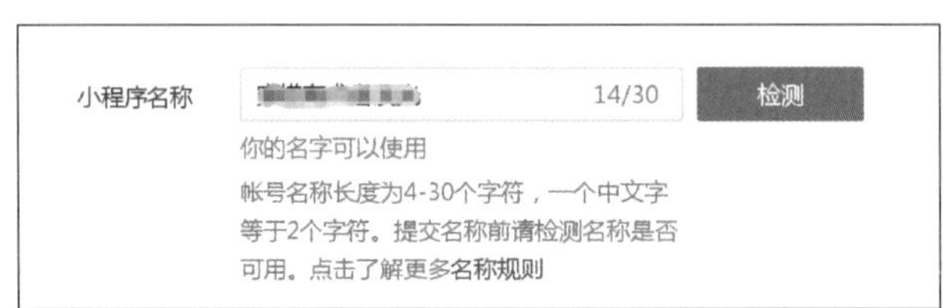

图 1-17 小程序名称检测成功提示

该图就表示该名称允许使用，接下来就可以上传图片了。

2 小程序头像

小程序头像也就是小程序最终显示的logo图标，图片最后会被切割为圆形效果。头像图片的格式只能是PNG、BMP、JPEG、JPG、GIF中的一种，并且文件大小不得大于2MB。注意，头像图片不允许涉及政治敏感与色情内容。头像图片每个月可修改5次。

单击“选择图片”按钮即可选择图片进行上传，如图1-18所示。

根据官方提示，建议上传PNG格式的图片并且图片尺寸为144像素×144像素，以保证最佳效果。

3 小程序介绍

小程序介绍可以由开发者自由填写关于小程序功能的描述，注意介绍内容不得含有国家

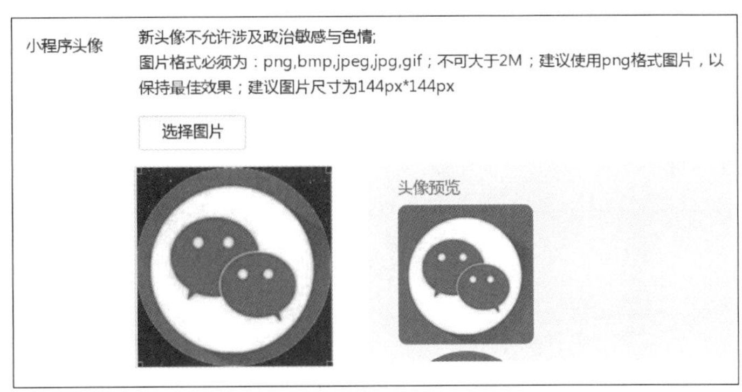

图 1-18 小程序头像上传

相关法律、法规禁止的内容。小程序介绍的内容每个月可以申请修改 5 次。

小程序介绍对应的字数必须控制在 4～120 个字符，文本框带有自动检测字数的功能，如图 1-19 所示。

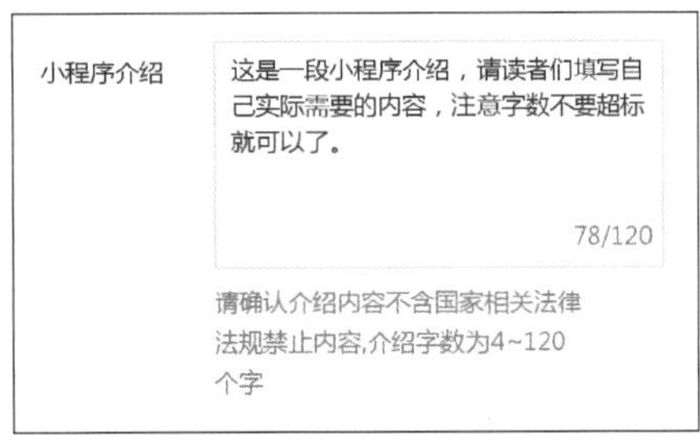

图 1-19 小程序介绍

4 小程序服务类目

小程序服务类目指的是小程序主要内容所属的服务范围。特殊行业需要额外提供资质证明。服务类目每个月只可以修改 1 次。

服务类目的下拉表单分为两级，每一级都必须填写，不可以为空，如图 1-20 所示。

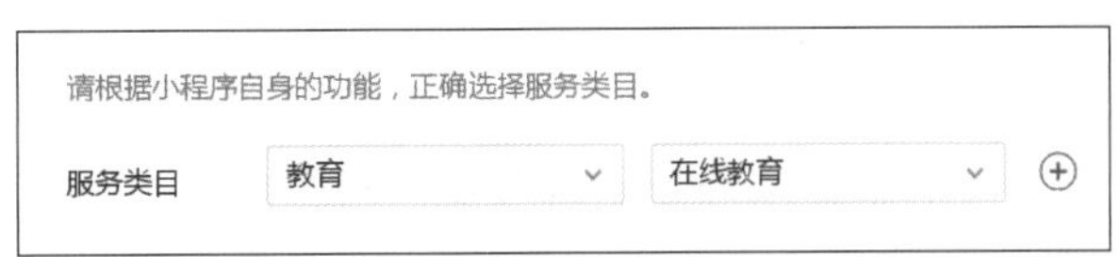

图 1-20 小程序服务类目的二级选项

如果有多个服务范围需要追加，可以单击右侧的＋号进行添加，如图 1-21 所示。

图 1-21 小程序服务类目的追加

如果需要去掉多余的服务范围，将鼠标移动到需要删除的服务类目上，然后单击右侧出现的－号进行删除，如图 1-22 所示。

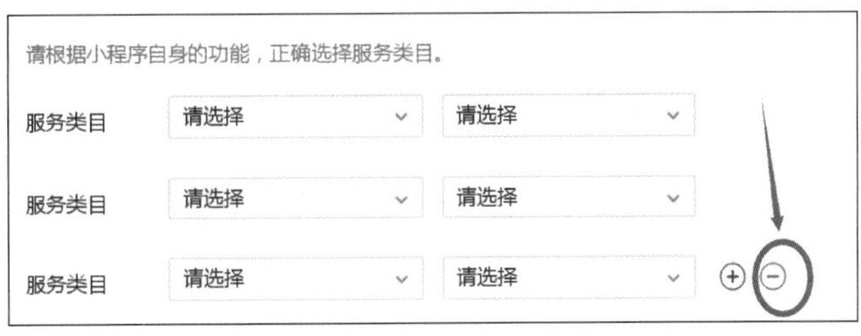

图 1-22 小程序服务类目的删除

注意：小程序的服务类目最少必须有1个，最多只能有5个。

全部填写完毕后，就可以单击最下方的“提交”按钮提交小程序的基本信息，完成后可以看到如图1-23所示的界面。

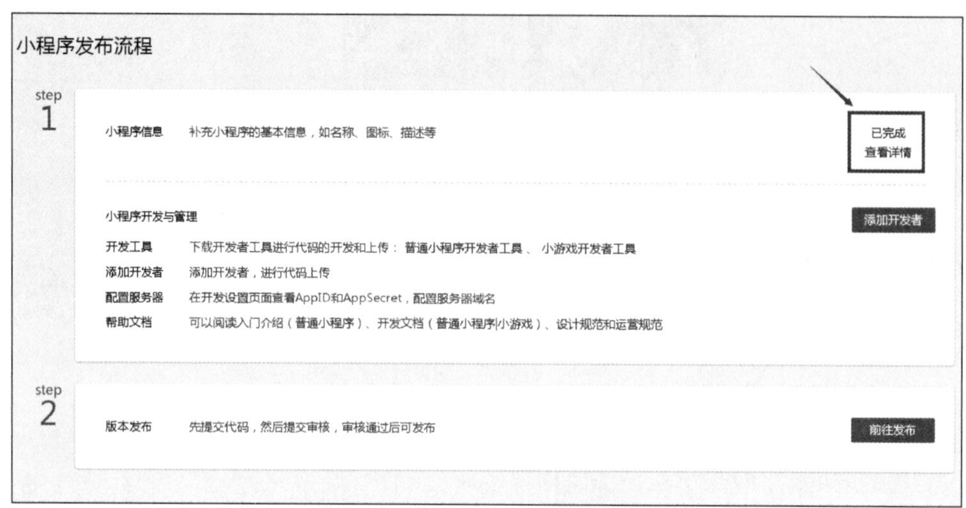

图1-23 小程序信息填写完成

此时就可以单击“添加开发者”按钮进行小程序成员的管理了。

1.1.3 管理小程序成员

除了管理员以外，还可以为小程序追加其他项目成员。具有管理员身份的开发者登录后可以在小程序管理后台统一管理项目成员，并为他们分别设置对应的权限。

1 成员类型说明

管理员可以为小程序添加开发者、体验者以及其他权限的项目成员。

项目成员可以被分配的不同权限如下。

- 开发者：可以使用微信web开发者工具进行小程序开发，也可以预览开发版小程序在手机端的效果；
- 体验者：可以在手机端使用体验版小程序；
- 登录：无须管理员确认即可登录小程序管理后台；
- 数据分析：可以使用小程序数据分析功能查看小程序数据；
- 开发管理：拥有小程序提交审核、发布和回退权限；
- 开发设置：拥有设置小程序服务器域名、消息推送以及扫描普通链接二维码打开小程序的权限；
- 暂停服务设置：拥有暂停小程序线上服务的权限。

2 成员人数限制

个人类型的小程序允许管理员添加15个开发者，其中5个开发者、10个体验者。其他类型的小程序开发者的数量限制如下。

- 未认证未发布组织类型：30人；
- 已认证未发布/未认证已发布组织类型：60人；

• 已认证已发布组织类型：90 人。

3 成员变更说明

每个小程序的管理员与项目成员都是允许变更的。需要注意的是，每个微信号作为项目成员最多可以参与到 50 个小程序中。

1.2 小程序开发工具

在完成了准备工作之后就可以进行小程序开发了。小程序具有官方提供的专属开发工具——微信 web 开发者工具。

1.2.1 软件的下载与安装

开发者登录小程序管理页面后台，然后单击右上角菜单栏中的“开发”选项即可切换到小程序开发工具的下载页面，也可以直接通过 URL 地址访问下载页面，例如：

https://mp.weixin.qq.com/debug/wxadoc/dev/devtools/download.html

在该页面中需要根据自己计算机的操作系统的类型选择对应的下载地址。目前提供的 3 种下载地址与计算机操作系统对应的关系如下。

• Windows 64：Windows 64 位操作系统；
• Windows 32：Windows 32 位操作系统；
• Mac：Mac 操作系统。

注意：本书下载的是 Windows 64 版本，读者请根据实际情况选择对应的软件进行下载。

以 Windows 64 版本为例，下载完成后会获得一个 EXE 应用程序文件，如图 1-24 所示。

名称	修改日期	类型	大小
wechat_devtools_1.02.1801081_x64.exe	2018/1/11 20:20	应用程序	75,765 KB

图 1-24 微信 web 开发者工具的安装文件

该图中的“1.02.1801081”为软件版本号，“_x64”表示为 Windows 64 位版本软件。读者可以根据文件名再次确认是否下载了正确的版本。

确认无误后可以双击该文件进行开发者工具的安装，安装过程如图 1-25 所示。

安装完成后的页面如图 1-26 所示。

1.2.2 开发者工具的登录

微信 web 开发者工具要使用开发者微信账号登录后才可以进行小程序开发。

1 开发者身份验证

与一般手动输入账号和密码的流程不同，微信 web 开发者工具是使用微信扫描二维码的方式验证开发者身份。在计算机端双击微信开发者工具图标，会弹出微信开发者工具登录页面，如图 1-27 所示。

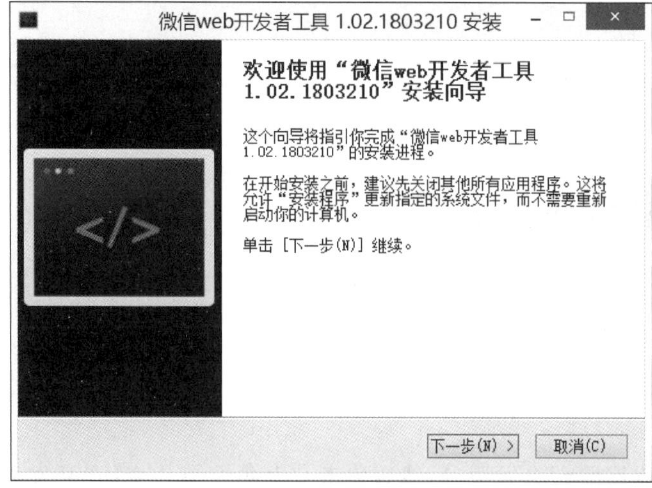

(a) 进入安装向导

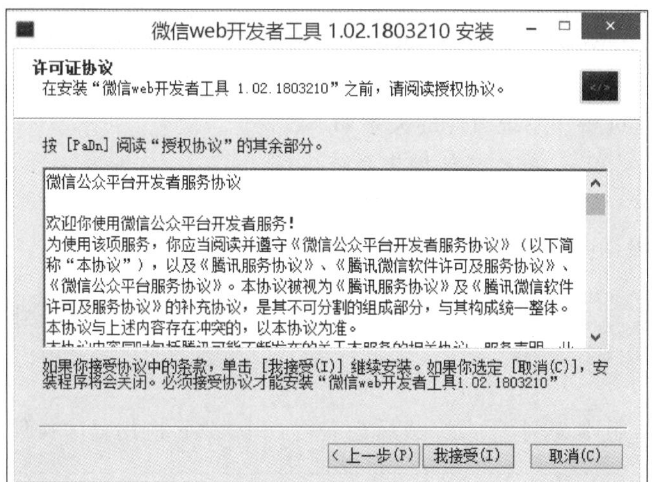

(b) 授权许可证协议

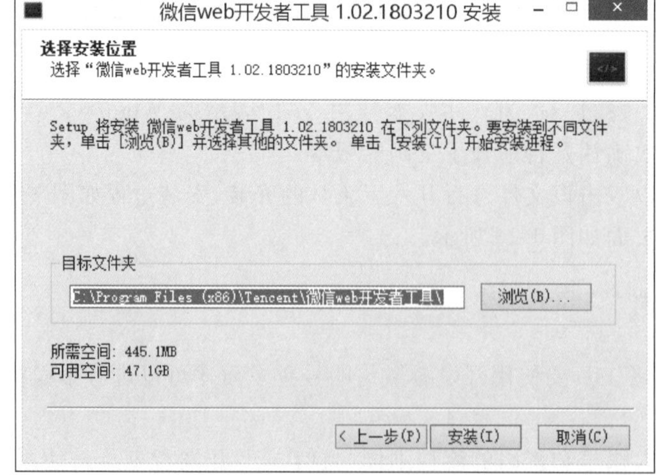

(c) 选择安装位置

图 1-25　微信 web 开发者工具的安装过程

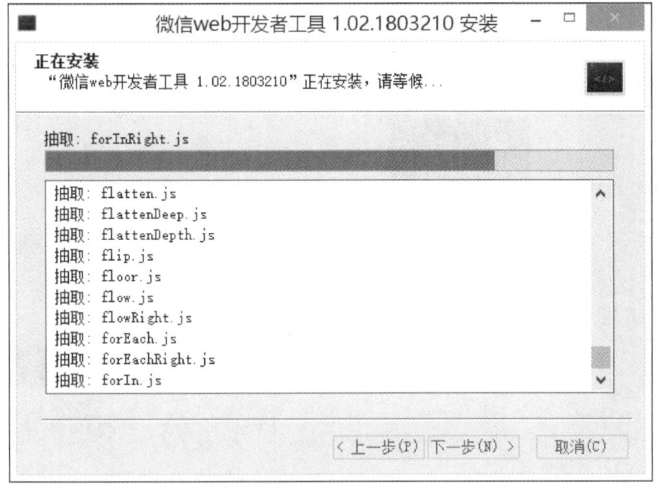

(d) 正在安装

图 1-25　（续）

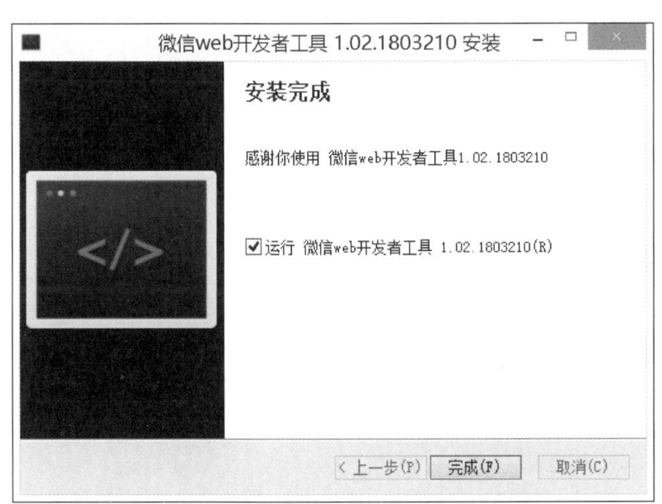

图 1-26　微信 web 开发者工具的安装完成界面

图 1-27　微信开发者工具登录页面

开发者通过用手机微信扫描计算机端的二维码来确认身份，手机端的效果如图 1-28 所示。

其中图 1-28(a)为点击手机微信右上角的加号出现的下拉菜单，点击其中的"扫一扫"选项进行二维码扫描；图 1-28(b)为扫码成功后跳转的提示页面，用户点击"确认登录"按钮即可登录并使用微信开发者工具。

在这个过程中，计算机端的页面变化如图 1-29 所示。

其中图 1-29(a)为手机微信扫码成功后出现的提示页面，注意该二维码是动态变化的，并且长时间不扫描会超时过期；图 1-29(b)显示的菜单页面是当开发者在手机微信上点击"确认登录"按钮后才会出现的，此时就可以正式进行小程序开发了。

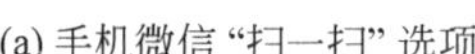
(a) 手机微信"扫一扫"选项

(b) 扫码后手机微信出现确认提示

图 1-28　手机微信扫码过程

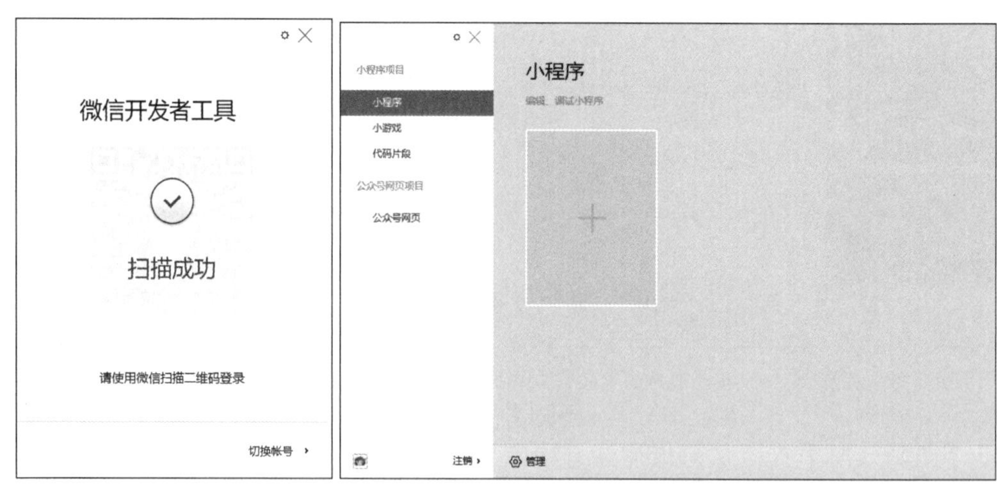

(a) 扫码成功的提示页面　　　　(b) 确认登录后的菜单页面

图 1-29　扫码确认过程中计算机端的页面变化

2 开发者账号切换

微信开发者工具允许在同一台计算机上切换不同的开发者。如果用户登录后发现需要更换账号，可以选择菜单页面左下角的"注销"选项回到二维码扫描页面，使用其他开发者微信账号重新扫码登录，如图 1-30 所示。

第 2 章将正式进行小程序项目的创建和开发。

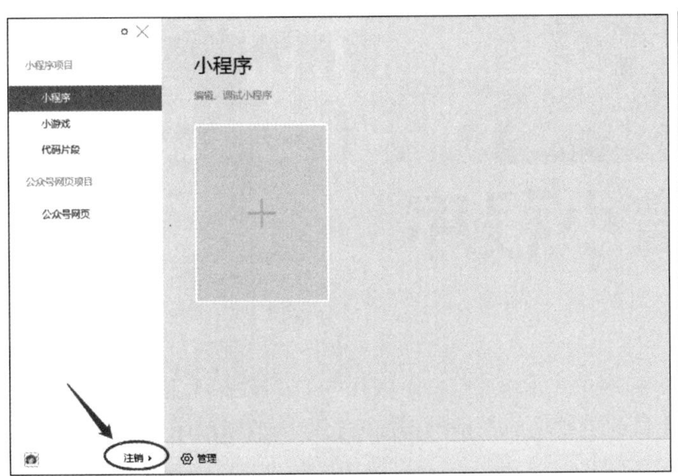

(a) 选择“注销”选项

(b) 重新回到二维码扫描页面

图 1-30　开发者账号切换

第2章 Chapter 2

第一个微信小程序

本章内容主要包含两个创建小程序的项目实例，一是使用快速启动模板创建小程序，二是手动从零开始创建小程序。这两个项目的主要功能都是点击按钮获取当前微信用户的头像和昵称。

本章学习目标

- 学习使用快速启动模板创建小程序的方法；
- 学习不使用模板手动创建小程序的方法。

2.1 自动生成小程序

为方便初学者入门，微信开发者工具提供了快速启动模板帮助开发者自动生成代码，从而创建完成第一个示例小程序。下面使用开发者工具正式创建第一个微信小程序。

2.1.1 项目创建

视频讲解

双击微信开发者工具图标，管理员或开发者使用微信扫描二维码后进入菜单画面。选择菜单中的“小程序”选项进入小程序项目管理页面，如图 2-1 所示。

图 2-1 新建小程序项目

此时开发者依次填写项目名称、目录和 AppID 就可以新建一个小程序项目。填写时的注意事项如下。

- 项目名称：由开发者自定义一个项目名称，该名称仅供开发者工具管理使用，不是小程序被用户看到的名字。
- 目录：项目文件存放的路径地址，可以单击输入框右侧的箭头按钮在计算机盘符中选择指定的目录地址。该地址可以由开发者自定义。
- AppID：管理员在微信公众平台上注册的小程序 ID。

其中小程序的 AppID 可以登录微信公众平台(https://mp.weixin.qq.com)查看，具体查看步骤是单击左侧菜单中的“开发”选项，切换至“开发设置”面板，查看“开发者 ID”下方的 AppID(小程序 ID)，如图 2-2 所示。

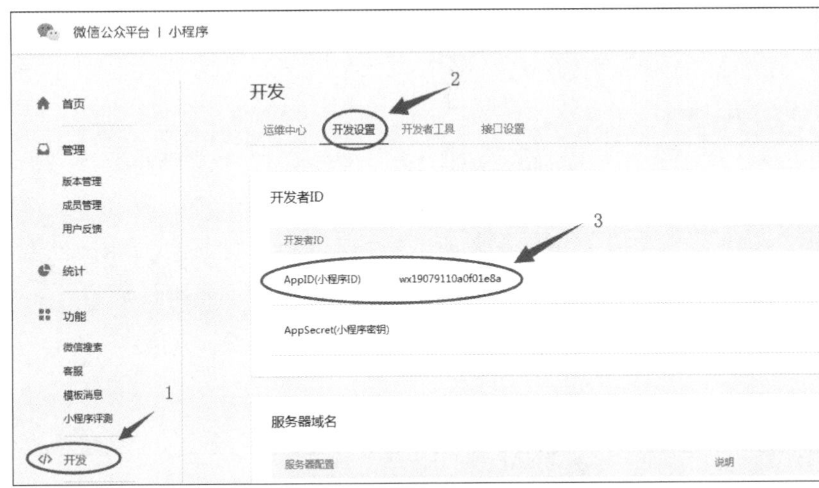

图 2-2 查看小程序 ID

将该小程序 ID 复制、粘贴到图 2-1 所示的 AppID 输入框中。

填完以后的效果如图 2-3 所示。

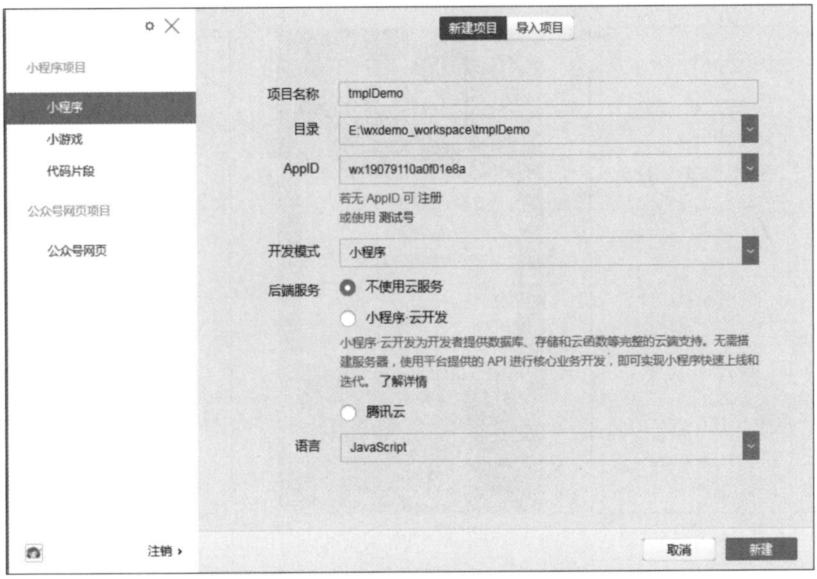

图 2-3 小程序项目填写效果示意图

其中 AppID 必须填实际的小程序 ID，否则部分功能将无法使用。如果开发者暂时条件受限无法注册申请小程序 ID，可以使用 AppID 输入框下方的“测试号”来体验小程序。

项目目录选择空白文件夹 tmplDemo，则开发者工具会默认自动生成代码形成一个简单的小程序效果以供初学者入门学习。“后端服务”选择“不使用云服务”，其他选项保持默认不变。

填写完毕后单击“新建”按钮完成操作，此时会跳转到开发页面，如图 2-4 所示。

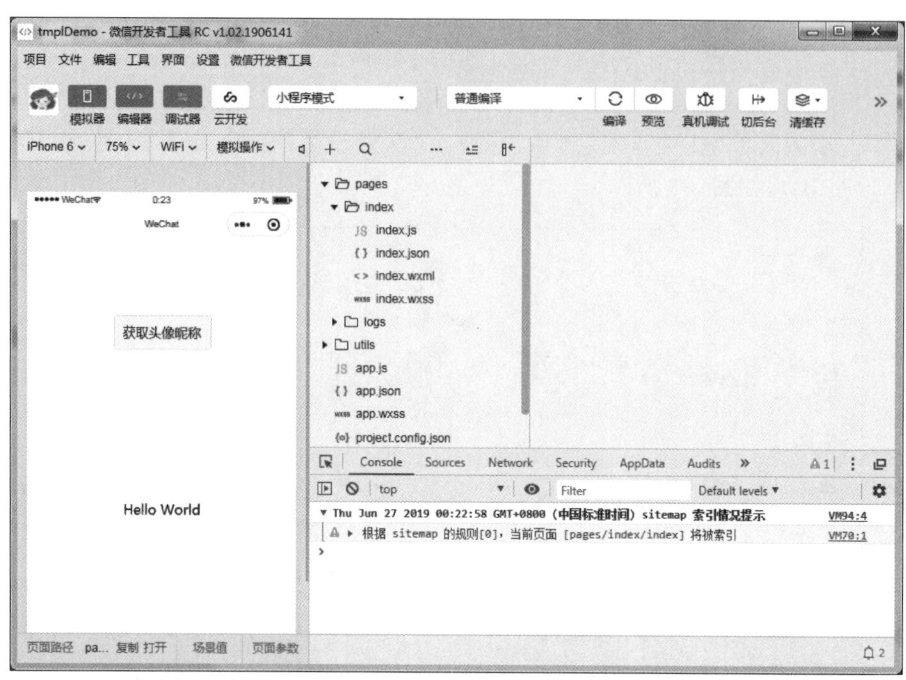

图 2-4　小程序项目开发页面

图中左边就是手机预览效果图，由图可见目前能显示出来一个“获取头像昵称”按钮和一个“Hello World”文本，这与手机运行的效果完全相同。

用户可以直接在上面用鼠标左键单击来模拟手指在手机屏幕上的触摸效果，如图 2-5 所示。

(a) 用鼠标左键单击按钮

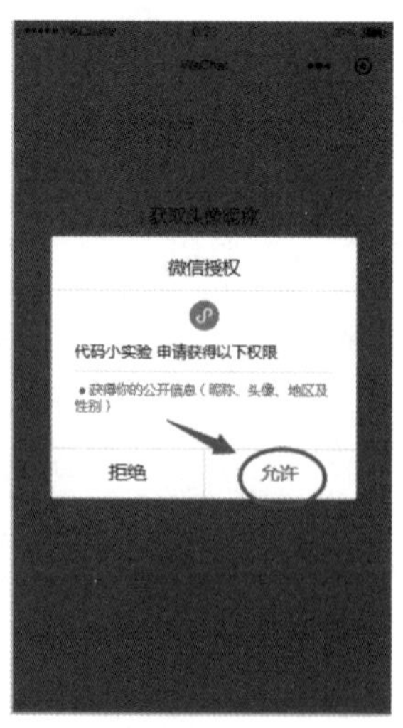

(b) 单击“允许”按钮

(c) 最终显示效果

图 2-5　小程序项目单击效果

其中图 2-5(a)显示的是用鼠标左键单击按钮来模拟手机上的触摸点击效果；图 2-5(b)为单击之后弹出的微信授权信息，只有单击“允许”按钮才可以获得数据；图 2-5(c)为最终显示效果，由该图可见小程序项目已经成功地获取了开发者头像和昵称信息。

2.1.2 真机预览

视频讲解

除了可以直接在计算机端使用鼠标模拟手机触屏的点击效果外，还可以直接在真机上进行程序预览。用鼠标左键单击“预览”按钮，即可自动生成一个预览二维码，如图 2-6 所示。

图 2-6 小程序项目生成预览二维码

此时用手机微信扫描图 2-6 中的二维码即可进行真机预览，如图 2-7 所示。

由图可见，画面效果基本上和计算机端的预览图一致。另外，预览所用的二维码不是永久有效，用户要注意它的过期时间，一旦过期需要重新单击“预览”按钮生成新的预览二维码。

图 2-7 小程序项目的真机预览效果

2.1.3 完整代码展示

说明：本项目的全部代码都是由开发者工具自动生成的，读者暂时不需要完全理解，待未来深入学习后再回头来看。

1 配置文件展示

完整的 app.json 代码如下：

```
{
  "pages": [
    "pages/index/index",
```

```
    "pages/logs/logs"
  ],
  "window": {
    "backgroundTextStyle": "light",
    "navigationBarBackgroundColor": "#FFF",
    "navigationBarTitleText": "WeChat",
    "navigationBarTextStyle": "black"
  },
  "sitemapLocation": "sitemap.json"
}
```

完整的 app.wxss 代码如下：

```
/** app.wxss **/
.container {
  height: 100%;
  display: flex;
  flex-direction: column;
  align-items: center;
  justify-content: space-between;
  padding: 200rpx 0;
  box-sizing: border-box;
}
```

完整的 app.js 代码如下：

```
//app.js
App({
  onLaunch: function() {
    //展示本地存储能力
    var logs = wx.getStorageSync('logs') || []
    logs.unshift(Date.now())
    wx.setStorageSync('logs', logs)

    //登录
    wx.login({
      success: res => {
        //发送 res.code 到后台换取 openId、sessionKey、unionId
      }
    })
    //获取用户信息
    wx.getSetting({
      success: res => {
        if (res.authSetting['scope.userInfo']) {
          //已经授权，可以直接调用 getUserInfo 获取头像昵称，不会弹框
          wx.getUserInfo({
            success: res => {
              //可以将 res 发送给后台解码出 unionId
              this.globalData.userInfo = res.userInfo

              //由于 getUserInfo 是网络请求，可能会在 Page.onLoad 之后才返回
              //所以此处加入 callback 来防止这种情况
              if (this.userInfoReadyCallback) {
                this.userInfoReadyCallback(res)
              }
            }
          })
        }
```

```
      }
    })
  },
  globalData: {
    userInfo: null
  }
})
```

2 公共文件展示

完整的公共 JS(utils/util.js)代码如下：

```
const formatTime = date => {
  const year = date.getFullYear()
  const month = date.getMonth() + 1
  const day = date.getDate()
  const hour = date.getHours()
  const minute = date.getMinutes()
  const second = date.getSeconds()

  return [year, month, day].map(formatNumber).join('/') + ' ' + [hour, minute, second].map(formatNumber).join(':')
}

const formatNumber = n => {
  n = n.toString()
  return n[1] ? n : '0' + n
}

module.exports = {
  formatTime: formatTime
}
```

3 页面文件展示

1) index 页面

完整的 WXML(pages/index/index.wxml)代码如下：

```
<!-- index.wxml -->
<view class="container">
  <view class="userinfo">
    <button wx:if="{{!hasUserInfo && canIUse}}" open-type="getUserInfo" bindgetuserinfo="getUserInfo"> 获取头像昵称 </button>
    <block wx:else>
      <image bindtap="bindViewTap" class="userinfo-avatar" src="{{userInfo.avatarUrl}}" mode="cover"></image>
      <text class="userinfo-nickname">{{userInfo.nickName}}</text>
    </block>
  </view>
  <view class="usermotto">
    <text class="user-motto">{{motto}}</text>
  </view>
</view>
```

完整的 WXSS(pages/index/index.wxss)代码如下：

```
/** index.wxss **/
.userinfo {
  display: flex;
```

```
  flex-direction: column;
  align-items: center;
}

.userinfo-avatar {
  width: 128rpx;
  height: 128rpx;
  margin: 20rpx;
  border-radius: 50%;
}

.userinfo-nickname {
  color: #AAA;
}

.usermotto {
  margin-top: 200px;
}
```

完整的 JS(pages/index/index.js)代码如下：

```
//index.js
//获取应用实例
const app = getApp()

Page({
  data: {
    motto: 'Hello World',
    userInfo: {},
    hasUserInfo: false,
    canIUse: wx.canIUse('button.open-type.getUserInfo')
  },
  //事件处理函数
  bindViewTap: function() {
    wx.navigateTo({
      url: '../logs/logs'
    })
  },
  onLoad: function() {
    if (app.globalData.userInfo) {
      this.setData({
        userInfo: app.globalData.userInfo,
        hasUserInfo: true
      })
    } else if (this.data.canIUse){
      //由于 getUserInfo 是网络请求,可能会在 Page.onLoad 之后才返回
      //所以此处加入 callback 来防止这种情况
      app.userInfoReadyCallback = res => {
        this.setData({
          userInfo: res.userInfo,
          hasUserInfo: true
        })
      }
    } else {
      //在没有 open-type=getUserInfo 版本时的兼容处理
      wx.getUserInfo({
        success: res => {
          app.globalData.userInfo = res.userInfo
```

```
            this.setData({
              userInfo: res.userInfo,
              hasUserInfo: true
            })
          }
        })
      }
    },
    getUserInfo: function(e) {
      console.log(e)
      app.globalData.userInfo = e.detail.userInfo
      this.setData({
        userInfo: e.detail.userInfo,
        hasUserInfo: true
      })
    }
  })
```

完整的 JSON(pages/index/index.json)代码如下：

```
{
  "usingComponents": {}
}
```

2) logs 页面

完整的 WXML(pages/logs/logs.wxml)代码如下：

```
<!-- logs.wxml -->
<view class="container log-list">
  <block wx:for="{{logs}}" wx:for-item="log">
    <text class="log-item">{{index + 1}}. {{log}}</text>
  </block>
</view>
```

完整的 WXSS(pages/logs/logs.wxss)代码如下：

```
.log-list {
  display: flex;
  flex-direction: column;
  padding: 40rpx;
}
.log-item {
  margin: 10rpx;
}
```

完整的 JS(pages/logs/logs.js)代码如下：

```
//logs.js
const util = require('../../utils/util.js')

Page({
  data: {
    logs: []
  },
  onLoad: function() {
    this.setData({
      logs: (wx.getStorageSync('logs') || []).map(log => {
        return util.formatTime(new Date(log))
```

```
            })
        })
    }
})
```

完整的 JSON(pages/logs/logs.json)代码如下：

```
{
    "navigationBarTitleText": "查看启动日志",
    "usingComponents": {}
}
```

2.2 手动创建小程序

在熟悉了小程序的目录结构和微信开发者工具的基本使用方法后，读者不妨尝试自己动手创建第一个小程序。

2.2.1 项目创建

视频讲解

本项目创建选择空白文件夹 myDemo，效果如图 2-8 所示。

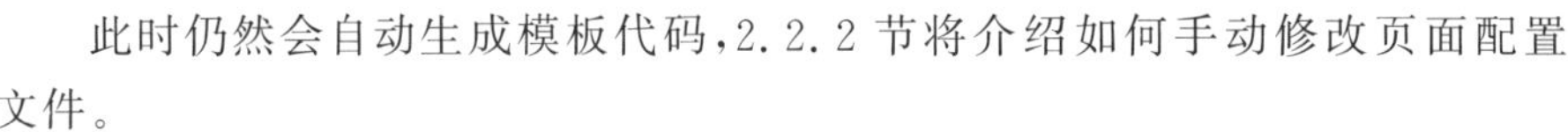

此时仍然会自动生成模板代码，2.2.2 节将介绍如何手动修改页面配置文件。

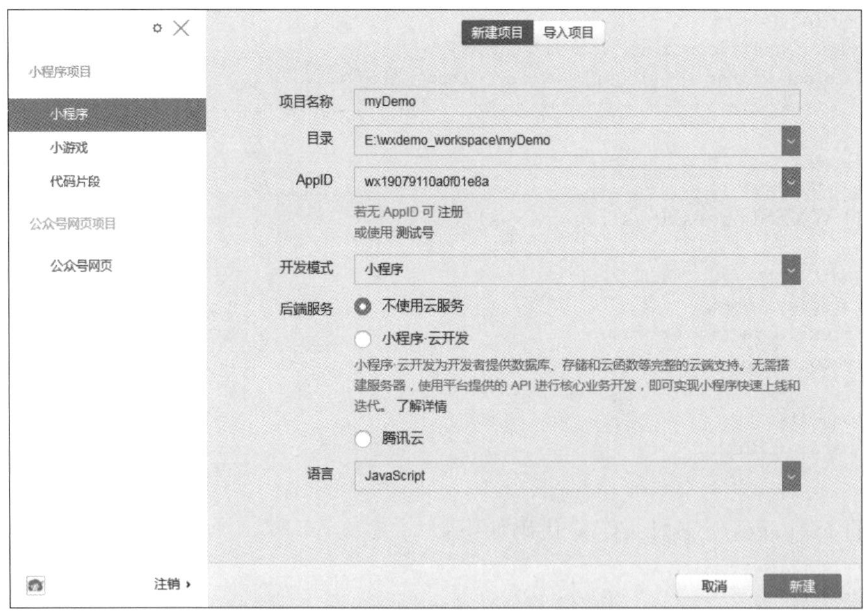

图 2-8　小程序项目填写效果示意图

2.2.2 页面配置

视频讲解

1 创建页面文件

项目创建完毕后，在根目录中会生成文件夹 pages 用于存放页面文件。

一般来说首页默认命名为 index，表示小程序运行的第一个页面；其他页面名称可以自定义。本项目只需要保留首页(index)即可。

具体操作如下：

(1) 将 app.json 文件内 pages 属性中的"pages/logs/logs"删除，并删除上一行末尾的逗号。

(2) 按快捷键 Ctrl+S 保存当前修改。

2 删除和修改文件

具体操作如下：

(1) 删除 utils 文件夹及其内部所有内容。

(2) 删除 pages 文件夹下的 logs 目录及其内部所有内容。

(3) 删除 index.wxml 和 index.wxss 中的全部代码。

(4) 删除 index.js 中的全部代码，并且输入关键词"page"找到第二个选项按回车键让其自动补全函数(如图 2-9 所示)。

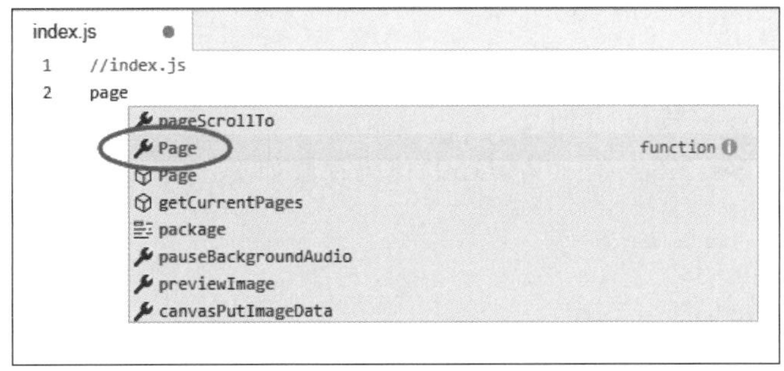

图 2-9　输入关键词创建 Page 函数

(5) 删除 app.wxss 中的全部代码。

(6) 删除 app.js 中的全部代码，并且输入关键词"app"找到第一个选项按回车键让其自动补全函数(如图 2-10 所示)。

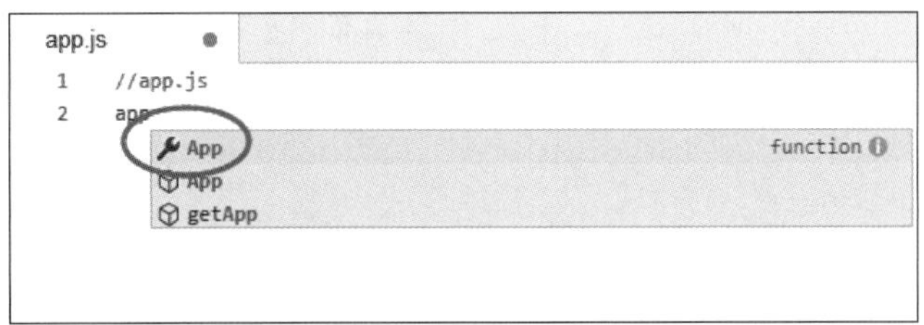

图 2-10　输入关键词创建 App 函数

此时模板代码就修改完毕了，如果未来开发者还想创建其他页面，只需在 app.json 的 pages 属性中追加声明路径即可自动生成对应的页面文件。

2.2.3　视图设计

视频讲解

1 导航栏设计

小程序默认导航栏是黑底白字的效果，可以通过在 app.json 中对 window 属性进行重新配置来自定义导航栏效果。更改后的 app.json 文件代码如下：

```
{
  "pages": [
    "pages/index/index"
  ],
  "window": {
    "navigationBarBackgroundColor": "#663399",
    "navigationBarTitleText": "手动创建第一个小程序"
  }
}
```

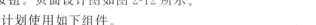

图 2-11　自定义导航栏效果

上述代码可以更改导航栏背景色为紫色、字体为白色，效果如图 2-11 所示。

视频讲解

2 页面设计

页面上主要包含 3 个内容，即微信头像、微信昵称和“点击获取头像和昵称”按钮。页面设计图如图 2-12 所示。

计划使用如下组件。

- 微信头像：<image>(图像)组件；
- 微信昵称：<text>(文本)组件；
- 按钮：<button>(按钮)组件。

相关 WXML(pages/index/index.wxml)代码片段如下：

```
<view class='container'>
  <image></image>
  <text>Hello World</text>
  <button>点击获取头像和昵称</button>
</view>
```

相关 WXSS(pages/index/index.wxss)代码片段如下：

```
.container{
  height: 100vh;                          /* 高 100 视窗，这里写 100% 无效 */
  display: flex;                          /* flex 布局模式 */
  flex-direction: column;                 /* 垂直布局 */
  align-items: center;                    /* 水平方向居中 */
  justify-content: space-around;          /* 垂直方向分散布局 */
}
```

当前效果如图 2-13 所示。

由图可见，此时可以显示文本和按钮。由于尚未获得头像图片，所以无法显示内容。可以临时使用本地图片代替，在点击按钮获取微信头像后再更改。

在项目中新建自定义文件夹 images 用于存放图片，右击此文件夹，选择“硬盘打开”，将本地图片 logo.png 复制、粘贴进去等待使用。新目录结构如图 2-14 所示。

修改 WXML 页面的<image>组件如下：

```
<image src='/images/logo.png' mode='widthFix'></image>
```

上述代码中 src 属性用于指定图片来源为根目录下 images 文件夹中的 logo.png 图片，mode 属性表示图片随着指定的宽度自动拉伸高度以显示原图的正确比例。

在 WXSS 页面追加<image>和<text>组件的相关样式代码如下：

```
image {
  width: 300rpx;                        /* 图片宽度 */
  border-radius: 50%;                   /* 4个角变为圆角形状 */
}
text{
  font-size: 50rpx;                     /* 字体大小 */
}
```

当前页面效果如图 2-15 所示。

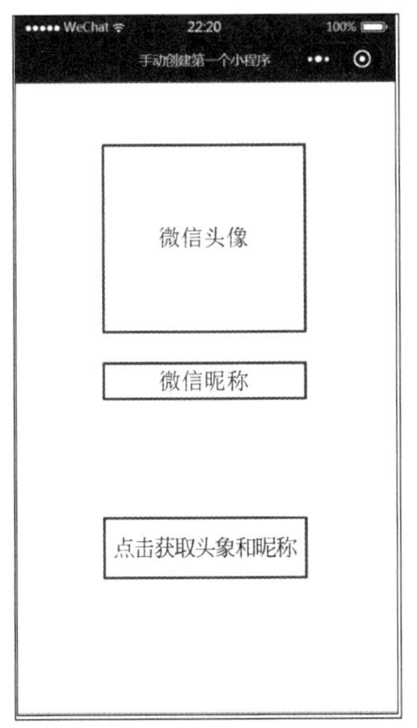

图 2-12　页面设计图

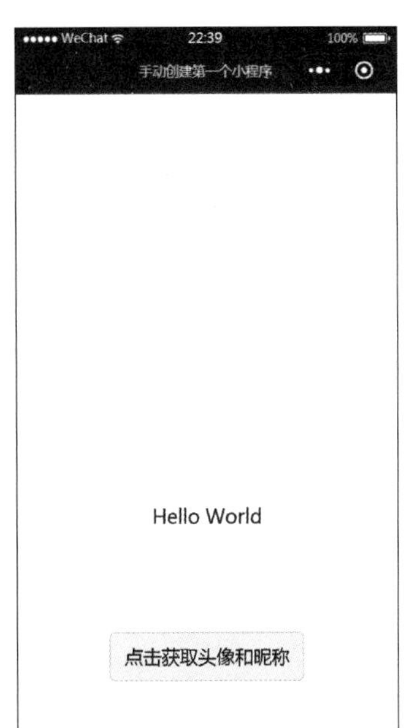

图 2-13　页面设计图

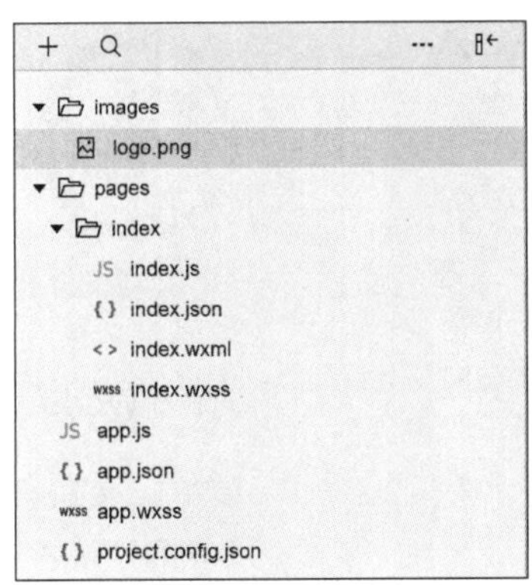

图 2-14　添加图片文件后的目录结构

图 2-15　页面效果图

此时页面布局与样式设计就已完成，2.2.4 节将介绍如何点击按钮获取头像和昵称数据。

2.2.4 逻辑实现

视频讲解

1 获取微信用户信息

在 WXML 页面修改< button >组件的代码，为其追加获取用户信息事件，代码片段如下：

```
<button open-type='getUserInfo' bindgetuserinfo='getMyInfo'>
    点击获取头像和昵称
</button>
```

其中 open-type= getUserInfo'表示激活获取微信用户信息功能，然后使用 bindgetuserinfo 属性表示获得的数据将传递给自定义函数 getMyInfo，开发者也可以使用其他名称。

在 JS 页面的 Page()内部追加 getMyInfo 函数，代码片段如下：

```
getMyInfo: function(e) {
    console.log(e.detail.userInfo)
},
```

保存后预览项目，如果点击按钮后 Console 控制台能够成功输出一段数据，就说明获取成功，如图 2-16 所示。

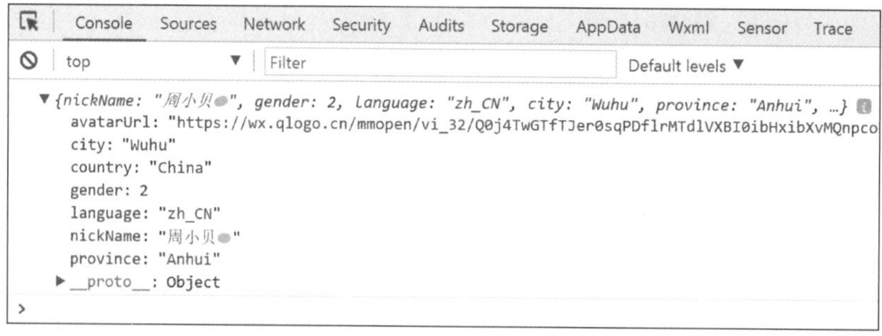

图 2-16 Console 控制台输出内容

2 使用动态数据显示头像和昵称

视频讲解

在 WXML 页面修改< image >和< text >组件的代码，将图片来源和文本内容使用双花括号({{}})做成动态数据，代码片段如下：

```
<image src='{{src}}' mode='widthFix
'></image>
<text>{{name}}</text>
```

同时修改 JS 文件，在现有的 data 属性中追加这两个动态数据的值，使其仍然可以显示原先的内容。代码片段如下：

```
data: {
  src:'/images/logo.png',
  name:'Hello World'
},
```

图 2-17 页面效果图

完成后预览如图 2-17 所示，页面显示效果不会发生改变。

视频讲解

3 更新头像和昵称

修改 JS 文件中 getMyInfo 函数的代码，使获取到的信息更新到动态数据上，代码片段如下：

```
getMyInfo: function(e) {
  let info = e.detail.userInfo;
  this.setData({
    src: info.avatarUrl,                        //更新图片来源
    name: info.nickName                         //更新昵称
  })
},
```

此时就已全部完成，保存后重新预览项目，最终效果图如图 2-18 所示。

(a) 初始页面效果

(b) 点击按钮后的效果

图 2-18　最终效果图

2.2.5　完整代码展示

app.json 文件的完整代码如下：

```
{
  "pages": [
    "pages/index/index"
  ],
  "window": {
    "navigationBarBackgroundColor": "#663399",
    "navigationBarTitleText": "手动创建第一个小程序",
    "navigationBarTextStyle": "white"
  }
}
```

WXML 文件(pages/index/index.wxml)的完整代码如下：

```
<view class='container'>
  <image src='{{src}}' mode='widthFix'></image>
  <text>{{name}}</text>
  <button open-type='getUserInfo' bindgetuserinfo='getMyInfo'>
      点击获取头像和昵称
  </button>
</view>
```

WXSS 文件(pages/index/index.wxss)的完整代码如下：

```
.container {
  height: 100vh;                          /* 高 100 视窗,这里写 100% 无效 */
  display: flex;                          /* flex 布局模式 */
  flex-direction: column;                 /* 垂直布局 */
  align-items: center;                    /* 水平方向居中 */
  justify-content: space-around;          /* 垂直方向分散布局 */
}
image {
  width: 300rpx;                          /* 图片宽度 */
  border-radius: 50%;                     /* 4 个角变为圆角形状 */
}
text {
  font-size: 50rpx;                       /* 字体大小 */
}
```

JS 文件(pages/index/index.js)的完整代码如下：

```
Page({
  /**
   * 页面的初始数据
   */
  data: {
    src: '/images/logo.png',
    name: 'Hello World'
  },
  /**
   * 自定义函数--获取微信用户信息
   */
  getMyInfo: function(e) {
    let info = e.detail.userInfo;
    this.setData({
      src: info.avatarUrl,               //更新图片来源
      name: info.nickName                //更新昵称
    })
  }
})
```

基础篇

第3章 小程序框架

本章内容主要包含两个使用 flex 布局模型创建的小程序项目实例，一是仿微信“发现”页面创建列表布局小程序；二是仿微信“钱包”页面创建九宫格布局小程序。

本章学习目标

- 学习使用 flex 布局模型和 wx:for 属性创建列表布局小程序；
- 学习使用 flex 布局模型和 wx:for 属性创建九宫格布局小程序。

3.1 列表布局小程序

微信 App 的“发现”页面是由若干个垂直排列的列表组成的，每个列表项均包含图标、文字和箭头符号，如图 3-1 所示。

本项目将使用 flex 布局模型和 wx:for 属性仿微信“发现”页面实现列表布局效果。

图 3-1 微信 App“发现”页面真机截屏

3.1.1 项目创建

视频讲解

本项目创建选择空白文件夹 wxDiscover，效果如图 3-2 所示。

单击“新建”按钮完成项目创建，然后准备手动创建页面配置文件。

3.1.2 页面配置

视频讲解

1 创建页面文件

项目创建完毕后，在根目录中会生成文件夹 pages 用于存放页面文件。一般来说首页默认命名为 index，表示小程序运行的第一个页面；其他页面名称可以自定义。本项目只需要保留首页(index)即可。

具体操作如下：

(1) 将 app.json 文件内 pages 属性中的“pages/logs/logs”删除，并删除上一行末尾的逗号。

(2) 按快捷键 Ctrl+S 保存当前修改。

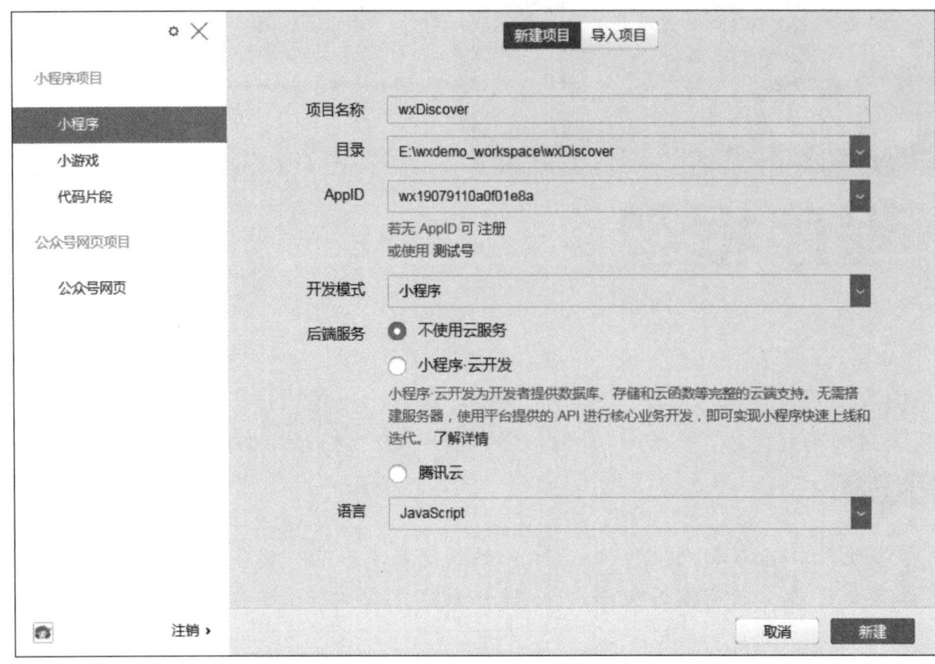

图 3-2　小程序项目填写效果示意图

2 删除和修改文件

具体操作如下：

（1）删除 utils 文件夹及其内部所有内容。

（2）删除 pages 文件夹下的 logs 目录及其内部所有内容。

（3）删除 index. wxml 和 index. wxss 中的全部代码。

（4）删除 index. js 中的全部代码，并且输入关键词 page 找到第二个选项按回车键让其自动补全函数（如图 3-3 所示）。

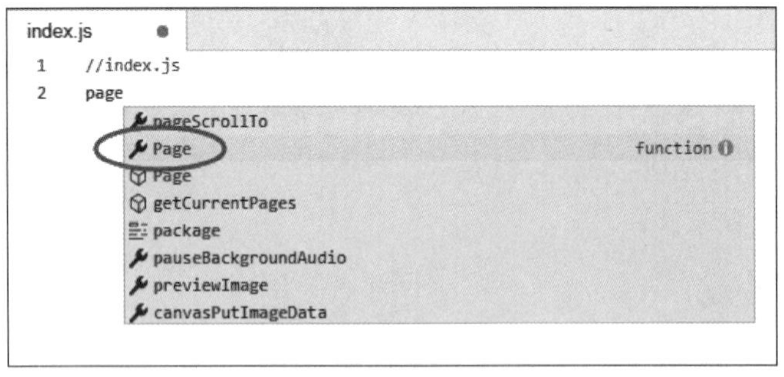

图 3-3　输入关键词创建 Page 函数

（5）删除 app. wxss 中的全部代码。

（6）删除 app. js 中的全部代码，并且输入关键词 app 找到第一个选项按回车键让其自动补全函数（如图 3-4 所示）。

3 创建其他文件

接下来创建其他自定义文件，本项目还需要一个文件夹用于存放图标素材。文件夹名称由开发者自定义（例如 images），单击目录结构左上角的＋号创建文件夹并命名为 images。

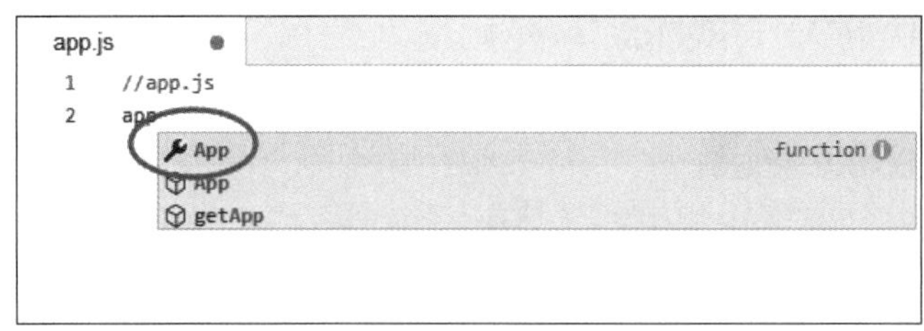

图 3-4 输入关键词创建 App 函数

本项目将用到 8 个列表项图标和 1 个通用箭头图标，图片素材如图 3-5 所示。

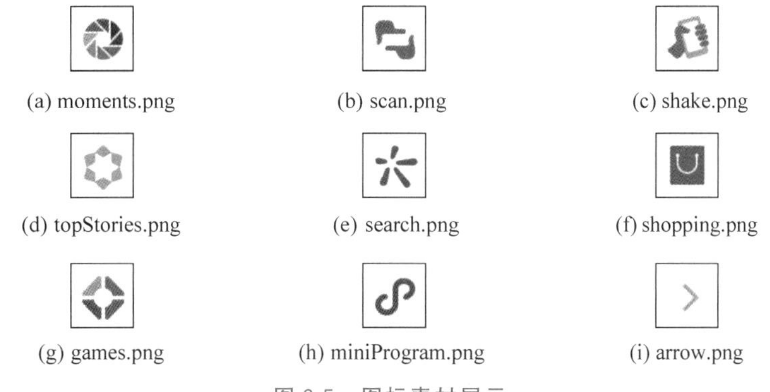

(a) moments.png (b) scan.png (c) shake.png

(d) topStories.png (e) search.png (f) shopping.png

(g) games.png (h) miniProgram.png (i) arrow.png

图 3-5 图标素材展示

右击目录结构中的 images 文件夹，选择“硬盘打开”，将图片复制、粘贴进去。

全部完成后的目录结构如图 3-6 所示。

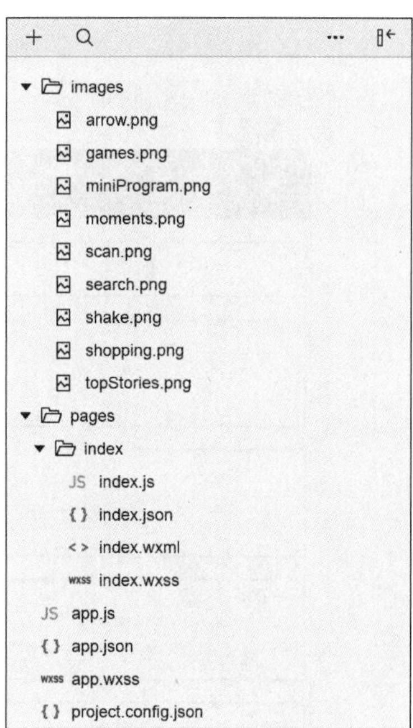

图 3-6 页面文件创建完成

此时文件配置就全部完成，3.1.3 节将正式进行页面布局和样式设计。

3.1.3 视图设计

视频讲解

1 导航栏设计

小程序默认导航栏就是黑底白字的效果，因此只需要在 index.json 中自定义导航栏标题即可。更改后的 index.json 文件代码如下：

```
{
    "navigationBarTitleText": "发现"
}
```

上述代码可以更改当前页面的导航栏标题文本为“发现”，效果如图 3-7 所示。

视频讲解

2 页面设计

页面上主要包含 5 组列表，每组列表包含 1～2 个列表项，具体内容解释如下。

- 列表组 1：“朋友圈”单行列表项；
- 列表组 2：“扫一扫”和“摇一摇”两行列表项；
- 列表组 3：“看一看”和“搜一搜”两行列表项；

- 列表组 4："购物"和"游戏"两行列表项；
- 列表组 5："小程序"单行列表项。

图 3-7　自定义导航栏效果

每个列表组之间需要有一定的间隔距离，设计图如图 3-8 所示。

计划使用如下组件。

- 页面整体：< view >组件，并定义 class='container'；
- 列表组：< view >组件，并定义 class='listGroup'；
- 列表项单行：< view >组件，并定义 class='listItem'；
- 列表图标：< image >(图像)组件；
- 列表文字内容：< text >(文本)组件；
- 箭头图标：< image >(图像)组件。

首先定义页面容器(< view >)，WXML(pages/index/index. wxml)代码片段如下：

```
<view class = 'container'>
</view>
```

WXSS(pages/index/index. wxss)代码片段如下：

```
/* 背景容器样式 */
.container{
  height: 100vh;                    /* 高度为 100 视窗,写成 100% 无效 */
  background-color: silver;         /* 背景颜色为银色 */
  display: flex;                    /* flex 布局模型 */
  flex-direction: column;           /* 垂直布局 */
}
```

当前效果如图 3-9 所示。

图 3-8　页面设计图

图 3-9　当前页面预览效果

由图可见，此时整个页面背景变成了银色。由于还没添加组件元素，所以尚看不出来 flex 布局模型效果。

接下来以第一个列表选项为例，WXML（pages/index/index.wxml）代码片段修改如下：

```
<view class='container'>
  <view class='listGroup'>
    <view class='listItem'>
      <image src='/images/moments.png'></image>
      <text>朋友圈</text>
      <image src='/images/arrow.png'></image>
    </view>
  </view>
</view>
```

WXSS（pages/index/index.wxss）代码片段如下：

```
/*列表组样式*/
.listGroup{
  background-color: white;          /*背景颜色为白色*/
  margin: 20rpx 0;                  /*上下外边距 20rpx,左右 0*/
}
/*列表项单行样式*/
.listItem{
  display: flex;                    /*flex 布局模型*/
  flex-direction: row;              /*水平布局*/
  align-items: center;              /*垂直方向居中*/
  border: 1rpx solid silver;        /*1rpx 宽的银色实线边框*/
  padding: 10rpx;                   /*内边距 10rpx*/
}
/*图标的尺寸*/
image{
  width: 80rpx;                     /*宽度*/
  height: 80rpx;                    /*高度*/
  margin: 0 15rpx;                  /*上下外边距 0,左右外边距 15rpx*/
}
/*文本样式*/
text{
  font-size: 40rpx;           /*字体大小 40rpx*/
  flex-grow: 1;               /*扩张多余空间宽度*/
}
```

当前效果如图 3-10 所示。

由图可见，此时可以显示第一个列表组的内容。用同样的方式追加后续的列表组即可实现完整效果。当然也可以暂时不追加其他列表项，使用 3.1.4 节介绍的方法减少工作量。

图 3-10 当前页面预览效果

3.1.4 逻辑实现

视频讲解

1 使用动态数据展示列表

由于所有列表项的内容布局都是统一的，可以考虑使用 wx:for 属性配合动态数组渲染全部列表项，以减少 WXML 页面的代码量。

修改 WXML(pages/index/index.wxml)页面代码如下：

```
<view class = 'container'>
  <view class = 'listGroup' wx:for = '{{list}}' wx:for - item = 'group' wx:key = 'group{{index}}'>
    <view class = 'listItem' wx:for = '{{group}}' wx:for - item = 'row' wx:key = 'row{{index}}'>
      <image class = 'icon' src = '{{row.icon}}'></image>
      <text>{{row.text}}</text>
      <image src = '/images/arrow.png'></image>
    </view>
  </view>
</view>
```

上述代码表示将使用双重 wx:for 属性循环显示全部列表项，其中{{list}}数组用于表示 5 个列表组，并为每个列表组起了别名 group；每个列表项也起了别名 row，列表项的图标和文本分别命名为 icon、text。这里均为自定义名称，开发者可以自行更改。

视频讲解

2 补充数组完整信息

在 index.js 的 data 属性中添加 list 数组，JS 文件(pages/index/index.js)代码如下：

```
Page({
  data: {
    list: [
      //第 1 组列表
      [{ text: '朋友圈', icon: '/images/moments.png' }],
      //第 2 组列表
      [
        { text: '扫一扫', icon: '/images/scan.png' },
        { text: '摇一摇', icon: '/images/shake.png' }
      ],
      //第 3 组列表
      [
        { text: '看一看', icon: '/images/topStories.png' },
        { text: '搜一搜', icon: '/images/search.png' }
      ],
      //第 4 组列表
      [
        { text: '购物', icon: '/images/shopping.png' },
        { text: '游戏', icon: '/images/games.png' }
      ],
      //第 5 组列表
      [{ text: '小程序', icon: '/images/miniProgram.png' }]
    ]
  }
})
```

此时就已全部完成，保存后重新预览项目，最终效果图如图 3-11 所示。

图 3-11 最终效果图

3.1.5 完整代码展示

app.json 文件的完整代码如下：

```
{
  "pages": [
    "pages/index/index"
  ]
}
```

JSON 文件(pages/index/index.json)的完整代码如下:

```
{
  "navigationBarTitleText": "发现"
}
```

WXML 文件(pages/index/index.wxml)的完整代码如下:

```
<view class='container'>
  <view class='listGroup' wx:for='{{list}}' wx:for-item='group' wx:key='group{{index}}'>
    <view class='listItem' wx:for='{{group}}' wx:for-item='row' wx:key='row{{index}}'>
      <image src='{{row.icon}}'></image>
      <text>{{row.text}}</text>
      <image src='/images/arrow.png'></image>
    </view>
  </view>
</view>
```

WXSS 文件(pages/index/index.wxss)的完整代码如下:

```
/*背景容器样式*/
.container{
  height: 100vh;                          /*高度为 100 视窗,写成 100% 无效*/
  background-color: silver;               /*背景颜色为银色*/
  display: flex;                          /*flex 布局模型*/
  flex-direction: column;                 /*垂直布局*/
}
/*列表组样式*/
.listGroup{
  background-color: white;                /*背景颜色为白色*/
  margin: 20rpx 0;                        /*上下外边距 20rpx,左右 0*/
}
/*列表项单行样式*/
.listItem{
  display: flex;                          /*flex 布局模型*/
  flex-direction: row;                    /*水平布局*/
  align-items: center;                    /*垂直方向居中*/
  border: 1rpx solid silver;              /*1rpx 宽的银色实线边框*/
  padding: 10rpx;                         /*内边距 10rpx*/
}
/*图标的尺寸*/
image{
  width: 80rpx;                           /*宽度*/
  height: 80rpx;                          /*高度*/
  margin: 0 15rpx;                        /*上下外边距 0,左右外边距 15rpx*/
}
/*文本样式*/
text{
  font-size: 40rpx;                       /*字体大小 40rpx*/
  flex-grow: 1;                           /*扩张多余空间宽度*/
}
```

JS 文件(pages/index/index.js)的完整代码如下：

```
Page({
  data: {
    list: [
      //第 1 组列表
      [{ text: '朋友圈', icon: '/images/moments.png' }],
      //第 2 组列表
      [
        { text: '扫一扫', icon: '/images/scan.png' },
        { text: '摇一摇', icon: '/images/shake.png' }
      ],
      //第 3 组列表
      [
        { text: '看一看', icon: '/images/topStories.png' },
        { text: '搜一搜', icon: '/images/search.png' }
      ],
      //第 4 组列表
      [
        { text: '购物', icon: '/images/shopping.png' },
        { text: '游戏', icon: '/images/games.png' }
      ],
      //第 5 组列表
      [{ text: '小程序', icon: '/images/miniProgram.png' }]
    ]
  }
})
```

3.2 九宫格布局小程序

微信 App"钱包"页面主要分为上、下两个部分，上面是由"收付款""零钱"和"银行卡"组成的钱包状态栏，下面是由九宫格组成的"腾讯服务"栏，每个格子里面包含图标和下方的文字说明，如图 3-12 所示。

本项目将使用 flex 布局模型和 wx:for 属性仿微信"钱包"页面实现九宫格布局效果。

图 3-12 微信 App"钱包"页面真机截屏

3.2.1 项目创建

视频讲解

本项目创建选择空白文件夹 wxWallet，效果如图 3-13 所示。

单击"新建"按钮完成项目创建，然后准备手动创建页面配置文件。

3.2.2 页面配置

视频讲解

1 创建页面文件

项目创建完毕后，在根目录中会生成文件夹 pages 用于存放页面文件。一般

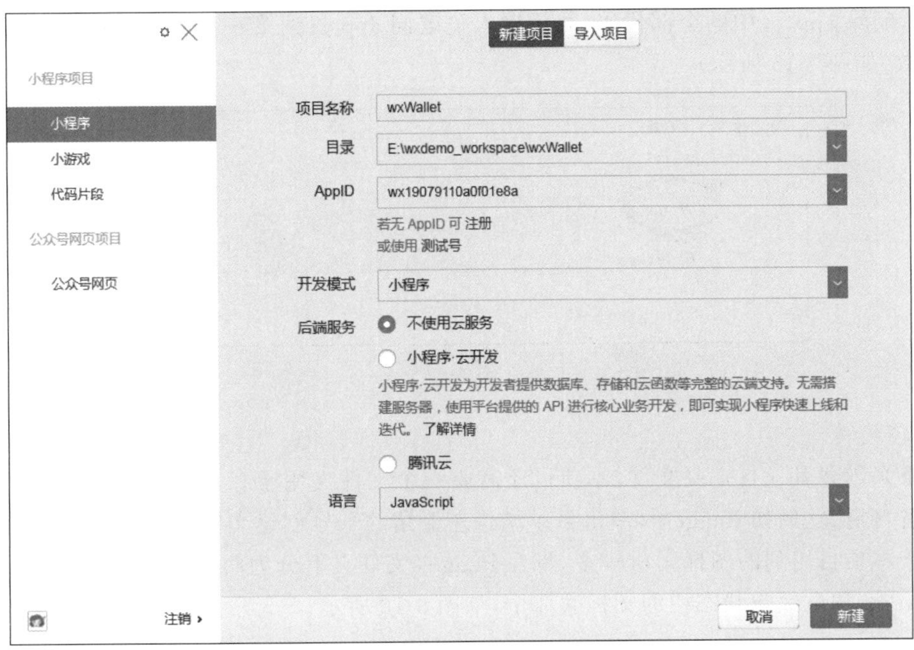

图 3-13　小程序项目填写效果示意图

来说首页默认命名为 index，表示小程序运行的第一个页面；其他页面名称可以自定义。本项目只需要保留首页(index)即可。

具体操作如下：

(1) 将 app.json 文件内 pages 属性中的“pages/logs/logs”删除，并删除上一行末尾的逗号。

(2) 按快捷键 Ctrl+S 保存当前修改。

2 删除和修改文件

具体操作如下：

(1) 删除 utils 文件夹及其内部所有内容。

(2) 删除 pages 文件夹下的 logs 目录及其内部所有内容。

(3) 删除 index.wxml 和 index.wxss 中的全部代码。

(4) 删除 index.js 中的全部代码，并且输入关键词 page 找到第二个选项按回车键让其自动补全函数(如图 3-14 所示)。

(5) 删除 app.wxss 中的全部代码。

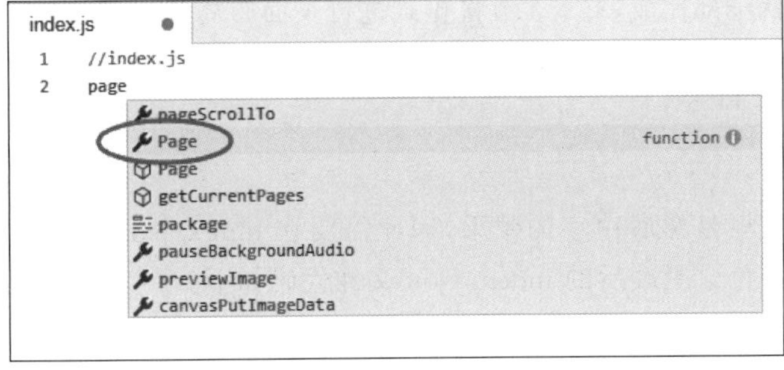

图 3-14　输入关键词创建 Page 函数

（6）删除 app.js 中的全部代码，并且输入关键词 app 找到第一个选项按回车键让其自动补全函数（如图 3-15 所示）。

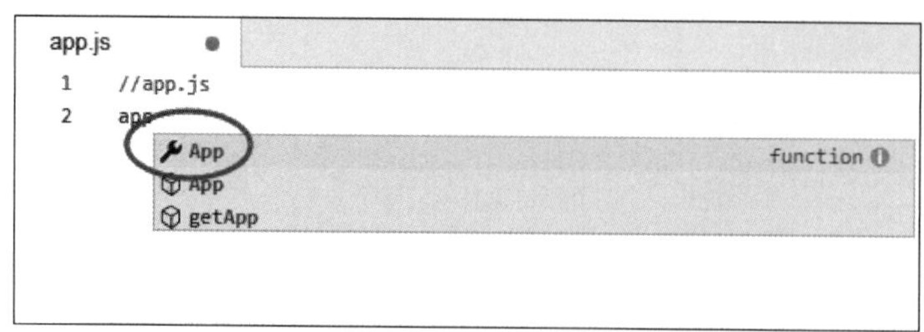

图 3-15 输入关键词创建 App 函数

3 创建其他文件

接下来创建其他自定义文件，本项目还需要一个文件夹用于存放图标素材。文件夹名称由开发者自定义（例如 images），单击目录结构左上角的＋号创建文件夹并命名为 images。

由于本项目用到的图标素材较多，将在 images 文件夹下分为两个二级目录放置。

- top：顶端钱包状态栏的图标共 3 个，如图 3-16 所示。

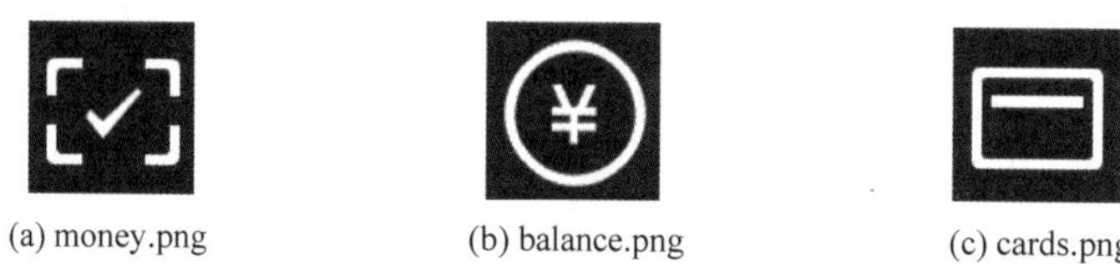

(a) money.png　(b) balance.png　(c) cards.png

图 3-16 顶端钱包状态栏图标素材展示

- service："腾讯服务"栏的九宫格图标共 8 个，如图 3-17 所示。

(a) cardRepay.png　(b) mobileTopup.png　(c) wealth.png　(d) utilities.png

(e) qqCoins.png　(f) publicService.png　(g) charity.png　(h) insurance.png

图 3-17 "腾讯服务"栏图标素材展示

右击目录结构中的 images 文件夹，选择"硬盘打开"，将二级目录和对应的图标文件全部复制、粘贴进去。完成后的目录结构如图 3-18 所示。

此时文件配置就全部完成，3.2.3 节将正式进行页面布局和样式设计。

3.2.3 视图设计

视频讲解

1 导航栏设计

小程序默认导航栏是黑底白字的效果，因此需要在 index.json 中自定义导航栏标题和背景颜色。更改后的 index.json 文件代码如下：

```
{
  "navigationBarTitleText": "钱包",
```

```
    "navigationBarBackgroundColor":"#686F79"
}
```

上述代码可以更改当前页面的导航栏标题文本为“钱包”、背景颜色为灰色(#686F79)。预览效果如图 3-19 所示。

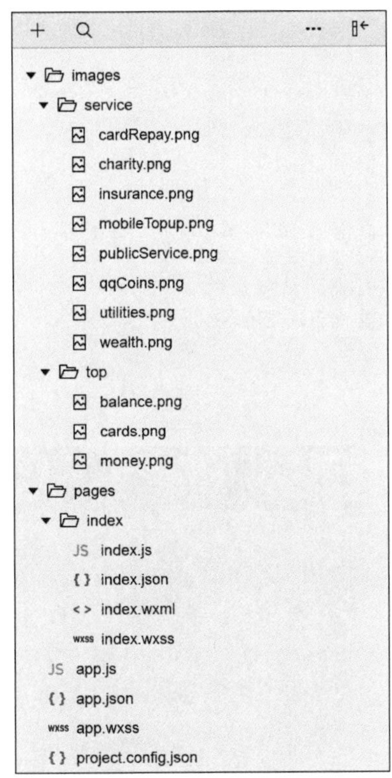

图 3-18　页面文件创建完成

图 3-19　自定义导航栏效果

2 页面设计

页面上主要包含两个面板,具体内容解释如下。

- 面板 1(顶端钱包状态栏):包含“收付款”“零钱”和“银行卡”3 个方格,每个方格中均有图标、文本,其中“零钱”还包括第二行副文本。
- 面板 2(“腾讯服务”栏):包含第一行标题和下方的九宫格区域,其中共有 8 个方格有内容,包括图标和文本。

注意,面板之间需要有一定的间隔距离,设计图如图 3-20 所示。

计划使用如下组件。

- 页面整体:<view>组件,并定义 class='container';
- 面板 1:<view>组件,并定义 class='topPanel';
- 面板 1 方格:<view>组件,并定义 class='box1';
- 面板 2:<view>组件,并定义 class='servicePanel';
- 面板 2 标题:<view>组件,并定义 class='serviceTitle';
- 面板 2 九宫格区域:<view>组件,并定义 class='serviceBlocks';
- 面板 2 方格:<view>组件,并定义 class='box2';
- 方格内图标:<image>(图像)组件;

- 方格内文字内容：<text>(文本)组件。

1）整体布局设计

视频讲解

首先定义页面容器(<view>)，WXML(pages/index/index.wxml)代码片段如下：

```
<view class='container'>
</view>
```

WXSS(pages/index/index.wxss)代码片段如下：

```
/*1 背景容器样式*/
.container{
  height: 100vh;                        /*高度为100视窗,写成100%无效*/
  background-color: silver;             /*背景颜色为银色*/
  display: flex;                        /*flex布局模型*/
  flex-direction: column;               /*垂直布局*/
}
```

当前效果如图3-21所示。

图3-20 页面设计图

图3-21 当前页面预览效果

由图可见，此时整个页面背景变成了银色。由于还没添加组件元素，所以尚看不出来flex布局模型效果。

然后继续添加两个面板组件，WXML(pages/index/index.wxml)代码片段修改如下：

```
<view class='container'>
  <view class='topPanel'>
  </view>
  <view class='servicePanel'>
    <view class='serviceTitle'>腾讯服务</view>
```

```
      <view class = 'serviceBlocks'></view>
    </view>
  </view>
```

WXSS(pages/index/index.wxss)代码片段如下：

```
/* 2 面板 1：顶端状态栏 */
.topPanel {
  height: 300rpx;                          /* 高度 */
  background-color: #686F79;               /* 背景颜色为灰色 */
  display: flex;                           /* flex 布局模型 */
  flex-direction: row;                     /* 水平布局 */
}
/* 3 面板 2："腾讯服务"栏 */
.servicePanel {
  min-height: 600rpx;                      /* 最小高度 */
  background-color: white;                 /* 背景颜色为白色 */
  margin: 20rpx 0;                         /* 上下外边距 20rpx,左右 0 */
}
/* 3-1 面板 2：第一行标题样式 */
.serviceTitle {
  padding: 20rpx;                          /* 四周内边距 20rpx */
  border: 1rpx solid silver;               /* 1rpx 宽的银色实线边框 */
  font-size: 30rpx;                        /* 字号为 30rpx 大小 */
  color: gray;                             /* 字体颜色为灰色 */
}
/* 3-2 面板 2：九宫格区域样式 */
.serviceBlocks {
  display: flex;                           /* flex 布局模型 */
  flex-direction: row;                     /* 水平布局 */
  flex-wrap: wrap;                         /* 允许换行 */
}
```

当前效果如图 3-22 所示。

由图可见，此时可以显示两个面板的布局位置、背景颜色以及面板 2 的标题。

视频讲解

2）面板 1 方格设计

接下来制作面板 1 的方格内容，以其中左边第一个方格"收付款"内容为例，WXML(pages/index/index.wxml)代码片段修改如下：

```
<view class = 'container'>
  <view class = 'topPanel'>
    <view class = 'box1'>
      <image src = '/images/top/money.png'></image>
      <text>收付款</text>
    </view>
  </view>
  …
</view>
```

WXSS(pages/index/index.wxss)代码片段如下：

```
/* 2-1 面板 1：方格样式 */
.box1 {
  display: flex;                           /* flex 布局模型 */
  flex-direction: column;                  /* 垂直布局 */
```

```
    align-items: center;                    /* 水平方向居中 */
    width: 33%;                             /* 宽度约占屏幕的1/3 */
    height: 250rpx;                         /* 高度 */
}
/* 2-2 面板1: 方格内图标样式 */
.box1 image{
    width: 110rpx;                          /* 宽度 */
    height: 110rpx;                         /* 高度 */
    margin: 20rpx;                          /* 四周外边距均为20rpx */
}
/* 2-3 面板1: 方格内文本样式 */
.box1 text{
    text-align: center;                     /* 文本居中 */
    color: white;                           /* 字体颜色为白色 */
    font-size: 35rpx;                       /* 字号为35rpx大小 */
}
```

当前效果如图 3-23 所示。

图 3-22　当前页面预览效果

图 3-23　面板 1 预览效果

由图可见，此时可以显示面板 1 的“收付款”方格内容，包括图标和文本。用同样的方式追加其他方格即可实现完整效果。当然也可以暂时不追加，使用 3.2.4 节介绍的方法减少工作量。

视频讲解

3）面板 2 方格设计

接下来制作面板 2 的方格内容，以其中左边第一个方格“信用卡还款”内容为例，WXML(pages/index/index.wxml)代码片段修改如下：

```
<view class='container'>
  …
  <view class='servicePanel'>
```

```
      <view class='serviceTitle'>腾讯服务</view>
      <view class='serviceBlocks'>
        <view class='box2'>
          <image src='/images/service/cardRepay.png'></image>
          <text>信用卡还款</text>
        </view>
      </view>
    </view>
  </view>
```

WXSS(pages/index/index.wxss)代码片段如下：

```
/*3-2-1 面板2：九宫格区域方格样式*/
.box2 {
  border: 1rpx solid silver;              /*1rpx宽的银色实线边框*/
  display: flex;                          /*flex布局模型*/
  flex-direction: column;                 /*垂直布局*/
  align-items: center;                    /*水平方向居中*/
  justify-content: center;                /*垂直方向居中*/
  width: 33%;                             /*宽度约占屏幕的1/3*/
  height: 230rpx;                         /*高度230rpx*/
  box-sizing: border-box;                 /* 元素的宽高均包含了边框和内边距 */
}
/*3-2-2 面板2：方格内图标*/
.box2 image {
  width: 90rpx;                           /*宽度*/
  height: 90rpx;                          /*高度*/
}
/*3-2-3 面板2：方格内文本*/
.box2 text {
  font-size: 30rpx;  /*字号为30rpx大小*/
}
```

当前效果如图3-24所示。

由图可见，此时可以显示面板2的“信用卡还款”方格内容。用同样的方式追加其他方格即可实现完整效果。当然也可以暂时不追加，使用3.2.4节介绍的方法减少工作量。

图3-24　面板2预览效果

3.2.4　逻辑实现

视频讲解

1 面板1的逻辑实现

1）使用动态数据展示方格

由于所有方格的内容布局都是统一的，可以考虑使用wx:for属性配合动态数组渲染全部列表项，以减少WXML页面的代码量。

修改WXML(pages/index/index.wxml)页面代码如下：

```
<view class='container'>
  <view class='topPanel'>
    <view class='box1' wx:for='{{array1}}' wx:key='array1_{{index}}'>
      <image src='{{item.icon}}'></image>
```

```
            <text>{{item.text}}</text>
        </view>
    </view>
    ...
</view>
```

上述代码表示使用 wx:for 属性循环显示全部方格，其中{{array1}}数组用于表示 3 个方格，方格区域中的图标和文本分别命名为 icon、text。这里均为自定义名称，开发者可以自行更改。

视频讲解

2）补充数组完整信息

在 index.js 的 data 属性中添加 array1 数组，JS 文件(pages/index/index.js)代码如下：

```
Page({
  data: {
    //面板 1 的九宫格数组
    array1: [
      { icon: '/images/top/money.png', text: '收付款' },
      { icon: '/images/top/balance.png', text: '零钱\n0.00' },
      { icon: '/images/top/cards.png', text: '银行卡' },
    ]
  }
})
```

当前效果如图 3-25 所示。

2 面板 2 的逻辑实现

视频讲解

1）使用动态数据展示方格

接下来继续使用 wx:for 属性配合动态数组渲染全部列表项，以减少 WXML 页面的代码量。

修改 WXML(pages/index/index.wxml)页面代码如下：

```
<view class = 'container'>
  ...
  <view class = 'servicePanel'>
    <view class = 'serviceTitle'>腾讯服务</view>
    <view class = 'serviceBlocks'>
      <view class = 'box2' wx:for = '{{array2}}' wx:key = 'array2_{{index}}'>
        <image src = '{{item.icon}}'></image>
        <text>{{item.text}}</text>
      </view>
    </view>
  </view>
</view>
```

上述代码表示使用 wx:for 属性循环显示全部方格，其中{{array2}}数组用于表示 8 个方格，方格区域中的图标和文本分别命名为 icon、text。这里均为自定义名称，开发者可以自行更改。

视频讲解

2）补充数组完整信息

在 index.js 的 data 属性中添加 array2 数组，JS 文件(pages/index/index.js)代码如下：

```
Page({
  data: {
    //面板 1 的九宫格数组
    …,
    //面板 2 的九宫格数组
    array2: [
      { icon: '/images/service/cardRepay.png', text: '信用卡还款' },
      { icon: '/images/service/mobileTopup.png', text: '手机充值' },
      { icon: '/images/service/wealth.png', text: '理财通' },
      { icon: '/images/service/utilities.png', text: '生活缴费' },
      { icon: '/images/service/qqCoins.png', text: 'Q 币充值' },
      { icon: '/images/service/publicService.png', text: '城市服务' },
      { icon: '/images/service/charity.png', text: '腾讯公益' },
      { icon: '/images/service/insurance.png', text: '保险服务' }
    ]
  }
})
```

此时就已全部完成，保存后重新预览项目，最终效果图如图 3-26 所示。

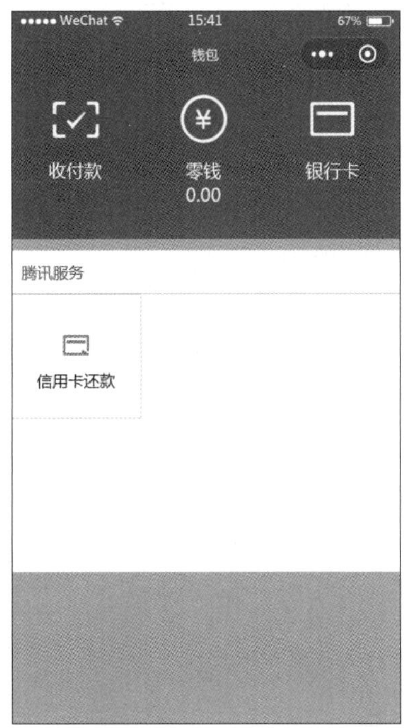

图 3-25 面板 1 预览效果

图 3-26 最终效果图

3.2.5 完整代码展示

app.json 文件的完整代码如下：

```
{
  "pages": [
    "pages/index/index"
  ]
}
```

JSON 文件(pages/index/index.json)的完整代码如下：

```
{
  "navigationBarTitleText": "钱包",
  "navigationBarBackgroundColor":"#686F79"
}
```

WXML 文件(pages/index/index.wxml)的完整代码如下：

```
<view class = 'container'>
  <view class = 'topPanel'>
    <view class = 'box1' wx:for = '{{array1}}' wx:key = 'array1_{{index}}'>
      <image src = '{{item.icon}}'></image>
      <text>{{item.text}}</text>
    </view>
  </view>
  <view class = 'servicePanel'>
    <view class = 'serviceTitle'>腾讯服务</view>
    <view class = 'serviceBlocks'>
      <view class = 'box2' wx:for = '{{array2}}' wx:key = 'array2_{{index}}'>
        <image src = '{{item.icon}}'></image>
        <text>{{item.text}}</text>
      </view>
    </view>
  </view>
</view>
```

WXSS 文件(pages/index/index.wxss)的完整代码如下：

```
/*1 背景容器样式*/
.container {
  height: 100vh;                      /*高度为 100 视窗,写成 100%无效*/
  background-color: silver;           /*背景颜色为银色*/
  display: flex;                      /*flex 布局模型*/
  flex-direction: column;             /*垂直布局*/
}

/*2 面板 1: 顶端状态栏*/
.topPanel {
  height: 300rpx;                     /*高度*/
  background-color: #686F79;          /*背景颜色为灰色*/
  display: flex;                      /*flex 布局模型*/
  flex-direction: row;                /*水平布局*/
}
/*2-1 面板 1: 方格样式*/
.box1 {
  display: flex;                      /*flex 布局模型*/
  flex-direction: column;             /*垂直布局*/
  align-items: center;                /*水平方向居中*/
  width: 33%;                         /*宽度约占屏幕的 1/3*/
  height: 250rpx;                     /*高度*/
}
/*2-2 面板 1: 方格内图标样式*/
.box1 image{
  width: 110rpx;                      /*宽度*/
  height: 110rpx;                     /*高度*/
```

```
  margin: 20rpx;                          /* 四周外边距均为 20rpx */
}
/* 2-3 面板 1: 方格内文本样式 */
.box1 text{
  text-align: center;                     /* 文本居中 */
  color: white;                           /* 字体颜色为白色 */
  font-size: 35rpx;                       /* 字号为 35rpx 大小 */
}

/* 3 面板 2: "腾讯服务"栏 */
.servicePanel {
  min-height: 600rpx;                     /* 最小高度 */
  background-color: white;                /* 背景颜色为白色 */
  margin: 20rpx 0;                        /* 上下外边距 20rpx,左右 0 */
}
/* 3-1 面板 2: 第一行标题样式 */
.serviceTitle {
  padding: 20rpx;                         /* 四周内边距 20rpx */
  border: 1rpx solid silver;              /* 1rpx 宽的银色实线边框 */
  font-size: 30rpx;                       /* 字号为 30rpx 大小 */
  color: gray;                            /* 字体颜色为灰色 */
}
/* 3-2 面板 2: 九宫格区域样式 */
.serviceBlocks {
  display: flex;                          /* flex 布局模型 */
  flex-direction: row;                    /* 水平布局 */
  flex-wrap: wrap;                        /* 允许换行 */
}
/* 3-2-1 面板 2: 九宫格区域方格样式 */
.box2 {
  border: 1rpx solid silver;              /* 1rpx 宽的银色实线边框 */
  display: flex;                          /* flex 布局模型 */
  flex-direction: column;                 /* 垂直布局 */
  align-items: center;                    /* 水平方向居中 */
  justify-content: center;                /* 垂直方向居中 */
  width: 33%;                             /* 宽度约占屏幕的 1/3 */
  height: 230rpx;                         /* 高度 230rpx */
  box-sizing: border-box;                 /* 元素的宽高均包含了边框和内边距 */
}
/* 3-2-2 面板 2: 方格内图标 */
.box2 image {
  width: 90rpx;                           /* 宽度 */
  height: 90rpx;                          /* 高度 */
}
/* 3-2-3 面板 2: 方格内文本 */
.box2 text {
  font-size: 30rpx;                       /* 字号的 30rpx 大小 */
}
```

JS 文件(pages/index/index.js)的完整代码如下：

```
Page({
  data: {
    //面板 1 的九宫格数组
    array1: [
      { icon: '/images/top/money.png', text: '收付款' },
```

```
      { icon: '/images/top/balance.png', text: '零钱\n0.00' },
      { icon: '/images/top/cards.png', text: '银行卡' },
    ],
    //面板 2 的九宫格数组
    array2: [
      { icon: '/images/service/cardRepay.png', text: '信用卡还款' },
      { icon: '/images/service/mobileTopup.png', text: '手机充值' },
      { icon: '/images/service/wealth.png', text: '理财通' },
      { icon: '/images/service/utilities.png', text: '生活缴费' },
      { icon: '/images/service/qqCoins.png', text: 'Q 币充值' },
      { icon: '/images/service/publicService.png', text: '城市服务' },
      { icon: '/images/service/charity.png', text: '腾讯公益' },
      { icon: '/images/service/insurance.png', text: '保险服务' }
    ]
  }
})
```

第4章 Chapter 4

小程序组件·猜数字游戏

本章主要介绍使用小程序组件相关知识制作一款简易的猜数字游戏，系统将随机生成0～100的整数让玩家猜，一共8个回合。

本章学习目标

- 学习使用基础容器<view>；
- 学习使用<form>、<input>和<button>等组件。

效果如图4-1所示。

图4-1 猜数字小游戏效果图

4.1 项目创建

视频讲解

本项目创建选择空白文件夹numberGuess，效果如图4-2所示。

单击“新建”按钮完成项目创建，然后准备手动创建页面配置文件。

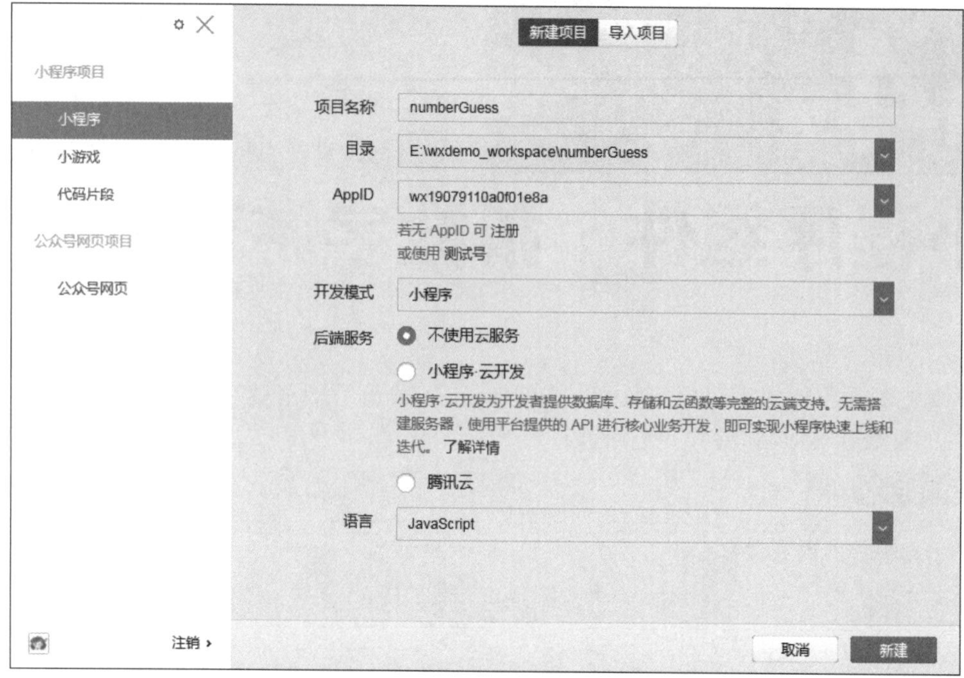

图 4-2　小程序项目填写效果示意图

4.2　页面配置

视频讲解

4.2.1　创建页面文件

项目创建完毕后，在根目录中会生成文件夹 pages 用于存放页面文件。

本项目共有 4 个页面文件，介绍如下。

- 首页：index. wxml；
- 开始游戏：game. wxml；
- 游戏规则：rules. wxml；
- 关于我们：about. wxml。

因此需要修改 app. json 文件内 pages 属性中的页面声明，修改后如图 4-3 所示。

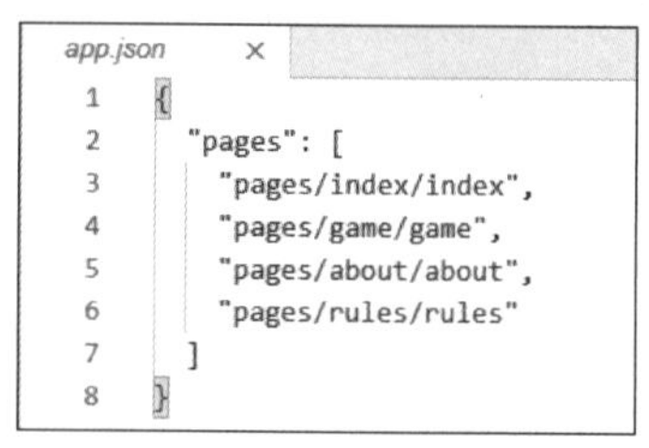

图 4-3　app. json 页面修改 pages 配置代码

4.2.2　删除和修改文件

具体操作如下：

(1) 删除 utils 文件夹及其内部所有内容。

(2) 删除 pages 文件夹下的 logs 目录及其内部所有内容。

(3) 删除 index. wxml 和 index. wxss 中的全部代码。

(4) 删除 index. js 中的全部代码，并且输入关键词 page 找到第二个选项按回车键让其自动补全函数(如图 4-4 所示)。

(5) 删除 app. wxss 中的全部代码。

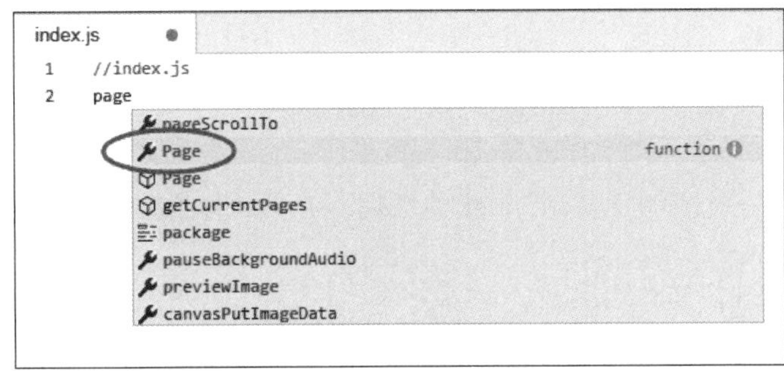

图 4-4 输入关键词创建 Page 函数

(6) 删除 app.js 中的全部代码，并且输入关键词 app 找到第一个选项按回车键让其自动补全函数(如图 4-5 所示)。

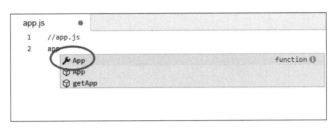

图 4-5 输入关键词创建 App 函数

此时文件配置就全部完成，4.3 节将正式进行页面布局和样式设计。

4.3 视图设计

4.3.1 导航栏设计

视频讲解

小程序默认导航栏就是黑底白字的效果，因此只需要在这 4 个页面的 JSON 文件中分别自定义导航栏标题即可。以 index.json 文件为例，更改后的代码如下：

```
{
  "navigationBarTitleText": "猜数字小游戏"
}
```

图 4-6 自定义导航栏效果

上述代码可以更改首页导航栏的标题文本为“猜数字小游戏”，效果如图 4-6 所示。

其他几个页面用同样的方式分别定义标题为“开始游戏”“游戏规则”和“关于我们”，这里不再一一展示代码。

4.3.2 公共样式设计

视频讲解

在 app.wxss 中设置小程序页面的公共样式，代码如下：

```
.container{
  display: flex;                    /* flex 模型布局 */
```

```
    flex-direction: column;              /* 垂直布局 */
    align-items: center;                 /* 水平方向居中 */
    height: 100vh;                       /* 高度为 100 视窗,写成 100% 无效 */
    justify-content: space-around;       /* 内容调整 */
}
```

上述代码声明了一个名称为 container 的类用于各页面作为底层容器。

4.3.3 页面设计

视频讲解

1 首页设计

首页是菜单选择页,共包含 3 个按钮,具体内容解释如下。

- 开始游戏:点击跳转到"开始游戏"页面;
- 游戏规则:点击跳转到"游戏规则"页面;
- 关于我们:点击跳转到"关于我们"页面。

按钮从上往下排列并且水平方向居中,设计图如图 4-7 所示。

计划使用如下组件。

- 页面整体:<view>组件,并定义 class='container';
- 按钮:<button>组件。

首先定义页面容器(<view>),WXML(pages/index/index.wxml)代码片段如下:

```
<view class = 'container'>
</view>
```

此时 app.wxss 文件中的样式就会起到作用,由于还没添加组件元素,所以尚看不出来 flex 布局模型效果。

接下来在<view>容器内部依次添加 3 个按钮,WXML(pages/index/index.wxml)代码片段修改如下:

```
<view class = 'container'>
  <button type = 'primary'>开始游戏</button>
  <button type = 'primary'>游戏规则</button>
  <button type = 'primary'>关于我们</button>
</view>
```

WXSS(pages/index/index.wxss)代码片段如下:

```
/* 按钮样式 */
button{
  width: 350rpx;                         /* 宽度 */
}
```

当前效果如图 4-8 所示。

由图可见,此时主菜单页面设计已经完成。

视频讲解

2 "游戏规则"页面设计

"游戏规则"页面只需要包含规则文本<text>组件即可,样式可以由开发者自行设计。

首先定义页面容器(<view>),WXML(pages/rules/rules.wxml)代码片段如下:

```
<view class = 'container'>
</view>
```

图 4-7 页面设计图

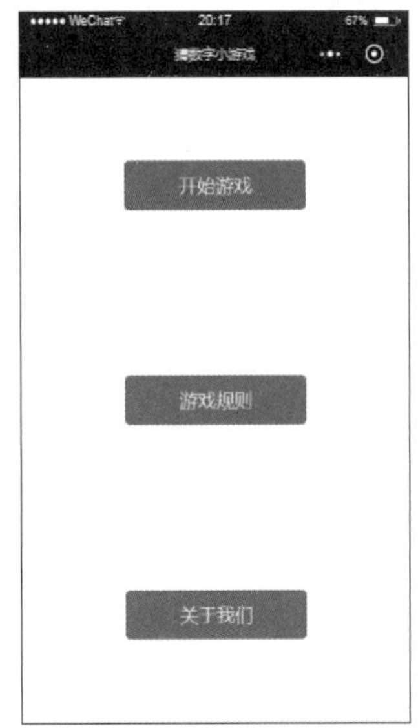

图 4-8 首页预览效果

然后在< view >容器中添加文本，WXML(pages/rules/rules. wxml)代码片段修改如下：

```
<view class = 'container'>
  <text>
          1.系统会随机生成一个 0～100 的数字让玩家猜。
          2.玩家共有 8 次机会。
          3.在 8 次之内猜到则游戏成功。
          4.点击"开始游戏"进入游戏画面。
  </text>
</view>
```

注意文本组件< text >支持回车换行，还可以使用\n 符号获得一样的显示效果。

当前效果如图 4-9 所示。

由图可见，此时“游戏规则”页面设计已经完成。

3 “关于我们”页面设计

“关于我们”页面同样只需要包含文本组件< text >即可，描述开发者或工作室信息。

视频讲解

首先定义页面容器(< view >)，WXML(pages/about/about. wxml)代码片段如下：

```
<view class = 'container'>
</view>
```

然后在< view >容器中添加文本，WXML(pages/about/about. wxml)代码片段修改如下：

```
<view class = 'container'>
  <text>×××工作室荣誉出品。</text>
</view>
```

当前效果如图 4-10 所示。

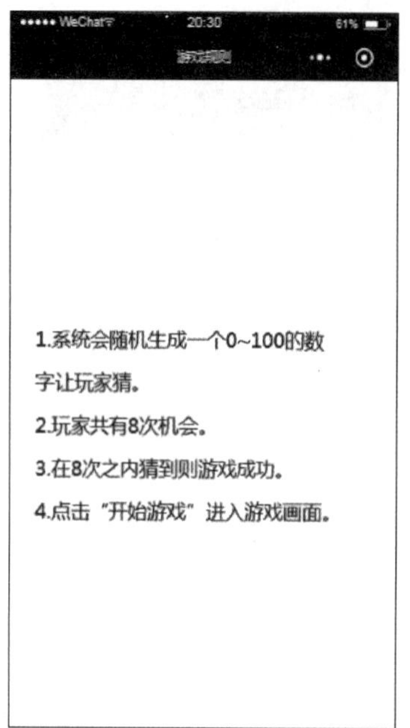

图 4-9 “游戏规则”页面预览效果

图 4-10 “关于我们”页面预览效果

由图可见，此时“关于我们”页面设计已经完成。

4 “开始游戏”页面设计

视频讲解

“开始游戏”页面包含 3 部分内容。

- 顶部欢迎语句：<text>组件；
- 表单：<form>组件；
- 提示语句：<text>组件。

组件从上往下排列并且水平方向居中，设计图如图 4-11 所示。

首先定义页面容器(<view>)，WXML(pages/game/game.wxml)代码片段如下：

```
<view class = 'container'>
</view>
```

然后在<view>容器中添加内容，WXML(pages/game/game.wxml)代码片段修改如下：

```
<view class = 'container'>
  <text>欢迎来到猜数字小游戏</text>
  <form>
      <input type = 'number' placeholder = '请输入 0～100 的数字'></input>
      <button type = 'primary' form - type = 'reset'>提交</button>
  </form>
  <text id = 'tip'></text>
</view>
```

WXSS(pages/game/game.wxss)代码片段如下：

```
/* 文本框 */
input{
  border: 1rpx solid green;                /* 1rpx 宽的绿色实线边框 */
```

```
    margin: 30rpx 0;                    /* 上下外边距 30rpx */
    height: 90rpx;                      /* 高度 */
    border-radius: 20rpx;               /* 圆角边框 */
}

/* 提示框 */
#tip{
    height:800rpx;                      /* 固定高度 */
}
```

当前效果如图 4-12 所示。

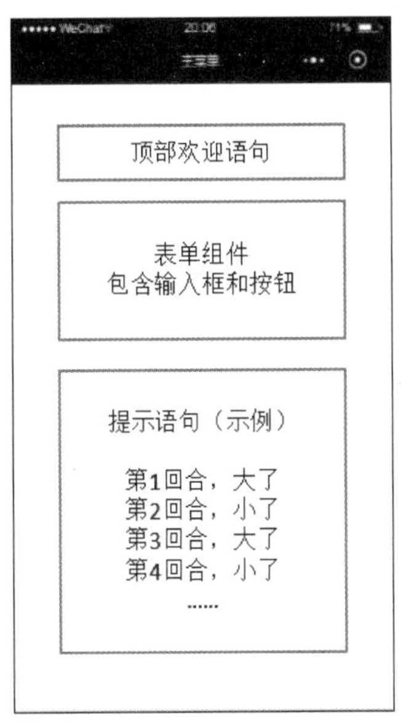

图 4-11　页面设计图

图 4-12　“开始游戏”页面预览效果

由图可见，此时“开始游戏”页面设计已经完成。

4.4　逻辑实现

4.4.1　游戏页面的逻辑实现

视频讲解

1 游戏初始化

游戏初始化时需要规定以下内容，顺序不限。

- 正确答案 answer：随机生成一个 0～100 的数字；
- 回合数 count：0；
- 提示语句 tip：空字符串''；
- 用户猜的数字 x：−1；
- 游戏状态 isGameStart：true。

首先在 JS 文件(pages/game/game.js)中创建 initial 函数用于初始化数据，代码片段如下：

```
Page({
    …
```

```
  /**
    * 数据初始化
    */
  initial: function() {
    this.setData({
      answer: Math.round(Math.random() * 100),        //随机数
      count: 0,                                        //回合数
      tip: '',                                         //提示语句
      x: -1,                                           //用户猜的数字
      isGameStart: true                                //游戏已经开始
    });
  },
  …
})
```

然后在 onLoad 函数中进行调用，JS 文件(pages/game/game.js)代码片段如下：

```
  onLoad: function(options) {
    this.initial();
  },
```

此时可以在页面加载后开始游戏。

2 获取用户输入的数字

视频讲解

为输入框添加 bindinput 事件，修改后 WXML(pages/game/game.wxml)页面代码如下：

```
<view class='container'>
  <text>欢迎来到猜数字小游戏</text>
  <form>
      <input bindinput='getNumber' type='number' placeholder='请输入 0~100 的数字'></input>
      <button type='primary' form-type='reset'>提交</button>
  </form>
  <text id='tip'></text>
</view>
```

上述代码表示当点击按钮时文本框失去焦点并触发自定义的 getNumber 函数。

在 JS 文件(pages/game/game.js)中添加 getNumber 函数，代码片段如下：

```
Page({
  …
  /**
    * 获取用户输入的数字
    */
  getNumber: function(e) {
    this.setData({x:e.detail.value})
  },
  …
})
```

3 游戏过程

视频讲解

为按钮添加 bindtap 事件，修改后 WXML(pages/game/game.wxml)页面代码如下：

```
<view class='container'>
  <text>欢迎来到猜数字小游戏</text>
  <form>
```

```
      <input bindblur = 'getNumber' type = 'number' placeholder = '请输入 0～100 的数字'></input>
      <button type = 'primary' form-type = 'reset' bindtap = 'guess'>提交</button>
    </form>
    <text id = 'tip'></text>
</view>
```

上述代码表示当点击按钮时触发自定义的 guess 函数。

在 JS 文件(pages/game/game.js)中添加 guess 函数，代码片段如下：

```
Page({
  …
/**
   * 本回合开始猜数字
   */
  guess: function() {
    //获取用户本回合填写的数字
    let x = this.data.x;
    //重置 x 为未获得新数字状态
    this.setData({x: -1});

    if (x < 0) {
      wx.showToast({
        title: '不能小于 0',
      });
    } else if (x > 100) {
      wx.showToast({
        title: '不能大于 100',
      });
    } else {
      //回合数增加 1
      let count = this.data.count + 1;
      //获取当前提示信息
      let tip = this.data.tip;
      //获取正确答案
      let answer = this.data.answer;

      if (x == answer) {
        tip += '\n第' + count + '回合: ' + x + ',猜对了!';
        this.setData({isGameStart: false});           //游戏结束
      } else if (x > answer) {
        tip += '\n第' + count + '回合: ' + x + ',大了!';
      } else {
        tip += '\n第' + count + '回合: ' + x + ',小了!';
      }

      if (count == 8) {
        tip += '\n游戏结束';
        this.setData({ isGameStart: false });         //游戏结束
      }

      //更新提示语句和回合数
      this.setData({
        tip: tip,
        count: count
      });
    }
  },  …
})
```

运行效果图如图 4-13 所示。

(a) 游戏开始

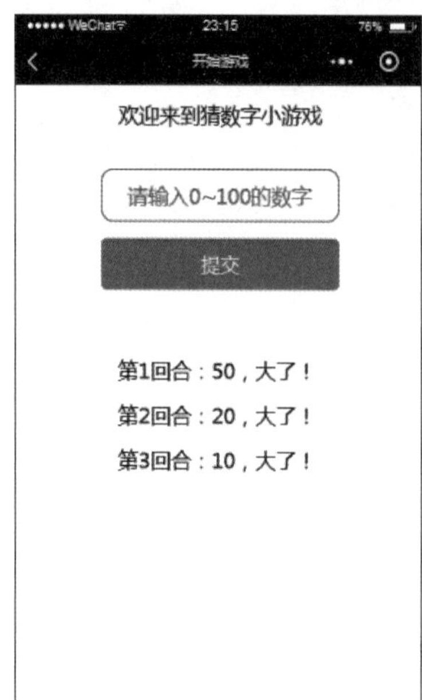

(b) 游戏过程

图 4-13　游戏效果图

4 游戏结束

当游戏结束时隐藏输入框和“提交”按钮，只显示“重新开始”按钮。修改后 WXML(pages/game/game.wxml)页面代码如下：

视频讲解

```
<view class = 'container'>
  <text>欢迎来到猜数字小游戏</text>
  <form>
    <block wx:if = '{{isGameStart}}'>
      <input bindblur = 'getNumber' type = 'number' placeholder = '请输入 0～100 的数字'></input>
      <button type = 'primary' form - type = 'reset' bindtap = 'guess'>提交</button>
    </block>
    <block wx:else>
      <button type = 'primary' bindtap = 'restartGame'>重新开始</button>
    </block>
  </form>
  <text id = 'tip'>{{tip}}</text>
</view>
```

上述代码使用了 wx:if 属性配合< block >代码块形成两种情况，即在游戏中只显示输入框和“提交”按钮，游戏结束时只显示“重新开始”按钮。

在 JS 文件(pages/game/game.js)中添加 restartGame 函数，代码片段如下：

```
Page({
  …
  /**
   * 游戏重新开始
   */
  restartGame: function() {
    this.initial();
```

```
    },
    …
})
```

运行效果图如图 4-14 所示。

(a) 游戏结束

(b) 游戏重新开始

图 4-14　游戏结束效果图

4.4.2　首页的逻辑实现

视频讲解

下面将 app.json 中页面的路径位置重新调整，使得 index 为第一个显示的页面，然后为 3 个按钮分别添加 bindtap 事件，WXML 文件(pages/index/index.wxml)代码如下：

```
<view class = 'container'>
  <button bindtap = 'goToGame' type = 'primary'>开始游戏</button>
  <button bindtap = 'goToRules' type = 'primary'>游戏规则</button>
  <button bindtap = 'goToAbout' type = 'primary'>关于我们</button>
</view>
```

JS 文件(pages/index/index.js)代码如下：

```
Page({
  …
  goToGame(){
       wx.navigateTo({
       url: '../game/game',
       })
  },
  goToAbout() {
    wx.navigateTo({
    url: '../about/about',
    })
```

```
  },
  goToRules() {
    wx.navigateTo({
    url: '../rules/rules',
    })
  },
  …
})
```

此时已全部完成，保存后重新预览项目，最终效果图如图 4-15 所示。

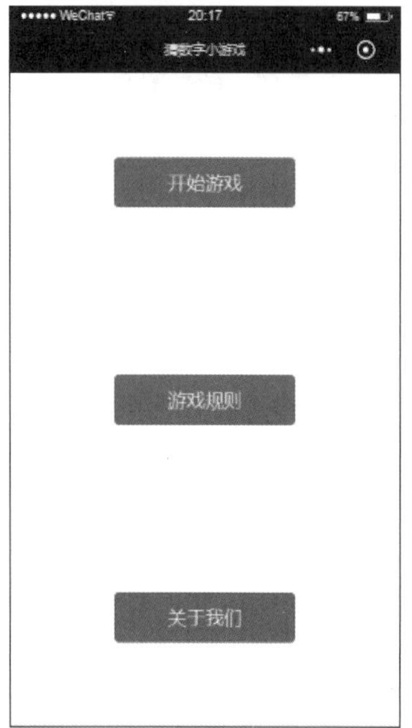

(a) 首页

(b) 跳转到“开始游戏”页面

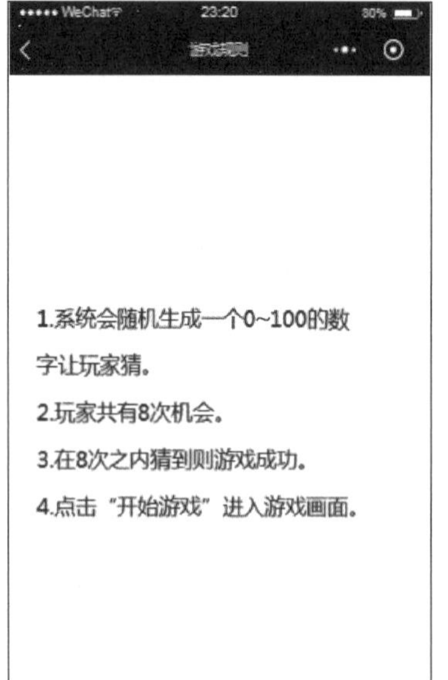

●●●●● WeChat
23:20
80%
游戏规则
1.系统会随机生成一个0~100的数字让玩家猜。
2.玩家共有8次机会。
3.在8次之内猜到则游戏成功。
4.点击“开始游戏”进入游戏画面。

(c) 跳转到“游戏规则”页面

(d) 跳转到“关于我们”页面

图 4-15 最终效果图

4.5 完整代码展示

4.5.1 主体文件代码展示

app.json 文件的完整代码如下：

```
{
  "pages": ]
    "pages/index/index",
    "pages/game/game",
    "pages/about/about",
    "pages/rules/rules"
  ]
}
```

app.wxss 文件的完整代码如下：

```
/* 背景容器样式 */
.container{
  display: flex;                          /* flex 模型布局 */
  flex - direction: column;               /* 垂直布局 */
  align - items: center;                  /* 水平方向居中 */
  height: 100vh;                          /* 高度为 100 视窗,写成 100% 无效 */
  justify - content: space - around;      /* 内容调整 */
}
/* 文本样式 */
text{
  margin:0 50rpx;                         /* 左右外边距 50rpx */
  line - height: 30pt;                    /* 行高 30pt */
}
```

4.5.2 首页代码展示

JSON 文件(pages/index/index.json)的完整代码如下：

```
{
  "navigationBarTitleText": "猜数字小游戏"
}
```

WXML 文件(pages/index/index.wxml)的完整代码如下：

```
<view class = 'container'>
  <button bindtap = 'goToGame' type = 'primary'>开始游戏</button>
  <button bindtap = 'goToRules' type = 'primary'>游戏规则</button>
  <button bindtap = 'goToAbout' type = 'primary'>关于我们</button>
</view>
```

WXSS 文件(pages/index/index.wxss)的完整代码如下：

```
/* 按钮样式 */
button{
  width: 350rpx;                          /* 宽度 */
}
```

JS 文件(pages/index/index.js)的完整代码如下：

```
Page({
  goToGame() {
    wx.navigateTo({
      url: '../game/game',
    })
  },
  goToAbout() {
    wx.navigateTo({
      url: '../about/about',
    })
  },
  goToRules() {
    wx.navigateTo({
      url: '../rules/rules',
    })
  }
})
```

4.5.3 “游戏规则”页面代码展示

JSON 文件(pages/rules/rules.json)的完整代码如下：

```
{
  "navigationBarTitleText": "游戏规则"
}
```

WXML 文件(pages/rules/rules.wxml)的完整代码如下：

```
<view class='container'>
  <text>
          1.系统会随机生成一个 0~100 的数字让玩家猜.
          2.玩家共有 8 次机会.
          3.在 8 次之内猜到则游戏成功.
          4.点击"开始游戏"进入游戏画面.
  </text>
</view>
```

4.5.4 “关于我们”页面代码展示

JSON 文件(pages/about/about.json)的完整代码如下：

```
{
  "navigationBarTitleText": "关于我们"
}
```

WXML 文件(pages/about/about.wxml)的完整代码如下：

```
<view class='container'>
  <text>×××工作室荣誉出品.</text>
</view>
```

4.5.5　开始游戏(game)代码展示

JSON(pages/game/game.json)完整代码如下：

```
{
  "navigationBarTitleText": "开始游戏"
}
```

WXML(pages/game/game.wxml)完整代码如下：

```
<view class = 'container'>
  <text>欢迎来到猜数字小游戏</text>

  <form>
    <block wx:if = '{{isGameStart}}'>
      <input bindinput = 'getNumber' type = 'number' placeholder = '请输入 0~100 的数字'></input>
      <button type = 'primary' form - type = 'reset' bindtap = 'guess'>提交</button>
    </block>
    <block wx:else>
      <button type = 'primary' bindtap = 'restartGame'>重新开始</button>
    </block>
  </form>

  <text id = 'tip'>{{tip}}</text>
</view>
```

WXSS(pages/game/game.wxss)完整代码如下：

```
/* 文本框 */
input{
  border: 1rpx solid green;          /* 1rpx 宽的绿色实线边框 */
  margin: 30rpx 0;                   /* 上下外边距 30rpx */
  height: 90rpx;                     /* 高度 */
  border - radius: 20rpx;            /* 圆角边框 */
}

/* 提示框 */
#tip{
  height:800rpx;                     /* 固定高度 */
}
```

JS(pages/game/game.js)完整代码如下：

```
Page({
  /**
   * 数据初始化
   */
  initial: function() {
    this.setData({
      answer: Math.round(Math.random() * 100),   //随机数
      count: 0,                                  //回合数
      tip: '',                                   //提示语句
      x: -1,                                     //用户猜的数字
      isGameStart: true                          //游戏已经开始
    });
```

```
},
/**
 * 获取用户输入的数字
 */
getNumber: function(e) {
  this.setData({ x : e.detail.value});
},
/**
 * 本回合开始猜数字
 */
guess: function() {
  //获取用户本回合填写的数字
  let x = this.data.x;
  //重置x为未获得新数字状态
  this.setData({x: -1});

  if (x < 0) {
    wx.showToast({
      title: '不能小于0',
    });
  } else if (x > 100) {
    wx.showToast({
      title: '不能大于100',
    });
  } else {
    //回合数增加1
    let count = this.data.count + 1;
    //获取当前提示信息
    let tip = this.data.tip;
    //获取正确答案
    let answer = this.data.answer;

    if (x == answer) {
      tip += '\n第' + count + '回合:' + x + ',猜对了!';
      this.setData({isGameStart: false});      //游戏结束
    } else if (x > answer) {
      tip += '\n第' + count + '回合:' + x + ',大了!';
    } else {
      tip += '\n第' + count + '回合:' + x + ',小了!';
    }

    if (count == 8) {
      tip += '\n游戏结束';
      this.setData({ isGameStart: false });    //游戏结束
    }

    //更新提示语句和回合数
    this.setData({
      tip: tip,
      count: count
    });
  }
},
/**
 * 游戏重新开始
```

```
   */
  restartGame: function() {
    this.initial();
  },
  /**
   * 生命周期函数--监听页面加载
   */
  onLoad: function(options) {
    this.initial();
  },
})
```

应用篇

第5章 Chapter 5

小程序网络API · 天气查询

本章主要介绍使用小程序网络 API 的相关应用制作一款天气查询小程序。

本章学习目标

- 掌握服务器域名配置和临时服务器部署；
- 掌握 wx.request 接口的用法。

5.1 准备工作

视频讲解

5.1.1 API 密钥申请

本小节主要介绍如何申请获得开源 API 的密钥。这里选择了可以提供全球气象数据服务接口的和风天气 API，其官方网址为"https://dev.qweather.com/"（如图 5-1 所示）。

图 5-1 "和风天气"官方主页（访问时间：2021.01.12 20:40）

用户选择"免费用户"类型，使用邮箱进行注册并激活后可以获取三天之内全球各地区的实时天气，免费接口调用流量为 1000 次/天、频率为 200 次/分钟，该数据基本上可以满足读者的开发学习需求。

注册完毕之后可以访问 https://console.qweather.com/#/console 来查看账号信息，个人密钥 key 的创建办法可查看官方文档 https://dev.qweather.com/docs/start/get-api-key/，这里选择创建免费版即可，创建完毕后如图 5-2 所示。

开发者需记录上述页面中的个人认证 key，该信息在小程序发出网络请求时会作为身份识别的标识一并发送给和风天气的第三方服务器。至此，开源 API 的密钥申请就已经顺利完成，读者可以进行 5.1.2 节的学习，了解如何调用 API 获取气象数据。

图 5-2 个人认证 key 查询页面(访问时间：2021.01.12 20:46)

5.1.2 API 调用方法

视频讲解

目前免费用户可以调用的最新版接口地址为 https://devapi.qweather.com/v7/,其服务器节点在中国境内。该接口地址后面追加不同的关键词将获取不同种类的气象数据信息,例如 alarm 为天气自然灾害预警。读者可以访问官方文档(https://dev.qweather.com/docs/api/)了解各类关键词的使用方法。

本示例将选用关键词 weather 进行实况天气数据的获取。实况天气即为当前时间点的天气状况以及温/湿/风/压等气象指数,具体包含体感温度、实测温度、天气状况、风力、风速、风向、相对湿度、大气压强、降水量、能见度等。目前该接口允许查询的城市覆盖范围为全球任意一个城市。

基于关键词 weather 的接口具有两个必填参数和两个可选参数,如表 5-1 所示。

表 5-1 weather 接口参数一览表

参数名称	参数类型	解释
location	必填参数	用于规定需要查询的地区。可以填入查询地区的 LocationID 或经纬度坐标(十进制)。 例如： location=101010100(查询地区的 LocationID) location=120.343,36.088(经纬度)
key	必填参数	需要填入用户的个人认证 key 字符串。接口将通过该数据判断是否为授权用户,并可以进一步判断是否为付费用户。 例如：key=123abc456dfg
gzip	可选参数	对接口进行压缩,可大幅节省网络消耗,减少接口获取延迟。参数的默认值是 y,表示开启 gzip。参数值改成 n 表示不使用压缩。
lang	可选参数	用于指定数据的语言版本,不添加 lang 参数则默认为简体中文。 例如：lang=en 需要注意的是,国内某些特定数据(例如生活指数、空气质量等)不支持多语言版
unit	可选参数	单位选择,公制(m)或英制(i),默认为公制单位。 例如：unit=i 详见表 5-2“度量衡单位一览表”

其中与 unit 参数相关的公制和英制单位对比如表 5-2 所示。

表 5-2　度量衡单位一览表

数　据　项	公 制 单 位	英 制 单 位
温度	摄氏度：℃	华氏度：℉
风速	公里/小时：km/h	英里/小时：mile/h
能见度	公里：km	英里：mile
大气压强	百帕：hPa	百帕：hPa
降水量	毫米：mm	毫米：mm
PM2.5	微克/立方米：$\mu g/m^3$	微克/立方米：$\mu g/m^3$
PM10	微克/立方米：$\mu g/m^3$	微克/立方米：$\mu g/m^3$
O_3	微克/立方米：$\mu g/m^3$	微克/立方米：$\mu g/m^3$
SO_2	微克/立方米：$\mu g/m^3$	微克/立方米：$\mu g/m^3$
CO	毫克/立方米：mg/m^3	毫克/立方米：mg/m^3
NO_2	微克/立方米：$\mu g/m^3$	微克/立方米：$\mu g/m^3$

注意：部分数据项无论选择何种单位均会使用公制单位。

免费用户调用接口的常见语法格式如下：

```
https://devapi.qweather.com/v7/weather/now?[parameters]
```

其中[parameters]需要替换成使用到的参数，多个参数之间使用 & 符号隔开。

例如，使用 LocationID 查询上海市天气数据的写法如下：

```
https://devapi.qweather.com/v7/weather/now?location=101020100&key=1234abcd
```

注意，其中 key 的值 1234abcd 为随机填写的内容，请在实际开发中将其替换为真实的个人认证 key，否则接口将无法获取数据。

用户可以直接将这段地址输入到浏览器的地址栏中测试数据返回结果，如图 5-3 所示。

{"code":"200","updateTime":"2021-01-12T20:36+08:00","fxLink":"http://hfx.link/2bc1","now":{"obsTime":"2021-01-12T20:04+08:00","temp":"5","feelsLike":"3","icon":"150","text":"晴","wind360":"270","windDir":"西风","windScale":"0","windSpeed":"0","humidity":"33","precip":"0.0","pressure":"1017","vis":"15","cloud":"0","dew":"-9"},"refer":{"sources":["Weather China"],"license":["no commercial use"]}}

图 5-3　免费天气查询接口返回结果页面（访问时间：2021.01.12 20:49）

由该图可知，指定城市的天气数据返回结果是 JSON 数据格式的文本内容，其中包含的数据是以“名称:值”的形式存放。

为方便用户查看，将图 5-3 返回的数据内容整理格式如下：

```
{
    "code":"200",
    "updateTime":"2021-01-12T20:36+08:00",
    "fxLink":"http://hfx.link/2bc1",
    "now":{
        "obsTime":"2021-01-12T20:04+08:00",
        "temp":"5",
```

```
            "feelsLike":"3",
            "icon":"150",
            "text":"晴",
            "wind360":"270",
            "windDir":"西风",
            "windScale":"0",
            "windSpeed":"0",
            "humidity":"33",
            "precip":"0.0",
            "pressure":"1017",
            "vis":"15",
            "cloud":"0",
            "dew":" - 9"
        },
        "refer":{
            "sources":["Weather China"],
            "license":["no commercial use"]
        }
    }
```

返回的字段说明如表 5-3 所示。

表 5-3 实况天气返回字段说明

参数		描述	示例值
code		接口请求状态码,例如 200 表示请求成功	200
updateTime		当前 API 的最新更新时间	2021-01-12T20:36+08:00
fxLink		该城市的天气预报和实况自适应网页,可嵌入网站或应用	http://hfx.link/2bc1
now 实况天气	obsTime	实况观测时间	2021-01-12T20:04+08:00
	temp	温度,默认单位:摄氏度	5
	feelsLike	体感温度,默认单位:摄氏度	3
	icon	实况天气状况的图标代码。对应的图标素材可以访问 https://dev.qweather.com/docs/start/icons 下载使用	150
	text	实况天气状况的文字描述	晴
	wind360	风向 360 角度	270
	windDir	风向	西风
	windScale	风力	0
	windSpeed	风速,千米/小时	0
	humidity	相对湿度	33
	precip	降水量	0.0
	pressure	大气压强	1017
	vis	能见度,默认单位:千米	15
	cloud	云量	0
	dew	实况露点温度	−9

续表

参数		描述	示例值
refer 数据来源	sources	原始数据来源,该值有可能为空值	Weather China
	license	数据许可证(例如免费版、商业版)	no commercial use

其中,参数 code 的状态码及错误码说明如表 5-4 所示。

表 5-4 接口状态码及错误码说明

代码	说明
200	请求成功
204	请求成功,但所查询的地区暂时没有需要的数据
400	请求错误,可能包含错误的请求参数或缺少必选的请求参数
401	认证失败,可能使用了错误的 KEY、数字签名错误、KEY 的类型错误
402	超过访问次数或余额不足以支持继续访问服务,可以充值、升级访问量或等待访问量重置
403	无访问权限,可能是绑定的 PackageName、BundleID、域名 IP 地址不一致,或者是需要额外付费的数据
404	查询的数据或地区不存在
429	超过限定的 QPM(每分钟访问次数)
500	无响应或超时

如果接口无法正确地获取数据,可以根据状态码对比表 5-4 查询原因。

用户可以根据指定的名称找到对应的数据值,例如在实况天气数据(now)中可以查到当前城市的温度,对应的字段节选如下:

```
"temp":"5"
```

上述代码表示当前城市的温度为 19℃。

5.1.3 服务器域名配置

视频讲解

每一个小程序在与指定域名地址进行网络通信前都必须将该域名地址添加到管理员后台白名单中,因此本示例需要对域名地址 https://devapi.qweather.com 进行服务器配置。

小程序开发者登录 mp.weixin.qq.com 进入管理员后台,单击"设置"按钮,切换至"开发设置"面板,在"服务器域名"栏中可以添加或修改需要进行网络通信的服务器域名地址,如图 5-4 所示。

将当前需要使用的接口添加到"request 合法域名"中,配置完成后再登录小程序开发工具就允许小程序与指定的服务器域名地址之间的网络通信了,注意目前每个月可以申请修改 50 次服务器域名配置。

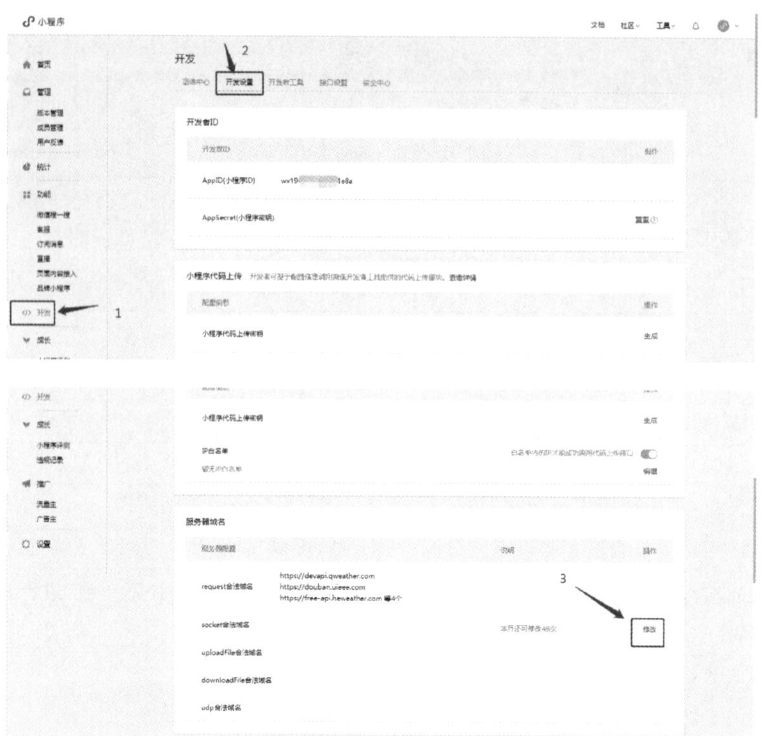

图 5-4　服务器域名配置

5.2　项目创建

视频讲解

本项目创建选择空白文件夹 weatherDemo，效果如图 5-5 所示。

单击“新建”按钮完成项目创建，然后准备手动创建页面配置文件。

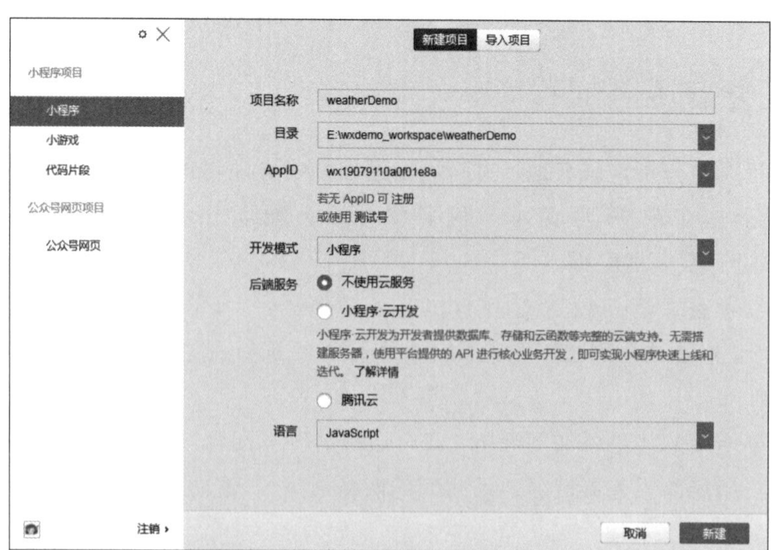

图 5-5　小程序项目填写效果示意图

5.3 页面配置

5.3.1 创建页面文件

项目创建完毕后，在根目录中会生成文件夹 pages 用于存放页面文件。一般来说首页默认命名为 index，表示小程序运行的第一个页面；其他页面名称可以自定义。本项目只需要保留首页(index)即可。

具体操作如下：

(1) 将 app.json 文件内 pages 属性中的"pages/logs/logs"删除，并删除上一行末尾的逗号。

(2) 按快捷键 Ctrl+S 保存当前修改。

5.3.2 删除和修改文件

具体操作如下：

(1) 删除 utils 文件夹及其内部所有内容。

(2) 删除 pages 文件夹下的 logs 目录及其内部所有内容。

(3) 删除 index.wxml 和 index.wxss 中的全部代码。

(4) 删除 index.js 中的全部代码，并且输入关键词 page 找到第二个选项按回车键让其自动补全函数(如图 5-6 所示)。

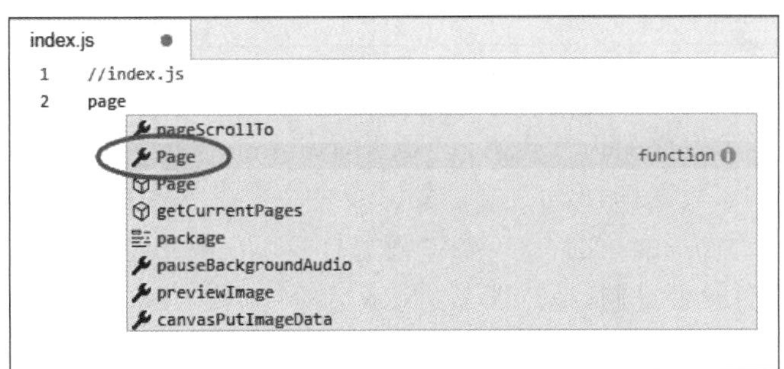

图 5-6 输入关键词创建 Page 函数

(5) 删除 app.wxss 中的全部代码。

(6) 删除 app.js 中的全部代码，并且输入关键词 app 找到第一个选项按回车键让其自动补全函数(如图 5-7 所示)。

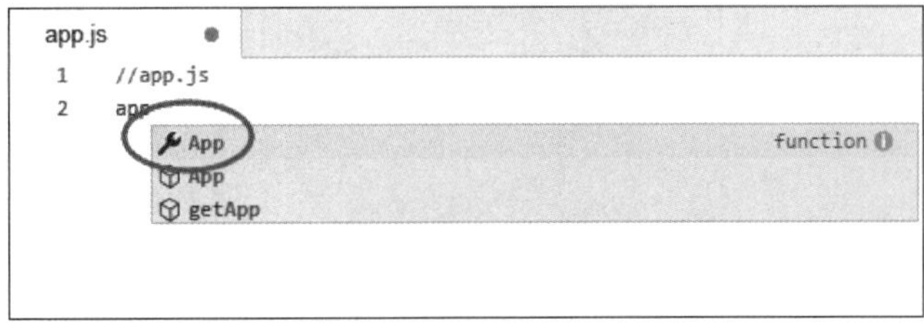

图 5-7 输入关键词创建 App 函数

5.3.3 创建其他文件

接下来创建其他自定义文件，本项目还需要一个文件夹用于存放天气图标素材。文件夹名称由开发者自定义（例如 images），单击目录结构左上角的＋号创建文件夹并命名为 images。

本项目用到的图标素材共计 75 个，均来源于和风天气官网，图标素材展示如图 5-8 所示。

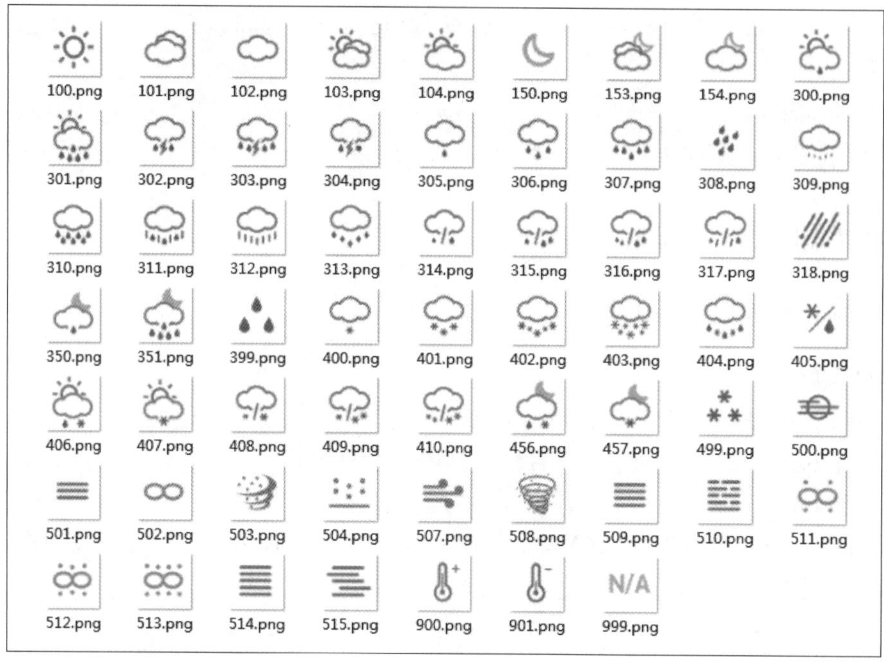

图 5-8 天气图标素材展示

其中图标文件名为对应的天气代码，扩展名均为.png。需要注意的是，部分图标文件名带有字母 n，表示夜间天气图标，例如 100n.png。

右击目录结构中的 images 文件夹，选择“硬盘打开”，在该文件夹中新建二级目录 weather_icon，然后将图标文件全部复制、粘贴进去。完成后的目录结构如图 5-9 所示。

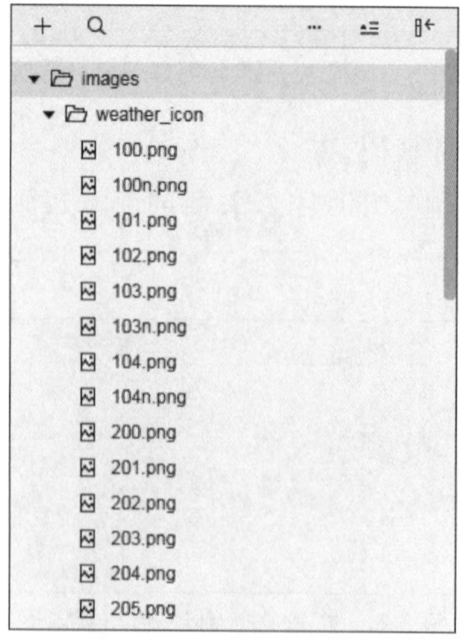

图 5-9 页面文件创建完成

此时文件配置就全部完成，5.4 节将正式进行页面布局和样式设计。

5.4 视图设计

视频讲解

5.4.1 导航栏设计

小程序默认导航栏是黑底白字的效果，因此需要在 app.json 中自定义导航栏标题和背景颜色。更改后的 app.json 文件代码如下：

```
{
  "pages": [
    "pages/index/index"
  ],
  "window": {
    "navigationBarBackgroundColor": "#3883FA",
    "navigationBarTitleText": "今日天气"
  }
}
```

上述代码可以更改所有页面的导航栏标题文本为“今日天气”、背景颜色为蓝色(#3883FA)。预览效果如图 5-10 所示。

图 5-10 自定义导航栏效果

5.4.2 页面设计

视频讲解

页面上主要包含 4 个区域，具体内容解释如下。

- 区域 1：地区选择器，用户可以自行选择查询的省、市、区；
- 区域 2：显示当前城市的温度和天气状态的文字说明；
- 区域 3：显示当前城市的天气图标；
- 区域 4：分多行显示其他天气信息，例如湿度、气压、能见度和风向等。

注意，面板之间需要有一定的间隔距离，设计图如图 5-11 所示。

计划使用如下组件。

- 页面整体：< view >组件，并定义 class='container'；
- 区域 1：< picker >组件；
- 区域 2：< text >组件；
- 区域 3：< image >组件；
- 区域 4：< view >组件，并定义 class='detail'；
- 区域 4 内单元行：4 个< view >组件，并定义 class='bar'；
- 区域 4 内单元格：每行 3 个< view >组件，并定义 class='box'。

1 整体容器设计

首先定义页面容器(< view >)，WXML(pages/index/index.wxml)代码片段如下：

```
<view class = 'container'>
</view>
```

在 app.wxss 中设置容器样式，代码片段如下：

```
/* 背景容器样式 */
.container{
  height: 100vh;                          /* 高度为 100 视窗，写成 100% 无效 */
  display: flex;                          /* flex 布局模型 */
  flex-direction: column;                 /* 垂直布局 */
  align-items: center;                    /* 水平方向居中 */
  justify-content:space-around;           /* 调整间距 */
}
```

当前效果如图 5-12 所示。

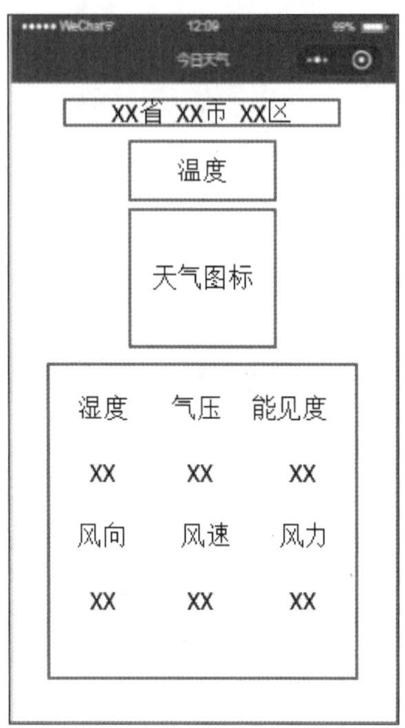

图 5-11 页面设计图

图 5-12 页面预览效果

由于还没有添加组件元素，所以尚看不出来 flex 布局模型效果。

2 区域 1(地区选择器)设计

区域 1 需要使用< picker >组件来实现一个地区选择器，用户点击可切换选择其他城市。WXML(pages/index/index.wxml)代码片段修改如下：

```
<view class = 'container'>
  <!-- 区域 1: 地区选择器 -->
  <picker mode = 'region'>
    <view>北京市</view>
  </picker>
</view>
```

< picker >组件内部是开发者任意填写的一个城市名称，当前效果如图 5-13 所示。由图可见，点击城市名称时会从底部弹出控件，用户可以进行省、市、区的选择。

3 区域 2(文本)设计

区域 2 需要使用< text >组件实现一个单行天气信息，包括当前城市的温度和天气状况。WXML(pages/index/index.wxml)代码片段修改如下：

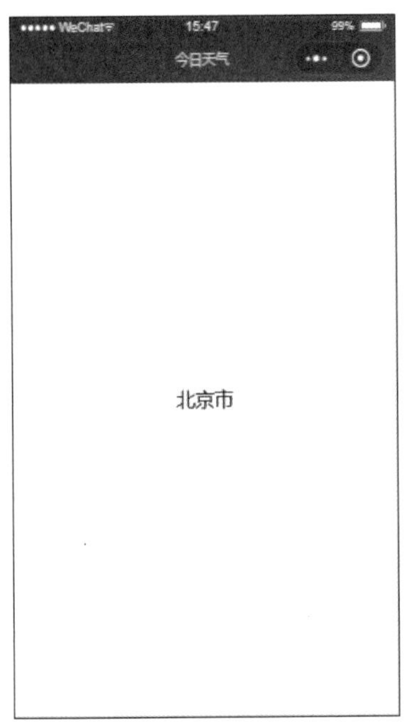

(a) 页面初始效果

(b) 点击城市名称时的效果

图 5-13　区域 1 预览效果

```
<view class = 'container'>
  <!-- 区域 1: 地区选择器 -->
  …
  <!-- 区域 2: 单行天气信息 -->
  <text>19℃ 晴</text>
</view>
```

WXSS(pages/index/index. wxss)代码片段如下：

```
/* 文本样式 */
text{
  font-size: 80rpx;
  color: #3C5F81;
}
```

当前效果如图 5-14 所示。

当前显示的文本内容由开发者自定义，待查询到实际数据后将动态更新文本内容。

4 区域 3(天气图标)设计

区域 3 需要使用<image>组件展示当前城市的天气图标。

WXML(pages/index/index. wxml)代码片段修改如下：

```
<view class = 'container'>
  <!-- 区域 1: 地区选择器 -->
  …
  <!-- 区域 2: 单行天气信息 -->
  …
  <!-- 区域 3: 天气图标 -->
  <image src = '/images/weather_icon/999.png' mode = 'widthFix'></image>
</view>
```

WXSS(pages/index/index.wxss)代码片段如下：

```
/* 图标样式 */
image{
  width: 220rpx;
}
```

当前效果如图 5-15 所示。

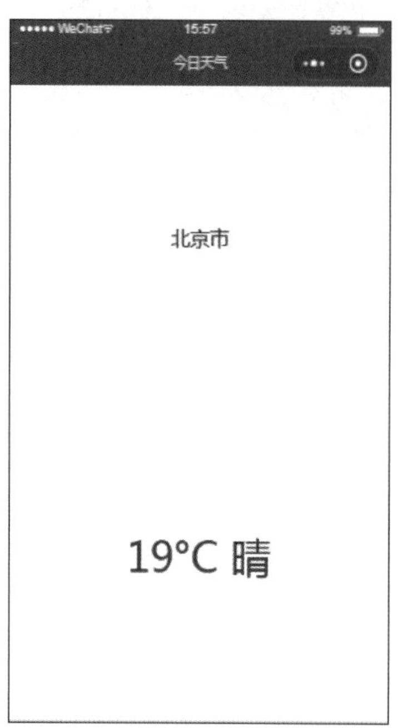

图 5-14　区域 2 预览效果

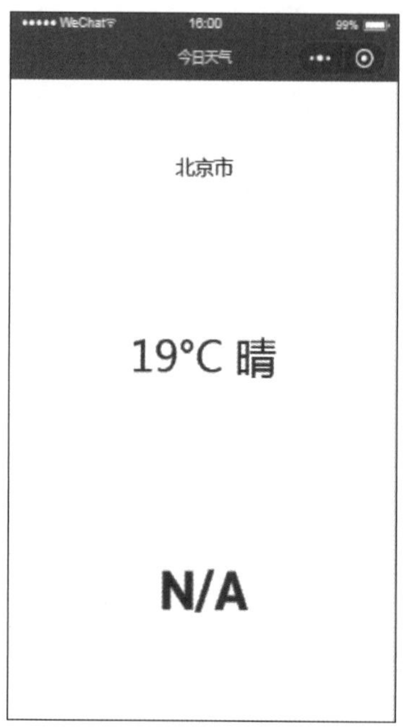

图 5-15　区域 3 预览效果

“N/A”表示天气状况为“未知”，待查询到实况数据后将动态更新图标内容。

5 区域 4(多行天气信息)设计

区域 4 需要使用< view >组件展示多行天气信息。

WXML(pages/index/index.wxml)代码片段修改如下：

```
<view class = 'container'>
  <!-- 区域 1: 地区选择器 -->
  …
  <!-- 区域 2: 单行天气信息 -->
  …
  <!-- 区域 3: 天气图标 -->
  …
  <!-- 区域 4: 多行天气信息 -->
  <view class = 'detail'>
    <view class = 'bar'>
      <view class = 'box'>湿度</view>
      <view class = 'box'>气压</view>
      <view class = 'box'>能见度</view>
    </view>
    <view class = 'bar'>
      <view class = 'box'> 0  % </view>
      <view class = 'box'> 0 hPa </view>
```

```
      <view class = 'box'> 0 km </view>
    </view>
    <view class = 'bar'>
      <view class = 'box'>风向</view>
      <view class = 'box'>风速</view>
      <view class = 'box'>风力</view>
    </view>
    <view class = 'bar'>
      <view class = 'box'> 0 </view>
      <view class = 'box'> 0 km/h </view>
      <view class = 'box'> 0 级</view>
    </view>
  </view>
</view>
```

WXSS(pages/index/index.wxss)代码片段如下：

```
/* 区域 4 整体样式 */
.detail{
  width: 100%;
  display: flex;
  flex-direction: column;
}
/* 区域 4 单元行样式 */
.bar{
  display: flex;
  flex-direction: row;
  margin: 20rpx 0;
}
/* 区域 4 单元格样式 */
.box{
  width: 33.3%;
  text-align: center;
}
```

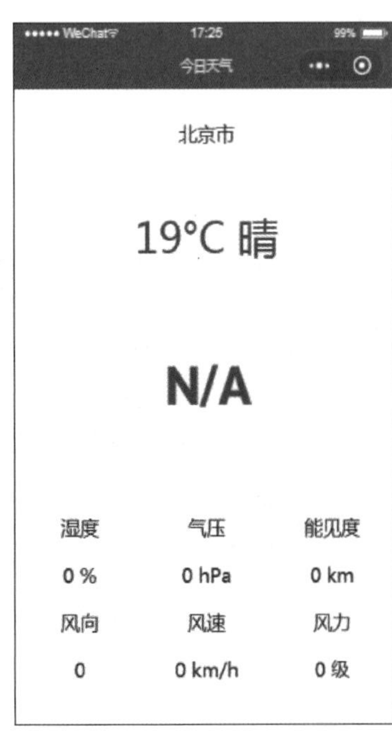

图 5-16　区域 4 预览效果

当前效果如图 5-16 所示。

当前为开发者自定义数据，待查询到实况数据后将动态更新区域 4 的内容。此时页面设计就全部完成了，接下来需要进行逻辑实现。

5.5 逻辑实现

视频讲解

5.5.1 更新省、市、区信息

首先修改<picker>组件中的“北京市”为{{region}}，然后为<picker>组件追加自定义 bindchange 事件，用于监听选项变化。

WXML(pages/index/index.wxml)代码片段修改如下：

```
<view class = 'container'>
  <!-- 区域 1: 地区选择器 -->
  <picker mode = 'region' bindchange = 'regionChange'>
    <view>{{region}}</view>
  </picker>
</view>
```

由于地区选择器的返回结果是数组的形式，所以在 JS 文件的 data 中定义 region 为包含了省、市、区 3 个项目的数组，初始城市信息由开发者自定义。

JS(pages/index/index.js)代码片段修改如下：

```
Page({
  /**
   * 页面的初始数据
   */
  data: {
    region:['安徽省','芜湖市','镜湖区']
  },
  /**
   * 更新省、市、区信息
   */
  regionChange: function(e) {
    this.setData({region: e.detail.value});
  },
})
```

运行效果如图 5-17 所示。

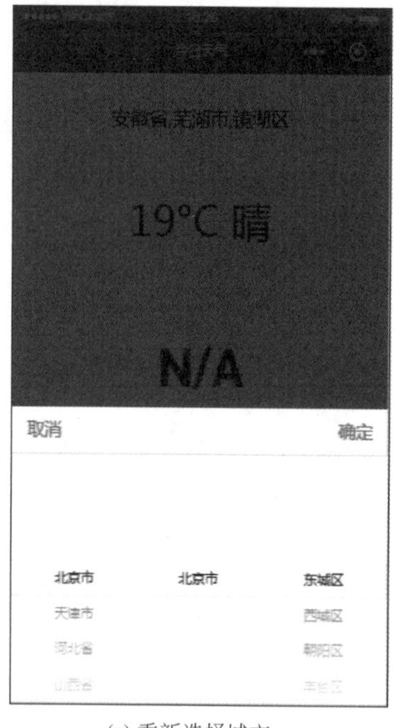

(a) 重新选择城市

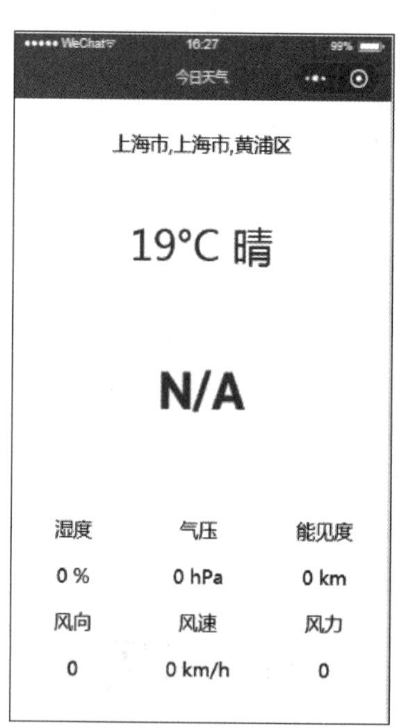

(b) 更新省、市、区信息

图 5-17　更新省、市、区信息前后

由图可见，当前已经可以自行切换到国内任意省、市、区。

5.5.2 获取实况天气数据

视频讲解

需要注意的是，早期的和风天气 API S6 版本可以直接使用城市或地区名称来发送请求，但是目前的 API V7 版本不可以，必须先根据城市或地区的中文名称获取位置 ID。获取位置 ID 的方法有两种：一是每次从和风天气官方接口发出请求，但是这样不是很方便，并且会增加请求次数，不作为推荐；二是可以直接将常用城市或地区对应的中文名称和 ID 编号数据做成 JSON 格式文件放在项目中，本地查询使用即可。

因此，不妨在项目中新增一个 utils 文件夹，里面新增一个 utils.js 文件来进行位置 ID 的获取。该文件内主要包括自定义变量 city_list_json（用于存放国内所有城市地区数据信息）和自定义函数 getLocationID(location_name)（用于获取城市 ID），最后使用 module.exports 暴露函数接口给页面 js 文件使用。

util.js 文件参考代码如下：

```
var city_list_json = [
{Location_ID:'101010100',Location_Name_EN:'beijing',Location_Name:'北京'},
…中间若干城市代码略…
{Location_ID:'101340405',Location_Name_EN:'hualian',Location_Name:'花莲'},
{Location_ID:'101340406',Location_Name_EN:'yunlin',Location_Name:'云林'}
]

// 查找城市 ID
function getLocationID(location_name){
  // 遍历查找
  for(var i = 0;i < city_list_json.length;i++){
    if(location_name.indexOf(city_list_json[i].Location_Name)!= -1){
      // 返回当前位置 ID
      return city_list_json[i].Location_ID
    }
  }

  // 如果没有查到，则返回初始城市 ID
  return '101010100'
}

module.exports = {
  getLocationID:getLocationID
}
```

注意：为了方便开发者测试，作者已经把国内最新的 3000 多个城市地区整理出来了，直接在示例项目中找到 util.js 文件复制即可拿去使用。

然后修改 index.js 文件，在顶端声明对 util.js 文件的引用，代码如下（注意这里必须用相对路径，暂时还不支持绝对路径）：

```
//index.js
var util = require('../../utils/util.js')

Page({
…原先的代码略…
})
```

在 JS 文件中使用自定义函数 getWeather 进行实况天气数据的获取。由于非直辖市无法查询到具体的区，所以后续的天气查询以城市作为查询依据。

JS(pages/index/index.js)代码片段修改如下：

```
Page({
  /**
    * 获取实况天气数据
```

```
    */
  getWeather: function() {
    var that = this;
    //获取位置 ID
    var location_name = util.getLocationID(that.data.region[1])

    wx.request({
      url: 'https://devapi.heweather.net/v7/weather/now',
      data:{
        location:location_name,
        key:'换成您自己申请到的 key'     //替换成开发者申请到的 key
      },
      success:function(res){
        console.log(res.data);
      }
    })
  },
})
```

将上述函数在生命周期函数 onLoad 和自定义函数 regionChange 中分别进行调用，表示当页面加载时和切换城市时均主动获取一次实况天气数据。

JS(pages/index/index.js)代码片段修改如下：

```
Page({
  /**
   * 更新省、市、区信息
   */
  regionChange: function(e) {
    this.setData({region: e.detail.value});
    this.getWeather();                    //更新天气
  },
  /**
   * 生命周期函数 -- 监听页面加载
   */
  onLoad: function(options) {
    this.getWeather();                    //更新天气
  },
})
```

在联网状态下保存后重新运行会在 Console 控制台得到第三方服务器发回的 JSON 数据，如图 5-18 所示。


```
▾{code: "200", updateTime: "2021-01-12T21:26+08:00", fxLink: "http://hfx.link/39t1", now: {…}, refer: {…}}
   code: "200"
   fxLink: "http://hfx.link/39t1"
  ▸now: {obsTime: "2021-01-12T21:03+08:00", temp: "8", feelsLike: "4", icon: "150", text: "晴", …}
  ▸refer: {sources: Array(1), license: Array(1)}
   updateTime: "2021-01-12T21:26+08:00"
  ▸__proto__: Object
```


图 5-18 Console 控制台获取到服务器返回数据

由图可见，实况天气数据包含在 now 属性中。更新 getWeather 函数，将该属性存到 JS 文件的 data 中，JS(pages/index/index.js)代码片段修改如下：

```
Page({
  /**
    * 获取实况天气数据
    */
  getWeather: function() {
    var that = this;
    //获取位置 ID
    var location_name = util.getLocationID(that.data.region[1])

    wx.request({
      url: 'https://devapi.heweather.net/v7/weather/now',
      data:{
        location:location_name,
        key:'换成您自己申请到的 key'
      },
      success:function(res){
        that.setData({now:res.data.now});
      }
    })
  },
})
```

```
Tree
▼ pages/index/index {3}
  ▶ region [3]
    __webviewId__ : 56
  ▼ now {13}
      cloud : 0
      cond_code : 100
      cond_txt : 晴
      fl : 16
      hum : 25
      pcpn : 0.0
      pres : 1021
      tmp : 20
      vis : 29
      wind_deg : 270
      wind_dir : 西风
      wind_sc : 3
      wind_spd : 16
```

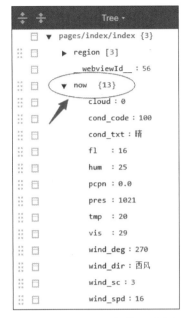

图 5-19　AppData 面板获取到数据

此时重新运行将在 AppData 面板中查到已经被记录的天气数据，如图 5-19 所示。

之后只需要将这些数据更新到页面上即可显示出来。

5.5.3　更新页面天气信息

视频讲解

将 WXML 页面上所有的临时数据都替换成{{now.属性}}的形式，例如温度是{{now.temp}}。

WXML(pages/index/index.wxml)代码片段修改如下：

```
<view class = 'container'>
  <!-- 区域 1: 地区选择器 -->
  ...
  <!-- 区域 2: 单行天气信息 -->
  <text>{{now.temp}}℃ {{now.cond_text}}</text>
  <!-- 区域 3: 天气图标 -->
  <image src = '/images/weather_icon/{{now.icon}}.png' mode = 'widthFix'></image>
  <!-- 区域 4: 多行天气信息 -->
  <view class = 'detail'>
    <view class = 'bar'>
      <view class = 'box'>湿度</view>
      <view class = 'box'>气压</view>
      <view class = 'box'>能见度</view>
    </view>
    <view class = 'bar'>
      <view class = 'box'>{{now.humidity}} %</view>
      <view class = 'box'>{{now.pressure}} hPa</view>
      <view class = 'box'>{{now.vis}} km</view>
    </view>
    <view class = 'bar'>
      <view class = 'box'>风向</view>
      <view class = 'box'>风速</view>
```

```
        <view class = 'box'>风力</view>
      </view>
      <view class = 'bar'>
        <view class = 'box'>{{now.windDir}}</view>
        <view class = 'box'>{{now.windSpeed}} km/h </view>
        <view class = 'box'>{{now.windScale}} 级</view>
      </view>
    </view>
</view>
```

运行效果如图 5-20 所示。

需要注意的是，在网速受限的情况下可能不能立刻获取到数据，因此最好在 JS 文件的 data 中为 now 规定初始数据，在获取到实际数据前可以临时显示这些数据。

JS(pages/index/index.js)代码片段修改如下：

```
Page({
  /**
   * 页面的初始数据
   */
  data: {
    region: ['安徽省', '芜湖市', '镜湖区'],
    now:{
      temp:0,
      text:'未知',
      icon:'999',
      humidity:0,
      pressure:0,
      vis:0,
      windDir:0,
      windSpeed:0,
      windScale:0
    }
  },
})
```

在网速受限的状态下，初始数据显示效果如图 5-21 所示。

图 5-20　实况天气数据显示效果

图 5-21　初始数据显示效果

此时项目就全部完成了。

5.6 完整代码展示

app.json 文件的完整代码如下：

```
{
  "pages": [
    "pages/index/index"
  ],
  "window": {
    "navigationBarBackgroundColor": "#3883FA",
    "navigationBarTitleText": "今日天气"
  }
}
```

app.wxss 文件的完整代码如下：

```
/* 背景容器样式 */
.container{
  height: 100vh;                          /* 高度为 100 视窗,写成 100% 无效 */
  display: flex;                          /* flex 布局模型 */
  flex-direction: column;                 /* 垂直布局 */
  align-items: center;                    /* 水平方向居中 */
  justify-content: space-around;          /* 调整内容位置 */
}
```

WXML 文件(pages/index/index.wxml)的完整代码如下：

```
<!-- index.wxml -->
<view class='container'>
  <!-- 区域 1: 地区选择器 -->
  <picker mode='region' bindchange='regionChange'>
    <view>{{region}}</view>
  </picker>

  <!-- 区域 2: 单行天气信息 -->
  <text>{{now.temp}}°C {{now.text}}</text>

  <!-- 区域 3: 天气图标 -->
  <image src='/images/weather_icon/{{now.icon}}.png' mode='widthFix'></image>

  <!-- 区域 4: 多行天气信息 -->
  <view class='detail'>
    <view class='bar'>
      <view class='box'>湿度</view>
      <view class='box'>气压</view>
      <view class='box'>能见度</view>
    </view>
    <view class='bar'>
      <view class='box'>{{now.humidity}} %</view>
      <view class='box'>{{now.pressure}} hPa</view>
      <view class='box'>{{now.vis}} km</view>
    </view>
    <view class='bar'>
      <view class='box'>风向</view>
      <view class='box'>风速</view>
```

```
        <view class = 'box'>风力</view>
      </view>
      <view class = 'bar'>
        <view class = 'box'>{{now.windDir}}</view>
        <view class = 'box'>{{now.windSpeed}} km/h</view>
        <view class = 'box'>{{now.windScale}} 级</view>
      </view>
    </view>
</view>
```

WXSS 文件(pages/index/index.wxss)的完整代码如下：

```
/* 文本样式 */
text{
  font-size: 80rpx;
  color: #3C5F81;
}

/* 图标样式 */
image{
  width: 220rpx;
}

/* 区域 4 整体样式 */
.detail{
  width: 100%;
  display: flex;
  flex-direction: column;
}
/* 区域 4 单元行样式 */
.bar{
  display: flex;
  flex-direction: row;
  margin: 20rpx 0;
}
/* 区域 4 单元格样式 */
.box{
  width: 33.3%;
  text-align: center;
}
```

JS 文件(pages/index/index.js)的完整代码如下：

```
var util = require('../../utils/util.js')

Page({
  /**
   * 页面的初始数据
   */
  data: {
    region: ['安徽省', '芜湖市', '镜湖区'],
    now:{
      tmp:0,
      cond_txt:'未知',
      cond_code:'999',
      hum:0,
      pres:0,
```

```
      vis:0,
      wind_dir:0,
      wind_spd:0,
      wind_sc:0
    }
  },
  /**
   * 更新省市区信息
   */
  regionChange: function(e) {
    this.setData({region: e.detail.value});
    this.getWeather();                    //更新天气
  },
  /**
   * 获取实况天气数据
   */
  getWeather: function () {
    var that = this;                      //this 不可以直接在 wxAPI 函数内部使用
    // 获取位置 ID
    var location_name = util.getLocationID(that.data.region[1])

    wx.request({
      url: 'https://devapi.heweather.net/v7/weather/now',
      data:{
        location: location_name,
        key: '换成您自己申请到的 key'
      },
      success:function(res){
        that.setData({now:res.data.now});
      }
    })
  },
  /**
   * 生命周期函数--监听页面加载
   */
  onLoad: function(options) {
    this.getWeather();                    //更新天气
  }
})
```

utils/utils.js 完整代码如下：

```
var city_list_json = [
{Location_ID:'101010100',Location_Name_EN:'beijing',Location_Name:'北京'},
…中间若干城市代码略…
{Location_ID:'101340405',Location_Name_EN:'hualian',Location_Name:'花莲'},
{Location_ID:'101340406',Location_Name_EN:'yunlin',Location_Name:'云林'}
]

                                          // 查找城市 ID
function getLocationID(location_name){
  // 遍历查找
  for(var i = 0;i < city_list_json.length;i++){
    if(location_name.indexOf(city_list_json[i].Location_Name)!= -1){
      // 返回当前位置 ID
      return city_list_json[i].Location_ID
```

```
    }
  }

  // 如果没有查到,则返回初始城市 ID
  return '101010100'
}

module.exports = {
  getLocationID:getLocationID
}
```

第6章 Chapter 6

小程序媒体API·口述校史

本项目主要内容是使用小程序媒体 API 制作一个视频播放小程序，视频素材来源为安徽师范大学档案馆的《口述校史》栏目，它录制了多名耄耋之年的老教工回忆工作时期对大学的印象。

本章学习目标

- 掌握视频列表的切换方法；
- 掌握视频自动播放方法；
- 掌握视频随机颜色弹幕效果。

6.1 项目创建

视频讲解

本项目创建选择空白文件夹 videoDemo，效果如图 6-1 所示。

单击“新建”按钮完成项目创建，然后准备手动修改页面配置文件。

图 6-1　小程序项目填写效果示意图

6.2 页面配置

6.2

6.2.1 创建页面文件

项目创建完毕后，在根目录中会生成文件夹 pages 用于存放页面文件。一般来说首页默认命名为 index，表示小程序运行的第一个页面；其他页面名称可以自定义。本项目只需要保留首页(index)即可。

具体操作如下：

(1) 将 app.json 文件内 pages 属性中的“pages/logs/logs”删除，并删除上一行末尾的逗号。

(2) 按快捷键 Ctrl+S 保存当前修改。

6.2.2 删除和修改文件

具体操作如下：

(1) 删除 utils 文件夹及其内部所有内容。

(2) 删除 pages 文件夹下的 logs 目录及其内部所有内容。

(3) 删除 index.wxml 和 index.wxss 中的全部代码。

(4) 删除 index.js 中的全部代码，并且输入关键词 page 找到第二个选项按回车键让其自动补全函数(如图 6-2 所示)。

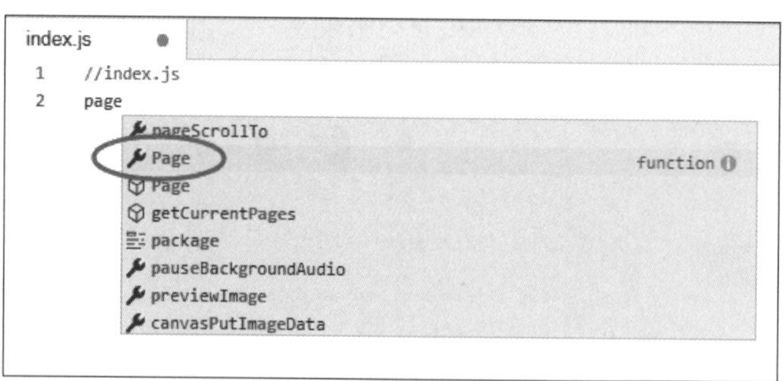

图 6-2 输入关键词创建 Page 函数

(5) 删除 app.wxss 中的全部代码。

(6) 删除 app.js 中的全部代码，并且输入关键词 app 找到第一个选项按回车键让其自动补全函数(如图 6-3 所示)。

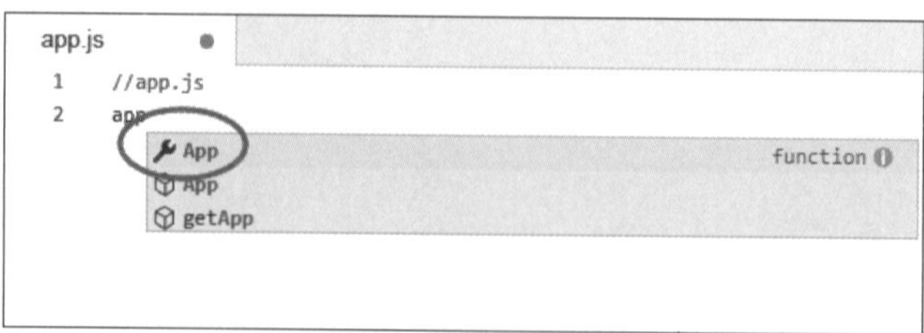

图 6-3 输入关键词创建 App 函数

6.2.3 创建其他文件

接下来创建其他自定义文件,本项目还需要一个文件夹用于存放播放图标。文件夹名称由开发者自定义(例如 images),单击目录结构左上角的+号创建文件夹并命名为 images。

本项目用到的图标素材如图 6-4 所示。

右击目录结构中的 images 文件夹,选择“硬盘打开”,然后将图标文件复制、粘贴进该目录。完成后的目录结构如图 6-5 所示。

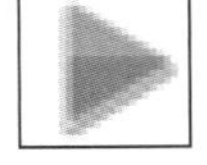

图 6-4 图标素材展示

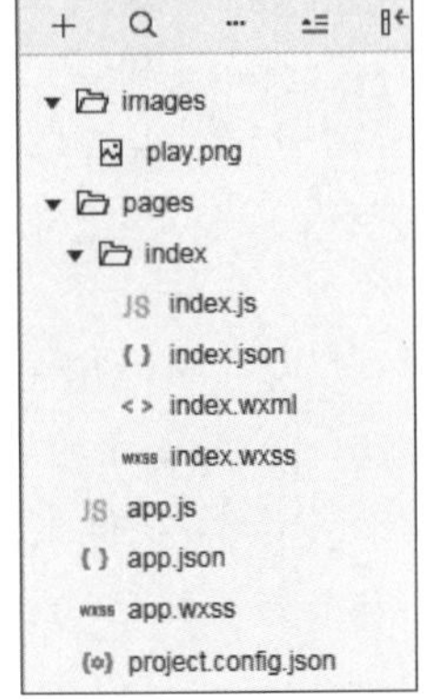

图 6-5 页面文件创建完成

此时文件配置就全部完成,6.3 节将正式进行页面布局和样式设计。

6.3 视图设计

6.3.1 导航栏设计

视频讲解

小程序默认导航栏是黑底白字的效果,因此需要在 app.json 中自定义导航栏标题和背景颜色。更改后的 app.json 文件代码如下:

```
{
  "pages": [
    "pages/index/index"
  ],
  "window": {
    "navigationBarBackgroundColor": "#987938",
    "navigationBarTitleText": "口述校史"
  }
}
```

图 6-6 自定义导航栏效果

上述代码可以更改所有页面的导航栏标题文本为“口述校史”、背景颜色为金棕色(#987938)。预览效果如图 6-6 所示。

6.3.2 页面设计

视频讲解

页面上主要包含 3 个区域,具体内容解释如下。

- 区域1：视频播放器，用于播放指定的视频；
- 区域2：弹幕发送区域，包含文本输入框和发送按钮；
- 区域3：视频列表，垂直排列多个视频标题，点击不同的标题播放对应的视频内容。

面板之间需要有一定的间隔距离，设计图如图6-7所示。

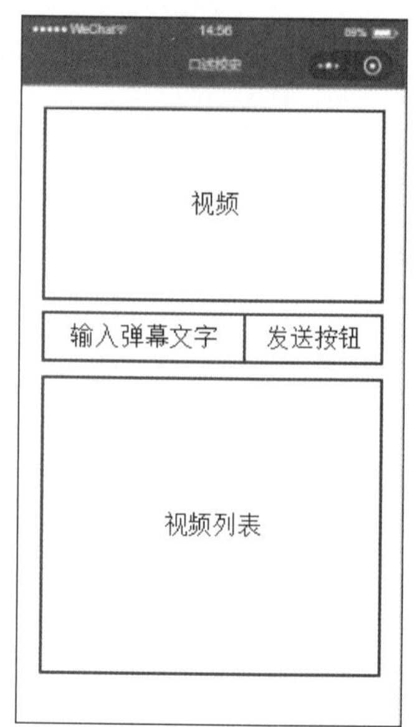

图6-7 页面设计图

计划使用如下组件。

- 区域1：<video>组件；
- 区域2：<view>组件，并定义class='danmuArea'；
- 区域2内部：<input>和<button>组件；
- 区域3：<view>组件，并定义class='videoList'；
- 区域3内单元行：<view>组件，并定义class='videoBar'；
- 区域3单元行内：每行一个<image>组件用于显示播放图标、一个<text>组件用于显示视频标题。

1 区域1（视频组件）设计

区域1需要使用<video>组件来实现一个视频播放器。

WXML（pages/index/index.wxml）代码片段如下：

```
<!-- 区域1：视频播放器 -->
<video id='myVideo' controls></video>
```

其中controls属性用于显示播放/暂停、音量等控制组件。

WXSS（pages/index/index.wxss）代码片段如下：

```
/*视频组件样式*/
video {
  width: 100%;                    /*视频组件宽度为100%*/
}
```

当前效果如图6-8所示。

由图可见，此时视频播放区域已经出现在屏幕的顶端。

2 区域2（弹幕区域）设计

区域2需要使用<view>组件实现一个单行区域，包括文本输入框和发送按钮。

WXML（pages/index/index.wxml）代码片段修改如下：

```
<!-- 区域1：视频播放器 -->
  …
<!-- 区域2：弹幕控制 -->
<view class='danmuArea'>
  <input type='text' placeholder='请输入弹幕内容'></input>
  <button>发送弹幕</button>
</view>
```

WXSS（pages/index/index.wxss）代码片段如下：

```
/*区域2：弹幕控制样式*/
/*2-1弹幕区域样式*/
.danmuArea {
  display: flex;                    /*flex模型布局*/
```

```
    flex - direction: row;          /* 水平方向排列 */
}
/* 2-2 文本输入框样式 */
input {
    border: 1rpx solid #987938;     /* 1rpx 宽的实线棕色边框 */
    flex - grow: 1;                 /* 扩张多余空间宽度 */
    height: 100rpx;                 /* 高度 */
}
/* 2-3 按钮样式 */
button {
    color: white;                   /* 字体颜色 */
    background - color: #987938;    /* 背景颜色 */
}
```

当前效果如图 6-9 所示。

图 6-8　区域 1 预览效果

图 6-9　区域 2 预览效果

3 区域 3(视频列表)设计

区域 3 需要使用<view>组件实现一个可扩展的多行区域,每行包含一个播放图标和一个视频标题文本。当前先设计第一行效果,后续使用 wx:for 属性循环添加全部内容。

WXML(pages/index/index.wxml)代码片段修改如下:

```
<!-- 区域 1: 视频播放器 -->
  ...
<!-- 区域 2: 弹幕控制 -->
  ...
<!-- 区域 3: 视频列表 -->
<view class = 'videoList'>
  <view class = 'videoBar'>
    <image src = '/images/play.png'></image>
```

```
        <text>这是一个测试标题</text>
    </view>
</view>
```

WXSS(pages/index/index.wxss)代码片段如下：

```
/* 区域 3: 视频列表样式 */
/* 3-1 视频列表区域样式 */
.videoList {
    width: 100%;                            /* 宽度 */
    min-height: 400rpx;                     /* 最小高度 */
}
/* 3-2 单行列表区域样式 */
.videoBar {
    width: 95%;                             /* 宽度 */
    display: flex;                          /* flex 模型布局 */
    flex-direction: row;                    /* 水平方向布局 */
    border-bottom: 1rpx solid #987938;      /* 1rpx 宽的实线棕色边框 */
    margin: 10rpx;                          /* 外边距 */
}
/* 3-3 播放图标样式 */
image {
    width: 70rpx;                           /* 宽度 */
    height: 70rpx;                          /* 高度 */
    margin: 20rpx;                          /* 外边距 */
}
/* 3-4 文本标题样式 */
text {
    font-size: 45rpx;                       /* 字体大小 */
    color: #987938;                         /* 字体颜色为棕色 */
    margin: 20rpx;                          /* 外边距 */
    flex-grow: 1;                           /* 扩张多余空间宽度 */
}
```

当前效果如图 6-10 所示。

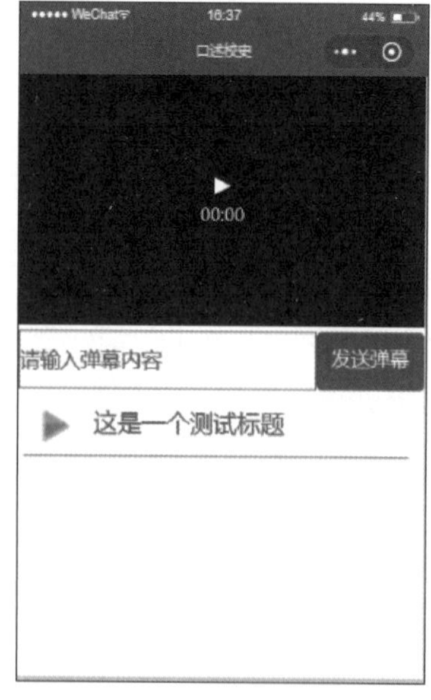

图 6-10　区域 3 预览效果

此时页面设计就全部完成了，接下来需要进行逻辑实现。

6.4 逻辑实现

6.4.1 更新播放列表

视频讲解

在区域 3 对< view class= 'videoBar'>组件添加 wx:for 属性，改写为循环展示列表。

WXML(pages/index/index.wxml)代码片段修改如下：

```
<!-- 区域 1:视频播放器 -->
<video id="myVideo" controls src="{{src}}"></video>
<!-- 区域 2:弹幕控制区域(代码略) -->
<!-- 区域 3:视频列表 -->
<view class='videoList'>
  <view class='videoBar' wx:for='{{list}}' wx:key='video{{index}}'>
    <image src='/images/play.png'></image>
    <text>{{item.title}}</text>
  </view>
</view>
```

然后在 JS 文件的 data 属性中追加 list 数组，用于存放视频信息。

JS(pages/index/index.js)代码片段修改如下：

```
Page({
  /**
   * 页面的初始数据
   */
  data: {
    list: [
     {
        id: '299371',
        title: '杨国宜先生口述校史实录',
        videoUrl: 'http://arch.ahnu.edu.cn/__local/6/CB/D1/C2DF3FC847F4CE2ABB67034C595_025F0082_ABD7AE2.mp4?e=.mp4'
      },
      {
        id: '299396',
        title: '唐成伦先生口述校史实录',
        videoUrl: 'http://arch.ahnu.edu.cn/__local/E/31/EB/2F368A265E6C842BB6A63EE5F97_425ABEDD_7167F22.mp4?e=.mp4'
      },
      {
        id: '299378',
        title: '倪光明先生口述校史实录',
        videoUrl: 'http://arch.ahnu.edu.cn/__local/9/DC/3B/35687573BA2145023FDAEBAFE67_AAD8D222_925F3FF.mp4?e=.mp4'
      },
      {
        id: '299392',
        title: '吴兴仪先生口述校史实录',
        videoUrl: 'http://arch.ahnu.edu.cn/__local/5/DA/BD/7A27865731CF2B096E90B522005_A29CB142_6525BCF.mp4?e=.mp4'
      }
```

```
      ]
   },
})
```

运行效果如图 6-11 所示。

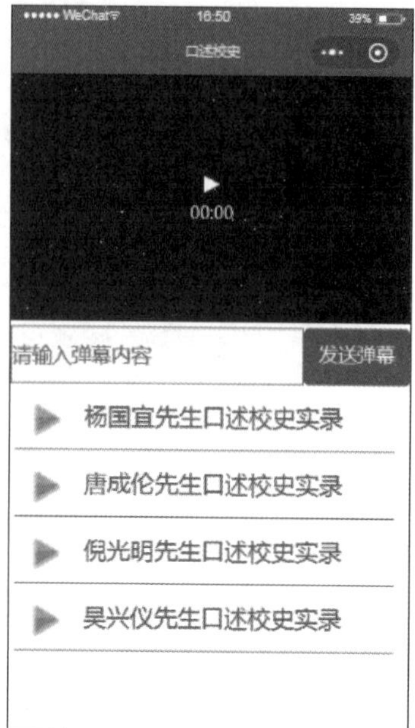

图 6-11　更新视频列表效果

由图可见，当前已经可以展示全部视频列表。

6.4.2　点击播放视频

视频讲解

在区域 3 对<view class='videoBar'>组件添加 data-url 属性和 bindtap 属性。其中 data-url 用于记录每行视频对应的播放地址，bindtap 用于触发点击事件。

WXML(pages/index/index.wxml)代码片段修改如下：

```
<!-- 区域 3: 视频列表 -->
<view class='videoList'>
  <view class='videoBar' wx:for='{{list}}' wx:key='video{{index}}' data-url='{{item.videoUrl}}' bindtap='playVideo'>
    <image src='/images/play.png'></image>
    <text>{{item.title}}</text>
  </view>
</view>
```

然后在 JS 文件的 onLoad 函数中创建视频上下文，用于控制视频的播放和停止。

JS(pages/index/index.js)代码片段修改如下：

```
Page({
  /**
   * 生命周期函数--监听页面加载
   */
  onLoad: function(options) {
```

```
        this.videoCtx = wx.createVideoContext('myVideo')
    },
})
```

接着添加自定义函数 playVideo，JS(pages/index/index.js)代码片段如下：

```
Page({
    /**
     * 播放视频
     */
    playVideo: function(e) {
        //停止之前正在播放的视频
        this.videoCtx.stop()
        //更新视频地址
        this.setData({
            src: e.currentTarget.dataset.url
        })
        //播放新的视频
        this.videoCtx.play()
    },
})
```

运行效果如图 6-12 所示。

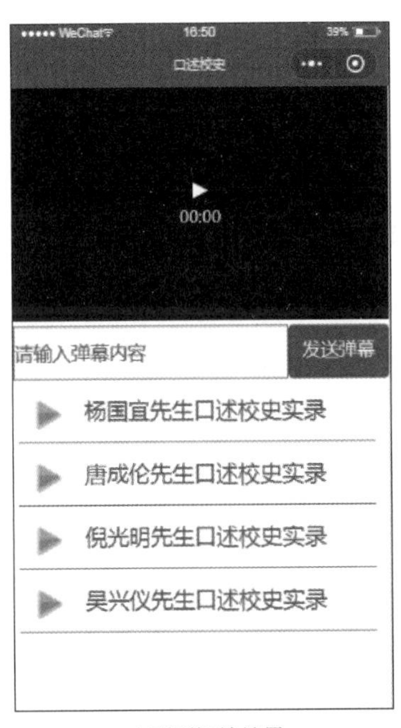

(a) 页面初始效果

(b) 点击播放视频

图 6-12　点击播放视频效果

由图可见，当前已经可以成功播放视频列表中的视频。

6.4.3　发送弹幕

视频讲解

在区域 1 对< video >组件添加 enable-danmu 和 danmu-btn 属性，用于允许发送弹幕和显示“发送弹幕”按钮。

WXML(pages/index/index.wxml)代码片段修改如下：

```
<!-- 区域 1: 视频播放器 -->
<video id='myVideo' src='{{src}}' controls enable-danmu danmu-btn></video>
```

然后在区域 2 为文本输入框追加 bindinput 属性，用于获取弹幕文本内容；为按钮追加 bindtap 属性，用于触发点击事件。

WXML(pages/index/index.wxml)代码片段修改如下：

```
<!-- 区域 2: 弹幕控制 -->
<view class='danmuArea'>
  <input type='text' placeholder='请输入弹幕内容' bindinput='getDanmu'></input>
  <button bindtap='sendDanmu'>发送弹幕</button>
</view>
```

对应的 JS(pages/index/index.js)代码片段修改如下：

```
Page({
  /**
   * 页面的初始数据
   */
  data: {
    danmuTxt: '',
    list: […]
  }
  /**
   * 更新弹幕内容
   */
  getDanmu: function(e) {
    this.setData({
      danmuTxt: e.detail.value
    })
  },
  /**
   * 发送弹幕
   */
  sendDanmu: function(e) {
    let text = this.data.danmuTxt;
    this.videoCtx.sendDanmu({
      text:text,
      color: 'red'
    })
  },
})
```

此时可以发出红色文本的弹幕，运行效果如图 6-13 所示。

如果希望发出随机颜色的弹幕内容，可以在 JS 文件中追加自定义函数 getRandomColor。JS(pages/index/index.js)代码片段如下：

```
//生成随机颜色
function getRandomColor() {
  let rgb = []
  for (let i = 0; i < 3; ++i) {
    let color = Math.floor(Math.random() * 256).toString(16)
    color = color.length == 1 ? '0' + color : color
```

```
        rgb.push(color)
    }
    return '#' + rgb.join('')
}
```

上述代码可以随机生成一个十六进制的颜色，将其在原先需要录入 color 属性的地方调用即可实现彩色弹幕效果。JS(pages/index/index.js)代码片段修改如下：

```
Page({
    /**
     * 发送弹幕
     */
    sendDanmu: function(e) {
      let text = this.data.danmuTxt;
      this.videoCtx.sendDanmu({
        text:text,
        color: getRandomColor()
      })
    },
})
```

此时可以发出彩色文本的弹幕，运行效果如图 6-14 所示。

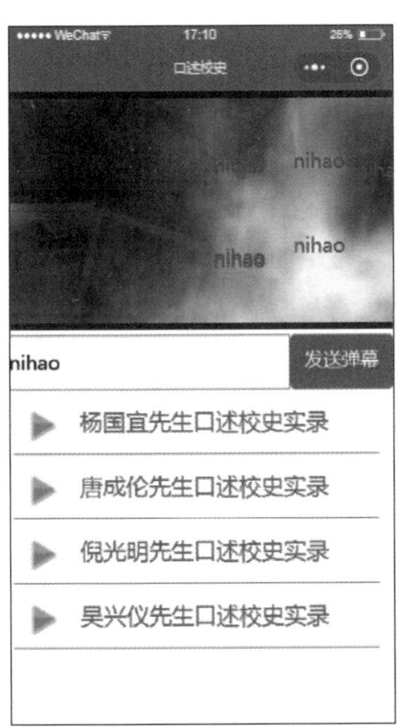

图 6-13　发送红色弹幕效果

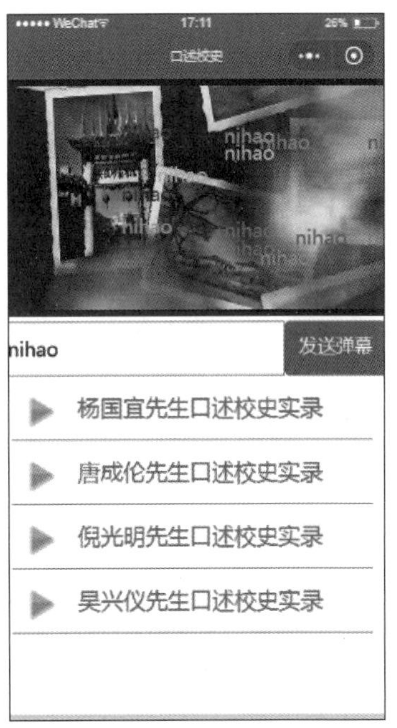

图 6-14　发送彩色弹幕效果

至此相关的逻辑功能均已实现，项目全部完成。

6.5　完整代码展示

app.json 文件的完整代码如下：

```
{
```

```
    "pages": [
      "pages/index/index"
    ],
    "window": {
      "navigationBarBackgroundColor": "#987938",
      "navigationBarTitleText": "口述校史"
    }
}
```

WXML 文件(pages/index/index.wxml)的完整代码如下：

```
<!-- index.wxml -->
<!-- 区域 1: 视频播放器 -->
<video id='myVideo' src='{{src}}' controls enable-danmu danmu-btn></video>
<!-- 区域 2: 弹幕控制 -->
<view class='danmuArea'>
  <input type='text' placeholder='请输入弹幕内容' bindinput='getDanmu'></input>
  <button bindtap='sendDanmu'>发送弹幕</button>
</view>
<!-- 区域 3: 视频列表 -->
<view class='videoList'>
  <view class='videoBar' wx:for='{{list}}' wx:key='video{{index}}' data-url='{{item.videoUrl}}' bindtap='playVideo'>
    <image src='/images/play.png'></image>
    <text>{{item.title}}</text>
  </view>
</view>
```

WXSS 文件(pages/index/index.wxss)的完整代码如下：

```
/* 区域 1: 视频组件样式 */
video {
  width: 100%;                        /* 视频组件宽度为 100% */
}

/* 区域 2: 弹幕控制样式 */
/* 2-1 弹幕区域样式 */
.danmuArea {
  display: flex;                      /* flex 模型布局 */
  flex-direction: row;                /* 水平方向排列 */
}
/* 2-2 文本输入框样式 */
input {
  border: 1rpx solid #987938;         /* 1rpx 宽的实线棕色边框 */
  flex-grow: 1;                       /* 扩张多余空间宽度 */
  height: 100rpx;                     /* 高度 */
}
/* 2-3 按钮样式 */
button {
  color: white;                       /* 字体颜色 */
  background-color: #987938;          /* 背景颜色 */
}

/* 区域 3: 视频列表样式 */
/* 3-1 视频列表区域样式 */
.videoList {
```

```
  width: 100%;                          /* 宽度 */
  min-height: 400rpx;                   /* 最小高度 */
}
/* 3-2 单行列表区域样式 */
.videoBar {
  width: 95%;                           /* 宽度 */
  display: flex;                        /* flex 模型布局 */
  flex-direction: row;                  /* 水平方向布局 */
  border-bottom: 1rpx solid #987938;    /* 1rpx 宽的实线棕色边框 */
  margin: 10rpx;                        /* 外边距 */
}
/* 3-3 播放图标样式 */
image {
  width: 70rpx;                         /* 宽度 */
  height: 70rpx;                        /* 高度 */
  margin: 20rpx;                        /* 外边距 */
}
/* 3-4 文本标题样式 */
text {
  font-size: 45rpx;                     /* 字体大小 */
  color: #987938;                       /* 字体颜色为棕色 */
  margin: 20rpx;                        /* 外边距 */
  flex-grow: 1;                         /* 扩张多余空间宽度 */
}
```

JS(pages/index/index.js)的完整代码如下：

```
//生成随机颜色
function getRandomColor() {
  let rgb = []
  for (let i = 0; i < 3; ++i) {
    let color = Math.floor(Math.random() * 256).toString(16)
    color = color.length == 1 ? '0' + color : color
    rgb.push(color)
  }
  return '#' + rgb.join('')
}

Page({
  /**
   * 页面的初始数据
   */
  data: {
    danmuTxt: '',
    list: [{
        id: '299371',
        title: '杨国宜先生口述校史实录',
        videoUrl: 'http://arch.ahnu.edu.cn/__local/6/CB/D1/C2DF3FC847F4CE2ABB67034C595_025F0082_ABD7AE2.mp4?e=.mp4'
      },
      {
        id: '299396',
        title: '唐成伦先生口述校史实录',
        videoUrl: 'http://arch.ahnu.edu.cn/__local/E/31/EB/2F368A265E6C842BB6A63EE5F97_425ABEDD_7167F22.mp4?e=.mp4'
      },
```

```
      {
        id: '299378',
        title: '倪光明先生口述校史实录',
        videoUrl: 'http://arch.ahnu.edu.cn/__local/9/DC/3B/35687573BA2145023FDAEBAFE67_AAD8D222_925F3FF.mp4?e=.mp4'
      },
      {
        id: '299392',
        title: '吴兴仪先生口述校史实录',
        videoUrl: 'http://arch.ahnu.edu.cn/__local/5/DA/BD/7A27865731CF2B096E90B522005_A29CB142_6525BCF.mp4?e=.mp4'
      }
    ]
  },
  /**
   * 更新弹幕内容
   */
  getDanmu: function(e) {
    this.setData({
      danmuTxt: e.detail.value
    })
  },
  /**
   * 发送弹幕
   */
  sendDanmu: function(e) {
    let text = this.data.danmuTxt;
    this.videoCtx.sendDanmu({
      text:text,
      color: getRandomColor()
    })
  },
  /**
   * 播放视频
   */
  playVideo: function(e) {
    //停止之前正在播放的视频
    this.videoCtx.stop()
    //更新视频地址
    this.setData({
      src: e.currentTarget.dataset.url
    })
    //播放新的视频
    this.videoCtx.play()
  },
  /**
   * 生命周期函数--监听页面加载
   */
  onLoad: function(options) {
    this.videoCtx = wx.createVideoContext('myVideo')
  }
})
```

第7章 Chapter 7

小程序文件API·电子书橱

本章主要介绍小程序文件API的用法，包括文件的保存、信息的获取、本地文件列表的获取、本地文件信息的获取、删除本地文件和打开指定文档。

本章学习目标

- 掌握保存临时文件的方法；
- 掌握获取文件信息的方法；
- 掌握获取本地文件列表的方法；
- 掌握获取本地文件信息的方法；
- 掌握删除本地文件的方法；
- 掌握打开指定文档的方法。

7.1 准备工作

视频讲解

本项目需要将若干个PDF格式的电子书存放在服务器端的books文件夹中。由于图书版权问题，开发者可以自行准备一些电子书进行使用。

请根据“附录A服务器部署”中的内容进行服务器的搭建和部署工作。

7.2 项目创建

视频讲解

本项目创建选择空白文件夹bookDemo，效果如图7-1所示。

单击“新建”按钮完成项目创建，然后准备手动创建页面配置文件。

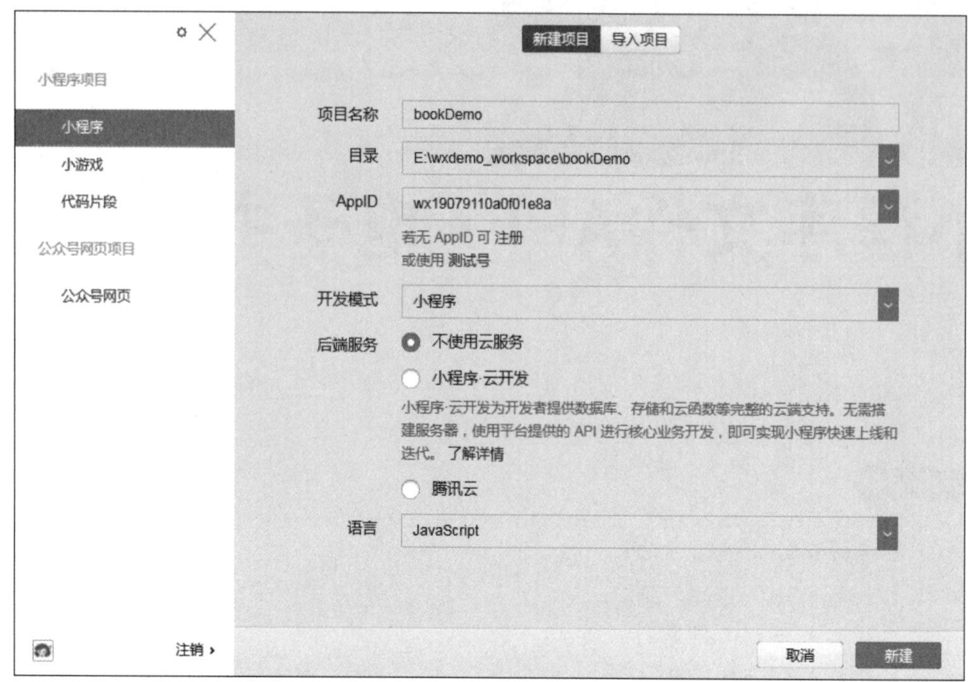

图 7-1　小程序项目填写效果示意图

7.3　页面配置

7.3.1　创建页面文件

视频讲解

项目创建完毕后，在根目录中会生成文件夹 pages 用于存放页面文件。一般来说首页默认命名为 index，表示小程序运行的第一个页面；其他页面名称可以自定义。本项目只需要保留首页(index)即可。

具体操作如下：

(1) 将 app.json 文件内 pages 属性中的“pages/logs/logs”删除，并删除上一行末尾的逗号。

(2) 按快捷键 Ctrl+S 保存当前修改。

7.3.2　删除和修改文件

具体操作如下：

(1) 删除 utils 文件夹及其内部所有内容。

(2) 删除 pages 文件夹下的 logs 目录及其内部所有内容。

(3) 删除 index.wxml 和 index.wxss 中的全部代码。

(4) 删除 index.js 中的全部代码，并且输入关键词 page 找到第二个选项按回车键让其自动补全函数(如图 7-2 所示)。

(5) 删除 app.wxss 中的全部代码。

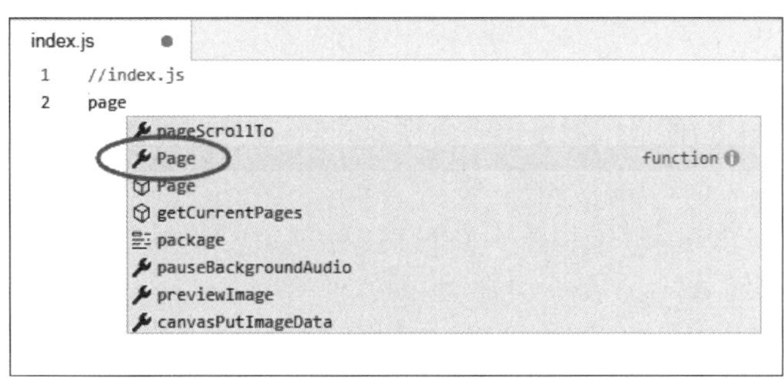

图 7-2 输入关键词创建 Page 函数

(6) 删除 app.js 中的全部代码,并且输入关键词 app 找到第一个选项按回车键让其自动补全函数(如图 7-3 所示)。

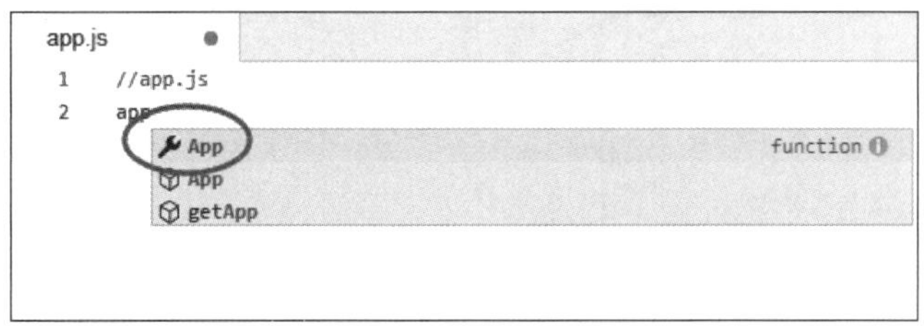

图 7-3 输入关键词创建 App 函数

本项目的文件配置就全部完成,7.4 节将正式进行页面布局和样式设计。

7.4 视图设计

7.4.1 导航栏设计

视频讲解

小程序默认导航栏是黑底白字的效果,因此需要在 app.json 中自定义导航栏标题和背景颜色。更改后的 app.json 文件代码如下:

```
{
  "pages": [
    "pages/index/index"
  ],
  "window": {
    "navigationBarBackgroundColor": "#663366",
    "navigationBarTitleText": "我的书橱"
  }
}
```

上述代码可以更改所有页面的导航栏标题文本为"我的书橱"、背景颜色为紫色(#663366)。预览效果如图 7-4 所示。

图 7-4 自定义导航栏效果

7.4.2 页面设计

视频讲解

页面上主要以九宫格的形式展示图书封面和标题，设计图如图 7-5 所示。

计划使用如下组件。

- 页面整体：< view >组件，并定义 class='container'；
- 图书单元区域：多个< view >组件，并定义 class='box'；
- 图书单元区域内部：一个< image >组件用于显示图书封面，一个< text >组件用于显示图书标题，垂直居中排列。

用户第一次点击图书时需要从服务器下载对应的文件，为了达到更好的用户体验，此时将隐藏图书展示容器内容并显示下载蒙层，设计图如图 7-6 所示。

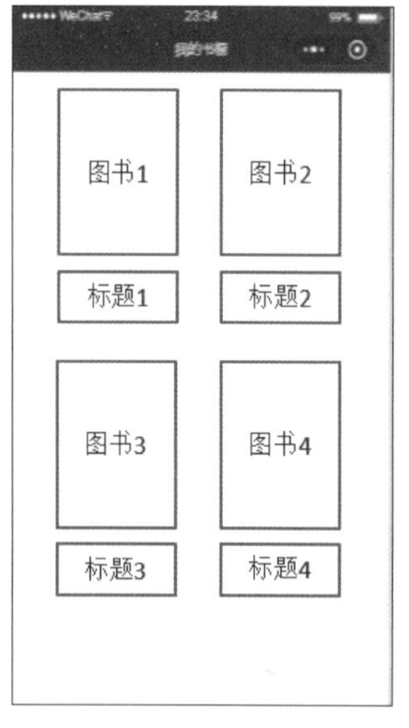

图 7-5 页面设计图 1

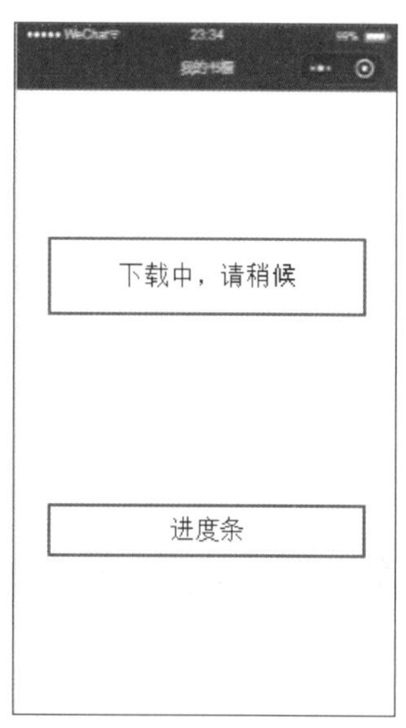

图 7-6 页面设计图 2

计划使用如下组件。

- 页面整体：< view >组件，并定义 class='loading-container'；
- 标题：< text >组件；
- 进度条：< progress >组件。

1 图书展示容器设计

首先定义页面容器(< view >)，WXML(pages/index/index.wxml)代码片段如下：

```
<view class = 'book - container'>
</view>
```

WXSS(pages/index/index.wxss)代码片段如下：

```
/* 图书展示容器样式 */
.book - container{
  display: flex;                    /* flex 模型布局 */
  flex - direction: row;            /* 水平排列 */
  flex - wrap: wrap;                /* 允许换行 */
}
```

当前效果如图 7-7 所示。

由于还没有添加组件元素，所以尚看不出来 flex 布局模型效果。

2 图书单元区域设计

图书单元区域需要使用< view >组件实现一个可扩展的近似九宫格区域，每格中包含一个图书封面和一个图书标题文本。当前先设计第一格单元区域效果，后续使用 wx:for 属性循环添加全部内容。

WXML(pages/index/index.wxml)代码片段修改如下：

```
<view class = 'book - container'>
  <view class = 'box'>
    <image src = 'https://img3.doubanio.com/view/subject/l/public/s27243455.jpg'></image>
    <text>Java 编程思想</text>
  </view>
</view>
```

WXSS(pages/index/index.wxss)代码片段如下：

```
/* 图书单元区域样式 */
.box{
  width: 50%;                              /* 宽度 */
  height: 400rpx;                          /* 高度 */
  display: flex;                           /* flex 模型布局 */
  flex - direction: column;                /* 垂直排列 */
  align - items: center;                   /* 水平方向居中 */
  justify - content: space - around;       /* 分散布局 */
}
/* 图书封面图片样式 */
image{
  width: 200rpx;                           /* 宽度 */
  height: 300rpx;                          /* 高度 */
}
/* 图书标题文本样式 */
text{
  text - align: center;                    /* 文本居中显示 */
}
```

当前效果如图 7-8 所示。

3 图书下载蒙层设计

由于图书下载时的蒙层与图书展示页面不能同时出现，所以使用 wx:if 属性进行切分。

WXML(pages/index/index.wxml)代码片段修改如下：

```
<!-- 下载时的蒙层 -->
<view class = 'loading - container' wx:if = '{{isDownloading}}'>
  <text>下载中，请稍候</text>
  <progress percent = "{{percentNum}}" stroke - width = "6" activeColor = "#663366" backgroundColor = "#FFFFFF" show - info active active - mode = "forwards"></progress>
</view>

<!-- 图书展示容器 -->
<view class = 'book - container' wx:else>
      <!-- 内容略 -->
</view>
```

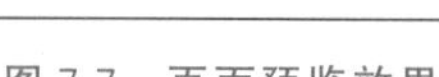

图 7-7　页面预览效果

图 7-8　图书单元区域预览效果

WXSS(pages/index/index.wxss)代码片段如下：

```
/* 下载时的蒙层容器样式 */
.loading-container {
  height: 100vh;                              /* 高度 */
  background-color: silver;                   /* 背景颜色 */
  display: flex;                              /* flex 模型布局 */
  flex-direction: column;                     /* 水平排列 */
  align-items: center;                        /* 水平方向居中 */
  justify-content: space-around;              /* 分散布局 */
}

/* 进度条样式 */
progress{
  width: 80%;                                 /* 宽度 */
}
```

JS(pages/index/index.js)代码片段修改如下：

```
Page({
  /**
   * 页面的初始数据
   */
  data: {
    isDownloading: false,
    percentNum: 0
  }
})
```

开发者可以临时设置 isDownLoading 的值为 true，并且为 percentNum 设置一个 0～100 的数值，这样就可以提前预览进度条动画效果。当前效果如图 7-9 所示。

图 7-9 下载蒙层页面预览效果

测试完毕后，记得还原 isDownloading 和 percentNum 的值为初始值。

此时页面设计就全部完成了，接下来需要进行逻辑实现。

7.5 逻辑实现

7.5.1 更新图书列表

视频讲解

在图书单元区域对< view class= 'box'>组件添加 wx:for 属性，改写为循环展示列表。

WXML(pages/index/index.wxml)代码片段修改如下：

```
<view class = 'book - container' wx:else >
  <view class = 'box' wx:for = '{{bookList}}' wx:key = 'book{{index}}'>
    <image src = '{{item.poster}}'></image >
    <text >{{item.title}}</text >
  </view >
</view >
```

然后在 JS 文件的 data 属性中追加 bookList 数组，用于存放图书信息。

JS(pages/index/index.js)代码片段修改如下：

```
Page({
  /**
   * 页面的初始数据
   */
  data: {
   isDownloading: false,
   percentNum: 0,
   bookList:[
```

```
      {
        id:'001',
        title:'Java 编程思想',
        poster:'https://img3.doubanio.com/view/subject/l/public/s27243455.jpg',
        fileUrl:'http://localhost/books/book001.pdf'
      },
      {
        id: '002',
        title: '计算机科学概论',
        poster: 'https://img3.doubanio.com/view/subject/l/public/s6069865.jpg',
        fileUrl: 'http://localhost/books/book002.pdf'
      },
      {
        id: '003',
        title: '安徒生童话',
        poster: 'https://img3.doubanio.com/view/subject/l/public/s28036746.jpg',
        fileUrl: 'http://localhost/books/book003.pdf'
      },
      {
        id: '004',
        title: '三体(I)',
        poster: 'https://img1.doubanio.com/view/subject/l/public/s2768378.jpg',
        fileUrl: 'http://localhost/books/book004.pdf'
      }, {
        id: '005',
        title: '三体(II)',
        poster: 'https://img3.doubanio.com/view/subject/l/public/s3078482.jpg',
        fileUrl: 'http://localhost/books/book005.pdf'
      },
      {
        id: '006',
        title: '三体(III)',
        poster: 'https://img3.doubanio.com/view/subject/l/public/s26012674.jpg',
        fileUrl: 'http://localhost/books/book006.pdf'
      }
    ]
  },
})
```

其中封面图片素材来自豆瓣读书频道(https://book.douban.com/),文件下载为本地模拟服务器效果(http://localhost/books/bookXXX.pdf),开发者可以自行更改存放图书的路径地址和电子书名称。

运行效果如图 7-10 所示。

由图可见,当前已经可以展示全部图书列表。

图 7-10 更新图书列表效果

7.5.2 封装提示消息

视频讲解

由于多处会使用提示消息模态框,所以在 JS 文件中对其进行封装,以方便后续使用。

在 JS 文件中添加自定义函数 showTips,JS(pages/index/index.js)代码片段如下:

```
Page({
  /**
   * 封装 showModal 方法
   */
  showTips: function(content) {
    wx.showModal({
      title: '提醒',
      content: content,
      showCancel: false
    })
  },
})
```

这样在其他函数中只需要调用 this.showTips('自定义的提示信息')就可以方便地实现模态框提示效果了。

7.5.3 打开指定图书

视频讲解

当用户点击图书时，如果已经下载过，可以直接打开，否则需要进行下载、保存，然后才能打开。因此在这两种不同的情况判断中，最后都需要实现打开指定图书的功能。为了避免代码重复，这里对该功能进行封装。

在 JS 文件中添加自定义函数 openBook，JS(pages/index/index.js)代码片段如下：

```
Page({
  /**
   * 打开图书
   */
  openBook: function(path) {
    wx.openDocument({
      filePath: path,
      success: function(res) {
        console.log('打开图书成功')
      },
      fail: function(error) {
        console.log(error);
      }
    })
  },
})
```

这样在其他函数中只需要调用 this.openBook('指定的图书地址')就可以方便地实现打开图书的效果了。

7.5.4 保存下载的图书

视频讲解

这里对保存图书功能进行封装，当图书下载完毕后根据临时地址进行文件的保存。

在 JS 文件中添加自定义函数 saveBook，JS(pages/index/index.js)代码片段如下：

```
Page({
/**
   * 保存图书
```

```
   */
  saveBook: function(id, path) {
    var that = this
    wx.saveFile({
      tempFilePath: path,
      success: function(res) {
        //将文件地址保存到本地缓存中,下次直接打开
        let newPath = res.savedFilePath
        wx.setStorageSync(id, newPath)
        //打开图书
        that.openBook(newPath)
      },
      fail: function(error) {
        console.log(error)
        that.showTips('文件保存失败!')
      }
    })
  },
})
```

这样在其他函数中只需要调用 this. saveBook('下载后的临时地址')就可以方便地实现保存并打开图书的效果了。需要注意的是,应尽量避免在 wx. 开头的 API 内部使用 this 关键词,因此需要声明 var that = this 来进行方法的调用。

7.5.5 下载并阅读图书

视频讲解

首先修改图书单元区域,为其添加 bindtap 事件,触发自定义函数 readBook。WXML(pages/index/index. wxml)代码片段修改如下:

```
<!-- 图书展示容器 -->
<view class = 'book - container' wx:else >
  <!-- 图书单元区域 -->
  <view class = 'box' wx:for = '{{bookList}}' wx:key = 'book{{index}}' data - file = '{{item.
fileUrl}}' data - id = '{{item.id}}' bindtap = 'readBook'>
    <!-- 内容略 -->
  </view >
</view >
```

然后在 JS 文件中添加自定义函数 readBook,JS(pages/index/index. js)代码片段如下:

```
Page({
  /**
   * 阅读图书
   */
  readBook: function(e) {
    var that = this
    //获取当前点击图书的 ID
    let id = e.currentTarget.dataset.id
    //获取当前点击图书的 URL 地址
    let fileUrl = e.currentTarget.dataset.file
    //查看本地缓存
    let path = wx.getStorageSync(id)
    //未曾下载过
    if (path == '') {
      //切换到下载时的蒙层
```

```
      that.setData({
        isDownloading: true
      })
      //先下载图书
      const downloadTask = wx.downloadFile({
        url: fileUrl,
        success: function(res) {
          //关闭下载时的蒙层
          that.setData({
            isDownloading: false
          })
          //下载成功
          if (res.statusCode == 200) {
            //获取地址
            path = res.tempFilePath
            //保存并打开图书
            that.saveBook(id, path)
          }
          //连上了服务器,下载失败
          else {
            that.showTips('暂时无法下载!')
          }
        },
        //请求失败
        fail: function(e) {
          //关闭下载时的蒙层
          that.setData({
            isDownloading: false
          })
          that.showTips('无法连接到服务器!')
        }
      })
      //监听当前文件的下载进度
      downloadTask.onProgressUpdate(function(res) {
        let progress = res.progress;
        that.setData({
          percentNum: progress
        })
      })
    }
    //之前下载过的,直接打开
    else {
      //打开图书
      that.openBook(path)
    }
  },
})
```

运行效果如图 7-11 所示。

其中图 7-11(a)是首次点击下载图书的页面,进度条会不断更新;图 7-11(b)是下载地址有误时的提示信息,此时无法下载资源文件;图 7-11(c)是已经下载成功但文件保存失败时的提示信息,需要注意本地文件最大限制为 10MB;图 7-11(d)是服务器无法响应时的提示信息,需要检查服务器地址是否正确,以及服务器是否开启;图 7-11(e)是成功下载、保存并打开电子图书的页面。

(a) 正在下载图书

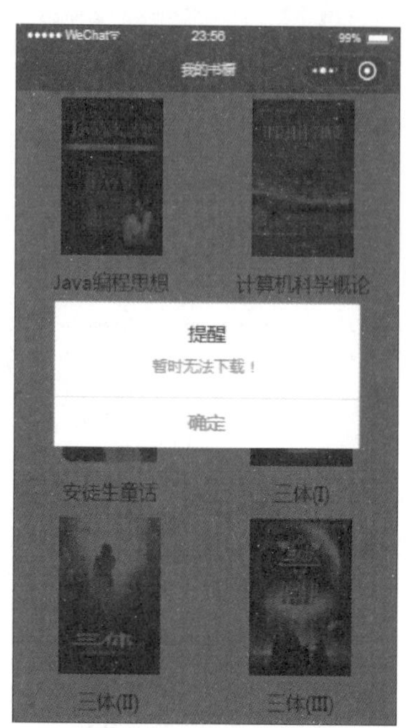

(b) 特殊情况：下载地址有误

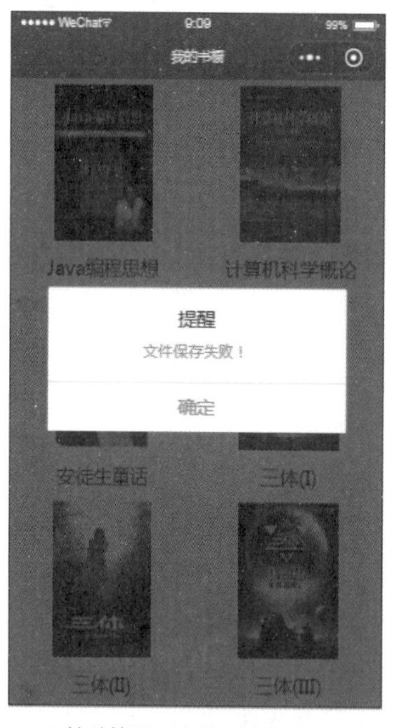

(c) 特殊情况：文件过大保存失败

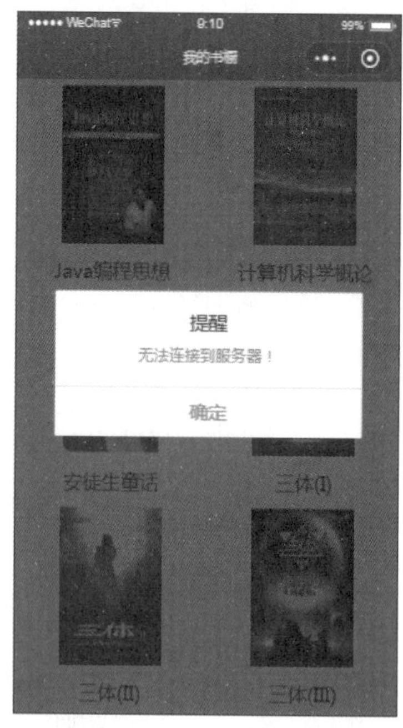

(d) 特殊情况：服务器无响应

图 7-11 点击图书效果

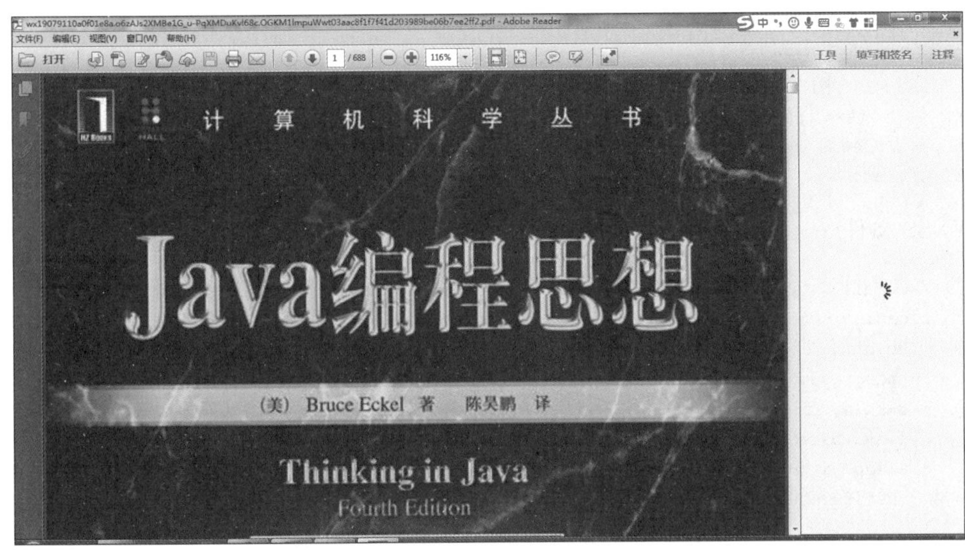

(e) 下载成功并打开

图 7-11 （续）

需要注意的是，localhost 并非真正的服务器地址，因此仅可在 web 开发者工具中模拟使用。开发者可以后期将文件上传到服务器上，修改文件下载 URL 地址，再进行真机运行。

7.6 完整代码展示

app.json 文件的完整代码如下：

```
{
  "pages": [
    "pages/index/index"
  ],
  "window": {
    "navigationBarBackgroundColor": "#663366",
    "navigationBarTitleText": "我的书橱"
  }
}
```

WXML 文件（pages/index/index.wxml）的完整代码如下：

```
<!-- 下载时的蒙层 -->
<view class='loading-container' wx:if='{{isDownloading}}'>
  <text>下载中，请稍候</text>
   <progress percent="{{percentNum}}" stroke-width="6" activeColor="#663366" backgroundColor="#FFFFFF" show-info active active-mode="forwards"></progress>
</view>

<!-- 图书展示容器 -->
<view class='book-container' wx:else>
  <!-- 图书单元区域 -->
  <view class='box' wx:for='{{bookList}}' wx:key='book{{index}}' data-file='{{item.
```

```
fileUrl}}' data-id='{{item.id}}' bindtap='readBook'>
        <!-- 图书封面 -->
        <image src='{{item.poster}}'></image>
        <!-- 图书标题文本 -->
        <text>{{item.title}}</text>
    </view>
</view>
```

WXSS 文件(pages/index/index.wxss)的完整代码如下：

```
/* 下载时的蒙层容器样式 */
.loading-container {
    height: 100vh;                          /* 高度 */
    background-color: silver;               /* 背景颜色 */
    display: flex;                          /* flex 模型布局 */
    flex-direction: column;                 /* 水平排列 */
    align-items: center;                    /* 水平方向居中 */
    justify-content: space-around;          /* 分散布局 */
}

/* 进度条样式 */
progress{
    width: 80%;                             /* 宽度 */
}

/* 图书展示容器样式 */
.book-container {
    display: flex;                          /* flex 模型布局 */
    flex-direction: row;                    /* 水平排列 */
    flex-wrap: wrap;                        /* 允许换行 */
}

/* 图书单元区域样式 */
.box {
    width: 50%;                             /* 宽度 */
    height: 400rpx;                         /* 高度 */
    display: flex;                          /* flex 模型布局 */
    flex-direction: column;                 /* 垂直排列 */
    align-items: center;                    /* 水平方向居中 */
    justify-content: space-around;          /* 分散布局 */
}

/* 图书封面图片样式 */
image {
    width: 200rpx;                          /* 宽度 */
    height: 300rpx;                         /* 高度 */
}

/* 图书标题文本样式 */
text {
    text-align: center;                     /* 文本居中显示 */
}
```

JS 文件(pages/index/index.js)的完整代码如下：

```
Page({
```

```
  /**
   * 页面的初始数据
   */
  data: {
    isDownloading: false,
    percentNum: 0,
    bookList: [{
        id: '001',
        title: 'Java 编程思想',
        poster: 'https://img3.doubanio.com/view/subject/l/public/s27243455.jpg',
        fileUrl: 'http://localhost/books/book001.pdf'
      },
      {
        id: '002',
        title: '计算机科学概论',
        poster: 'https://img3.doubanio.com/view/subject/l/public/s6069865.jpg',
        fileUrl: 'http://localhost/books/book002.pdf'
      },
      {
        id: '003',
        title: '安徒生童话',
        poster: 'https://img3.doubanio.com/view/subject/l/public/s28036746.jpg',
        fileUrl: 'http://localhost/books/book003.pdf'
      },
      {
        id: '004',
        title: '三体(I)',
        poster: 'https://img1.doubanio.com/view/subject/l/public/s2768378.jpg',
        fileUrl: 'http://localhost/books/book004.pdf'
      }, {
        id: '005',
        title: '三体(II)',
        poster: 'https://img3.doubanio.com/view/subject/l/public/s3078482.jpg',
        fileUrl: 'http://localhost/books/book005.pdf'
      },
      {
        id: '006',
        title: '三体(III)',
        poster: 'https://img3.doubanio.com/view/subject/l/public/s26012674.jpg',
        fileUrl: 'http://localhost/books/book006.pdf'
      }
    ]
  },
  /**
   * 打开图书
   */
  openBook: function(path) {
    wx.openDocument({
      filePath: path,
      success: function(res) {
        console.log('打开图书成功')
      },
      fail: function(error) {
        console.log(error);
      }
```

```
    })
  },
  /**
   * 保存图书
   */
  saveBook: function(id, path) {
    var that = this
    wx.saveFile({
      tempFilePath: path,
      success: function(res) {
        //将文件地址保存到本地缓存中,下次直接打开
        let newPath = res.savedFilePath
        wx.setStorageSync(id, newPath)
        //打开图书
        that.openBook(newPath)
      },
      fail: function(error) {
        console.log(error)
        that.showTips('文件保存失败!')
      }
    })
  },
  /**
   * 阅读图书
   */
  readBook: function(e) {
    var that = this
    //获取当前点击图书的 ID
    let id = e.currentTarget.dataset.id
    //获取当前点击图书的 URL 地址
    let fileUrl = e.currentTarget.dataset.file
    //查看本地缓存
    let path = wx.getStorageSync(id)
    //未曾下载过
    if (path == '') {
      //切换到下载时的蒙层
      that.setData({
        isDownloading: true
      })
      //先下载图书
      const downloadTask = wx.downloadFile({
        url: fileUrl,
        success: function(res) {
          //关闭下载时的蒙层
          that.setData({
            isDownloading: false
          })
          //下载成功
          if (res.statusCode == 200) {
            //获取地址
            path = res.tempFilePath
            //保存并打开图书
            that.saveBook(id, path)
          }
          //连上了服务器,下载失败
```

```
          else {
            that.showTips('暂时无法下载!')
          }
        },
        //请求失败
        fail: function(e) {
          //关闭下载时的蒙层
          that.setData({
            isDownloading: false
          })
          that.showTips('无法连接到服务器!')
        }
      })
      //监听当前文件的下载进度
      downloadTask.onProgressUpdate(function(res) {
        let progress = res.progress;
        that.setData({
          percentNum: progress
        })
      })
    }
    //之前下载过的,直接打开
    else {
      //打开图书
      that.openBook(path)
    }
  },

  /**
   * 封装 showModal 方法
   */
  showTips: function(content) {
    wx.showModal({
      title: '提醒',
      content: content,
      showCancel: false
    })
  },
})
```

第8章

小程序数据API·医疗急救卡

本章将介绍使用小程序表单组件仿 iOS 健康 App 创建一个简易版的医疗急救卡小程序。

本章学习目标

- 学习小程序表单系列组件的用法；
- 学习本地数据存储和读取的方法；
- 学习拨打指定电话号码的实现。

8.1 项目介绍

iOS 系统自带的健康 App 中包含了“医疗急救卡”页面，旨在用户出现过敏或突发医疗情况时为急救人员提供重要的医疗健康信息和紧急联系人，如图 8-1 所示。

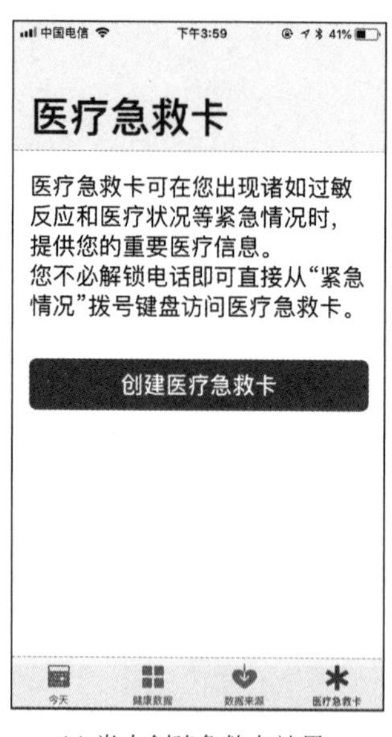

(a) 尚未创建急救卡效果

(b) 创建急救卡过程

(c) 急救卡创建完毕

图 8-1　iOS 健康 App“医疗急救卡”页面真机截屏

8.2 项目创建

视频讲解

本项目创建选择空白文件夹 firstaidCard，效果如图 8-2 所示。

单击“新建”按钮完成项目创建，然后准备手动创建页面配置文件。

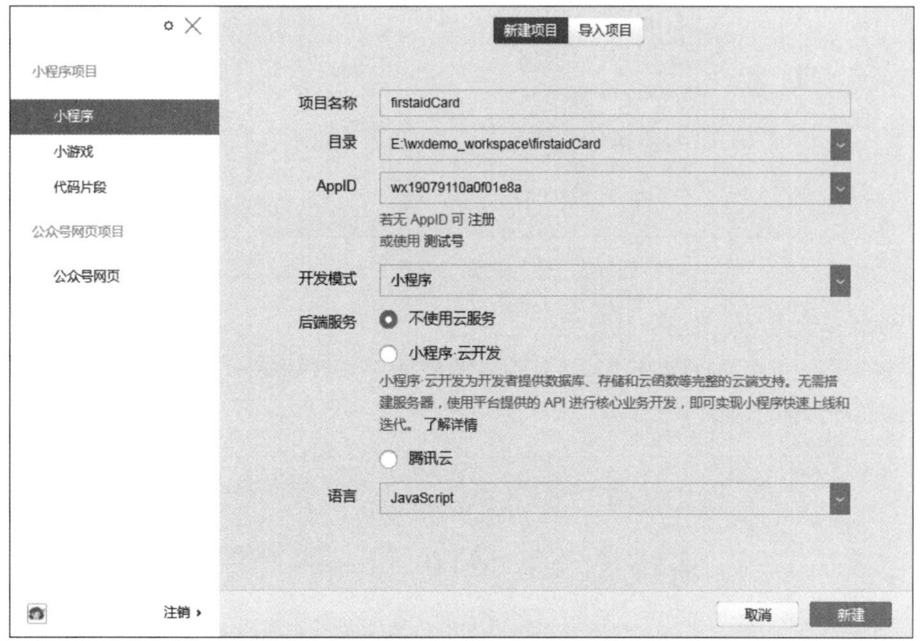

图 8-2　小程序项目填写效果示意图

8.3 页面配置

8.3.1 创建页面文件

视频讲解

项目创建完毕后，在根目录中会生成文件夹 pages 用于存放页面文件。一般来说首页默认命名为 index，表示小程序运行的第一个页面；其他页面名称可以自定义。本项目需要保留首页（index），并新增医疗急救卡创建页（form）。

具体操作如下：

（1）将 app.json 文件内 pages 属性中的“pages/logs/logs”替换成“pages/form/form”。

（2）按快捷键 Ctrl+S 保存当前修改，此时 form 目录会自动生成到 pages 文件夹下。

8.3.2 删除和修改文件

具体操作如下：

（1）删除 utils 文件夹及其内部所有内容。

（2）删除 pages 文件夹下的 logs 目录及其内部所有内容。

(3) 删除 index. wxml 和 index. wxss 中的全部代码。

(4) 删除 index. js 中的全部代码,并且输入关键词 page 找到第二个选项按回车键让其自动补全函数(如图 8-3 所示)。

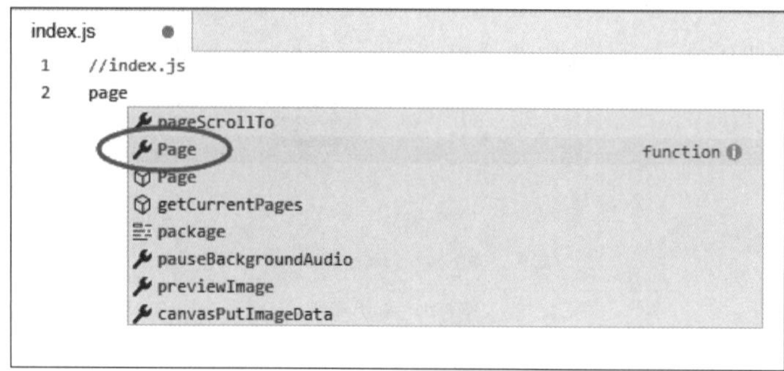

图 8-3　输入关键词创建 Page 函数

(5) 删除 app. wxss 中的全部代码。

(6) 删除 app. js 中的全部代码,并且输入关键词 app 找到第一个选项按回车键让其自动补全函数(如图 8-4 所示)。

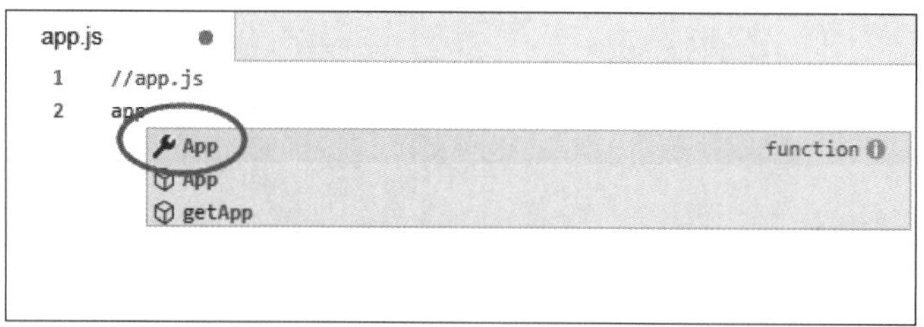

图 8-4　输入关键词创建 App 函数

完成后的目录结构如图 8-5 所示。

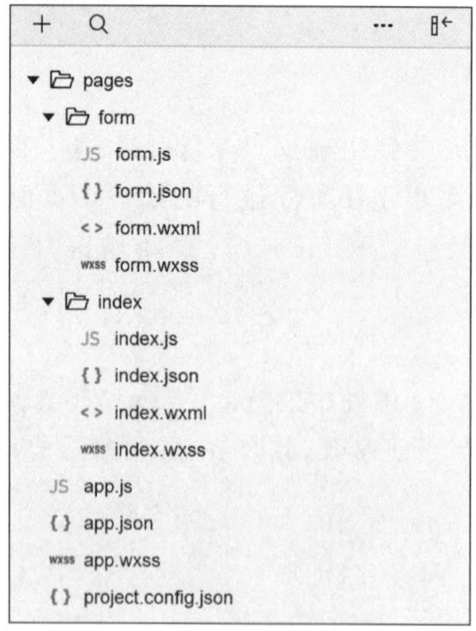

图 8-5　页面文件创建完成

此时文件配置就全部完成,8.4 节将正式进行页面布局和样式设计。

8.4　视图设计

8.4.1　导航栏设计

视频讲解

小程序默认导航栏是黑底白字的效果，因此需要在 app.json 中自定义导航栏标题和背景颜色。更改后的 app.json 文件代码如下：

```
{
  "pages": [
    "pages/index/index",
    "pages/form/form"
  ],
  "window":{
    "navigationBarBackgroundColor":"#FF2D55",
    "navigationBarTitleText": "医疗急救卡"
  }
}
```

上述代码可更改所有页面导航栏标题文本为“医疗急救卡”、背景颜色为红色(#FF2D55)。

预览效果如图 8-6 所示。

图 8-6　自定义导航栏效果

8.4.2　页面设计

视频讲解

1 首页设计

首页分两种情况，具体解释如下。

- 尚未创建医疗急救卡：此时只显示一个“创建医疗急救卡”按钮；
- 已经创建医疗急救卡：此时显示用户的医疗信息，最下方显示“打电话给紧急联系人”和“编辑医疗急救卡”两个按钮。

页面设计如图 8-7 所示。

图 8-7(a)设计图计划使用如下组件。

- 页面整体：< view >组件，并定义 class='container'；
- 按钮：< button >组件。

图 8-7(b)设计图计划使用如下组件。

- 每条信息：< view >组件，并定义 class='box'，根据其排列方向再定义 class 为 row 或 col；
- 医疗信息标题：< label >组件；
- 医疗信息文本：< text >组件；
- 按钮：< button >组件。

首先定义尚未创建医疗急救卡时的效果，WXML(pages/index/index.wxml)代码片段如下：

```
<!-- 尚未创建医疗急救卡显示该页面 -->
<view class = 'container'>
  <button>创建医疗急救卡</button>
</view>
```

(a) 尚未创建医疗急救卡的页面效果

(b) 已经创建医疗急救卡的页面效果

图 8-7　页面设计图

WXSS(pages/index/index.wxss)代码片段如下：

```
.container{
  height: 100vh;                  /* 高 100 视窗,写成 100% 无效 */
  display: flex;                  /* flex 布局模型 */
  flex-direction: column;         /* 垂直布局 */
  align-items: center;            /* 水平方向居中 */
  justify-content: center;        /* 垂直方向居中 */
}
```

由于按钮样式需要与 form 页面统一，可以写到 app.wxss 文件中。

app.wxss 代码片段如下：

```
/* 按钮样式 */
button{
  background-color: #FF2D55;      /* 背景颜色为红色 */
  color: white;                   /* 字体颜色为白色 */
  margin: 20rpx;                  /* 外边距 */
}
```

当前效果如图 8-8 所示。

由图可见，此时页面初始效果已经完成。接下来需要使用 wx:if 和 wx:else 属性切换医疗急救卡创建完成后的页面设计效果。

WXML(pages/index/index.wxml)代码片段修改如下：

```
<!-- 尚未创建医疗急救卡显示该页面 -->
<view class='container' wx:if='{{!myCard}}'>
  <button>创建医疗急救卡</button>
</view>
```

```
<!-- 医疗急救卡创建完成后显示该页面 -->
<view wx:else>
  <view class = 'row box'>
    <label>出生日期</label>
    <text>2000 - 01 - 01 </text>
    <label>血型</label>
    <text>A 型</text>
  </view>
  <view class = 'row box'>
    <label>身高</label>
    <text>100 厘米</text>
    <label>体重</label>
    <text>50 千克</text>
  </view>
  <view class = 'col box'>
    <label>医疗状况</label>
    <text>无</text>
  </view>
  <view class = 'col box'>
    <label>医疗笔记</label>
    <text>无</text>
  </view>
  <view class = 'col box'>
    <label>过敏反应</label>
    <text>无</text>
  </view>
  <view class = 'col box'>
    <label>用药</label>
    <text>无</text>
  </view>
  <view class = 'row box'>
    <label>器官捐赠者</label>
    <text>否</text>
  </view>
  <view class = 'row box'>
    <label>紧急联系人</label>
    <text>10086 </text>
  </view>
  <button>打电话给紧急联系人</button>
  <button>编辑医疗急救卡</button>
</view>
```

图 8-8　首页(尚未填写医疗急救卡)预览效果

为了预览测试效果，上述代码中的医疗数据均为临时填入，后续会改为动态数据。

app. wxss 增加代码片段如下：

```
/* 标签样式 */
label {
  color: #FF2D55;                /* 字体颜色为红色 */
  margin-right:25rpx;            /* 右边距 */
}
/* 水平布局 */
.row {
  display: flex;                 /* flex 布局模型 */
  flex-direction: row;           /* 水平布局 */
}
/* 垂直布局 */
.col {
  display: flex;                 /* flex 布局模型 */
```

```
    flex-direction: column;                    /* 垂直布局 */
}
/* 条目盒子 */
.box {
    border-bottom: 1rpx solid silver;          /* 1rpx 宽的银色实线下边框 */
    margin: 10rpx 20rpx;                       /* 上下外边距 10rpx,左右外边距 20rpx */
    padding: 10rpx;                            /* 内边距 */
}
/* 文本样式 */
text{
    margin-right:25rpx;
}
```

为了预览已经创建完成的效果，可以临时在 index.js 的 data 中设置 myCard 为 true，看完后再改回 false。

JS(pages/index/index.js)代码片段修改如下：

```
Page({
    data: {
        myCard:true                  //预览后请改回 false
    }
})
```

当前效果如图 8-9 所示。

由图可见，此时首页已经完成创建医疗急救卡前后的布局和样式设计工作。

视频讲解

2 医疗急救卡创建页设计

医疗急救卡创建页用于展示医疗信息表单，主要包含以下内容。

- 出生日期：点击弹出滚动选择器选择年、月、日；
- 医疗状况：多行文本框；
- 医疗笔记：多行文本框；
- 过敏反应：多行文本框；
- 用药：多行文本框；
- 血型：点击弹出滚动选择器选择血型(未知、A、B、O、AB)；
- 器官捐赠者：切换是或者否；
- 身高：单行文本输入框，单位为厘米；
- 体重：单行文本输入框，单位为千克；
- 紧急联系人号码：单行文本输入框，输入电话号码。

页面设计如图 8-10 所示。

当前页面计划使用如下组件。

- 页面整体：<form>组件；
- 每条信息：<view>组件，并定义 class='box'，根据其排列方向再定义 class 为 row 或 col；
- 信息标签：<label>组件；
- 选择器：<picker>组件；
- 是否开关：<switch>组件；
- 多行文本输入框：<textarea>组件；
- 单行文本输入框：<input>组件；
- 按钮：<button>组件。

图 8-9 首页(已填医疗急救卡)预览效果

图 8-10 医疗急救卡创建页设计图

医疗急救卡创建页是需要点击首页按钮跳转才可以显示的，为了设计方便，可临时将 app.json 中 pages 属性里的 form 与 index 路径对调，以确保 form 页面可以直接显示出来。

WXML(pages/form/form.wxml)代码片段如下：

```
<form bindsubmit = 'submitForm'>
  <view class = 'row box'>
    <label>出生日期</label>
    <picker name = 'date' mode = 'date' bindchange = 'dateChange' value = '{{date}}'>
      <view>{{date}}</view>
    </picker>
  </view>
  <view class = 'col box'>
    <label>医疗状况</label>
    <textarea name = 'ylzk' auto-height value = '{{ylzk}}'></textarea>
  </view>
  <view class = 'col box'>
    <label>医疗笔记</label>
    <textarea name = 'ylbj' auto-height value = '{{ylbj}}'></textarea>
  </view>
  <view class = 'col box'>
    <label>过敏反应</label>
    <textarea name = 'gmfy' auto-height value = '{{gmfy}}'></textarea>
  </view>
  <view class = 'col box'>
    <label>用药</label>
    <textarea name = 'yy' auto-height value = '{{yy}}'></textarea>
  </view>
  <view class = 'row box'>
    <label>血型</label>
    <picker name = 'blood' range = '{{bloodItems}}' bindchange = 'bloodChange' value = '{{blood}}'>
```

```
        <view>{{blood}}型</view>
      </picker>
    </view>
    <view class='row box'>
      <label>器官捐赠者</label>
      <switch name='qgjz' color='#FF2D55' checked='{{qgjz}}'></switch>
    </view>
    <view class='row box'>
      <label>身高</label>
      <input name='height' class='shortInput' type='digit' value='{{height}}'></input>
<text>厘米</text>
          <label>体重</label>
      <input name='weight' class='shortInput' type='digit' value='{{weight}}'></input>
<text>千克</text>
    </view>
      <view class='row box'>
      <label>紧急联系人号码</label>
      <input name='tel' class='longInput' type='number' value='{{tel}}'></input>
    </view>
    <button form-type='submit'>完成创建</button>
      <button bindtap='delMyCard'>删除医疗急救卡</button>
</form>
```

WXSS(pages/form/form.wxss)代码片段如下：

```
/*表单、多行文本框样式*/
form,textarea{
  width: 100%;
}
/*文本输入框样式*/
.shortInput{
  width: 100rpx;
}
.longInput{
  width: 200rpx;
}
```

JS(pages/form/form.js)代码片段如下：

```
  /**
   * 页面的初始数据
   */
  data: {
    date: '2000-01-01',           //出生日期
    ylzk: '无',                    //医疗状况
    ylbj: '无',                    //医疗笔记
    gmfy: '无',                    //过敏反应
    yy: '无',                      //用药
    blood: 'A',                    //血型
    qgjz: false,                   //器官捐赠者
    height: '100',                 //身高
    weight: '50',                  //体重
    bloodItems: ['未知', 'A', 'B', 'O', 'AB'] //血型列表
  }
```

图 8-11　面板 1 预览效果

当前效果如图 8-11 所示。

由图可见，此时可以显示默认数据内容。

8.5 逻辑实现

8.5.1 尚未创建医疗急救卡的首页的逻辑实现

视频讲解

尚未创建医疗急救卡的首页只有点击“创建医疗急救卡”按钮跳转新页面的功能需要实现。

修改 WXML(pages/index/index.wxml)代码片段如下：

```
<!-- 尚未创建医疗急救卡显示该页面 -->
<view class = 'container' wx:if = '{{!myCard}}'>
  <button bindtap = 'goToForm'>创建医疗急救卡</button>
</view>
```

在 JS(pages/index/index.js)中添加 goToForm 函数，代码片段如下：

```
Page({
  //打开表单页面
  goToForm: function() {
    wx.navigateTo({
      url: '../form/form',
    })
  }
})
```

运行效果如图 8-12 所示。

(a) 首页(尚未创建医疗急救卡)

(b) 跳转急救卡创建页

图 8-12 点击“创建医疗急救卡”按钮跳转急救卡创建页

8.5.2 医疗急救卡创建页的逻辑实现

视频讲解

1 更新选择器

修改 WXML 文件(pages/form/form. wxml)的两个< picker >组件,分别为这两个组件追加 bindchange 事件,相关代码如下:

```
<form>
  <view class='row box'>
    <label>出生日期</label>
    <picker name='date' mode='date' bindchange='dateChange' value='{{date}}'>
      <view>{{date}}</view>
    </picker>
  …
  <view class='row box'>
    <label>血型</label>
    <picker name='blood' range='{{bloodItems}}' bindchange='bloodChange' value='{{blood}}'>
      <view>{{blood}}型</view>
    </picker>
  </view>
  …
</view>
```

在 JS 文件(pages/form/form. js)中添加 dateChange 和 bloodChange 函数,代码如下:

```
Page({
  //更新日期
  dateChange: function(e) {
    let value = e.detail.value;           //获得选择的日期
    this.setData({ date: value });        //将选项名称更新到 WXML 页面上
  },
  //更新血型
  bloodChange: function(e) {
    let i = e.detail.value;               //获得选择的血型序号
    this.setData({ blood: this.data.bloodItems[i] });      //将选项名称更新到 WXML 页面上
  },
})
```

此时可以将滚动选择器修改的内容更新到当前页面,如图 8-13 所示。

2 表单提交

视频讲解

修改 WXML 文件(pages/form/form. wxml)的< form >组件,为该组件追加 bindsubmit 事件,相关代码如下:

```
<form bindsubmit='submitForm'>
  …
</form>
```

在 JS 文件(pages/form/form. js)中添加 submitForm 函数,代码如下:

```
Page({
  //提交表单
  submitForm: function(e) {
```

(a) 初始表单效果

(b) 更新日期和血型数据后的效果

图 8-13 更新选择器的预览效果

```
        //同步保存数据
        wx.setStorageSync('myCard', e.detail.value)
        //成功后返回首页
        wx.navigateBack()
    }
})
```

此时填写任意数据，然后单击"完成创建"按钮，调试器 Storage 面板如图 8-14 所示。

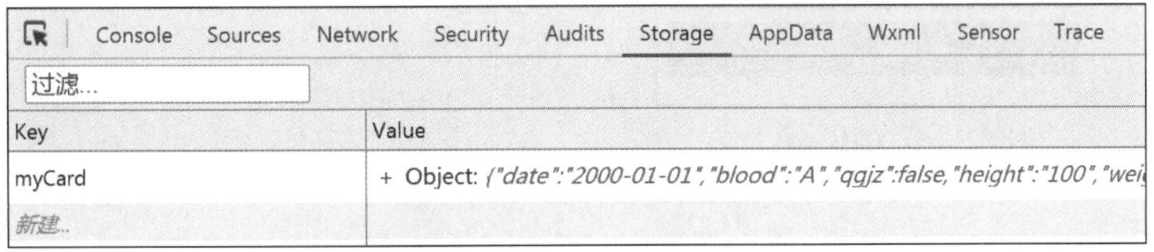

图 8-14 表单提交后调试器 Storage 面板的预览效果

由图可见，提交表单后已经成功将数据保存到本地缓存中，其中 Key 名称为 myCard，该名称也可以由开发者自定义。

视频讲解

3 删除医疗急救卡

修改 WXML 文件(pages/form/form.wxml)的"删除医疗急救卡"按钮，相关代码如下：

```
<form bindsubmit = 'submitForm'>
    …
    <button bindtap = 'delMyCard'>删除医疗急救卡</button>
</form>
```

在 JS 文件(pages/form/form.js)中添加 delMyCard 函数,代码如下:

```
Page({
  …
  //删除医疗急救卡
  delMyCard: function() {
    //同步删除数据
    wx.removeStorageSync('myCard')
    //成功后返回首页
    wx.navigateBack()
  },
  …
})
```

运行效果如图 8-15 所示。

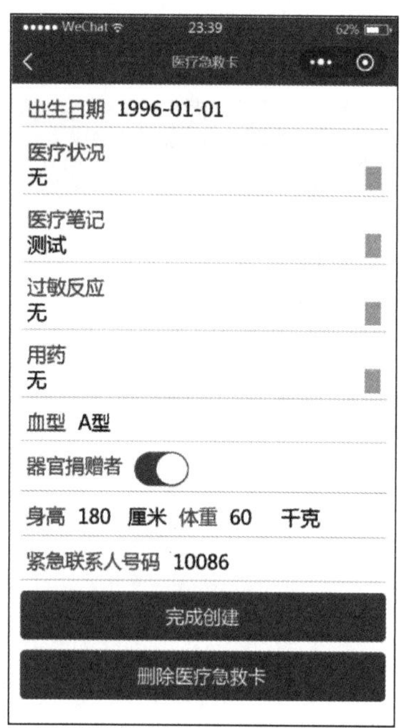

(a) 填有内容的医疗急救卡

(b) 删除信息并返回首页

图 8-15 删除医疗急救卡的效果

由图可见,此时点击"删除医疗急救卡"按钮将清空缓存数据并返回首页。

8.5.3 已经创建急救卡的首页的逻辑实现

视频讲解

1 读取本地缓存数据

首页需要进行本地缓存的读取,这样才可以正确显示最新的医疗数据。

在 JS 文件(pages/index/index.js)的 onShow 函数中获取本地数据,相关代码如下:

```
Page({
  onShow: function() {
    //同步获取本地缓存
    let myCard = wx.getStorageSync('myCard')
```

```
    //更新动态数据
    this.setData({ myCard: myCard })
  }
})
```

将 WXML 文件(pages/index/index.wxml)的所有医疗数据改为动态数据，相关代码如下：

```
<!-- 急救卡创建完成后显示该页面 -->
<view wx:else>
  <view class='row box'>
    <label>出生日期</label>
    <text>{{myCard.date}}</text>
    <label>血型</label>
    <text>{{myCard.blood}}型</text>
  </view>
  <view class='row box'>
    <label>身高</label>
    <text>{{myCard.height}}厘米</text>
    <label>体重</label>
    <text>{{myCard.weight}}千克</text>
  </view>
  <view class='col box'>
    <label>医疗状况</label>
    <text>{{myCard.ylzk}}</text>
  </view>
  <view class='col box'>
    <label>医疗笔记</label>
    <text>{{myCard.ylbj}}</text>
  </view>
  <view class='col box'>
    <label>过敏反应</label>
    <text>{{myCard.gmfy}}</text>
  </view>
  <view class='col box'>
    <label>用药</label>
    <text>{{myCard.yy}}</text>
  </view>
  <view class='row box'>
    <label>器官捐赠者</label>
    <text>{{myCard.qgjz?'是':'否'}}</text>
  </view>
  <view class='row box'>
    <label>紧急联系人</label>
    <text>{{myCard.tel}}</text>
  </view>
  …
</view>
```

运行效果如图 8-16 所示。

由图可见，首页已经成功读取到本地缓存中的数据并显示出来。

视频讲解

2 打电话给紧急联系人

修改 WXML 文件(pages/index/index.wxml)中的“打电话给紧急联系人”按钮，为其绑定自定义的 tap 事件，相关代码如下：

图 8-16　显示本地缓存数据

```
<!-- 急救卡创建完成后显示该页面 -->
<view wx:else>
  …
  <button bindtap='makeCall'>打电话给紧急联系人</button>
</view>
```

在 JS 文件(pages/index/index.js)中添加自定义函数 makeCall,相关代码如下:

```
Page({
  …
  //打电话给紧急联系人
  makeCall: function() {
    let tel = this.data.myCard.tel
    wx.makePhoneCall({
      phoneNumber: tel
    })
  },
  …
})
```

运行效果如图 8-17 所示。

由图可见,开发工具已实现拨打电话的模拟效果。如果使用带有电话卡的真机测试,可以拨打真实电话。

3 编辑医疗急救卡

修改 WXML 文件(pages/index/index.wxml)中的"编辑医疗急救卡"按钮,相关代码如下:

视频讲解

```
<!-- 急救卡创建完成后显示该页面 -->
<view wx:else>
```

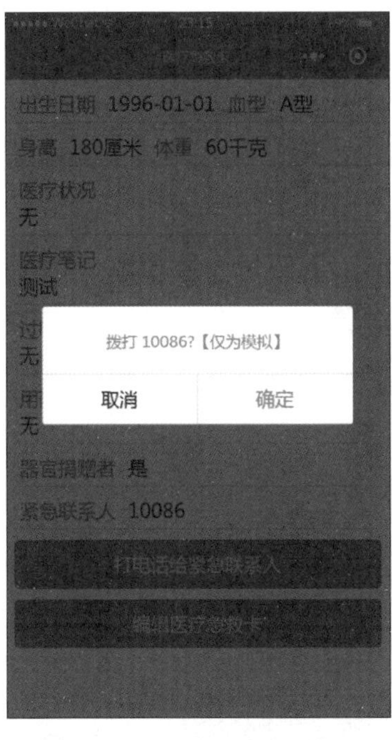

图 8-17 模拟拨打电话的提示

```
  …
  <button bindtap = 'goToForm'>编辑医疗急救卡</button>
</view>
```

上述代码中的自定义函数 goToForm 在之前已经完成，用于跳转到医疗急救卡创建页。

更新 JS 文件(pages/form/form.js)的 onLoad 函数，相关代码如下：

```
Page({
  …
  onLoad: function(options) {
    let myCard = wx.getStorageSync('myCard')
    //有数据
    if (myCard != '') {
      this.setData({
        date: myCard.date,
        ylzk: myCard.ylzk,
        ylbj: myCard.ylbj,
        gmfy: myCard.gmfy,
        yy: myCard.yy,
        blood: myCard.blood,
        qgjz: myCard.qgjz,
        height: myCard.height,
        weight: myCard.weight
      })
    }
  },
  …
})
```

上述代码表示打开医疗急救卡创建页时先读取一下本地缓存，如果有数据，则显示已经保存的数据等待新一轮编辑。

运行效果如图 8-18 所示。

图 8-18 显示本地缓存数据的医疗急救卡创建页

由图可见,此时重新打开的医疗急救卡创建页可以显示本地缓存中的数据。

8.6 完整代码展示

8.6.1 应用文件代码展示

app.json 文件的完整代码如下:

```
{
  "pages": [
    "pages/index/index",
    "pages/form/form"
  ],
  "window": {
    "navigationBarBackgroundColor": "#FF2D55",
    "navigationBarTitleText": "医疗急救卡"
  }
}
```

app.wxss 文件的完整代码如下:

```
/*按钮样式*/
button{
  background-color: #FF2D55;              /*背景颜色为红色*/
  color: white;                           /*字体颜色为白色*/
```

```
  margin: 20rpx;                          /* 外边距 */
}
/* 标签样式 */
label {
  color: #FF2D55;                         /* 字体颜色为红色 */
  margin-right:25rpx;                     /* 右边距 */
}
/* 水平布局 */
.row {
  display: flex;                          /* flex 布局模型 */
  flex-direction: row;                    /* 水平布局 */
}
/* 垂直布局 */
.col {
  display: flex;                          /* flex 布局模型 */
  flex-direction: column;                 /* 垂直布局 */
}
/* 条目盒子 */
.box {
  border-bottom: 1rpx solid silver;       /* 1rpx 宽的银色实线下边框 */
  margin: 20rpx;                          /* 外边距 */
  padding: 10rpx;                         /* 内边距 */
}
```

8.6.2　页面文件代码展示

1 首页代码展示

WXML 文件(pages/index/index.wxml)的完整代码如下：

```
<!-- pages/index/index.wxml -->
<!-- 尚未创建急救卡显示该页面 -->
<view class='container' wx:if='{{!myCard}}'>
  <button bindtap='goToForm'>创建医疗急救卡</button>
</view>
<!-- 急救卡创建完成后显示该页面 -->
<view wx:else>
  <view class='row box'>
    <label>出生日期</label>
    <text>{{myCard.date}}</text>
  </view>
  <view class='col box'>
    <label>医疗状况</label>
    <text>{{myCard.ylzk}}</text>
  </view>
  <view class='col box'>
    <label>医疗笔记</label>
    <text>{{myCard.ylbj}}</text>
  </view>
  <view class='col box'>
    <label>过敏反应</label>
    <text>{{myCard.gmfy}}</text>
  </view>
  <view class='col box'>
    <label>用药</label>
```

```
        <text>{{myCard.yy}}</text>
    </view>

    <view class='row box'>
        <label>血型</label>
        <text>{{myCard.blood}}型</text>
    </view>
    <view class='row box'>
        <label>器官捐赠者</label>
        <text>{{myCard.qgjz?'是':'否'}}</text>
    </view>
    <view class='row box'>
        <label>身高</label>
        <text>{{myCard.height}}</text>厘米
    </view>
    <view class='row box'>
        <label>体重</label>
        <text>{{myCard.weight}}</text>千克
    </view>
    <button bindtap='makeCall'>打电话给紧急联系人</button>
    <button bindtap='goToForm'>编辑医疗急救卡</button>
</view>
```

WXSS 文件(pages/index/index.wxss)的完整代码如下：

```
.container{
    height: 100vh;                      /* 高 100 视窗,写成 100% 无效 */
    display: flex;                      /* flex 布局模型 */
    flex-direction: column;             /* 垂直布局 */
    align-items: center;                /* 水平方向居中 */
    justify-content: center;            /* 垂直方向居中 */
}
```

JS 文件(pages/index/index.js)的完整代码如下：

```
Page({
    data: {
        myCard:true
    },
    // 打电话给紧急联系人
    makeCall: function () {
        let tel = this.data.myCard.tel;
        wx.makePhoneCall({
            phoneNumber: tel
        })
    },
    // 打开表单页面
    goToForm: function () {
        wx.navigateTo({
            url: '../form/form'
        })
    },
    onShow: function () {
        //同步获取本地缓存
        let myCard = wx.getStorageSync('myCard');
        //更新动态数据
        this.setData({myCard:myCard});
    }
})
```

2 医疗急救卡创建页代码展示

WXML 文件(pages/form/form.wxml)的完整代码如下：

```
<form bindsubmit='submitForm'>
  <view class='row box'>
    <label>出生日期</label>
    <picker name='date' mode='date' bindchange='dateChange' value='{{date}}'>
      <view>{{date}}</view>
    </picker>
  </view>
  <view class='col box'>
    <label>医疗状况</label>
    <textarea name='ylzk' auto-height value='{{ylzk}}'></textarea>
  </view>
  <view class='col box'>
    <label>医疗笔记</label>
    <textarea name='ylbj' auto-height value='{{ylbj}}'></textarea>
  </view>
  <view class='col box'>
    <label>过敏反应</label>
    <textarea name='gmfy' auto-height value='{{gmfy}}'></textarea>
  </view>
  <view class='col box'>
    <label>用药</label>
    <textarea name='yy' auto-height value='{{yy}}'></textarea>
  </view>
  <view class='row box'>
    <label>血型</label>
    <picker name='blood' range='{{bloodItems}}' bindchange='bloodChange' value='{{blood}}'>
      <view>{{blood}}型</view>
    </picker>
  </view>
  <view class='row box'>
    <label>器官捐赠者</label>
    <switch name='qgjz' color='#FF2D55' checked='{{qgjz}}'></switch>
  </view>
  <view class='row box'>
    <label>身高</label>
    <input name='height' type='digit' value='{{height}}'></input>厘米
  </view>
  <view class='row box'>
    <label>体重</label>
    <input name='weight' type='digit' value='{{weight}}'></input>千克
  </view>
  <button form-type='submit'>完成创建</button>
  <button bindtap='delMyCard'>删除医疗急救卡</button>
</form>
```

WXSS 文件(pages/form/form.wxss)的完整代码如下：

```
/*表单、多行文本框样式*/
form,textarea{
  width: 100%;
}
/*文本输入框样式*/
input{
  width: 100rpx;
}
```

JS 文件(pages/form/form.js)的完整代码如下：

```
Page({
  data: {
    date: '2000 - 01 - 01',                     //出生日期
    ylzk: '无',                                 //医疗状况
    ylbj: '无',                                 //医疗笔记
    gmfy: '无',                                 //过敏反应
    yy: '无',                                   //用药
    blood: 'A',                                 //血型
    qgjz: false,                                //器官捐赠者
    height: '100',                              //身高
    weight: '50',                               //体重
    bloodItems: ['未知', 'A', 'B', 'O', 'AB']   //血型列表
  },
  //更新日期
  dateChange: function(e) {
    let value = e.detail.value;                 //获得选择的日期
    this.setData({ date: value });              //将选项名称更新到 WXML 页面上
  },
  //更新血型
  bloodChange: function(e) {
    let i = e.detail.value;                     //获得选择的血型序号
    this.setData({ blood: this.data.bloodItems[i] });  //将选项名称更新到 WXML 页面上
  },
  //提交表单
  submitForm: function(e) {
    console.log(e.detail.value);
    //异步保存数据
    wx.setStorageSync('myCard', e.detail.value)
    //成功后返回首页
    wx.navigateBack()
  },
// 删除急救卡信息
delMyCard: function (e) {
    wx.removeStorageSync('myCard');
    //返回首页
    wx.navigateBack();
},
  onLoad: function (options) {
    let myCard = wx.getStorageSync('myCard')
    //有数据
    if(myCard != '') {
      this.setData({
        date: myCard.date,
        ylzk: myCard.ylzk,
        ylbj: myCard.ylbj,
        gmfy: myCard.gmfy,
        yy: myCard.yy,
        blood: myCard.blood,
        qgjz: myCard.qgjz,
        height: myCard.height,
        weight: myCard.weight
      })
    }
  }
})
```

第9章 Chapter 9

小程序位置API · 会议邀请函

本章主要使用小程序位置 API 的相关知识制作一款会议邀请函小程序。

本章学习目标

- 掌握获取位置的接口的使用方法；
- 掌握查看位置的接口的使用方法；
- 掌握地图组件控制的系列接口的使用方法。

9.1 项目创建

视频讲解

本项目创建选择空白文件夹 invitationDemo，效果如图 9-1 所示。

单击“新建”按钮完成项目创建，然后准备手动创建页面配置文件。

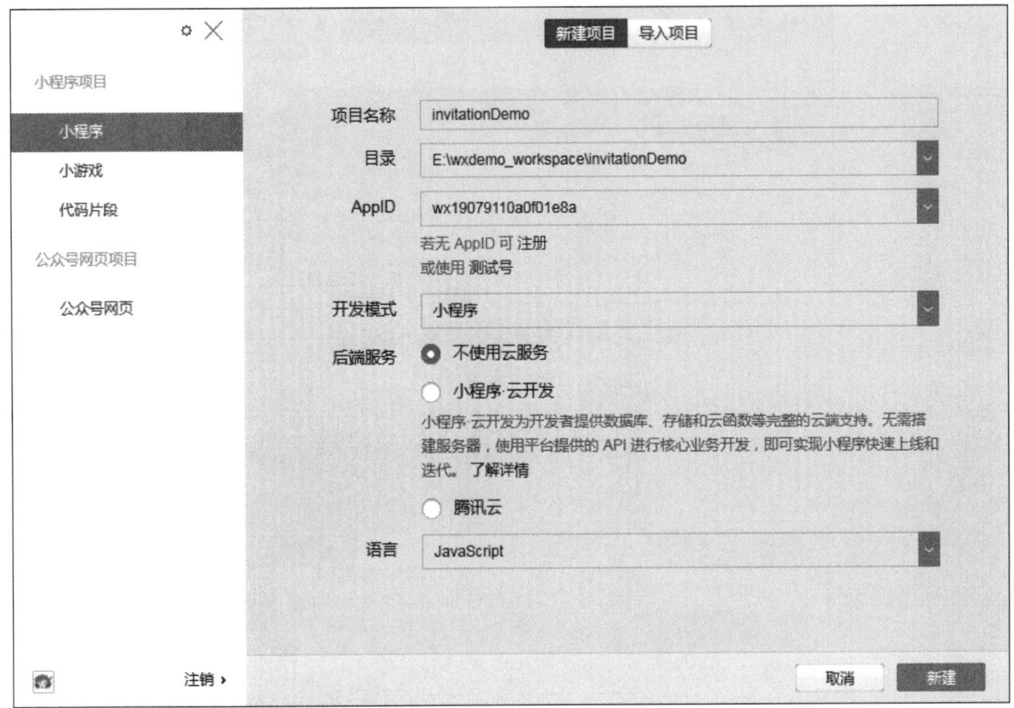

图 9-1　小程序项目填写效果示意图

9.2 页面配置

9.2.1 创建页面文件

视频讲解

项目创建完毕后，在根目录中会生成文件夹 pages 用于存放页面文件。一般来说首页默认命名为 index，表示小程序运行的第一个页面；其他页面名称可以自定义。本项目只需要保留首页(index)即可。

具体操作如下：

(1) 将 app.json 文件内 pages 属性中的“pages/logs/logs”删除，并删除上一行末尾的逗号。

(2) 按快捷键 Ctrl+S 保存当前修改。

9.2.2 删除和修改文件

具体操作如下：

(1) 删除 utils 文件夹及其内部所有内容。

(2) 删除 pages 文件夹下的 logs 目录及其内部所有内容。

(3) 删除 index.wxml 和 index.wxss 中的全部代码。

(4) 删除 index.js 中的全部代码，并且输入关键词 page 找到第二个选项按回车键让其自动补全函数(如图 9-2 所示)。

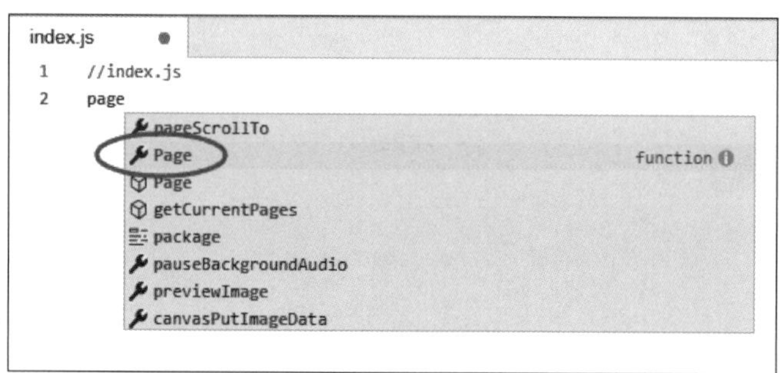

图 9-2 输入关键词创建 Page 函数

(5) 删除 app.wxss 中的全部代码。

(6) 删除 app.js 中的全部代码，并且输入关键词 app 找到第一个选项按回车键让其自动补全函数(如图 9-3 所示)。

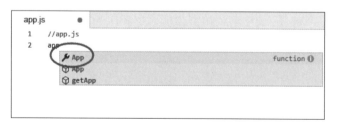

图 9-3 输入关键词创建 App 函数

9.2.3　创建其他文件

接下来创建其他自定义文件，本项目还需要一个文件夹用于存放背景图片和嘉宾头像图标。文件夹名称由开发者自定义(例如 images)，单击目录结构左上角的+号创建文件夹并命名为 images。

本项目用到的背景图片素材如图 9-4 所示。

右击目录结构中的 images 文件夹，选择"硬盘打开"，然后将背景图片文件复制、粘贴进该文件夹。

本项目用到的嘉宾头像图片素材如图 9-5 所示。

右击目录结构中的 images 文件夹，选择"硬盘打开"，然后在其内部新建二级目录 avatar，将图标文件复制、粘贴进该目录。

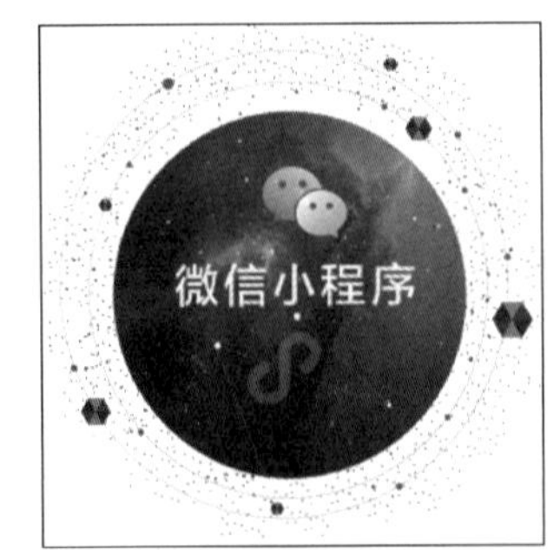

图 9-4　背景图片素材展示(素材来源：网络资源)

完成后的目录结构如图 9-6 所示。

本项目的文件配置就全部完成，9.3 节将正式进行页面布局和样式设计。

(a) avatar1.jpg

(b) avatar2.jpg

图 9-5　嘉宾头像素材展示(素材来源：网络资源)

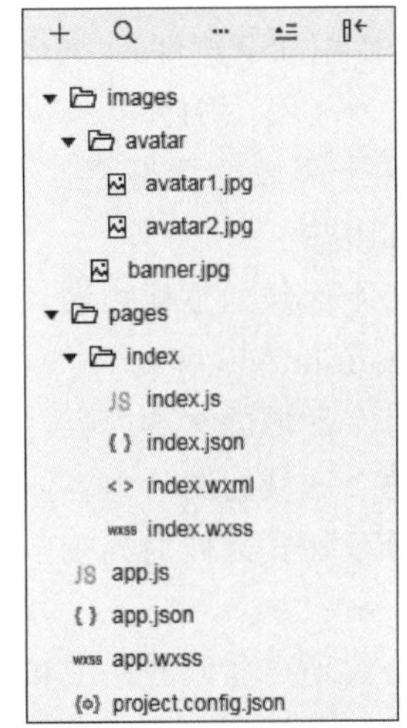

图 9-6　页面文件创建完成

9.3　视图设计

9.3.1　导航栏设计

视频讲解

小程序默认导航栏是黑底白字的效果，因此需要在 app.json 中自定义导航栏标题和背景颜色。更改后的 app.json 文件代码如下：

```
{
  "pages": [
    "pages/index/index"
  ],
  "window": {
    "navigationBarBackgroundColor": "#00B26A",
```

```
        "navigationBarTitleText": "会议邀请函"
    }
}
```

图 9-7　自定义导航栏效果

上述代码可以更改所有页面的导航栏标题文本为“会议邀请函”、背景颜色为绿色(＃00B26A)。预览效果如图 9-7 所示。

9.3.2　页面设计

视频讲解

页面上主要以垂直滚动的形式展示会议的各种内容，设计图如图 9-8 所示。

具体区域介绍如下。

- 会议主题：包含背景图片、会议标题、主办方、承办方和协办方信息；
- 活动背景：会议的背景介绍，是纯文本内容；
- 分享嘉宾：以列表的形式显示嘉宾头像和名称；
- 会议地点：显示会议的时间、地点和地图查看效果。

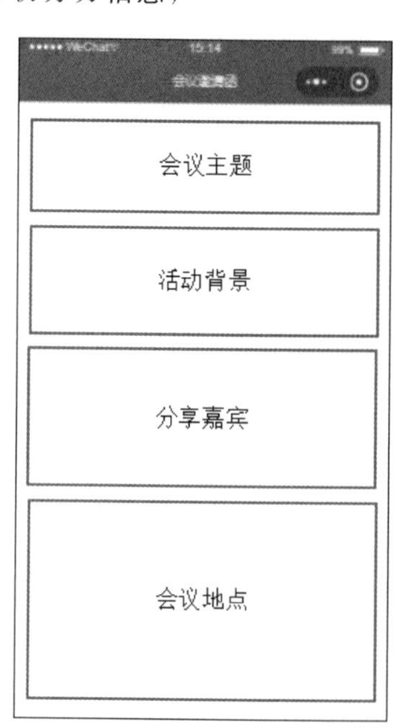

图 9-8　页面设计图

计划使用如下组件。

- 4 个区域：均使用< view >组件，并定义 class='box'；
- 每个区域的标题栏：< view >组件，并定义 class='title'；
- 每个区域的整体内容：< view >组件，并定义 class='content'；
- 每个区域的文本内容：< text >组件；
- 每个区域的图片内容：< image >组件；
- 分享嘉宾区域的列表：< view >组件，并定义 class='bar'；
- 会议地点区域的地图和“查看详情”按钮：< map >组件和< button >组件。

1 整体设计

首先定义 4 个区域的容器(< view >)，WXML(pages/index/index.wxml)代码片段如下：

```
<view class = 'box'>
  <view class = 'title'>会议主题</view>
  <view class = 'content'>
  </view>
</view>
<view class = 'box'>
  <view class = 'title'>活动背景</view>
  <view class = 'content'>
  </view>
</view>
<view class = 'box'>
  <view class = 'title'>分享嘉宾</view>
  <view class = 'content'>
```

```
    </view>
</view>
<view class='box'>
    <view class='title'>会议地点</view>
    <view class='content'>
    </view>
</view>
```

WXSS(pages/index/index.wxss)代码片段如下：

```
/*区域整体样式*/
.box {
    border: 2rpx solid #00B26A;                /*边框*/
    color: #00B26A;                            /*字体颜色*/
    margin: 15rpx;                             /*外边距*/
    padding: 15rpx;                            /*内边距*/
}

/*区域标题样式*/
.title {
    font-size: 18pt;                           /*字体大小*/
    font-weight: bold;                         /*字体加粗*/
    padding-bottom: 10rpx;                     /*底端内边距*/
    border-bottom: 2rpx dashed #00B26A;        /*边框*/
}

/*区域内容样式*/
.content {
    font-size: 12pt;                           /*字体大小*/
    margin: 10rpx 0;                           /*外边距上下10rpx,左右0*/
    line-height: 80rpx;                        /*行间距*/
}
```

当前效果如图9-9所示。

图9-9　页面预览效果

由图可见，目前 4 个区域有了统一的样式效果。

2 会议主题区域设计

会议主题区域需要分别使用< image >和< text >组件追加一个背景图片和一段纯文本描述。

WXML(pages/index/index.wxml)代码片段修改如下：

```
<view class = 'box'>
  <view class = 'title'>会议主题</view>
  <image src = '/images/banner.jpg' style = 'width:100 % ' mode = 'widthFix'></image>
  <view class = 'content'>
    <text>全国高校微信小程序开发与实训课程高级研修班 \n 主办方：教育部高等学校计算机类专业教学指导委员会和教育部高等学校软件工程专业教学指导委员会 \n 承办方：集美大学 \n 协办方：腾讯微信事业群和清华大学出版社</text>
  </view>
</view>
```

当前效果如图 9-10 所示。

3 活动背景区域设计

活动背景区域只需要使用< text >组件追加一段纯文本内容即可。

WXML(pages/index/index.wxml)代码片段修改如下：

```
<view class = 'box'>
  <view class = 'title'>活动背景</view>
  <view class = 'content'>
    <text>2018 年腾讯全球合作伙伴大会上，官方公布了一组数据，微信小程序用户量已经达到 2 亿，覆盖行业 200 多个.这一数据显示微信小程序在上线一年的时间内，微信小程序用户确实在呈现指数增长.正是基于此，计划举办本次微信小程序系列课程教学研讨会.</text>
  </view>
</view>
```

当前效果如图 9-11 所示。

图 9-10　会议主题区域预览效果

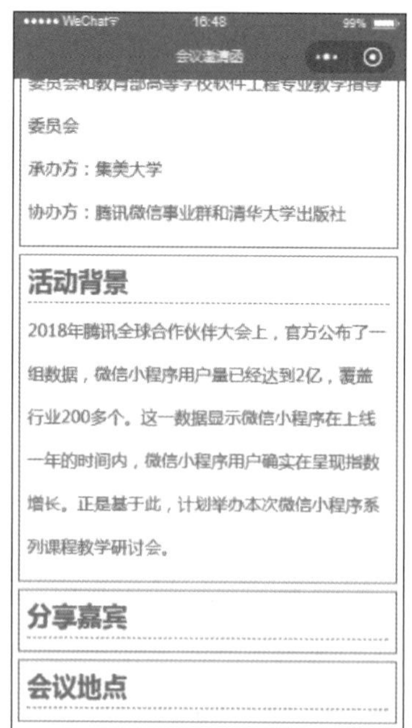

图 9-11　活动背景区域预览效果

4 分享嘉宾区域设计

分享嘉宾区域用来显示嘉宾列表，列表中每一行显示一位嘉宾的头像和姓名。这里以只有一位嘉宾为例，WXML(pages/index/index.wxml)代码片段如下：

```
<view class = 'box'>
  <view class = 'title'>分享嘉宾</view>
  <view class = 'content'>
    <view class = 'bar'>
      <image class = 'avatar' src = '/images/avatar/avatar1.jpg'></image>
      <text> QQ </text>
    </view>
  </view>
</view>
```

WXSS(pages/index/index.wxss)代码片段如下：

```
/* 分享嘉宾区域：列表单元行样式 */
.bar {
  display: flex;                    /* flex 模型布局 */
  flex-direction: row;              /* 水平布局 */
  align-items: center;              /* 垂直方向居中对齐 */
  font-size: 16pt;                  /* 字体大小 */
}
/* 分享嘉宾区域：头像图标样式 */
.avatar {
  width: 200rpx;                    /* 宽度 */
  height: 200rpx;                   /* 高度 */
  margin-right: 20rpx;              /* 右侧外边距 */
}
```

当前效果如图 9-12 所示。

如果嘉宾人数较多，可以在逻辑实现环节使用 wx:for 属性循环展示嘉宾列表。

5 会议地点区域设计

会议地点区域主要使用< text >组件实现会议的时间与地点文本描述、使用< map >组件实现地图预览效果以及使用< button >组件实现“查看详情”按钮，WXML(pages/index/index.wxml)代码片段如下：

```
<view class = 'box'>
  <view class = 'title'>会议地点</view>
  <view class = 'content'>
    <text> 2019 年 1 月 17 日 - 1 月 20 日·厦门</text>
    <map></map>
    <button>查看详情</button>
  </view>
</view>
```

WXSS(pages/index/index.wxss)代码片段如下：

```
/* 会议地点区域：地图样式 */
map {
  width: 100%;              /* 宽度 */
  height: 400rpx;           /* 高度 */
}
/* 会议地点区域：按钮样式 */
```

```
button {
  color: white;                     /* 字体颜色 */
  background-color: #00B26A;        /* 背景颜色 */
}
```

当前效果如图 9-13 所示。

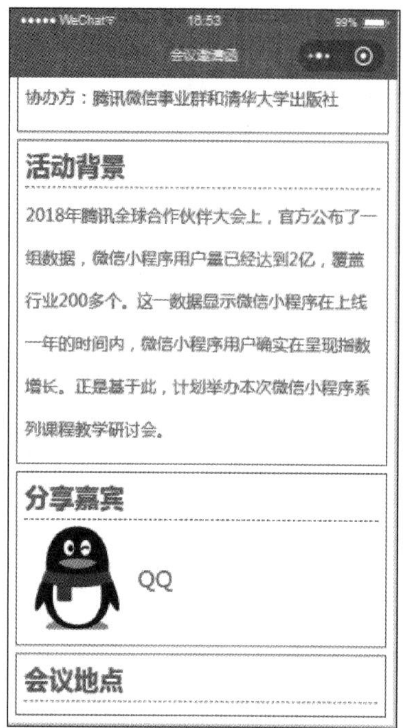

图 9-12　分享嘉宾区域预览效果

图 9-13　会议地点区域预览效果

由图可见，当前地图组件显示的默认地点在北京，后续需要更新为指定的地理位置。此时页面设计就全部完成了，接下来需要进行逻辑实现。

9.4　逻辑实现

9.4.1　更新嘉宾列表

视频讲解

在分享嘉宾区域对< view class='box'>组件添加 wx:for 属性，改写为循环展示列表。

WXML(pages/index/index.wxml)代码片段修改如下：

```
<view class='box'>
  <view class='title'>分享嘉宾</view>
  <view class='content'>
    <view class='bar' wx:for='{{guest}}' wx:key='guest{{index}}'>
      <image class='avatar' src='{{item.avatar}}'></image>
      <text>{{item.name}}</text>
    </view>
  </view>
</view>
```

然后在 JS 文件的 data 属性中追加 guest 数组，用于存放嘉宾个人信息。

JS(pages/index/index. js)代码片段修改如下：

```
Page({
  /**
   * 页面的初始数据
   */
  data: {
   guest: [{
          avatar: '/images/avatar/avatar1.jpg',
          name: '微信事业部技术人员'
        },
        {
          avatar: '/images/avatar/avatar2.jpg',
          name: '周文洁'
        }
      ]
},
})
```

开发者可以自行更改嘉宾的人数、头像和名称。运行效果如图 9-14 所示。

图 9-14　更新嘉宾列表效果

由图可见，当前已经可以展示全部嘉宾列表信息。

9.4.2　更新地图位置

视频讲解

假设会议地点在集美大学(坐标：24.579805，118.095086)，修改会议地点区域的< map >组件，为其追加 latitude 和 longitude 属性。

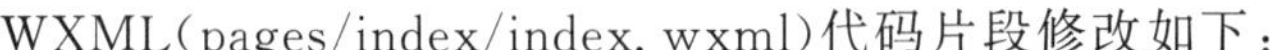

WXML(pages/index/index. wxml)代码片段修改如下：

```
<view class = 'box'>
  <view class = 'title'>会议地点</view>
  <view class = 'content'>
    <text>2019 年 1 月 17 日 - 1 月 20 日·厦门</text>
    <map latitude = '{{lat}}' longitude = '{{lon}}'></map>
    <button>查看详情</button>
  </view>
</view>
```

在 JS 文件的 data 属性中添加坐标数据，JS(pages/index/index.js)代码片段如下：

```
Page({
  /**
   * 页面的初始数据
   */
  data: {
    lat: 24.579805,
    lon: 118.095086,
    guest:[ … ]
  }
})
```

运行效果如图 9-15 所示。

图 9-15　更新地图位置效果

由图可见，当前已经可以展示集美大学附近的地图信息了。

9.4.3　查看地图详情

视频讲解

当用户点击会议地点区域的“查看详情”按钮时可以打开全屏地图进行查看，在真机中还可以进行导航、定位和街景显示。

为< button >组件添加 bindtap 事件，WXML(pages/index/index.wxml)代码片段修改如下：

```
<view class = 'box'>
  <view class = 'title'>会议地点</view>
  <view class = 'content'>
    <text>2019 年 1 月 17 日 - 1 月 20 日·厦门</text>
    <map latitude = '{{lat}}' longitude = '{{lon}}'></map>
    <button bindtap = 'showGuide'>查看详情</button>
  </view>
</view>
```

在 JS 文件中添加自定义函数 showGuide，JS(pages/index/index.js)代码片段如下：

```
Page({
  /**
   * 查看位置
   */
  showGuide: function() {
    var that = this
    wx.openLocation({
      latitude: that.data.lat,
      longitude: that.data.lon,
    })
  },
})
```

真机运行效果如图 9-16 所示。

(a) 页面初始效果

(b) 全屏查看地图详情

图 9-16 真机预览效果

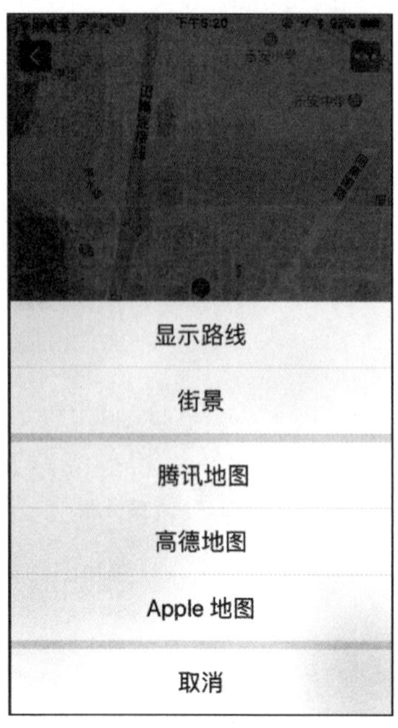

(c) 点击右下角按钮的菜单效果

(d) 切换街景模式

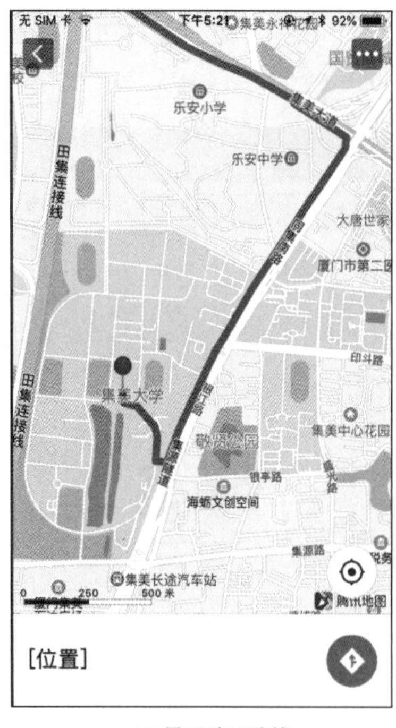

(e) 显示建议路线

(f) 跳转高德地图导航

图 9-16 （续）

需要注意的是，如果用户手机中尚未安装第三方地图 App，则只能跳转到应用商店进行下载。

此时会议邀请函小程序就全部完成了，开发者可以根据实际需要更换邀请函的主题颜色、布局和内容。

9.5 完整代码展示

app.json 文件的完整代码如下：

```
{
  "pages": [
    "pages/index/index"
  ],
  "window": {
    "navigationBarBackgroundColor": "#00B26A",
    "navigationBarTitleText": "会议邀请函"
  }
}
```

WXML 文件(pages/index/index.wxml)的完整代码如下：

```
<view class='box'>
  <view class='title'>会议主题</view>
  <image src='/images/banner.jpg' style='width:100%' mode='widthFix'></image>
  <view class='content'>
    <text>全国高校微信小程序开发与实训课程高级研修班 \n 主办方：教育部高等学校计算机类专业教学指导委员会和教育部高等学校软件工程专业教学指导委员会 \n 承办方：集美大学 \n 协办方：腾讯微信事业群和清华大学出版社</text>
  </view>
</view>
<view class='box'>
  <view class='title'>活动背景</view>
  <view class='content'>
    <text>2018 年腾讯全球合作伙伴大会上，官方公布了一组数据，微信小程序用户量已经达到2亿，覆盖行业 200 多个.这一数据显示微信小程序在上线一年的时间内，微信小程序用户确实在呈现指数增长.正是基于此，计划举办本次微信小程序系列课程教学研讨会.</text>
  </view>
</view>
<view class='box'>
  <view class='title'>分享嘉宾</view>
  <view class='content'>
    <view class='bar' wx:for='{{guest}}' wx:key='guest{{index}}'>
      <image class='avatar' src='{{item.avatar}}' mode='widthFix'></image>
      <text>{{item.name}}</text>
    </view>
  </view>
</view>
<view class='box'>
  <view class='title'>会议地点</view>
  <view class='content'>
    <text>2019 年 1 月 17 日 - 1 月 20 日·厦门</text>
    <map latitude='{{lat}}' longitude='{{lon}}'></map>
    <button bindtap='showGuide'>查看详情</button>
  </view>
</view>
```

WXSS 文件(pages/index/index.wxss)的完整代码如下：

```
/* 区域整体样式 */
```

```
.box {
  border: 2rpx solid #00B26A;              /* 边框 */
  color: #00B26A;                          /* 字体颜色 */
  margin: 15rpx;                           /* 外边距 */
  padding: 15rpx;                          /* 内边距 */
}
/* 区域标题样式 */
.title {
  font-size: 18pt;                         /* 字体大小 */
  font-weight: bold;                       /* 字体加粗 */
  padding-bottom: 10rpx;                   /* 底端内边距 */
  border-bottom: 2rpx dashed #00B26A;      /* 边框 */
}
/* 区域内容样式 */
.content {
  font-size: 12pt;                         /* 字体大小 */
  margin: 10rpx 0;                         /* 外边距上下 10rpx,左右 0 */
  line-height: 80rpx;                      /* 行间距 */
}
/* 分享嘉宾区域: 列表单元行样式 */
.bar {
  display: flex;                           /* flex 模型布局 */
  flex-direction: row;                     /* 水平布局 */
  align-items: center;                     /* 垂直方向居中对齐 */
  font-size: 16pt;                         /* 字体大小 */
}
/* 分享嘉宾区域: 头像图标样式 */
.avatar {
  width: 200rpx;                           /* 宽度 */
  height: 200rpx;                          /* 高度 */
  margin-right: 20rpx;                     /* 右侧外边距 */
}
/* 会议地点区域: 地图样式 */
map {
  width: 100%;                             /* 宽度 */
  height: 400rpx;                          /* 高度 */
}
/* 会议地点区域: 按钮样式 */
button {
  color: white;                            /* 字体颜色 */
  background-color: #00B26A;               /* 背景颜色 */
}
```

JS 文件(pages/index/index.js)的完整代码如下：

```
Page({
  /**
   * 页面的初始数据
   */
  data: {
    lat: 24.579805,
    lon: 118.095086,
    guest: [{
        avatar: '/images/avatar/avatar1.jpg',
        name: '微信事业部技术人员'
      },
```

```
        {
          avatar: '/images/avatar/avatar2.jpg',
          name: '周文洁'
        }
      ]
    },
    /**
     * 查看位置
     */
    showGuide: function() {
      var that = this
      wx.openLocation({
        latitude: that.data.lat,
        longitude: that.data.lon,
      })
    },
  })
```

第10章 Chapter 10

小程序设备API · 指南针

本章主要使用小程序设备 API 的相关知识制作一款指南针小程序。

本章学习目标

- 理解经纬度坐标的含义；
- 了解坐标类别 wgs84 和 gcj02 的区别；
- 使用设备 API 制作指南针小程序。

10.1 项目创建

视频讲解

本项目创建选择空白文件夹 compassDemo，效果如图 10-1 所示。单击“新建”按钮完成项目创建，然后准备手动创建页面配置文件。

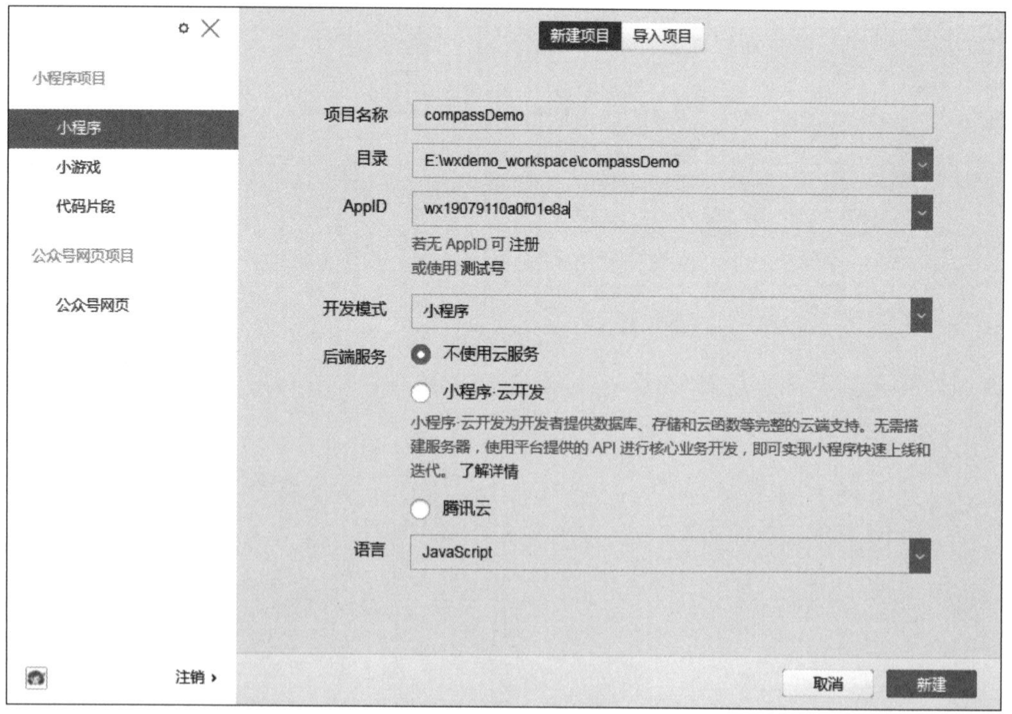

图 10-1　小程序项目填写效果示意图

10.2 页面配置

10.2.1 创建页面文件

视频讲解

项目创建完毕后，在根目录中会生成文件夹 pages 用于存放页面文件。一般来说首页默认命名为 index，表示小程序运行的第一个页面；其他页面名称可以自定义。本项目只需要保留首页(index)即可。

具体操作如下：

(1) 将 app.json 文件内 pages 属性中的“pages/logs/logs”删除，并删除上一行末尾的逗号。

(2) 按快捷键 Ctrl+S 保存当前修改。

10.2.2 删除和修改文件

具体操作如下：

(1) 删除 utils 文件夹及其内部所有内容。

(2) 删除 pages 文件夹下的 logs 目录及其内部所有内容。

(3) 删除 index.wxml 和 index.wxss 中的全部代码。

(4) 删除 index.js 中的全部代码，并且输入关键词 page 找到第二个选项按回车键让其自动补全函数(如图 10-2 所示)。

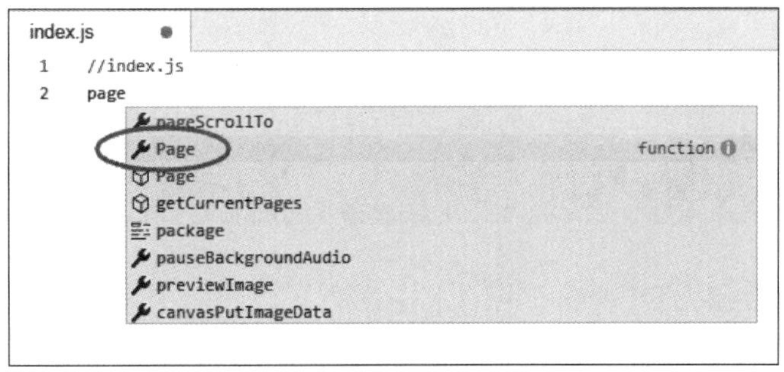

图 10-2 输入关键词创建 Page 函数

(5) 删除 app.wxss 中的全部代码。

(6) 删除 app.js 中的全部代码，并且输入关键词 app 找到第一个选项按回车键让其自动补全函数(如图 10-3 所示)。

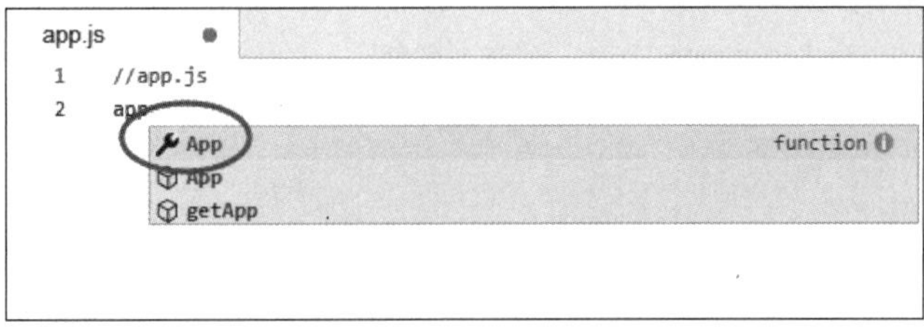

图 10-3 输入关键词创建 App 函数

10.2.3 创建其他文件

接下来创建其他自定义文件，本项目还需要一个文件夹用于存放指南针图片(compass.jpg)。文件夹名称由开发者自定义(例如 images)，单击目录结构左上角的+号创建文件夹并命名为 images。

本项目用到的背景图片素材如图 10-4 所示。

右击目录结构中的 images 文件夹，选择“硬盘打开”，然后将指南针图片文件复制、粘贴进该文件夹。

全部完成后的目录结构如图 10-5 所示。

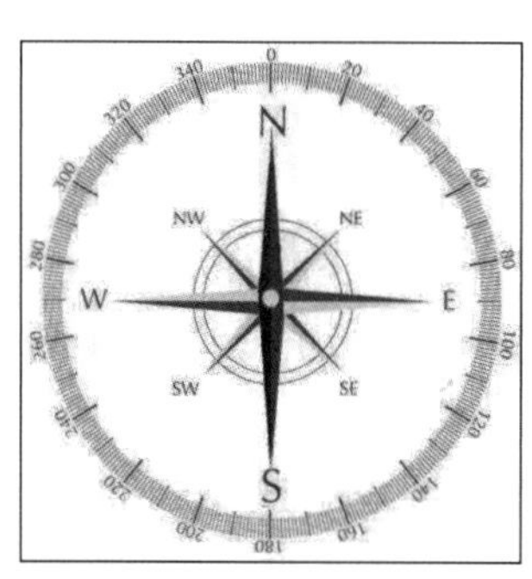

图 10-4 指南针图片素材展示(素材来源：网络资源)

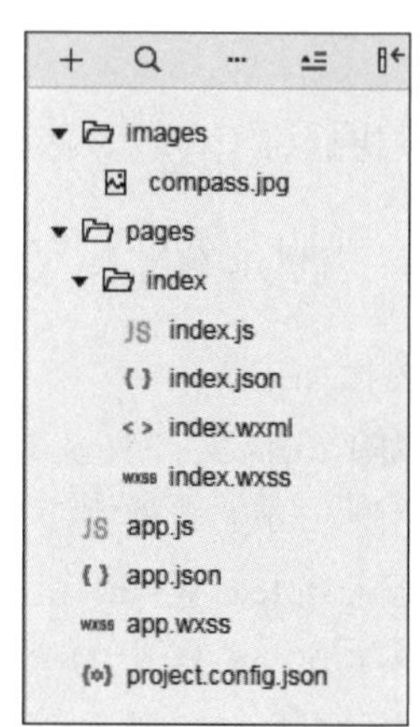

图 10-5 页面文件创建完成

本项目的文件配置就全部完成，10.3 节将正式进行页面布局和样式设计。

10.3 视图设计

10.3.1 导航栏设计

视频讲解

小程序默认导航栏是黑底白字的效果，因此需要在 app.json 中自定义导航栏标题和背景颜色。更改后的 app.json 文件代码如下：

```
{
  "pages": [
    "pages/index/index"
  ],
  "window": {
    "navigationBarBackgroundColor": "#A46248",
    "navigationBarTitleText": "我的指南针"
  }
}
```

上述代码可以更改所有页面的导航栏标题文本为“我的指南针”，背景颜色为棕色(#A46248)。预览效果如图 10-6 所示。

图 10-6 自定义导航栏效果

10.3.2 页面设计

视频讲解

页面上主要以垂直居中的形式展示指南针图片和状态文字，设计图如图 10-7 所示。

具体区域介绍如下。

- 图片区域：可旋转的指南针图片；
- 文字区域：包括当前方向角度、经纬度和海拔数据。

计划使用如下组件。

- 整体区域：< view >组件，并定义 class='container'；
- 图片区域：< image >组件；
- 文字区域：< view >组件，并定义 class='status'；
- 区域内的文本内容：共 3 行内容，均使用< text >组件。

图 10-7 页面设计图

1 整体设计

首先定义整体区域的容器(< view >)，WXML(pages/index/index.wxml)代码片段如下：

```
<view class = 'container'>
</view>
```

WXSS(pages/index/index.wxss)代码片段如下：

```
/* 容器整体样式 */
.container{
  height: 100vh;                       /* 自适应手机屏幕高度 */
  display: flex;                       /* flex 布局模型 */
  flex-direction: column;              /* 垂直布局 */
  align-items: center;                 /* 水平方向居中 */
  justify-content: space-around;       /* 调整间隙 */
  color: #A46248;                      /* 字体颜色 */
}
```

此时容器中尚未添加具体内容，因此暂时无视图的变化效果。

2 图片区域设计

图片区域需要使用< image >组件添加指南针图片(compass.jpg)。

WXML(pages/index/index.wxml)代码片段修改如下：

```
<view class = 'container'>
  <image src = '/images/compass.jpg' mode = 'widthFix'></image>
</view>
```

WXSS(pages/index/index.wxss)代码片段如下：

```
/* 图片区域样式 */
image{
  width: 80%;                          /* 宽度 */
}
```

当前效果如图 10-8 所示。

3 文字区域设计

文字区域需要使用一个<view>组件包含3个<text>组件来完成。

WXML(pages/index/index.wxml)代码片段修改如下：

```
<view class = 'container'>
  <image src = '/images/compass.jpg' mode = 'widthFix'></image>
  <view class = 'status'>
      <text class = 'bigTxt'> 0°南</text>
      <text class = 'smallTxt'>北纬 0.00 东经 0.00 </text>
      <text class = 'smallTxt'>海拔 0.00 米</text>
  </view>
</view>
```

WXSS(pages/index/index.wxss)代码片段如下：

```
/* 文字区域整体样式 */
.status{
  display: flex;                    /* flex 布局模型 */
  flex-direction: column;           /* 垂直布局 */
  align-items: center;              /* 水平方向居中 */
}
/* 大号字 */
.bigTxt{
  font-size: 30pt;                  /* 字体大小 */
  margin: 15rpx;                    /* 外边距 */
}
/* 小号字 */
.smallTxt{
  font-size: 20pt;                  /* 字体大小 */
  margin: 15rpx;                    /* 外边距 */
}
```

当前效果如图10-9所示。

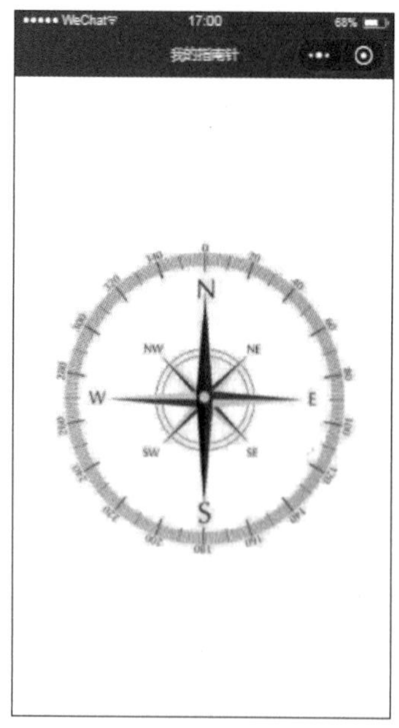

图10-8 图片区域预览效果

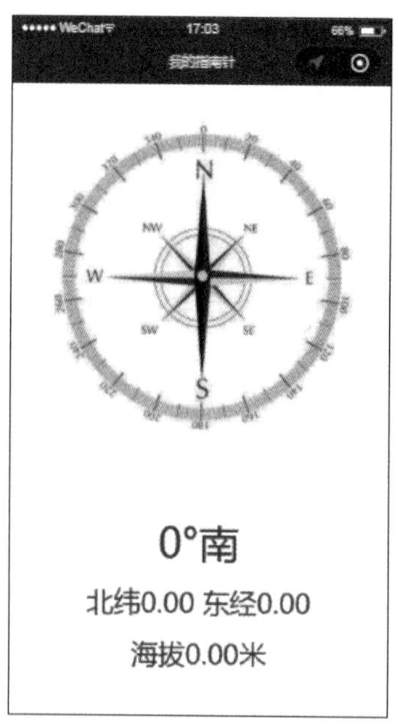

图10-9 文字区域预览效果

此时页面设计就全部完成了,接下来需要进行逻辑实现。

10.4 逻辑实现

10.4.1 指南针旋转动画

视频讲解

修改<image>组件,使用行内样式 style 属性为其添加旋转特效。

WXML(pages/index/index.wxml)代码片段修改如下:

```
<view class = 'container'>
  <image src = '/images/compass.jpg' mode = 'widthFix' style = 'transform:rotate({{rotate}}deg);'></image>
    <view class = 'status'>
      <text class = 'bigTxt'>0°南</text>
      <text class = 'smallTxt'>北纬 0.00 东经 0.00 </text>
      <text class = 'smallTxt'>海拔 0.00 米</text>
  </view>
</view>
```

上述代码中的 transform:rotate()来源于 CSS3 技术,用于将图片旋转指定角度。例如 transform:rotate(30deg)指的是将图片顺时针旋转 30°。

在 JS 文件的 data 属性中添加 rotate 变量用于存放旋转角度。

JS(pages/index/index.js)代码片段修改如下:

```
Page({
  /**
   * 页面的初始数据
   */
  data: {
    rotate: 0
  },
})
```

开发者可以临时更改旋转角度查看图片旋转效果。

然后在 JS 文件的 onLoad 函数中监听指南针的角度变化。

JS(pages/index/index.js)代码片段修改如下:

```
Page({
  /**
   * 生命周期函数--监听页面加载
   */
  onLoad: function(options) {
    var that = this;
    //监听指南针角度
    wx.onCompassChange(function(res) {
      //获取度数
      let degree = res.direction.toFixed(0)
      that.setData({
        //计算应偏移度数
        rotate: 360 - degree
      })
```

```
        })
    },
})
```

真机预览效果如图 10-10 所示。

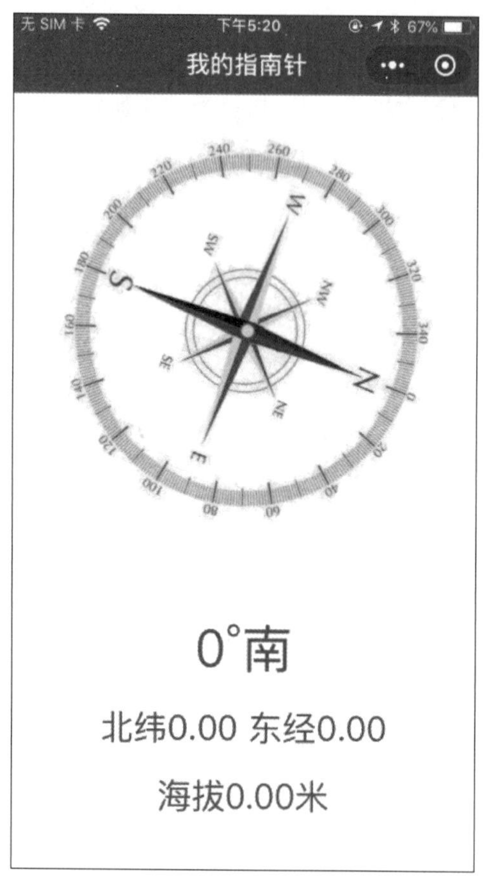

图 10-10　指南针图片旋转效果

由图可见,当前已经可以使用图片显示指南针效果。

10.4.2　更新角度和方向信息

视频讲解

由于文字信息应该根据手机设备的位置不断变化,所以修改< text >组件的内容,将角度和方向信息更新为双花括号描述方式。

WXML(pages/index/index.wxml)代码片段修改如下:

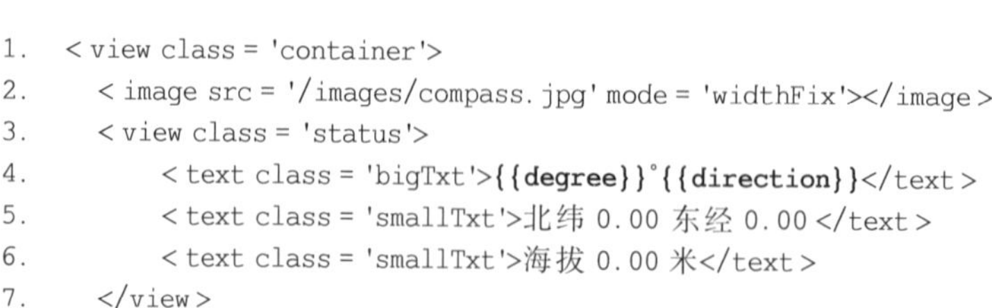

```
<view class = 'container'>
  <image src = '/images/compass.jpg' mode = 'widthFix'></image>
  <view class = 'status'>
      <text class = 'bigTxt'>{{degree}}°{{direction}}</text>
      <text class = 'smallTxt'>北纬 0.00 东经 0.00 </text>
      <text class = 'smallTxt'>海拔 0.00 米</text>
  </view>
</view>
```

在 JS 文件的 data 属性中添加相关变量用于存放角度和方向。

JS(pages/index/index.js)代码片段修改如下：

```
Page({
  /**
   * 页面的初始数据
   */
  data: {
    rotate: 0,
    degree: '未知',
    direction: ''
  },
})
```

然后在 JS 文件中添加自定义函数 getDirection，用于更新角度和方向的文字描述，JS(pages/index/index.js)代码片段如下：

```
Page({
  /**
   * 判断方向
   */
  getDirection: function(deg) {
    let dir = '未知'
    if (deg >= 340 || deg <= 20) {
      dir = '北'
    } else if (deg > 20 && deg < 70) {
      dir = '东北'
    } else if (deg >= 70 && deg <= 110) {
      dir = '东'
    } else if (deg > 110 && deg < 160) {
      dir = '东南'
    } else if (deg >= 160 && deg <= 200) {
      dir = '南'
    } else if (deg > 200 && deg < 250) {
      dir = '西南'
    } else if (deg >= 250 && deg <= 290) {
      dir = '西'
    } else if (deg > 290 && deg < 340) {
      dir = '西北'
    }
    //更新角度和方向
    this.setData({
      degree: deg,
      direction: dir
    })
  },
})
```

修改 onLoad 函数中的指南针角度监听内容，JS(pages/index/index.js)代码片段如下：

```
Page({
  /**
   * 生命周期函数--监听页面加载
   */
  onLoad: function(options) {
```

```
    var that = this;
    //监听指南针角度
    wx.onCompassChange(function(res) {
      //获取度数
      let degree = res.direction.toFixed(0)
      //更新方向描述
      that.getDirection(degree)
      that.setData({
        //计算应偏移度数
        rotate: 360 - degree
      })
    })
  },
})
```

真机预览效果如图 10-11 所示。

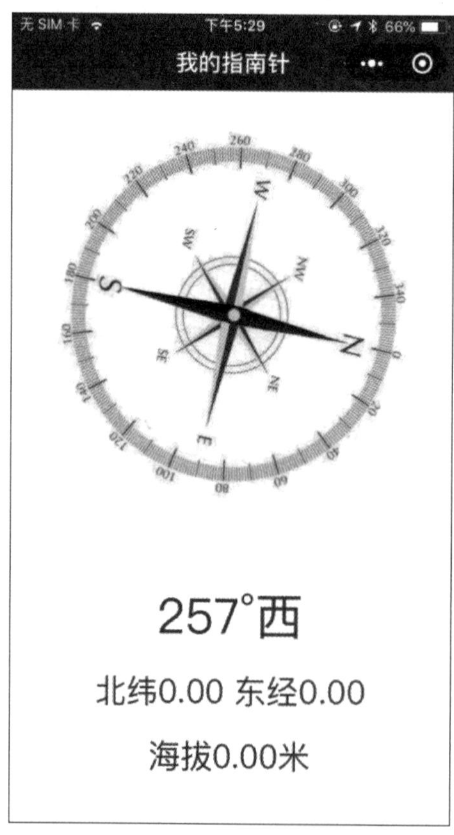

图 10-11 更新角度和方向信息效果

由图可见，当前文字区域的第一行内容已经可以随着图片的旋转同步更新了。

10.4.3 更新地理位置信息

视频讲解

由于地理位置信息（经纬度和海拔）也应该根据手机设备的位置不断变化，所以修改< text >组件的内容，将相关信息更新为双花括号描述方式。

WXML(pages/index/index.wxml)代码片段修改如下：

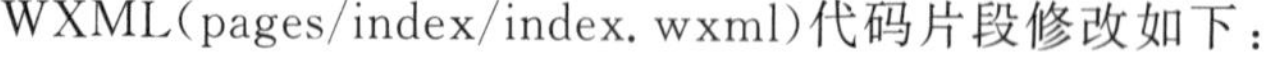

```
<view class = 'container'>
  <image src = '/images/compass.jpg' mode = 'widthFix'></image>
  <view class = 'status'>
      <text class = 'bigTxt'>{{degree}}°{{direction}}</text>
      <text class = 'smallTxt'>北纬{{lat}}东经{{lon}}</text>
      <text class = 'smallTxt'>海拔{{alt}}米</text>
  </view>
</view>
```

在 JS 文件的 data 属性中添加相关变量用于存放经纬度和海拔高度。

JS(pages/index/index.js)代码片段修改如下：

```
Page({
  /**
   * 页面的初始数据
   */
  data: {
    rotate: 0,
    degree: '未知',
    direction: '',
    lat: 0,
    lon: 0,
    alt: 0
  },
})
```

在 JS 文件的 onLoad 函数中获取地理位置信息，JS(pages/index/index.js)代码片段如下：

```
Page({
  /**
   * 生命周期函数--监听页面加载
   */
  onLoad: function(options) {
    var that = this;
    //获取地理位置
    wx.getLocation({
      altitude:true,
      success: function(res) {
        that.setData({
          lat: res.latitude.toFixed(2),
          lon: res.longitude.toFixed(2),
          alt: res.altitude.toFixed(2)
        })
      },
    })
    //监听指南针角度
    wx.onCompassChange(function(res) {
      //代码略
    })
  },
})
```

需要注意的是，腾讯更新了小程序的许可权限，还需要在 app.json 文件中追加以下配置内容方可获取用户地理位置信息。

app.json 文件代码片段如下：

```
{
  "pages": [ … 代码略 … ],
  "window": { … 代码略 … },
  "permission": {
    "scope.userLocation": {
      "desc": "你的位置信息将用于小程序指南针的效果展示"
    }
  },
}
```

真机预览效果如图 10-12 所示。

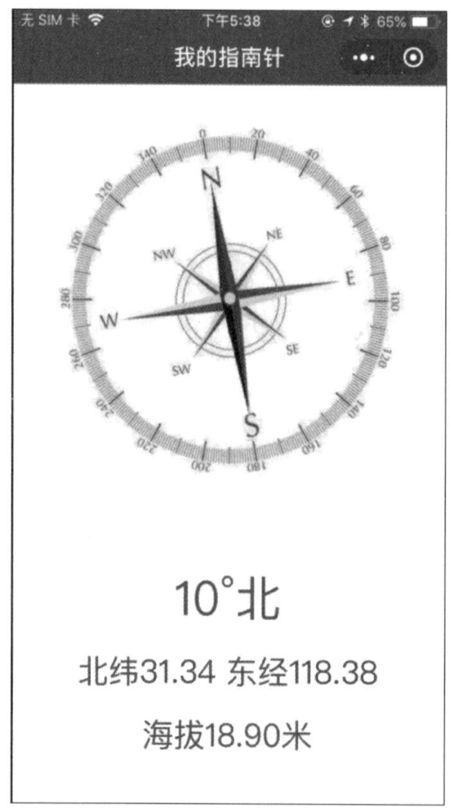

图 10-12　更新地理位置信息效果

由图可见，当前文字区域的全部内容均可以随着手机设备的移动同步更新了。

此时指南针小程序就全部完成了，开发者可以自行更换指南针的图片和样式主题。

10.5　完整代码展示

app.json 文件的完整代码如下：

```
{
  "pages": [
    "pages/index/index"
  ],
```

```
  "window": {
    "navigationBarBackgroundColor": "#A46248",
    "navigationBarTitleText": "我的指南针"
  },
  "permission": {
    "scope.userLocation": {
      "desc": "你的位置信息将用于小程序指南针的效果展示"
    }
  },
}
```

WXML 文件(pages/index/index.wxml)的完整代码如下：

```
<view class = 'container'>
  <image src = '/images/compass.jpg' mode = 'widthFix' style = 'transform:rotate({{rotate}}deg);'></image>
  <view class = 'status'>
      <text class = 'bigTxt'>{{degree}}°{{direction}}</text>
      <text class = 'smallTxt'>北纬{{lat}} 东经{{lon}}</text>
      <text class = 'smallTxt'>海拔{{alt}}米</text>
  </view>
</view>
```

WXSS 文件(pages/index/index.wxss)的完整代码如下：

```
/* 容器整体样式 */
.container{
  height: 100vh;                          /* 自适应手机屏幕高度 */
  display: flex;                          /* flex 布局模型 */
  flex-direction: column;                 /* 垂直布局 */
  align-items: center;                    /* 水平方向居中 */
  justify-content: space-around;          /* 调整间隙 */
  color: #A46248;                         /* 字体颜色 */
}
/* 图片区域样式 */
image{
  width: 80%;                             /* 宽度 */
}

/* 文字区域整体样式 */
.status{
  display: flex;                          /* flex 布局模型 */
  flex-direction: column;                 /* 垂直布局 */
  align-items: center;                    /* 水平方向居中 */
}
/* 大号字 */
.bigTxt{
  font-size: 30pt;                        /* 字体大小 */
  margin: 15rpx;                          /* 外边距 */
}
/* 小号字 */
.smallTxt{
  font-size: 20pt;                        /* 字体大小 */
  margin: 15rpx;                          /* 外边距 */
}
```

JS 文件(pages/index/index.js)的完整代码如下：

```
Page({
  /**
   * 页面的初始数据
   */
  data: {
    rotate: 0,
    degree: '未知',
    direction: '',
    lat: 0,
    lon: 0,
    alt: 0
  },
  /**
   * 判断方向
   */
  getDirection: function(deg) {
    let dir = '未知'
    if (deg >= 340 || deg <= 20) {
      dir = '北'
    } else if (deg > 20 && deg < 70) {
      dir = '东北'
    } else if (deg >= 70 && deg <= 110) {
      dir = '东'
    } else if (deg > 110 && deg < 160) {
      dir = '东南'
    } else if (deg >= 160 && deg <= 200) {
      dir = '南'
    } else if (deg > 200 && deg < 250) {
      dir = '西南'
    } else if (deg >= 250 && deg <= 290) {
      dir = '西'
    } else if (deg > 290 && deg < 340) {
      dir = '西北'
    }
    //更新角度和方向
    this.setData({
      degree: deg,
      direction: dir
    })
  },
  /**
   * 生命周期函数--监听页面加载
   */
  onLoad: function(options) {
    var that = this;
    //获取地理位置
    wx.getLocation({
      altitude:true,
      success: function(res) {
        that.setData({
          lat: res.latitude.toFixed(2),
          lon: res.longitude.toFixed(2),
          alt: res.altitude.toFixed(2)
        })
```

```
      },
    })
    //监听指南针角度
    wx.onCompassChange(function(res) {
      //获取度数
      let degree = res.direction.toFixed(0)
      //更新方向描述
      that.getDirection(degree)
      that.setData({
        //计算应偏移度数
        rotate: 360 - degree
      })
    })
  },
})
```

第11章 Chapter 11

小程序界面API·手绘时钟

本章主要使用小程序界面 API 中绘图的相关知识制作一款手绘时钟小程序。

本章学习目标

- 掌握画布组件(<canvas>)的基础用法;
- 掌握绘制矩形、路径和文本的方法;
- 掌握颜色与样式的设置方法;
- 掌握 setInterval 函数的用法,设置每秒刷新画面。

11.1 项目创建

视频讲解

本项目创建选择空白文件夹 clockDemo,效果如图 11-1 所示。

单击"新建"按钮完成项目创建,然后准备手动修改页面配置文件。

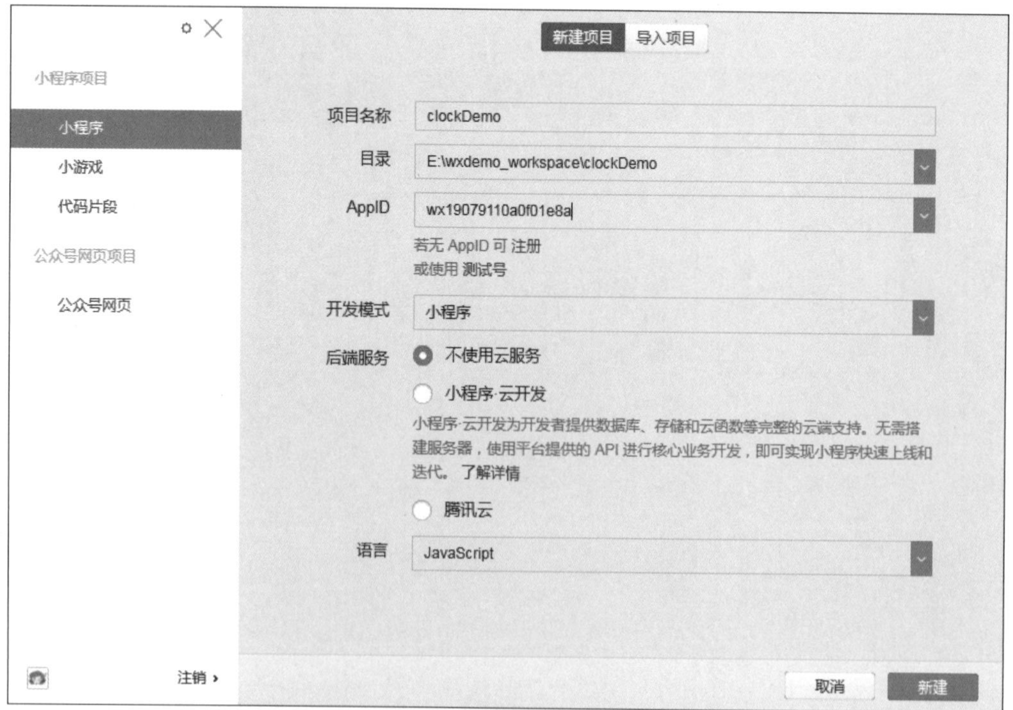

图 11-1 小程序项目填写效果示意图

11.2　页面配置

11.2.1　创建页面文件

视频讲解

项目创建完毕后，在根目录中会生成文件夹 pages 用于存放页面文件。一般来说首页默认命名为 index，表示小程序运行的第一个页面；其他页面名称可以自定义。本项目只需要首页(index)即可。

具体操作如下：

(1) 将 app.json 文件内 pages 属性中的“pages/logs/logs”删除，并删除上一行末尾的逗号。

(2) 按快捷键 Ctrl+S 保存当前修改。

11.2.2　删除和修改文件

具体操作如下：

(1) 删除 utils 文件夹及其内部所有内容。

(2) 删除 pages 文件夹下的 logs 目录及其内部所有内容。

(3) 删除 index.wxml 和 index.wxss 中的全部代码。

(4) 删除 index.js 中的全部代码，并且输入关键词 page 找到第二个选项按回车键让其自动补全函数(如图 11-2 所示)。

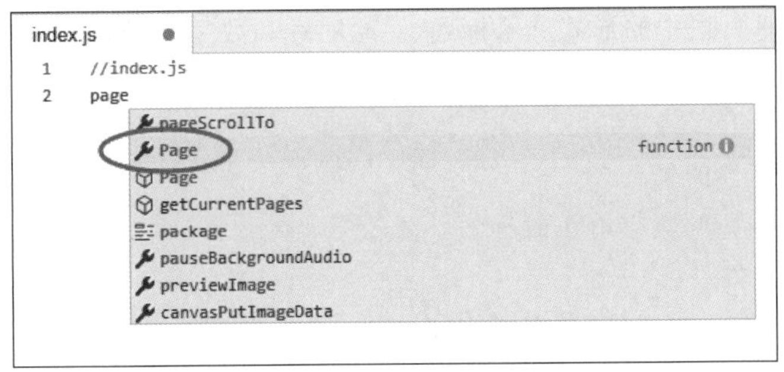

图 11-2　输入关键词创建 Page 函数

(5) 删除 app.wxss 中的全部代码。

(6) 删除 app.js 中的全部代码，并且输入关键词 app 找到第一个选项按回车键让其自动补全函数(如图 11-3 所示)。

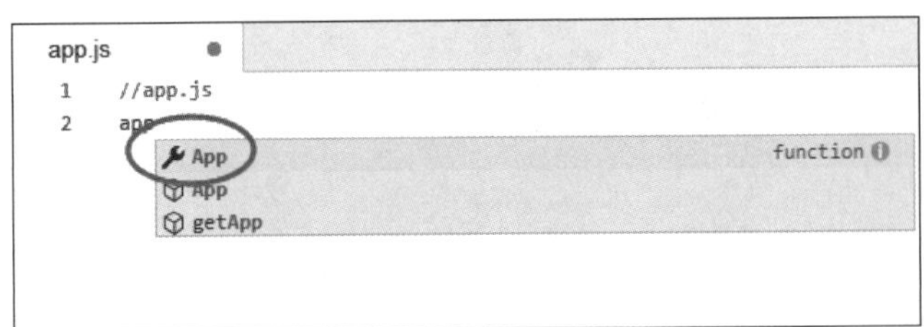

图 11-3　输入关键词创建 App 函数

本项目的文件配置就全部完成，11.3 节将正式进行页面布局和样式设计。

11.3 视图设计

11.3.1 导航栏设计

视频讲解

小程序默认导航栏是黑底白字的效果，因此只需要在 app. json 中自定义导航栏标题。

更改后的 app. json 文件代码如下：

```
{
  "pages": [
    "pages/index/index"
  ],
  "window": {
    "navigationBarTitleText": "我的时钟"
  }
}
```

上述代码可以更改所有页面的导航栏标题文本为“我的时钟”。

预览效果如图 11-4 所示。

图 11-4　自定义导航栏效果

11.3.2 页面设计

视频讲解

页面上主要以垂直居中的形式展示标题、手绘时钟和数字电子时钟，设计图如图 11-5 所示。

具体区域介绍如下。

- 画布区域：手绘时钟；
- 文字区域：标题和数字电子时钟。

计划使用如下组件。

- 整体区域：<view>组件，并定义 class='container'；
- 手绘时钟区域：<canvas>组件；
- 数字电子时钟区域：<text>组件。

1 整体设计

首先定义整体区域的容器(<view>)，WXML(pages/index/index. wxml)代码片段如下：

```
<view class = 'container'>
</view>
```

WXSS(pages/index/index. wxss)代码片段如下：

```
/* 整体容器样式 */
.container{
  height: 100vh;                        /* 高度 */
  display: flex;                        /* flex 布局模型 */
  flex-direction: column;               /* 垂直布局 */
  align-items: center;                  /* 水平方向居中 */
  justify-content: space-around;        /* 调整内容间隙 */
}
```

此时容器中尚未添加具体内容，因此暂时无视图的变化效果。

2 标题区域设计

标题区域需要使用< text >组件实现。

WXML(pages/index/index. wxml)代码片段修改如下：

```
<view class = 'container'>
   <text > My Clock </text >
</view >
```

WXSS(pages/index/index. wxss)代码片段如下：

```
/ * 文本样式 * /
text{
   font - size: 40pt;                  / * 字号大小 * /
   font - weight: bold;                / * 字体加粗 * /
}
```

当前效果如图 11-6 所示。

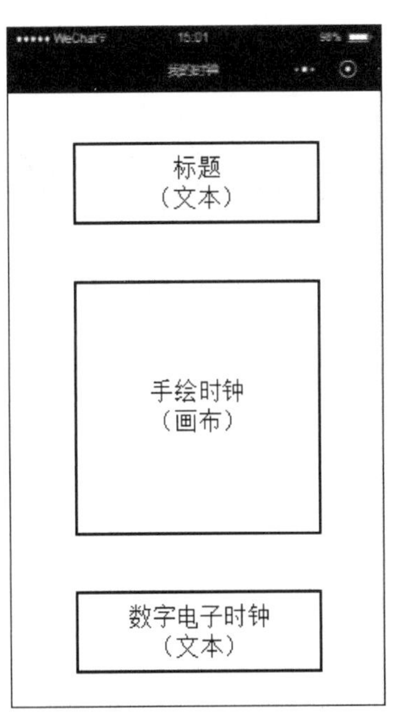

图 11-5 页面设计图

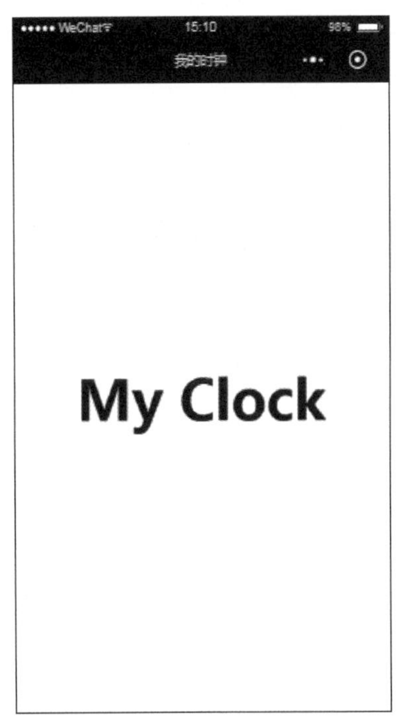

图 11-6 标题区域预览效果

3 手绘时钟区域设计

手绘时钟区域需要使用< canvas >组件实现。

WXML(pages/index/index. wxml)代码片段修改如下：

```
<view class = 'container'>
   < text > My Clock </text >
   < canvas canvas - id = 'clockCanvas'></canvas >
</view >
```

WXSS(pages/index/index. wxss)代码片段如下：

```
/* 画布样式 */
canvas{
  width: 600rpx;                  /* 宽度 */
  height: 600rpx;                 /* 高度 */
  border:1rpx solid red;          /* 临时属性,用于查看画布边框 */
}
```

当前效果如图 11-7 所示。

在确认画布位置和尺寸后，可以删除或注释掉 WXSS 样式中临时添加的 border 属性。

4 数字电子时钟区域设计

数字电子时钟区域需要使用< text >组件实现。

WXML(pages/index/index. wxml)代码片段修改如下：

```
<view class = 'container'>
  <text> My Clock </text>
  <canvas canvas - id = 'clockCanvas'></canvas>
  <text> 12:00:00 </text>
</view>
```

此时文本中显示的时间为临时效果，后续将替换为真实时间信息。

当前效果如图 11-8 所示。

图 11-7　手绘时钟区域预览效果

图 11-8　数字电子时钟区域预览效果

此时页面设计就全部完成了，接下来需要进行逻辑实现。

11.4 逻辑实现

11.4.1 创建画布上下文

视频讲解

首先需要根据画布组件的 canvas-id 属性在 JS 文件的生命周期函数 onLoad 中创建画布上下文(CanvasContext),然后才可以进行绘制工作。

JS(pages/index/index.js)代码片段修改如下:

```
Page({
  /**
   * 生命周期函数 -- 监听页面加载
   */
  onLoad: function(options) {
  //创建画布上下文
    this.ctx = wx.createCanvasContext('clockCanvas')
  },
})
```

其中引号里面的内容就是 WXML 页面中画布组件的 canvas-id 属性值。

这里可以简单测试一下画布上下文是否已经生效,在刚才的代码下方追加两句临时代码,绘制一个矩形。

JS(pages/index/index.js)代码片段临时修改如下:

```
Page({
  /**
   * 生命周期函数 -- 监听页面加载
   */
  onLoad: function(options) {
    //创建画布上下文
    this.ctx = wx.createCanvasContext('clockCanvas')
    //设置画笔的填充颜色为红色
    this.ctx.fillStyle = 'red'
    //设置矩形为左上角在画布的(0,0)坐标点,长和宽
    //均为 300 像素
    this.ctx.fillRect(0,0,300,300)
    //在画布上绘制出来
    this.ctx.draw()
  },
})
```

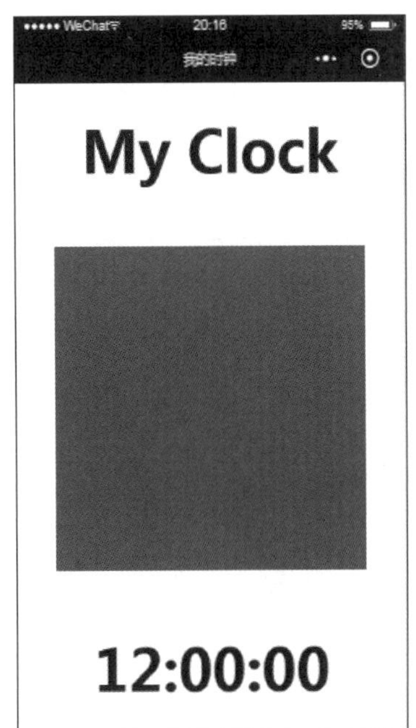

图 11-9 画布上下文的临时使用效果

当前效果如图 11-9 所示。

由图可见,此时已经可以利用画布上下文进行一些简单的图形绘制工作了。在测试完成后可以删除或注释掉绘制红色填充矩形的代码,等待正式开发电子时钟。

11.4.2 绘制时钟刻度

在 JS 文件中创建自定义函数 drawClock 用于进行电子时钟的绘制,并在 onLoad 函数中进行调用。JS(pages/

index/index.js)代码片段修改如下：

```
Page({
  /**
   * 绘制时钟
   */
  drawClock: function() {
    /*1.准备工作*/
    //定义时钟的宽和高(默认单位：px)
    let width = 300, height = 300
    //获取画布上下文
    var ctx = this.ctx
    //设置画布中心为参照点
    ctx.translate(width / 2, height / 2)
    //将画布逆时针旋转 90°
    ctx.rotate( - Math.PI / 2)
  },
  /**
   * 生命周期函数--监听页面加载
   */
  onLoad: function(options) {
    //创建画布上下文
    this.ctx = wx.createCanvasContext('clockCanvas')
    //绘制时钟
    this.drawClock()
  },
})
```

上述代码首先规定了电子时钟的画面尺寸为宽、高均为 300 像素，并获取画布上下文；然后使用 translate()方法将参照点移动到了画布的中心坐标(150,150)，表示未来将以画布中心坐标为参照点进行变形、位移、旋转等设置。由于画布默认是从水平向右的方向进行圆弧的绘制，所以使用 rotate()方法先把画布整体逆时针旋转 90°，表示将从水平向上的方向开始进行绘制，这样方便进行弧度计算。

1 绘制小时刻度

首先绘制 12 个小时对应的刻度，相邻两个刻度之间的间隔为 30°，换算成弧度单位为 $\pi/6$。因此可以使用 for 循环语句循环 12 次，从之前设置的水平向上的方向开始绘制第一条刻度，然后再使用 rotate()方法顺时针旋转 30°绘制下一条刻度，直到全部完成为止。

视频讲解

JS(pages/index/index.js)代码片段修改如下：

```
Page({
  /**
   * 绘制时钟
   */
  drawClock: function() {
    /*1.准备工作*/
    代码略

    /*2.绘制时钟刻度*/
    /*2-1.绘制小时刻度*/
    //设置线条粗细
    ctx.lineWidth = 6
```

```
    //设置线条末端样式
    ctx.lineCap = 'round'
    //绘制 12 个小时刻度
    for (let i = 0; i < 12; i++) {
      //开始路径
      ctx.beginPath()
      //从(100,0)绘制到(120,0)
      ctx.moveTo(100, 0)
      ctx.lineTo(120, 0)
      //描边路径
      ctx.stroke()
      //顺时针旋转 30°
      ctx.rotate(Math.PI / 6)
    }

    /* 绘制所有内容 */
    ctx.draw()
  },
})
```

图 11-10　绘制小时刻度的效果

当前效果如图 11-10 所示。

由图可见，此时已经完成 12 个小时刻度的绘制了。

2 绘制分钟刻度

视频讲解

然后绘制 60 分钟对应的刻度，相邻两个刻度之间的间隔为 6°，换算成弧度单位为 π/30。因此可以使用 for 循环语句循环 60 次，从之前设置的水平向上的方向开始绘制第一条刻度，然后再使用 rotate()方法顺时针旋转 6°绘制下一条刻度，直到全部完成为止。

JS(pages/index/index.js)代码片段修改如下：

```
Page({
  /**
   * 绘制时钟
   */
  drawClock: function() {
    /* 1.准备工作 */
    代码略

    /* 2.绘制时钟刻度 */
    /* 2-1.绘制小时刻度 */
    代码略

    /* 2-2.绘制分钟刻度 */
    //设置线条粗细
    ctx.lineWidth = 5
    //设置线条末端样式
    ctx.lineCap = 'round'
    //绘制 60 个分钟刻度
    for (let i = 0; i < 60; i++) {
      //开始绘制路径
      ctx.beginPath()
      //从(118,0)绘制到(120,0)
      ctx.moveTo(118, 0)
```

```
          ctx.lineTo(120, 0)
          //描边路径
          ctx.stroke()
          //顺时针旋转 6°
          ctx.rotate(Math.PI / 30)
        }

        /* 绘制所有内容 */
        ctx.draw()
    },
})
```

当前效果如图 11-11 所示。

图 11-11　绘制分钟刻度的效果

由图可见，此时已经完成时钟全部刻度的绘制了，接下来将绘制时钟指针。

11.4.3　绘制时钟指针

在绘制时钟指针之前需要获得当前的时间信息。在 JS 文件中创建自定义函数 getTime 用于获取当前时间，并在 drawClock 函数中进行调用。

JS(pages/index/index.js)代码片段修改如下：

```
Page({
  /**
   * 获取当前时间
   */
  getTime: function() {
    let now = new Date()                      //获取当前时间日期对象
    let time = []                             //声明一个空数组用于存放时、分、秒
    time[0] = now.getHours()                  //获得小时
    time[1] = now.getMinutes()                //获得分钟
    time[2] = now.getSeconds()                //获得秒钟

    //将 24 小时制转换为 12 小时制
    if (time[0] > 12)
      time[0] -= 12

    //返回时分秒数组
    return time
  },
  /**
   * 绘制时钟
   */
  drawClock: function() {
    /* 1.准备工作 */
    代码略

    /* 2.绘制时钟刻度 */
    代码略

    /* 3.获取当前时间 */
    let time = this.getTime()                 //获取当前时间
```

```
    let h = time[0]                    //获取小时
    let m = time[1]                    //获取分钟
    let s = time[2]                    //获取秒钟

    /*绘制所有内容*/
    ctx.draw()
  },
})
```

开发者可以自行使用 console.log(time)语句测试控制台是否可以获取当前时间。

视频讲解

1 绘制时针

首先绘制时针，以 12 点方向的刻度为参照，当前时针需要顺时针旋转的角度为：

$$时针的角度=360°/12*h+360°/12/60*m+360°/12/60/60*s$$

换算成弧度单位如下：

$$时针的弧度=\pi/6*h+\pi/360*m+\pi/21600*s$$

因此先根据公式计算时针需要旋转的弧度，然后进行绘制。

JS(pages/index/index.js)代码片段修改如下：

```
Page({
  /**
   * 绘制时钟
   */
  drawClock: function() {
    /*1.准备工作*/
    代码略

    /*2.绘制时钟刻度*/
    代码略

    /*3.获取当前时间*/
    代码略

    /*4.绘制时钟指针*/
    /*4-1.绘制时针*/
    //保存当前的绘图状态
    ctx.save()
    //旋转角度
    ctx.rotate(h * Math.PI / 6 + m * Math.PI / 360 + s * Math.PI / 21600)
    //设置线条粗细
    ctx.lineWidth = 12
    //开始绘制路径
    ctx.beginPath()
    //从(-20,0)绘制到(80,0)
    ctx.moveTo(-20, 0)
    ctx.lineTo(80, 0)
    //描边路径
    ctx.stroke()
    //恢复之前保存的绘图样式
    ctx.restore()

```

```
        /* 绘制所有内容 */
        ctx.draw()
    },
})
```

当前效果如图 11-12 所示。

图 11-12　绘制时针的效果

2 绘制分针

视频讲解

然后绘制分针，以 12 点方向的刻度为参照，当前分针需要顺时针旋转的角度为：

$$分针的角度 = 360°/60 * m + 360°/60/60 * s$$

换算成弧度单位如下：

$$分针的弧度 = \pi/30 * m + \pi/1800 * s$$

因此先根据公式计算分针需要旋转的弧度，然后进行绘制。

JS(pages/index/index.js)代码片段修改如下：

```
Page({
  /**
   * 绘制时钟
   */
  drawClock: function() {
    /* 1.准备工作 */
    代码略

    /* 2.绘制时钟刻度 */
    代码略

    /* 3.获取当前时间 */
    代码略
```

```
        
        /* 4.绘制时钟指针 */
        /* 4-1.绘制时针 */
        代码略
        /* 4-2.绘制分针 */
        //保存当前的绘图状态
        ctx.save()
        //旋转角度
        ctx.rotate(m * Math.PI / 30 + s * Math.PI / 1800)
        //设置线条粗细
        ctx.lineWidth = 8
        //开始绘制路径
        ctx.beginPath()
        //从(-20,0)绘制到(112,0)
        ctx.moveTo(-20, 0)
        ctx.lineTo(112, 0)
        //描边路径
        ctx.stroke()
        //恢复之前保存的绘图样式
        ctx.restore()

        /* 绘制所有内容 */
        ctx.draw()
    },
})
```

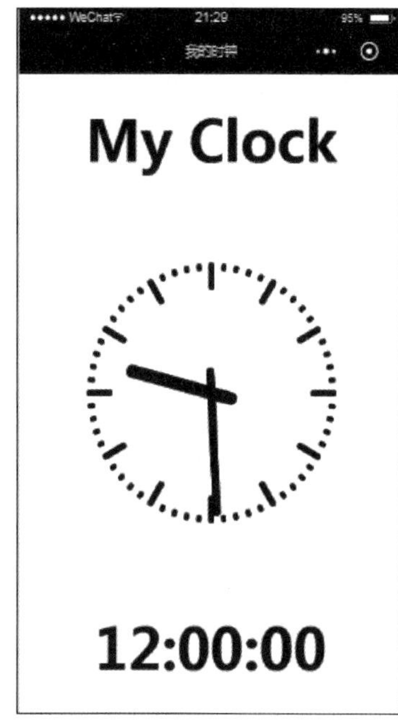

图 11-13 绘制分针的效果

当前效果如图 11-13 所示。

3 绘制秒针

视频讲解

最后绘制秒针，以 12 点方向的刻度为参照，当前秒针需要顺时针旋转的角度为：

$$秒针的角度=360°/60 * s$$

换算成弧度单位如下：

$$秒针的弧度=\pi/30 * s$$

因此先根据公式计算秒针需要旋转的弧度，然后进行绘制。

JS(pages/index/index.js)代码片段修改如下：

```
Page({
  /**
   * 绘制时钟
   */
  drawClock: function() {
    /* 1.准备工作 */
    代码略

    /* 2.绘制时钟刻度 */
    代码略

    /* 3.获取当前时间 */
    代码略

    /* 4.绘制时钟指针 */
    /* 4-1.绘制时针 */
    代码略
```

```
        /*4-2.绘制分针*/
        代码略
        /*4-3.绘制秒针*/
        //保存当前的绘图状态
        ctx.save()
        //旋转角度
        ctx.rotate(s * Math.PI / 30)
        //设置画笔描边颜色为红色
        ctx.strokeStyle = 'red'
        //设置线条粗细
        ctx.lineWidth = 6
        //开始绘制路径
        ctx.beginPath()
        //从(-30,0)绘制到(120,0)
        ctx.moveTo(-30, 0)
        ctx.lineTo(120, 0)
        //描边路径
        ctx.stroke()

        //设置填充颜色为红色
        ctx.fillStyle = 'red'
        //开始绘制路径
        ctx.beginPath()
        //绘制圆弧
        ctx.arc(0, 0, 10, 0, Math.PI * 2, true)
        //填充圆弧
        ctx.fill()
        //恢复之前保存的绘图样式
        ctx.restore()

        /*绘制所有内容*/
        ctx.draw()
    },
})
```

图 11-14 绘制秒针的效果

当前效果如图 11-14 所示。

由图可见,此时已经完成时钟全部指针的绘制了,接下来将更新数字电子时钟的信息。

11.4.4 显示数字电子时钟

视频讲解

WXML(pages/index/index.wxml)代码片段修改如下:

```
<view class='container'>
  <text>My Clock</text>
  <canvas canvas-id='clockCanvas'></canvas>
  <text>{{h}}:{{m}}:{{s}}</text>
</view>
```

JS(pages/index/index.js)代码片段修改如下:

```
Page({
  /**
   * 绘制时钟
   */
  drawClock: function() {
```

```
    /*1.准备工作*/
    代码略

    /*2.绘制时钟刻度*/
    代码略

    /*3.获取当前时间*/
    代码略

    /*4.绘制时钟指针*/
    代码略

    /*绘制所有内容*/
    ctx.draw()

    /*更新页面显示时间*/
    this.setData({
      h: h > 9 ? h : '0' + h,
      m: m > 9 ? m : '0' + m,
      s: s > 9 ? s : '0' + s
    })
  },
})
```

当前效果如图11-15所示。

由图可见,已经成功更新数字电子时钟的信息。

图11-15 更新数字电子时钟的效果

11.4.5 每秒实时更新

视频讲解

用户可以在JS文件的onLoad函数中使用setInterval函数设置每秒重新刷新画面,从而实现动画效果,并在onUnload函数中清除计时器。

JS(pages/index/index.js)代码片段修改如下:

```
Page({
  /**
   * 生命周期函数--监听页面加载
   */
  onLoad: function(options) {
    //创建画布上下文
    this.ctx = wx.createCanvasContext('clockCanvas')
    //绘制时钟
    this.drawClock()

    var that = this
    //每秒更新绘制
    this.interval = setInterval(function() {
      that.drawClock()
    }, 1000)
  },
  /**
   * 生命周期函数--监听页面卸载
   */
  onUnload: function() {
    clearInterval(this.interval)
```

```
    },
})
```

当前效果如图 11-16 所示。

图 11-16　时钟的动态效果

此时手绘时钟小程序就全部完成了，开发者可以自行更换时钟的颜色和尺寸效果。

11.5　完整代码展示

app.json 文件的完整代码如下：

```
{
  "pages": [
    "pages/index/index"
  ],
  "window": {
    "navigationBarTitleText": "我的时钟"
  }
}
```

WXML 文件(pages/index/index.wxml)的完整代码如下：

```
<view class = 'container'>
  <text > My Clock </text >
  <canvas canvas - id = 'clockCanvas'></canvas >
  <text >{{h}}:{{m}}:{{s}}</text >
</view >
```

WXSS 文件(pages/index/index.wxss)的完整代码如下：

```
/* 整体容器样式 */
.container{
```

```
  height: 100vh;                          /* 高度 */
  display: flex;                          /* flex 布局模型 */
  flex-direction: column;                 /* 垂直布局 */
  align-items: center;                    /* 水平方向居中 */
  justify-content: space-around;          /* 调整内容间隙 */
}
/* 文本样式 */
text{
  font-size: 40pt;                        /* 字号大小 */
  font-weight: bold;                      /* 字体加粗 */
}
/* 画布样式 */
canvas{
  width: 600rpx;                          /* 宽度 */
  height: 600rpx;                         /* 高度 */
}
```

JS 文件(pages/index/index.js)的完整代码如下：

```
Page({
  /**
   * 获取当前时间
   */
  getTime: function() {
    let now = new Date()                  //获取当前时间日期对象
    let time = []                         //声明一个空数组用于存放时、分、秒
    time[0] = now.getHours()              //获得小时
    time[1] = now.getMinutes()            //获得分钟
    time[2] = now.getSeconds()            //获得秒钟

    //将 24 小时制转换为 12 小时制
    if (time[0] > 12)
      time[0] -= 12

    //返回时分秒数组
    return time
  },
  /**
   * 绘制时钟
   */
  drawClock: function() {
    /* 1.准备工作 */
    //定义时钟的宽和高(默认单位：px)
    let width = 300,
      height = 300
    //获取画布上下文
    var ctx = this.ctx
    //设置画布中心为参照点
    ctx.translate(width / 2, height / 2)
    //将画布逆时针旋转 90°
    ctx.rotate(-Math.PI / 2)

    /* 2.绘制时钟刻度 */
    /* 2-1.绘制小时刻度 */
    //设置线条粗细
    ctx.lineWidth = 6
```

```
    //设置线条末端样式
    ctx.lineCap = 'round'
    //绘制 12 个小时刻度
    for (let i = 0; i < 12; i++) {
      //开始路径
      ctx.beginPath()
      //从(100,0)绘制到(120,0)
      ctx.moveTo(100, 0)
      ctx.lineTo(120, 0)
      //描边路径
      ctx.stroke()
      //顺时针旋转 30°
      ctx.rotate(Math.PI / 6)
    }

    /* 2-2.绘制分钟刻度 */
    //设置线条粗细
    ctx.lineWidth = 5
    //设置线条末端样式
    ctx.lineCap = 'round'
    //绘制 60 个分钟刻度
    for (let i = 0; i < 60; i++) {
      //开始绘制路径
      ctx.beginPath()
      //从(118,0)绘制到(120,0)
      ctx.moveTo(118, 0)
      ctx.lineTo(120, 0)
      //描边路径
      ctx.stroke()
      //顺时针旋转 6°
      ctx.rotate(Math.PI / 30)
    }

    /* 3.获取当前时间 */
    let time = this.getTime()          //获取当前时间
    let h = time[0]                    //获取小时
    let m = time[1]                    //获取分钟
    let s = time[2]                    //获取秒钟

    /* 4.绘制时钟指针 */
    /* 4-1.绘制时针 */
    //保存当前的绘图状态
    ctx.save()
    //旋转角度
    ctx.rotate(h * Math.PI / 6 + m * Math.PI / 360 + s * Math.PI / 21600)
    //设置线条粗细
    ctx.lineWidth = 12
    //开始绘制路径
    ctx.beginPath()
    //从(-20,0)绘制到(80,0)
    ctx.moveTo(-20, 0)
    ctx.lineTo(80, 0)
    //描边路径
    ctx.stroke()
    //恢复之前保存的绘图样式
```

```
ctx.restore()

/*4-2.绘制分针*/
//保存当前的绘图状态
ctx.save()
//旋转角度
ctx.rotate(m * Math.PI / 30 + s * Math.PI / 1800)
//设置线条粗细
ctx.lineWidth = 8
//开始绘制路径
ctx.beginPath()
//从(-20,0)绘制到(112,0)
ctx.moveTo(-20, 0)
ctx.lineTo(112, 0)
//描边路径
ctx.stroke()
//恢复之前保存的绘图样式
ctx.restore()

/*4-3.绘制秒针*/
//保存当前的绘图状态
ctx.save()
//旋转角度
ctx.rotate(s * Math.PI / 30)
//设置画笔描边颜色为红色
ctx.strokeStyle = 'red'
//设置线条粗细
ctx.lineWidth = 6
//开始绘制路径
ctx.beginPath()
//从(-30,0)绘制到(120,0)
ctx.moveTo(-30, 0)
ctx.lineTo(120, 0)
//描边路径
ctx.stroke()

//设置填充颜色为红色
ctx.fillStyle = 'red'
//开始绘制路径
ctx.beginPath()
//绘制圆弧
ctx.arc(0, 0, 10, 0, Math.PI * 2, true)
//填充圆弧
ctx.fill()
//恢复之前保存的绘图样式
ctx.restore()

/*绘制所有内容*/
ctx.draw()

/*更新页面显示时间*/
this.setData({
  h: h > 9 ? h : '0' + h,
  m: m > 9 ? m : '0' + m,
  s: s > 9 ? s : '0' + s
```

```
    })
  },
  /**
   * 生命周期函数--监听页面加载
   */
  onLoad: function(options) {
    //创建画布上下文
    this.ctx = wx.createCanvasContext('clockCanvas')
    //绘制时钟
    this.drawClock()

    var that = this
    //每秒更新绘制
    this.interval = setInterval(function() {
      that.drawClock()
    }, 1000)
  },
  /**
   * 生命周期函数--监听页面卸载
   */
  onUnload: function() {
    clearInterval(this.interval)
  },
})
```

游戏篇

第12章 Chapter 12

小程序游戏·拼图游戏

在学习了<canvas>(画布)组件和小程序界面 API 中绘图的相关用法以后，读者不妨尝试制作简易的拼图小游戏。

本章学习目标

- 综合应用所学知识创建完整的拼图游戏项目；
- 熟练掌握<canvas>组件和绘图 API。

12.1 需求分析

视频讲解

本项目一共需要两个页面，即首页和游戏页面，其中，首页用于呈现关卡菜单，点击对应难度的关卡后进入游戏画面。

12.1.1 首页功能需求

首页功能需求如下：

(1) 首页需要包含标题和关卡列表。

(2) 关卡至少要有 6 个关卡选项，每个关卡显示预览图片和第几关。

(3) 点击关卡列表可以打开对应的游戏画面。

12.1.2 游戏页功能需求

游戏页功能需求如下。

(1) 游戏页面需要显示游戏提示图、游戏画面和“重新开始”按钮。

(2) 每关游戏提示图显示对应的图片预览。

(3) 游戏画面随机将原图打乱为 3×3 的小方块，并且可移动被点击的方块。

(4) 点击“重新开始”按钮可以重新随机打乱小方块并开始游戏。

12.2 项目创建

视频讲解

本项目创建选择空白文件夹 jigsawGame，效果如图 12-1 所示。

单击“新建”按钮完成项目创建，然后准备手动修改页面配置文件。

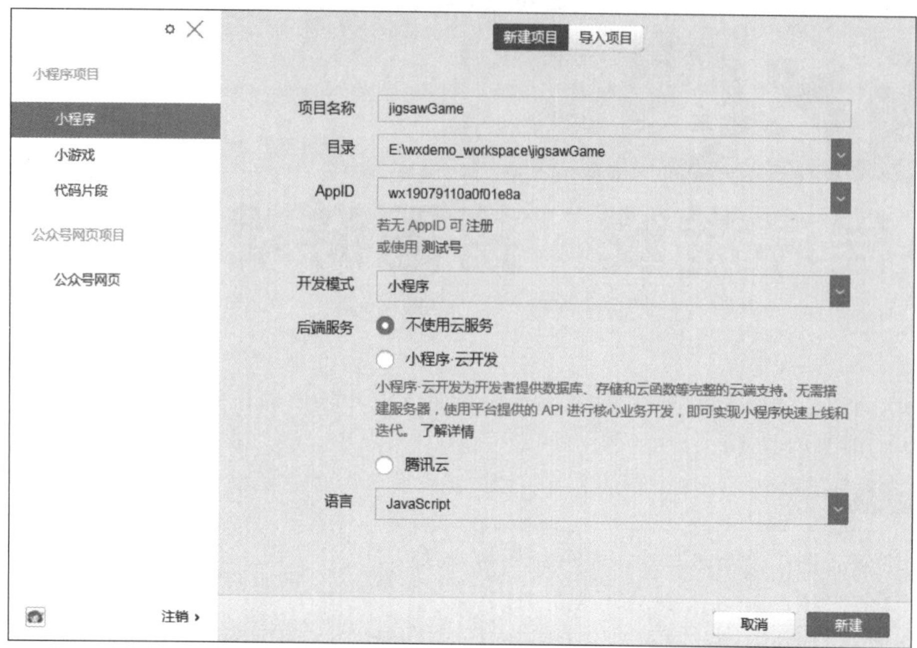

图 12-1　小程序项目填写效果示意图

12.3　页面配置

12.3.1　创建页面文件

视频讲解

项目创建完毕后，在根目录中会生成文件夹 pages 用于存放页面文件。一般来说首页默认命名为 index，表示小程序运行的第一个页面；其他页面名称可以自定义。本项目有两个页面文件，需要创建 index（首页页面）和 game（游戏页面）。

具体操作如下：

（1）将 app.json 文件内 pages 属性中的“pages/logs/logs”改成“pages/game/game”。

（2）按快捷键 Ctrl+S 保存修改后会在 pages 文件夹下自动生成 game 目录。

12.3.2　删除和修改文件

具体操作如下：

（1）删除 utils 文件夹及其内部所有内容。

（2）删除 pages 文件夹下的 logs 目录及其内部所有内容。

（3）删除 index.wxml 和 index.wxss 中的全部代码。

（4）删除 index.js 中的全部代码，并且输入关键词 page 找到第二个选项按回车键让其自动补全函数（如图 12-2 所示）。

（5）删除 app.wxss 中的全部代码。

（6）删除 app.js 中的全部代码，并且输入关键词 app 找到第一个选项按回车键让其自动补全函数（如图 12-3 所示）。

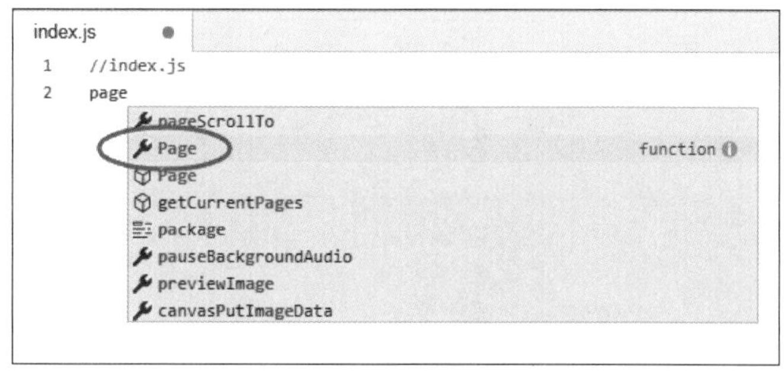

图 12-2　输入关键词创建 Page 函数

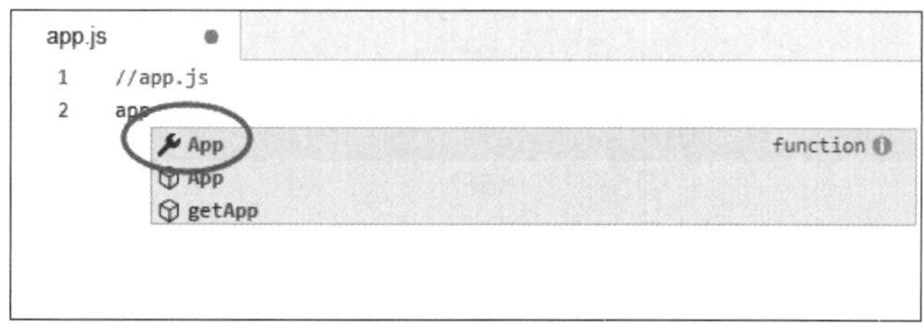

图 12-3　输入关键词创建 App 函数

12.3.3　创建其他文件

接下来创建其他自定义文件,本项目还需要一个 images 文件夹用于存放关卡图片。单击目录结构左上角的＋号创建文件夹并命名为 images,该文件夹名称可以由开发者自定义。

图片素材展示如图 12-4 所示。

(a) pic01.jpg　(b) pic02.jpg　(c) pic03.jpg

(d) pic04.jpg　(e) pic05.jpg　(f) pic06.jpg

图 12-4　图片素材展示

右击目录结构中的 images 文件夹,选择"硬盘打开",将图片复制、粘贴进去。

全部完成后的目录结构如图 12-5 所示。

此时文件配置就全部完成,12.4 节将正式进行页面布局和样式设计。

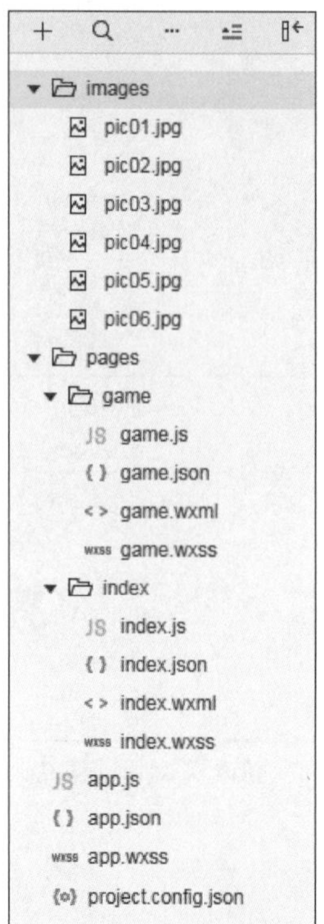

图 12-5　页面文件创建完成

12.4　视图设计

12.4.1　导航栏设计

视频讲解

小程序默认导航栏是黑底白字的效果，可以通过在 app.json 中对 window 属性进行重新配置来自定义导航栏效果。更改后的 app.json 文件代码如下：

```
{
  "pages":[代码略],
  "window":{
    "navigationBarBackgroundColor":"#E64340",
    "navigationBarTitleText":"拼图游戏"
  }
}
```

上述代码可以更改导航栏背景色为珊瑚红色，字体为白色，效果如图 12-6 所示。

图 12-6　自定义导航栏效果

12.4.2　页面设计

视频讲解

1 公共样式设计

首先在 app.wxss 中设置页面容器和顶端标题的公共

样式，代码如下：

```
/* 页面容器样式 */
.container {
  height: 100vh;
  color: #E64340;
  font-weight: bold;
  display: flex;
  flex-direction: column;
  align-items: center;
  justify-content: space-evenly;
}
/* 顶端标题样式 */
.title {
  font-size: 18pt;
}
```

2 首页设计

视频讲解

首页主要包含两部分内容，即标题和关卡列表，页面设计如图 12-7 所示。

计划使用如下组件。

- 顶端标题：< view >容器；
- 关卡列表：< view >容器，内部使用数组循环。

WXML(pages/index/index.wxml)代码如下：

```
<view class='container'>
  <!-- 标题 -->
  <view class='title'>游戏选关</view>

  <!-- 关卡列表 -->
  <view class='levelBox'>
    <view class='box'>
      <image src='/images/pic01.jpg'></image>
      <text>第 1 关</text>
    </view>
  </view>

</view>
```

图 12-7 首页设计图

相关 WXSS(pages/index/index.wxss)代码片段如下：

```
/* 关卡列表区域 */
.levelBox{
  width: 100%;
}
/* 单个关卡区域 */
.box{
  width: 50%;
  float: left;
  margin: 25rpx 0;
  display: flex;
  flex-direction: column;
  align-items: center;
}
/* 选关图片 */
image{
  width: 260rpx;
```

```
    height: 260rpx;
}
```

当前效果如图 12-8 所示。

由图可见，此时可以显示标题和一个临时关卡。由于尚未获得关卡数据，所以暂时无法显示完整的关卡列表，仅供作为样式参考。

视频讲解

3 游戏页面设计

游戏页面需要用户点击首页的关卡列表，然后在新窗口中打开该页面。游戏页面包括游戏提示图、游戏画面和“重新开始”按钮，页面设计如图 12-9 所示。

图 12-8 首页效果图

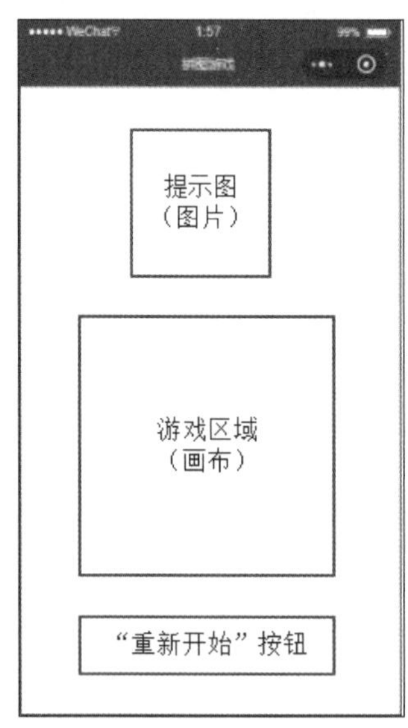

图 12-9 游戏页设计图

由于暂时没有做点击跳转的逻辑设计，所以可以在开发工具顶端选择“普通编译”下的“添加编译模式”，并携带临时测试参数 level=pic01.jpg，如图 12-10 所示。

自定义编译条件

模式名称	game
启动页面	pages/game/game
启动参数	level=pic01.jpg
进入场景	默认

□ 下次编译时模拟更新 (需 1.9.90 及以上基础库版本)

取消 确定

图 12-10 添加 game 页面的编译模式

此时预览就可以直接显示 game 页面了，设计完毕后再改回“普通编译”模式即可重新显示首页。

计划使用如下组件。

- <view>：整体容器和顶端标题；
- <image>：提示图；
- <canvas>：游戏画布；
- <button>："重新开始"按钮。

WXML(pages/game/game.wxml)代码如下：

```
<view class = 'container'>
  <!-- 提示图区域 -->
  <view class = 'title'>提示图</view>
  <image src = '/images/pic01.jpg'></image>

  <!-- 游戏画布 -->
  <canvas canvas - id = 'myCanvas'></canvas>

  <!-- "重新开始"按钮 -->
  <button type = 'warn'>重新开始</button>
</view>
```

WXSS(pages/game/game.wxss)代码如下：

```
/* 提示图样式 */
image {
  width: 250rpx;
  height: 250rpx;
}

/* 画布样式 */
canvas {
  border: 1rpx solid;
  width: 300px;
  height: 300px;
}
```

图 12-11　游戏页面效果图

当前效果如图 12-11 所示。

由图可见，此时可以显示完整样式效果。由于尚未获得游戏数据，所以暂时无法根据用户点击的关卡入口显示对应的游戏内容，仅供作为样式参考。

此时页面布局与样式设计就已完成，12.5 节将介绍如何进行逻辑处理。

12.5　逻辑实现

12.5.1　首页逻辑

视频讲解

首页主要有两个功能需要实现，一是展示关卡列表，二是点击图片能跳转到游戏页面。

1 关卡列表展示

在 JS 文件的 data 中录入关卡图片的数据信息，这里以 6 个关卡为例。

相关 JS(pages/index/index.js)代码片段如下：

```
Page({
  /**
   * 页面的初始数据
   */
  data: {
    levels: [
      'pic01.jpg',
      'pic02.jpg',
      'pic03.jpg',
      'pic04.jpg',
      'pic05.jpg',
      'pic06.jpg'
    ]
  },
})
```

接着为关卡对应的< view >组件添加 wx:for 属性循环显示关卡列表数据和图片。修改后的 WXML(pages/index/index.wxml)代码如下：

```
<view class='container'>
  <!-- 标题 -->
  <view class='title'>游戏选关</view>

  <!-- 关卡列表 -->
  <view class='levelBox'>
    <view class='box' wx:for='{{levels}}' wx:key='levels{{index}}'>
      <image src='/images/{{item}}'></image>
      <text>第{{index + 1}}关</text>
    </view>
  </view>
</view>
```

此时页面效果如图 12-12 所示。

2 点击跳转游戏页面

若希望用户点击关卡图片即可实现跳转，需要首先为关卡列表项目添加点击事件。

视频讲解

相关 WXML(pages/index/index.wxml)代码片段修改如下：

```
<view class='container'>
  <!-- 标题 -->
  <view class='title'>游戏选关</view>

  <!-- 关卡列表 -->
  <view class='levelBox'>
    <view class='box' wx:for='{{levels}}' wx:key='levels{{index}}' bindtap='chooseLevel' data-level='{{item}}'>
      <image src='/images/{{item}}'></image>
      <text>第{{index + 1}}关</text>
    </view>
  </view>

</view>
```

图 12-12 首页关卡列表展示

上述代码表示为关卡添加了自定义点击事件函数 chooseLevel，并且使用 data-level 属性携带了关卡图片信息。

然后在对应的 index.js 文件中添加 chooseLevel 函数的内容，代码片段如下：

```
Page({
  /**
   * 自定义函数--游戏选关
   */
  chooseLevel: function(e) {
    let level = e.currentTarget.dataset.level
    wx.navigateTo({
      url: '../game/game?level=' + level
    })
  },
})
```

此时已经可以点击跳转到 game 页面，并且成功携带了关卡图片数据，但是仍需在 game 页面进行携带数据的接收处理才可显示正确的游戏画面。

12.5.2 游戏页逻辑

视频讲解

游戏页主要有两个功能需要实现，一是显示提示图；二是游戏逻辑实现。

1 显示提示图

在首页逻辑中已经实现了页面跳转并携带了关卡对应的图片信息，现在需要在游戏页面接收关卡信息，并显示对应的图片内容。

相关 JS(pages/game/game.js)代码片段如下：

```
Page({
  /**
   * 生命周期函数--监听页面加载
   */
  onLoad: function(options) {
    //更新图片路径地址
    url = '/images/' + options.level
    //更新提示图的地址
    this.setData({url:url})
  },
})
```

修改 WXML(pages/game/game.wxml)代码片段如下：

```
<view class='container'>
  <!-- 提示图区域 -->
  <view class='title'>提示图</view>
  <image src='{{url}}'></image>

   ...
</view>
```

此时重新从首页点击不同的关卡图片跳转就可以发现已经能够正确显示对应的内容了。运行效果如图 12-13 所示。

(a) 首页关卡列表

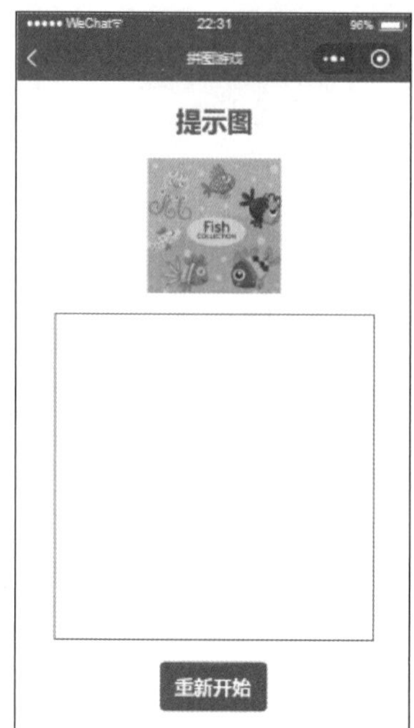

(b) 点击选关效果

图 12-13　首页列表中的选关效果

2 游戏逻辑实现

视频讲解

1）准备工作

首先在 game.js 文件的顶端记录一些游戏初始数据信息。

对应的 JS(pages/game/game.js)代码片段添加如下：

```
//方块的初始位置
var num = [
   ['00', '01', '02'],
   ['10', '11', '12'],
   ['20', '21', '22']
]
//方块的宽度
var w = 100
//图片的初始地址
var url = '/images/pic01.jpg'

Page({
   …
})
```

2）初始化拼图画面

视频讲解

传统做法是随机抽取画面中的任意两个方块，然后交换彼此的位置，在进行足够多次数的交换后基本可以实现随机打乱的效果。但是这种方法有一个弊端，就是有时候会陷入无解的死局，例如图 12-14 所示的效果。

00	01	02
10	11	12
20	22	21

图 12-14　无解的游戏效果

因此可以考虑从空白方块的所在位置入手，每次随机让它和周围的邻近方块交换位置，这样可以通过方块反向移动回到最初始状态（确保本局有解），并且在交换足够多的次数后也可以实现随机打乱的效果。

在 game.js 文件中添加 shuffle 函数，用于重新开始游戏。

对应的 JS(pages/game/game.js)代码片段添加如下：

```
Page({
  /**
   * 自定义函数--随机打乱方块顺序
   */
  shuffle: function() {
    //先令所有方块回归初始位置
    num = [
      ['00', '01', '02'],
      ['10', '11', '12'],
      ['20', '21', '22']
    ]
    //记录当前空白方块的行和列
    var row = 2
    var col = 2
    //打乱方块顺序 100 次
    for (var i = 0; i < 100; i++) {
      //随机产生其中一个方向：上(0)、下(1)、左(2)、右(3)
      var direction = Math.round(Math.random() * 3)
      //上：0
      if (direction == 0) {
        //空白方块不在最上面一行
        if (row != 0) {
          //交换位置
          num[row][col] = num[row - 1][col]
          num[row - 1][col] = '22'
          //更新空白方块的行
          row -= 1
        }
      }
      //下：1
      else if (direction == 1) {
        //空白方块不在最下面一行
        if (row != 2) {
          //交换位置
          num[row][col] = num[row + 1][col]
          num[row + 1][col] = '22'
          //更新空白方块的行
          row += 1
        }
      }
      //左：2
      else if (direction == 2) {
        //空白方块不在最左侧
        if (col != 0) {
          //交换位置
          num[row][col] = num[row][col - 1]
          num[row][col - 1] = '22'
          //更新空白方块的列
          col -= 1
```

```
            }
          }
          //右: 3
          else if (direction == 3) {
            //空白方块不在最右侧
            if (col != 2) {
              //交换位置
              num[row][col] = num[row][col + 1]
              num[row][col + 1] = '22'
              //更新空白方块的列
              col += 1
            }
          }
        }
      },
    })
```

上述代码表示使用 for 循环进行了 100 次打乱，开发者可以根据自己的需求更改循环次数。每次使用 Math. random()方法从上、下、左、右 4 个方向中随机产生一个方向，之后如果符合条件则交换空白方块和图片方块的位置。

然后在 game. js 中添加自定义函数 drawCanvas，用于将打乱后的图片方块绘制到画布上。

对应的 JS(pages/game/game. js)代码片段添加如下：

```
Page({
  /**
   * 自定义函数 -- 绘制画布内容
   */
  drawCanvas: function() {
    let ctx = this.ctx

    //清空画布
    ctx.clearRect(0, 0, 300, 300)

    //使用双重 for 循环绘制 3 × 3 的拼图
    for (var i = 0; i < 3; i++) {
      for (var j = 0; j < 3; j++) {
        if (num[i][j] != '22') {
          //获取行和列
          var row = parseInt(num[i][j] / 10)
          var col = num[i][j] % 10
          //绘制方块
          ctx.drawImage(url, col * w, row * w, w, w, j * w, i * w, w, w)
        }
      }
    }
    ctx.draw()
  },
})
```

最后在 game. js 的 onLoad 函数中调用自定义函数 shuffle 和 drawCanvas。

对应的 JS(pages/game/game. js)代码片段添加如下：

```
Page({
```

```
     * 生命周期函数 -- 监听页面加载
     */
    onLoad: function(options) {
      //更新图片路径地址
      url = '/images/' + options.level
      //更新提示图的地址
      this.setData({url:url})
      //创建画布上下文
      this.ctx = wx.createCanvasContext('myCanvas')
      //打乱方块顺序
      this.shuffle()
      //绘制画布内容
      this.drawCanvas()
    },
})
```

图 12-15　随机打乱效果

当前效果如图 12-15 所示。

3）移动被点击的方块

视频讲解

修改 game. wxml 页面中的画布组件(<canvas>)，为其绑定触摸事件。

WXML(pages/game/game. wxml)代码修改后如下：

```
<view class = 'container'>
  <!-- 提示图区域(代码略) -->

  <!-- 游戏画布 -->
  <canvas canvas - id = 'myCanvas' bindtouchstart = 'touchBox'></canvas>

  <!-- "重新开始"按钮(代码略) -->
</view>
```

在 game. js 文件中添加自定义函数 touchBox，用于实现图片方块的移动。

对应的 JS(pages/game/game. js)代码片段添加如下：

```
Page({
  /**
   * 自定义函数 -- 监听点击方块事件
   */
  touchBox: function(e) {
    // 如果游戏已经成功，不做任何操作
    if (this.data.isWin) {
      // 终止本函数
      return
    }

    // 获取被点击方块的坐标 x 和 y
    var x = e.changedTouches[0].x
    var y = e.changedTouches[0].y
    // console.log('x:' + x + ',y:' + y)

    // 换算成行和列
```

```
    var row = parseInt(y / w)
    var col = parseInt(x / w)

    // 如果点击的不是空白位置
    if (num[row][col] != '22') {
      // 尝试移动方块
      this.moveBox(row, col)

      // 重新绘制画布内容
      this.drawCanvas()

      // 判断游戏是否成功
      if (this.isWin()) {
        // 在画面上绘制提示语句
        let ctx = this.ctx

        // 绘制完整图片
        ctx.drawImage(url, 0, 0)

        // 绘制文字
        ctx.setFillStyle('#e64340')
        ctx.setTextAlign('center')
        ctx.setFontSize(60)
        ctx.fillText('游戏成功', 150, 150)
        ctx.draw()
      }
    }
  },
  /**
   * 自定义函数 -- 移动被点击的方块
   */
  moveBox: function(i, j) {
    //情况 1:如果被点击的方块不在最上方,检查可否上移
    if (i > 0) {
      //如果方块上方是空白
      if (num[i - 1][j] == '22') {
        //交换方块与空白的位置
        num[i - 1][j] = num[i][j]
        num[i][j] = '22'
        return
      }
    }

    //情况 2:如果被点击的方块不在最下方,检查可否下移
    if (i < 2) {
      //如果方块下方是空白
      if (num[i + 1][j] == '22') {
        //交换方块与空白的位置
        num[i + 1][j] = num[i][j]
        num[i][j] = '22'
        return
      }
```

```
    }

    //情况 3:如果被点击的方块不在最左边,检查可否左移
    if (j > 0) {
      //如果方块左边是空白
      if (num[i][j - 1] == '22') {
        //交换方块与空白的位置
        num[i][j - 1] = num[i][j]
        num[i][j] = '22'
        return
      }
    }

    //情况 4:如果被点击的方块不在最右边,检查可否右移
    if (j < 2) {
      //如果方块右边是空白
      if (num[i][j + 1] == '22') {
        //交换方块与空白的位置
        num[i][j + 1] = num[i][j]
        num[i][j] = '22'
        return
      }
    }
  },
})
```

当前效果如图 12-16 所示。

(a) 移动前

(b) 移动后

图 12-16　移动被点击的方块

3 判断游戏成功

视频讲解

首先在 game. js 文件的 data 中添加初始数据 isWin，用于标记游戏成功与否。

对应的 JS(pages/game/game. js)代码片段添加如下：

```
Page({
  /**
   * 页面的初始数据
   */
  data: {
    isWin:false
  },
})
```

在上述代码中 isWin 为 false 表示游戏尚未成功，当成功时会重置为 true。

在 game. js 文件中添加自定义函数 isWin，用于判断游戏是否已经成功。

对应的 JS(pages/game/game. js)代码片段添加如下：

```
Page({
  /**
   * 自定义函数 -- 判断游戏是否成功
   */
  isWin: function() {
    //使用双重 for 循环遍历整个数组
    for (var i = 0; i < 3; i++) {
      for (var j = 0; j < 3; j++) {
        //如果有方块位置不对
        if (num[i][j] != i * 10 + j) {
          //返回 false,表示游戏尚未成功
          return false
        }
      }
    }
    //更新游戏成功状态
    this.setData({isWin:true})
    //返回 true,表示游戏成功
    return true
  },
})
```

然后修改 game. js 中的 touchBox 函数，要求被触发时追加对游戏成功状态的判断。

对应的 JS(pages/game/game. js)代码片段修改如下：

```
Page({
  /**
   * 自定义函数 -- 点击方块
   */
  touchBox: function(e) {
    //如果游戏已经成功,不做任何操作
    if(this.data.isWin){
      return
    }
```

```
      //获取被点击的坐标 x 和 y(代码略)
      //换算成行和列(代码略)

      //如果点击的不是空白位置
      if (num[row][col] != '22') {
        //尝试移动方块(代码略)
        //重新绘制画布内容(代码略)

        //判断游戏是否成功
        if (this.isWin()) {
          let ctx = this.ctx
          //绘制完整图片
          ctx.drawImage(url, 0, 0)
          //绘制文字提示
          ctx.setFillStyle('#E64340')
          ctx.setTextAlign('center')
          ctx.setFontSize(60)
          ctx.fillText('游戏成功', 150, 150)
          ctx.draw()
        }
      }
    },
  })
```

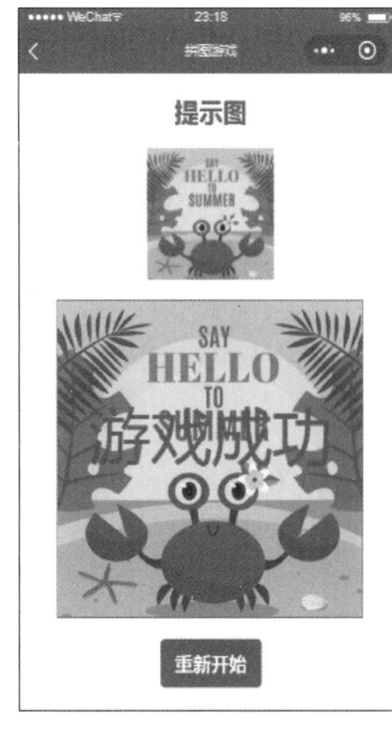

图 12-17　游戏成功效果

游戏成功效果如图 12-17 所示。

4 重新开始游戏

视频讲解

修改 game.wxml 代码，为“重新开始”按钮追加自定义函数的点击事件。

WXML(pages/game/game.wxml)代码片段修改如下：

```
<view class='container'>
  …

  <!--“重新开始”按钮 -->
  <button type='warn' bindtap='restartGame'>重新开始</button>
</view>
```

在 game.js 文件中添加 restartGame 函数，用于重新开始游戏。

对应的 JS(pages/game/game.js)代码片段添加如下：

```
Page({
  /**
   * 自定义函数--重新开始游戏
   */
  restartGame: function() {
    //更新游戏成功状态
    this.setData({isWin:false})
    //打乱方块顺序
    this.shuffle()
    //绘制画布内容
    this.drawCanvas()
```

```
    },
})
```

此时页面效果如图 12-18 所示。

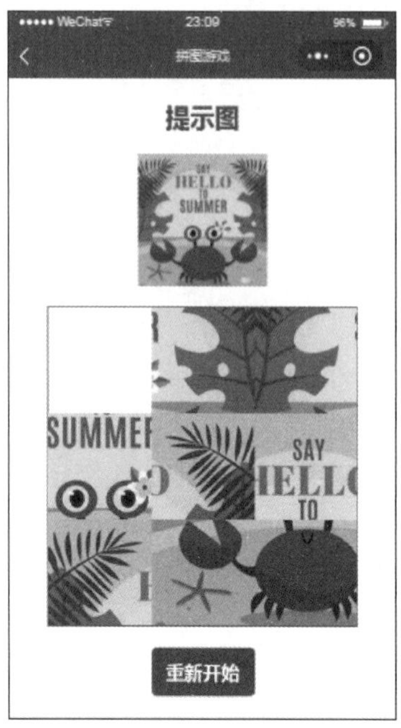

图 12-18 重新开始游戏效果

12.6 完整代码展示

12.6.1 应用文件代码展示

1 app.json 代码展示

app.json 文件的完整代码如下：

```
{
  "pages": [
    "pages/index/index",
    "pages/game/game"
  ],
  "window": {
    "navigationBarBackgroundColor": "#E64340",
    "navigationBarTitleText": "拼图游戏"
  }
}
```

2 app.wxss 代码展示

app.wxss 文件的完整代码如下：

```
/* 页面容器样式 */
.container {
  height: 100vh;
```

```
    color: #E64340;
    font - weight: bold;
    display: flex;
    flex - direction: column;
    align - items: center;
    justify - content: space - evenly;
}
/* 顶端标题样式 */
.title {
    font - size: 18pt;
}
```

12.6.2 页面文件代码展示

1 首页代码展示

WXML 文件(pages/index/index.wxml)的完整代码如下：

```
<view class = 'container'>
    <!-- 标题 -->
    <view class = 'title'>游戏选关</view>

    <!-- 关卡列表 -->
    <view class = 'levelBox'>
        <view class = 'box' wx:for = '{{levels}}' wx:key = 'levels{{index}}' bindtap = 'chooseLevel' data - level = '{{item}}'>
            <image src = '/images/{{item}}'></image>
            <text>第{{index + 1}}关</text>
        </view>
    </view>

</view>
```

WXSS 文件(pages/index/index.wxss)的完整代码如下：

```
/* 关卡列表区域 */
.levelBox{
    width: 100%;
}
/* 单个关卡区域 */
.box{
    width: 50%;
    float: left;
    margin: 25rpx 0;
    display: flex;
    flex - direction: column;
    align - items: center;
}
/* 选关图片 */
image{
    width: 260rpx;
    height: 260rpx;
}
```

JS 文件(pages/index/index.js)的完整代码如下：

```
Page({
  /**
   * 页面的初始数据
   */
  data: {
    levels: [
      'pic01.jpg',
      'pic02.jpg',
      'pic03.jpg',
      'pic04.jpg',
      'pic05.jpg',
      'pic06.jpg'
    ]
  },

  /**
   * 自定义函数 -- 游戏选关
   */
  chooseLevel: function(e) {
    let level = e.currentTarget.dataset.level
    wx.navigateTo({
      url: '../game/game?level=' + level
    })
  },
})
```

2 游戏页代码展示

WXML 文件(pages/game/game.wxml)的完整代码如下：

```
<view class='container'>
  <!-- 提示图区域 -->
  <view class='title'>提示图</view>
  <image src='{{url}}'></image>

  <!-- 游戏画布 -->
  <canvas canvas-id='myCanvas' bindtouchstart='touchBox'></canvas>

  <!--"重新开始"按钮 -->
  <button type='warn' bindtap='restartGame'>重新开始</button>
</view>
```

WXSS 文件(pages/game/game.wxss)的完整代码如下：

```
/* 提示图样式 */
image {
  width: 250rpx;
  height: 250rpx;
}

/* 画布样式 */
canvas {
  border: 1rpx solid;
  width: 300px;
  height: 300px;
}
```

JS 文件(pages/game/game.js)的完整代码如下：

```
//方块的初始位置
var num = [
  ['00', '01', '02'],
  ['10', '11', '12'],
  ['20', '21', '22']
]
//方块的宽度
var w = 100
//图片的初始地址
var url = '/images/pic01.jpg'

Page({
  /**
   * 页面的初始数据
   */
  data: {
    isWin:false
  },
  /**
   * 自定义函数--绘制画布内容
   */
  drawCanvas: function() {
    let ctx = this.ctx

    //清空画布
    ctx.clearRect(0, 0, 300, 300)

    //使用双重 for 循环绘制 3x3 的拼图
    for (var i = 0; i < 3; i++) {
      for (var j = 0; j < 3; j++) {
        if (num[i][j] != '22') {
          //获取行和列
          var row = parseInt(num[i][j] / 10)
          var col = num[i][j] % 10
          //绘制方块
          ctx.drawImage(url, col * w, row * w, w, w, j * w, i * w, w, w)
        }
      }
    }
    ctx.draw()
  },
  /**
   * 自定义函数--随机打乱方块顺序
   */
  shuffle: function() {
    //先令所有方块回归初始位置
    num = [
      ['00', '01', '02'],
      ['10', '11', '12'],
      ['20', '21', '22']
    ]
    //记录当前空白方块的行和列
    var row = 2
    var col = 2
```

```
    //打乱方块顺序 100 次
    for (var i = 0; i < 100; i++) {
      //随机产生其中一个方向：上(0)、下(1)、左(2)、右(3)
      var direction = Math.round(Math.random() * 3)
      //上：0
      if (direction == 0) {
        //空白方块不在最上面一行
        if (row != 0) {
          //交换位置
          num[row][col] = num[row - 1][col]
          num[row - 1][col] = '22'
          //更新空白方块的行
          row -= 1
        }
      }
      //下：1
      else if (direction == 1) {
        //空白方块不在最下面一行
        if (row != 2) {
          //交换位置
          num[row][col] = num[row + 1][col]
          num[row + 1][col] = '22'
          //更新空白方块的行
          row += 1
        }
      }
      //左：2
      else if (direction == 2) {
        //空白方块不在最左侧
        if (col != 0) {
          //交换位置
          num[row][col] = num[row][col - 1]
          num[row][col - 1] = '22'
          //更新空白方块的列
          col -= 1
        }
      }
      //右：3
      else if (direction == 3) {
        //空白方块不在最右侧
        if (col != 2) {
          //交换位置
          num[row][col] = num[row][col + 1]
          num[row][col + 1] = '22'
          //更新空白方块的列
          col += 1
        }
      }
    }
  },

  /**
   * 自定义函数--点击方块
   */
  touchBox: function(e) {
```

```
    //如果游戏已经成功,不做任何操作
    if(this.data.isWin){
      return
    }
    //获取被点击的坐标 x 和 y
    var x = e.changedTouches[0].x
    var y = e.changedTouches[0].y
    //换算成行和列
    var row = parseInt(y / w)
    var col = parseInt(x / w)
    //如果点击的不是空白位置
    if (num[row][col] != '22') {
      //尝试移动方块
      this.moveBox(row, col)
      //重新绘制画布内容
      this.drawCanvas()
      //判断游戏是否成功
      if (this.isWin()) {
        let ctx = this.ctx
        //绘制完整图片
        ctx.drawImage(url, 0, 0)
        //绘制文字提示
        ctx.setFillStyle('#E64340')
        ctx.setTextAlign('center')
        ctx.setFontSize(60)
        ctx.fillText('游戏成功', 150, 150)
        ctx.draw()
      }
    }
  },

  /**
   * 自定义函数--移动被点击的方块
   */
  moveBox: function(i, j) {
    //情况 1:如果被点击的方块不在最上方,检查可否上移
    if (i > 0) {
      //如果方块上方是空白
      if (num[i - 1][j] == '22') {
        //交换方块与空白的位置
        num[i - 1][j] = num[i][j]
        num[i][j] = '22'
        return
      }
    }

    //情况 2:如果被点击的方块不在最下方,检查可否下移
    if (i < 2) {
      //如果方块下方是空白
      if (num[i + 1][j] == '22') {
        //交换方块与空白的位置
        num[i + 1][j] = num[i][j]
        num[i][j] = '22'
        return
      }
```

```
    }

    //情况 3: 如果被点击的方块不在最左边,检查可否左移
    if (j > 0) {
      //如果方块左边是空白
      if (num[i][j - 1] == '22') {
        //交换方块与空白的位置
        num[i][j - 1] = num[i][j]
        num[i][j] = '22'
        return
      }
    }

    //情况 4: 如果被点击的方块不在最右边,检查可否右移
    if (j < 2) {
      //如果方块右边是空白
      if (num[i][j + 1] == '22') {
        //交换方块与空白的位置
        num[i][j + 1] = num[i][j]
        num[i][j] = '22'
        return
      }
    }
  },

  /**
   * 自定义函数 -- 判断游戏是否成功
   */
  isWin: function() {
    //使用双重 for 循环遍历整个数组
    for (var i = 0; i < 3; i++) {
      for (var j = 0; j < 3; j++) {
        //如果有方块位置不对
        if (num[i][j] != i * 10 + j) {
          //返回 false,表示游戏尚未成功
          return false
        }
      }
    }
    //更新游戏成功状态
    this.setData({isWin:true})
    //返回 true,表示游戏成功
    return true
  },

  /**
   * 自定义函数 -- 重新开始游戏
   */
  restartGame: function() {
    //更新游戏成功状态
    this.setData({isWin:false})
    //打乱方块顺序
    this.shuffle()
    //绘制画布内容
    this.drawCanvas()
```

```
  },

  /**
   * 生命周期函数--监听页面加载
   */
  onLoad: function(options) {
    //更新图片路径地址
    url = '/images/' + options.level
    //更新提示图的地址
    this.setData({url:url})
    //创建画布上下文
    this.ctx = wx.createCanvasContext('myCanvas')
    //打乱方块顺序
    this.shuffle()
    //绘制画布内容
    this.drawCanvas()
  },
})
```

第13章 Chapter 13

小程序游戏·推箱子游戏

在学习了< canvas >(画布)组件和小程序界面 API 中绘图的相关用法以后，读者不妨尝试制作简易的推箱子小游戏。

本章学习目标

- 综合应用所学知识创建完整的推箱子游戏项目；
- 熟练掌握< canvas >组件和绘图 API。

13.1 需求分析

视频讲解

本项目一共需要两个页面，即首页和游戏页面，其中首页用于呈现关卡菜单，点击对应难度的关卡后进入游戏画面。

13.1.1 首页功能需求

首页功能需求如下：

(1) 首页需要包含标题和关卡列表。

(2) 关卡至少要有 4 个关卡选项，每个关卡显示预览图片和第几关。

(3) 点击关卡列表可以打开对应的游戏画面。

13.1.2 游戏页功能需求

游戏页功能需求如下：

(1) 游戏页面需要显示第几关、游戏画面、方向键和“重新开始”按钮。

(2) 点击方向键可以使游戏主角自行移动或推动箱子前进。

(3) 游戏画面由 8×8 的小方块组成，主要包括地板、围墙、箱子、游戏主角和目的地。

(4) 点击“重新开始”按钮可以将箱子和游戏主角回归初始位置并重新开始游戏。

13.2 项目创建

视频讲解

本项目创建选择空白文件夹 boxGame，效果如图 13-1 所示。

单击“新建”按钮完成项目创建，然后准备手动修改页面配置文件。

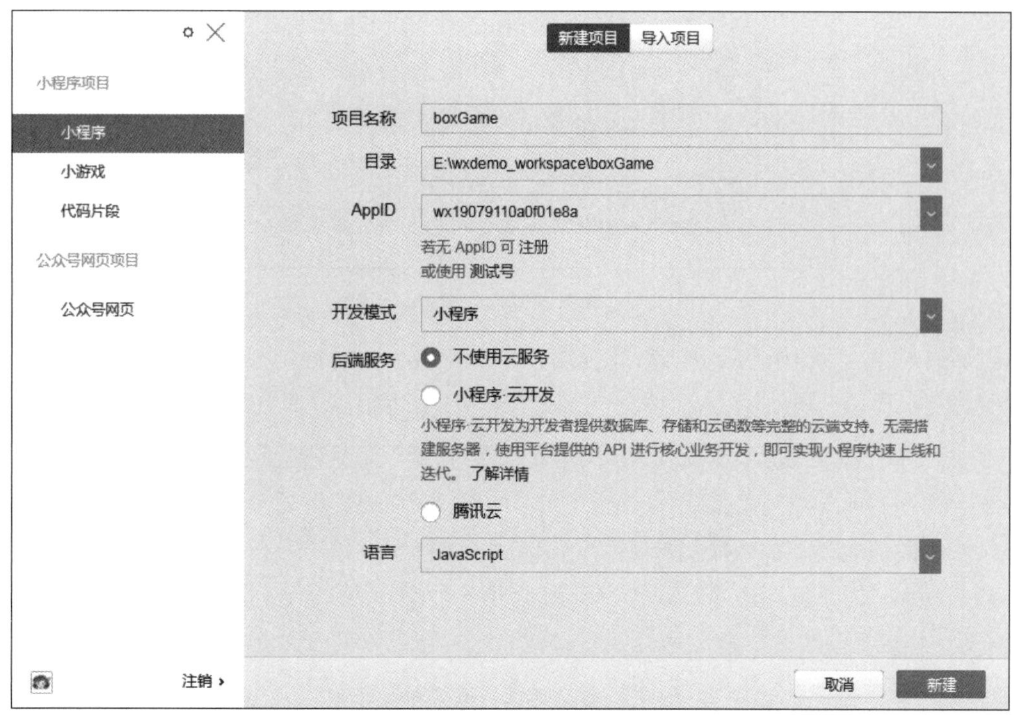

图 13-1 小程序项目填写效果示意图

13.3 页面配置

13.3.1 创建页面文件

项目创建完毕后，在根目录中会生成文件夹 pages 用于存放页面文件。一般来说首页默认命名为 index，表示小程序运行的第一个页面；其他页面名称可以自定义。本项目有两个页面文件，需要创建 index（首页页面）和 game（游戏页面）。

具体操作如下：

（1）将 app.json 文件内 pages 属性中的"pages/logs/logs"改成"pages/game/game"。

（2）按快捷键 Ctrl+S 保存修改后会在 pages 文件夹下自动生成 game 目录。

13.3.2 删除和修改文件

具体操作如下：

（1）删除 utils 文件夹及其内部所有内容。

（2）删除 pages 文件夹下的 logs 目录及其内部所有内容。

（3）删除 index.wxml 和 index.wxss 中的全部代码。

（4）删除 index.js 中的全部代码，并且输入关键词 page 找到第二个选项按回车键让其自动补全函数（如图 13-2 所示）。

（5）删除 app.wxss 中的全部代码。

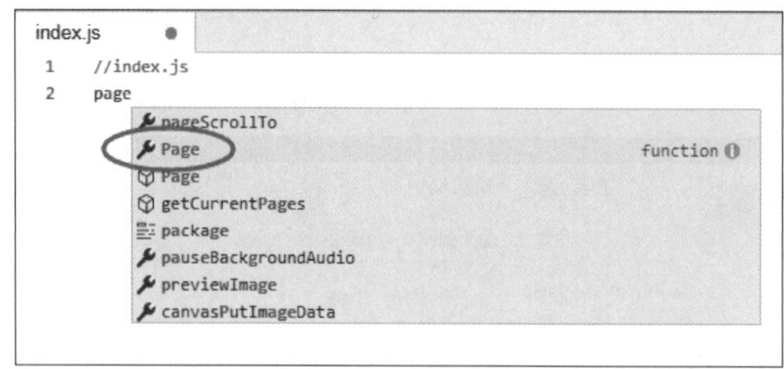

图 13-2 输入关键词创建 Page 函数

(6) 删除 app.js 中的全部代码，并且输入关键词 app 找到第一个选项按回车键让其自动补全函数(如图 13-3 所示)。

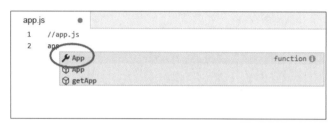

图 13-3 输入关键词创建 App 函数

13.3.3 创建其他文件

接下来创建其他自定义文件，本项目还需要以下两个文件夹。

- images：用于存放图片素材；
- utils：用于存放公共 JS 文件。

单击目录结构左上角的＋号创建文件夹，并分别命名为 images 和 utils。

1 添加图片文件

本项目将在首页中用到 4 幅关卡图片，图片素材如图 13-4 所示。

右击目录结构中的 images 文件夹，选择"硬盘打开"，将图片复制、粘贴进去。

此外还需要在游戏页面中用到 5 个游戏图标素材，如图 13-5 所示。

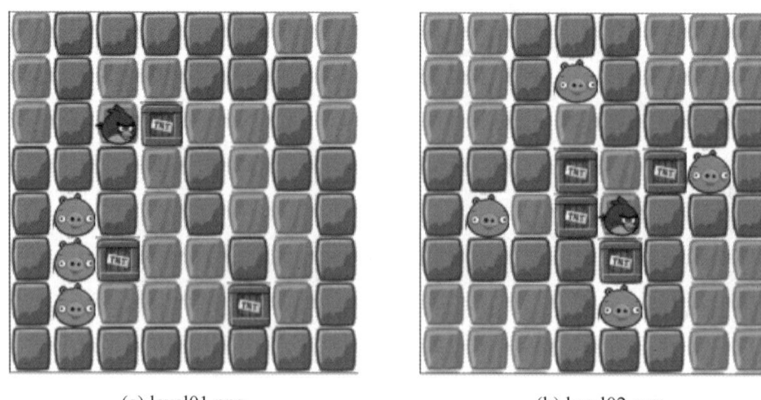

(a) level01.png　　(b) level02.png

图 13-4 关卡图片素材展示

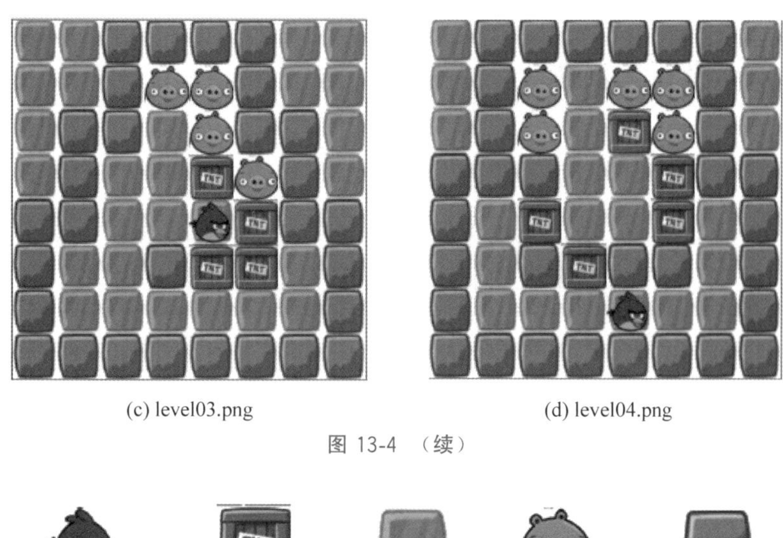

(c) level03.png　　(d) level04.png

图 13-4 （续）

(a) bird.png　(b) box.png　(c) ice.png　(d) pig.png　(e) stone.png

图 13-5 游戏方块图标素材展示

右击目录结构中的 images 文件夹，选择“硬盘打开”，新建二级文件夹 icons，然后将全部图标素材复制、粘贴进去。

2 创建公共 JS 文件

右击 utils 文件夹，选择“新建”→JS，输入 data 后按回车键创建公共文件 data. js，如图 13-6 所示。

全部完成后的目录结构如图 13-7 所示。

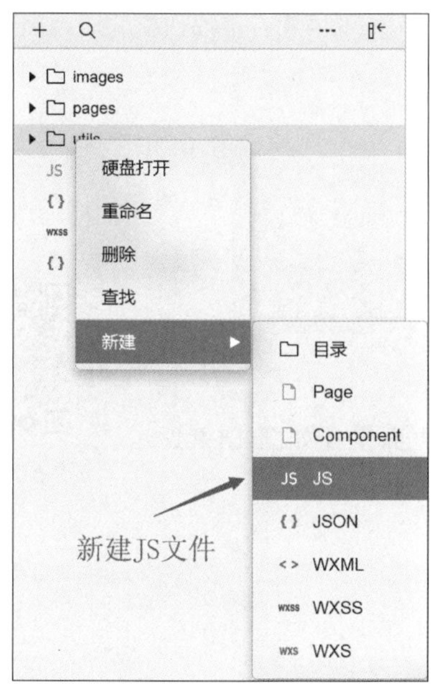

图 13-6 新建 JS 文件

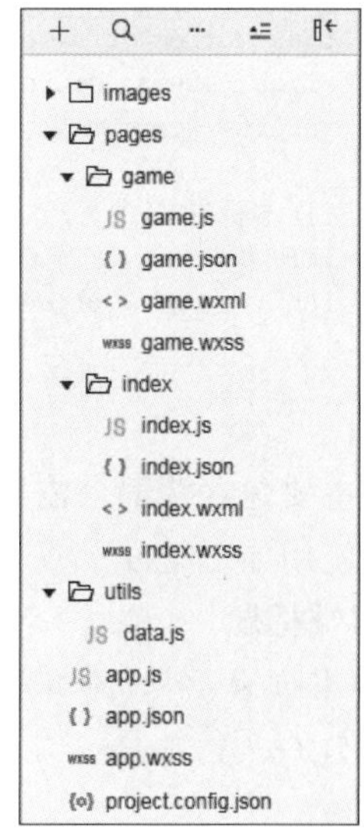

图 13-7 全部文件创建完成

此时文件配置就全部完成，13. 4 节将正式进行页面布局和样式设计。

13.4 视图设计

13.4.1 导航栏设计

视频讲解

小程序默认导航栏是黑底白字的效果，可以通过在 app. json 中对 window 属性进行重新配置来自定义导航栏效果。更改后的 app. json 文件代码如下：

```
{
  "pages": [代码略],
  "window": {
    "navigationBarBackgroundColor": "#E64340",
    "navigationBarTitleText": "推箱子游戏"
  }
}
```

上述代码可以更改导航栏背景色为珊瑚红色、字体为白色，效果如图 13-8 所示。

图 13-8 自定义导航栏效果

13.4.2 页面设计

视频讲解

1 公共样式设计

首先在 app. wxss 中设置页面容器和顶端标题的公共样式，代码如下：

```
/* 页面容器样式 */
.container {
  height: 100vh;
  color: #E64340;
  font-weight: bold;
  display: flex;
  flex-direction: column;
  align-items: center;
  justify-content: space-evenly;
}
/* 顶端标题样式 */
.title {
  font-size: 18pt;
}
```

视频讲解

2 首页设计

首页主要包含两部分内容，即标题和关卡列表，页面设计如图 13-9 所示。计划使用如下组件。

- 顶端标题：<view>容器；
- 关卡列表：<view>容器，内部使用数组循环。

WXML(pages/index/index. wxml)代码如下：

```
<view class='container'>
  <!-- 标题 -->
  <view class='title'>游戏选关</view>

```

```
    <!-- 关卡列表 -->
      <view class = 'levelBox'>
      <view class = 'box'>
        <image src = '/images/level01.png'></image>
        <text>第 1 关</text>
      </view>
    </view>

</view>
```

相关 WXSS(pages/index/index.wxss)代码片段如下：

```
/* 关卡列表区域 */
.levelBox {
  width: 100%;
}

/* 单个关卡区域 */
.box {
  width: 50%;
  float: left;
  margin: 20rpx 0;
  display: flex;
  flex-direction: column;
  align-items: center;
}

/* 选关图片 */
image {
  width: 300rpx;
  height: 300rpx;
}
```

当前效果如图 13-10 所示。

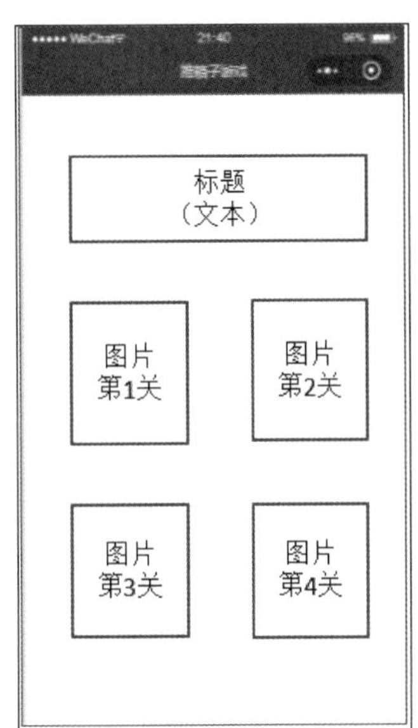

图 13-9　首页设计图

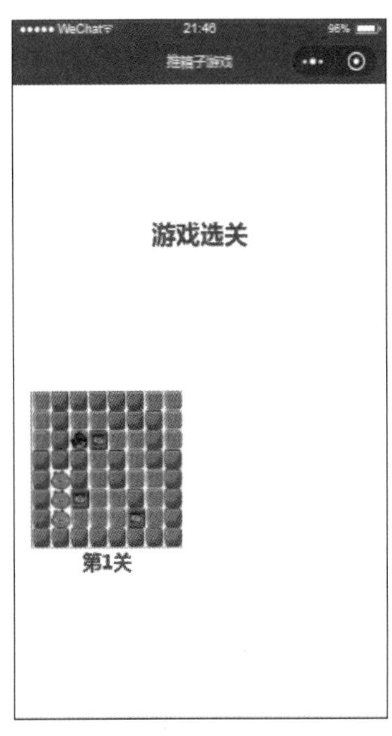

图 13-10　首页效果图

由图可见，此时可以显示标题和一个临时关卡。由于尚未获得关卡数据，所以暂时无法显示完整的关卡列表，仅供作为样式参考。

3 游戏页面设计

视频讲解

游戏页面需要用户点击首页的关卡列表，然后在新窗口中打开该页面。游戏页面包括游戏关卡标题、游戏画面、方向键和“重新开始”按钮，页面设计如图 13-11 所示。

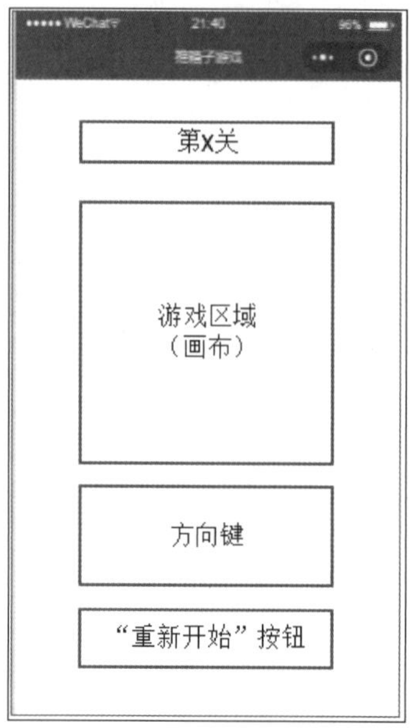

图 13-11 游戏页面设计图

由于暂时没有做点击跳转的逻辑设计，所以可以在开发工具顶端选择“普通编译”下的“添加编译模式”，并携带临时测试参数 level=0，如图 13-12 所示。

此时预览就可以直接显示 game 页面了，设计完毕后再改回“普通编译”模式即可重新显示首页。

计划使用如下组件。

- <view>：整体容器和顶端标题；
- <canvas>：游戏画布；

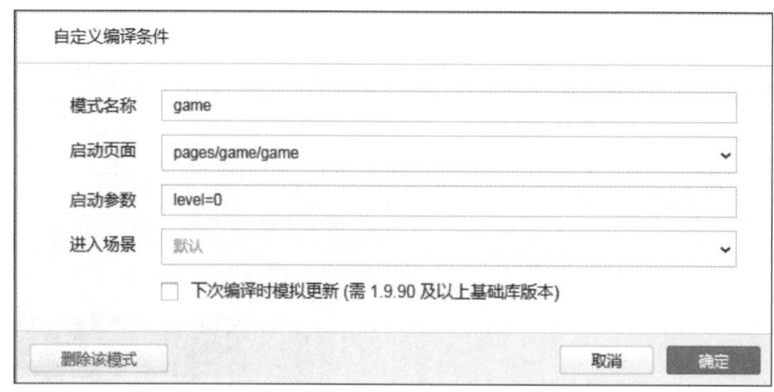

图 13-12 添加 game 页面的编译模式

- <button>：4 个方向键和 1 个“重新开始”按钮。

WXML(pages/game/game.wxml)代码如下：

```
<view class = 'container'>
  <!-- 关卡提示 -->
  <view class = 'title'>第 1 关</view>

  <!-- 游戏画布 -->
  <canvas canvas - id = 'myCanvas'></canvas>

  <!-- 方向键 -->
  <view class = 'btnBox'>
    <button type = 'warn'>↑</button>
    <view>
      <button type = 'warn'>←</button>
      <button type = 'warn'>↓</button>
      <button type = 'warn'>→</button>
    </view>
  </view>
```

```
  <!--“重新开始”按钮 -->
  <button type='warn'>重新开始</button>
</view>
```

WXSS(pages/game/game.wxss)代码如下：

```
/*游戏画布样式*/
canvas {
  border: 1rpx solid;
  width: 320px;
  height: 320px;
}

/*方向键按钮整体区域*/
.btnBox {
  display: flex;
  flex-direction: column;
  align-items: center;
}

/*方向键按钮第二行*/
.btnBox view {
  display: flex;
  flex-direction: row;
}

/*所有方向键按钮*/
.btnBox button {
  width: 90rpx;
  height: 90rpx;
}

/*所有按钮样式*/
button {
  margin: 10rpx;
}
```

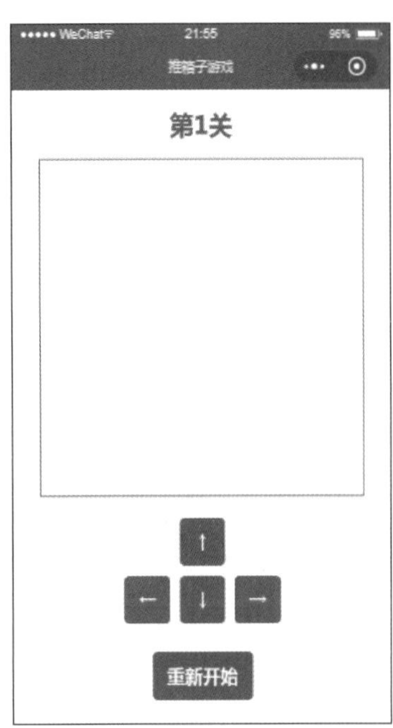

图 13-13 游戏页面效果图

当前效果如图 13-13 所示。

由图可见，此时可以显示完整样式效果。由于尚未获得游戏数据，所以暂时无法根据用户点击的关卡入口显示对应的游戏内容，仅供作为样式参考。

此时页面布局与样式设计就已完成，13.5 节将介绍如何进行逻辑处理。

13.5 逻辑实现

13.5.1 公共逻辑

视频讲解

在公共 JS 文件(utils/data.js)中配置游戏地图的数据，代码如下：

```
//==============================================================
//地图数据 map1～map4
//地图数据：1 为墙、2 为路、3 为终点、4 为箱子、5 为人物、0 为墙的外围
//==============================================================
```

```
//关卡 1
var map1 = [
  [0, 1, 1, 1, 1, 1, 0, 0],
  [0, 1, 2, 2, 1, 1, 1, 0],
  [0, 1, 5, 4, 2, 2, 1, 0],
  [1, 1, 1, 2, 1, 2, 1, 1],
  [1, 3, 1, 2, 1, 2, 2, 1],
  [1, 3, 4, 2, 2, 1, 2, 1],
  [1, 3, 2, 2, 2, 4, 2, 1],
  [1, 1, 1, 1, 1, 1, 1, 1]
]
//关卡 2
var map2 = [
  [0, 0, 1, 1, 1, 0, 0, 0],
  [0, 0, 1, 3, 1, 0, 0, 0],
  [0, 0, 1, 2, 1, 1, 1, 1],
  [1, 1, 1, 4, 2, 4, 3, 1],
  [1, 3, 2, 4, 5, 1, 1, 1],
  [1, 1, 1, 1, 4, 1, 0, 0],
  [0, 0, 0, 1, 3, 1, 0, 0],
  [0, 0, 0, 1, 1, 1, 0, 0]

]
//关卡 3
var map3 = [
  [0, 0, 1, 1, 1, 1, 0, 0],
  [0, 0, 1, 3, 3, 1, 0, 0],
  [0, 1, 1, 2, 3, 1, 1, 0],
  [0, 1, 2, 2, 4, 3, 1, 0],
  [1, 1, 2, 2, 5, 4, 1, 1],
  [1, 2, 2, 1, 4, 4, 2, 1],
  [1, 2, 2, 2, 2, 2, 2, 1],
  [1, 1, 1, 1, 1, 1, 1, 1]
]
//关卡 4
var map4 = [
  [0, 1, 1, 1, 1, 1, 1, 0],
  [0, 1, 3, 2, 3, 3, 1, 0],
  [0, 1, 3, 2, 4, 3, 1, 0],
  [1, 1, 1, 2, 2, 4, 1, 1],
  [1, 2, 4, 2, 2, 4, 2, 1],
  [1, 2, 1, 4, 1, 1, 2, 1],
  [1, 2, 2, 2, 5, 2, 2, 1],
  [1, 1, 1, 1, 1, 1, 1, 1]
]
```

这里分别使用 map1～map4 代表 4 个不同关卡的地图数据，以二维数组的形式存放。当前地图均由 8×8 的方格组成，每个位置的数字代表对应的图标素材。

当前地图数据和图片素材仅供参考，开发者也可以自行修改游戏布局和图片。

然后需要在 data.js 中使用 module.exports 语句暴露数据出口，代码片段如下：

```
module.exports = {
  maps: [map1, map2, map3, map4]
}
```

现在就完成了公共逻辑处理的部分。

最后需要在 game 页面的 JS 文件顶端引用公共 JS 文件，引用代码如下：

```
var data = require('../../utils/data.js')                //引用公共 JS 文件
```

需要注意小程序在这里暂时还不支持绝对路径引用，只能使用相对路径。

13.5.2 首页逻辑

首页主要有两个功能需要实现，一是展示关卡列表；二是点击图片能跳转到游戏页面。

1 关卡列表展示

视频讲解

在 JS 文件的 data 中录入关卡图片的数据信息，这里以 4 个关卡为例。

相关 JS(pages/index/index.js)代码片段如下：

```
Page({
  /**
   * 页面的初始数据
   */
  data: {
    levels: [
      'level01.png',
      'level02.png',
      'level03.png',
      'level04.png'
    ]
  },
})
```

接着为关卡对应的<view>组件添加 wx:for 属性循环显示关卡列表数据和图片。

修改后的 WXML(pages/index/index.wxml)代码如下：

```
<view class = 'container'>
  <!-- 标题 -->
  <view class = 'title'>游戏选关</view>

  <!-- 关卡列表 -->
  <view class = 'levelBox'>
    <view class = 'box' wx:for = '{{levels}}' wx:key = 'levels{{index}}'>
      <image src = '/images/{{item}}'></image>
      <text>第{{index + 1}}关</text>
    </view>
  </view>

</view>
```

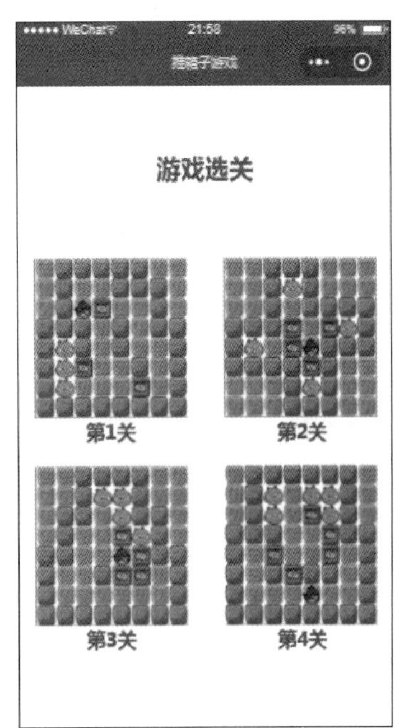

图 13-14 首页关卡列表展示

此时页面效果如图 13-14 所示。

2 点击跳转游戏页面

视频讲解

若希望用户点击关卡图片即可实现跳转，需要首先为关卡列表项目添加点击事件。

相关 WXML(pages/index/index.wxml)代码片段修改如下：

```
<view class = 'container'>
  <!-- 标题 -->
  <view class = 'title'>游戏选关</view>

  <!-- 关卡列表 -->
  <view class = 'levelBox'>
    <view class = 'box' wx:for = '{{levels}}' wx:key = 'levels{{index}}' bindtap = 'chooseLevel' data - level = '{{index}}'>
      <image src = '/images/{{item}}'></image>
      <text>第{{index + 1}}关</text>
    </view>
  </view>

</view>
```

上述代码表示为关卡添加了自定义点击事件函数 chooseLevel，并且使用 data-level 属性携带了关卡图片下标信息。

然后在对应的 index.js 文件中添加 chooseLevel 函数的内容，代码片段如下：

```
Page({
  /**
   * 自定义函数 -- 游戏选关
   */
  chooseLevel: function(e) {
    let level = e.currentTarget.dataset.level
    wx.navigateTo({
      url: '../game/game?level = ' + level
    })
  },
})
```

此时已经可以点击跳转到 game 页面，并且成功携带了关卡图片数据，但是仍需在 game 页面进行携带数据的接收处理才可显示正确的游戏画面。

13.5.3 游戏页逻辑

游戏页主要有以下几个功能需要实现：

- 显示当前是第几关；
- 游戏地图的绘制；
- 4 个方向键可以移动游戏主角；
- 点击“重新开始”按钮可以使游戏地图还原成最初状态。

1 显示当前第几关

在首页逻辑中已经实现了页面跳转并携带了关卡对应的图片信息，现在需要在游戏页面接收关卡信息，并显示对应的图片内容。

视频讲解

相关 JS(pages/game/game.js)代码片段如下：

```
Page({
  /**
   * 页面的初始数据
   */
  data: {
```

```
      level: 1
    },
    /**
     * 生命周期函数--监听页面加载
     */
    onLoad: function(options) {
      //获取关卡
      let level = options.level
      //更新页面关卡标题
      this.setData({
        level: parseInt(level) + 1
      })
    },
})
```

修改 WXML(pages/game/game.wxml)代码片段如下：

```
<view class='container'>
  <!-- 关卡提示 -->
  <view class='title'>第{{level}}关</view>

  …
</view>
```

此时重新从首页点击不同的关卡图片跳转就可以发现已经能够正确显示对应的内容了。

运行效果如图 13-15 所示。

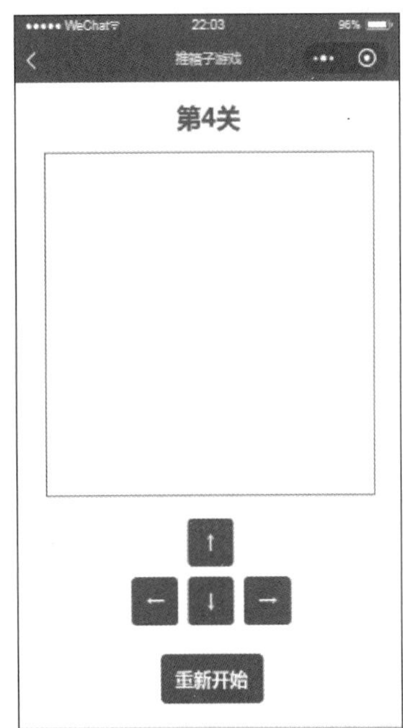

图 13-15 首页列表中的选关效果

2 游戏逻辑实现

1）准备工作

视频讲解

首先在 game.js 文件的顶端记录一些游戏初始数据信息。

对应的 JS(pages/game/game.js)代码片段添加如下：

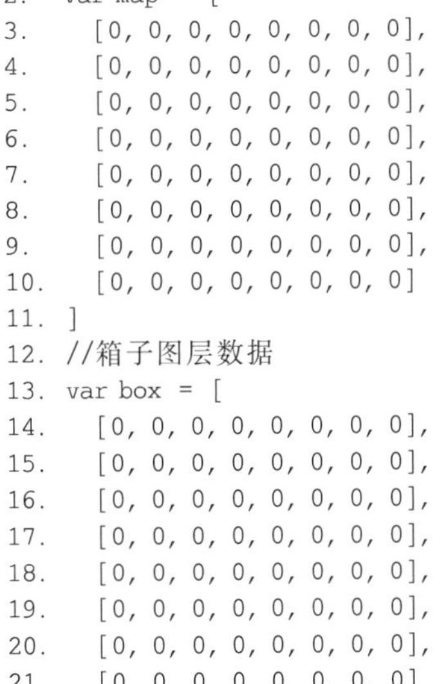

```
//地图图层数据
var map = [
  [0, 0, 0, 0, 0, 0, 0, 0],
  [0, 0, 0, 0, 0, 0, 0, 0],
  [0, 0, 0, 0, 0, 0, 0, 0],
  [0, 0, 0, 0, 0, 0, 0, 0],
  [0, 0, 0, 0, 0, 0, 0, 0],
  [0, 0, 0, 0, 0, 0, 0, 0],
  [0, 0, 0, 0, 0, 0, 0, 0],
  [0, 0, 0, 0, 0, 0, 0, 0]
]
//箱子图层数据
var box = [
  [0, 0, 0, 0, 0, 0, 0, 0],
  [0, 0, 0, 0, 0, 0, 0, 0],
  [0, 0, 0, 0, 0, 0, 0, 0],
  [0, 0, 0, 0, 0, 0, 0, 0],
  [0, 0, 0, 0, 0, 0, 0, 0],
  [0, 0, 0, 0, 0, 0, 0, 0],
  [0, 0, 0, 0, 0, 0, 0, 0],
  [0, 0, 0, 0, 0, 0, 0, 0]
```

```
]
//方块的宽度
var w = 40
//初始化游戏主角(小鸟)的行与列
var row = 0
var col = 0

Page({
  …
})
```

2) 初始化游戏画面

首先需要根据当前是第几关读取对应的游戏地图信息，并更新到游戏初始数据中。

视频讲解

在 game.js 文件中添加 initMap 函数，用于初始化游戏地图数据。

对应的 JS(pages/game/game.js)代码片段添加如下：

```
Page({
  /**
   * 自定义函数 -- 初始化地图数据
   */
  initMap: function(level) {
    //读取原始的游戏地图数据
    let mapData = data.maps[level]
    //使用双重 for 循环记录地图数据
    for (var i = 0; i < 8; i++) {
      for (var j = 0; j < 8; j++) {
        box[i][j] = 0
        map[i][j] = mapData[i][j]

        if (mapData[i][j] == 4) {
          box[i][j] = 4
          map[i][j] = 2
        } else if (mapData[i][j] == 5) {
          map[i][j] = 2
          //记录小鸟的当前行和列
          row = i
          col = j
        }
      }
    }
  },
})
```

上述代码首先从公共函数文件 data.js 中读取对应关卡的游戏地图数据，然后使用双重 for 循环对每一块地图数据进行解析，并更新当前游戏的初始地图数据、箱子数据以及游戏主角(小鸟)的所在位置。

然后在 game.js 中添加自定义函数 drawCanvas，用于将地图信息绘制到画布上。

对应的 JS(pages/game/game.js)代码片段添加如下：

```
Page({
  /**
   * 自定义函数 -- 绘制地图
   */
  drawCanvas: function() {
```

```
    let ctx = this.ctx
    //清空画布
    ctx.clearRect(0, 0, 320, 320)
    //使用双重 for 循环绘制 8x8 的地图
    for (var i = 0; i < 8; i++) {
      for (var j = 0; j < 8; j++) {
        //默认是道路
        let img = 'ice'
        if (map[i][j] == 1) {
          img = 'stone'
        } else if (map[i][j] == 3) {
          img = 'pig'
        }

        //绘制地图
        ctx.drawImage('/images/icons/' + img + '.png', j * w, i * w, w, w)

        if (box[i][j] == 4) {
          //叠加绘制箱子
          ctx.drawImage('/images/icons/box.png', j * w, i * w, w, w)
        }
      }
    }

    //叠加绘制小鸟
    ctx.drawImage('/images/icons/bird.png', col * w, row * w, w, w)

    ctx.draw()
  },
})
```

最后在 game.js 的 onLoad 函数中创建画布上下文，并依次调用自定义函数 initMap 和 drawCanvas。对应的 JS(pages/game/game.js)代码片段添加如下：

```
Page({
    * 生命周期函数 -- 监听页面加载
    */
  onLoad: function(options) {
    //获取关卡
    …代码略…
    //更新页面关卡标题
    …代码略…
    //创建画布上下文
    this.ctx = wx.createCanvasContext('myCanvas')
    //初始化地图数据
    this.initMap(level)
    //绘制画布内容
    this.drawCanvas()
  },
})
```

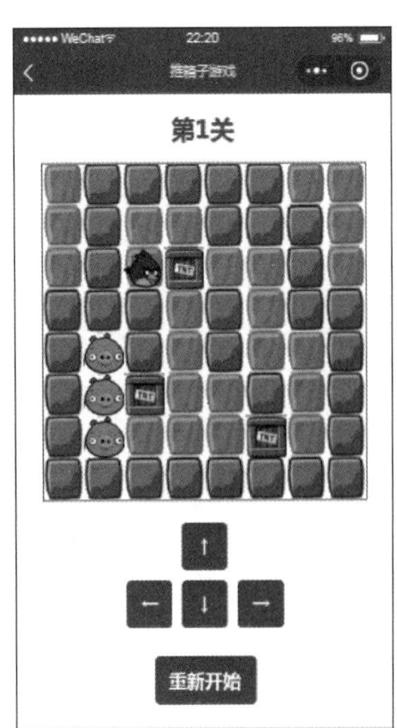

图 13-16 绘制地图效果

当前效果如图 13-16 所示。

视频讲解

3）方向键逻辑实现

修改 game.wxml 页面中的 4 个方向键 <button>，为其绑定点击事件。

WXML(pages/game/game.wxml)代码修改后如下：

```
<view class = 'container'>
  <!-- 关卡提示(代码略) -->

  <!-- 游戏画布(代码略) -->

  <!-- 方向键 -->
  <view class = 'btnBox'>
    <button type = 'warn' bindtap = 'up'>↑</button>
    <view>
      <button type = 'warn' bindtap = 'left'>←</button>
      <button type = 'warn' bindtap = 'down'>↓</button>
      <button type = 'warn' bindtap = 'right'>→</button>
    </view>
  </view>

  <!-- "重新开始"按钮(代码略) -->
</view>
```

在 game.js 文件中添加自定义函数 up、down、left 和 right，分别用于实现游戏主角(小鸟)在上、下、左、右 4 个方向的移动，每次点击在条件允许的情况下移动一格。

对应的 JS(pages/game/game.js)代码片段添加如下：

```
Page({
  /**
   * 自定义函数 -- 方向键：上
   */
  up: function() {
    //不在最顶端才考虑上移
    if (row > 0) {
      //如果上方不是墙或箱子，可以移动小鸟
      if (map[row - 1][col] != 1 && box[row - 1][col] != 4) {
        //更新当前小鸟的坐标
        row = row - 1
      }
      //如果上方是箱子
      else if (box[row - 1][col] == 4) {
        //箱子不在最顶端才能考虑推动
        if (row - 1 > 0) {
          //如果箱子上方不是墙或箱子
          if (map[row - 2][col] != 1 && box[row - 2][col] != 4) {
            box[row - 2][col] = 4
            box[row - 1][col] = 0
            //更新当前小鸟的坐标
            row = row - 1
          }
        }
      }
      //重新绘制地图
      this.drawCanvas()
    }
  },
  /**
   * 自定义函数 -- 方向键：下
```

```
   */
  down: function() {
    //不在最底端才考虑下移
    if (row < 7) {
      //如果下方不是墙或箱子,可以移动小鸟
      if (map[row + 1][col] != 1 && box[row + 1][col] != 4) {
        //更新当前小鸟的坐标
        row = row + 1
      }
      //如果下方是箱子
      else if (box[row + 1][col] == 4) {
        //箱子不在最底端才能考虑推动
        if (row + 1 < 7) {
          //如果箱子下方不是墙或箱子
          if (map[row + 2][col] != 1 && box[row + 2][col] != 4) {
            box[row + 2][col] = 4
            box[row + 1][col] = 0
            //更新当前小鸟的坐标
            row = row + 1
          }
        }
      }
      //重新绘制地图
      this.drawCanvas()
    }
  },
  /**
   * 自定义函数 -- 方向键: 左
   */
  left: function() {
    //不在最左侧才考虑左移
    if (col > 0) {
      //如果左侧不是墙或箱子,可以移动小鸟
      if (map[row][col - 1] != 1 && box[row][col - 1] != 4) {
        //更新当前小鸟的坐标
        col = col - 1
      }
      //如果左侧是箱子
      else if (box[row][col - 1] == 4) {
        //箱子不在最左侧才能考虑推动
        if (col - 1 > 0) {
          //如果箱子左侧不是墙或箱子
          if (map[row][col - 2] != 1 && box[row][col - 2] != 4) {
            box[row][col - 2] = 4
            box[row][col - 1] = 0
            //更新当前小鸟的坐标
            col = col - 1
          }
        }
      }
      //重新绘制地图
      this.drawCanvas()
    }
  },
  /**
```

```
     * 自定义函数 -- 方向键：右
     */
  right: function() {
    //不在最右侧才考虑右移
    if (col < 7) {
      //如果右侧不是墙或箱子，可以移动小鸟
      if (map[row][col + 1] != 1 && box[row][col + 1] != 4) {
        //更新当前小鸟的坐标
        col = col + 1
      }
      //如果右侧是箱子
      else if (box[row][col + 1] == 4) {
        //箱子不在最右侧才能考虑推动
        if (col + 1 < 7) {
          //如果箱子右侧不是墙或箱子
          if (map[row][col + 2] != 1 && box[row][col + 2] != 4) {
            box[row][col + 2] = 4
            box[row][col + 1] = 0
            //更新当前小鸟的坐标
            col = col + 1
          }
        }
      }
      //重新绘制地图
      this.drawCanvas()
    }
  },
})
```

当前效果如图 13-17 所示。

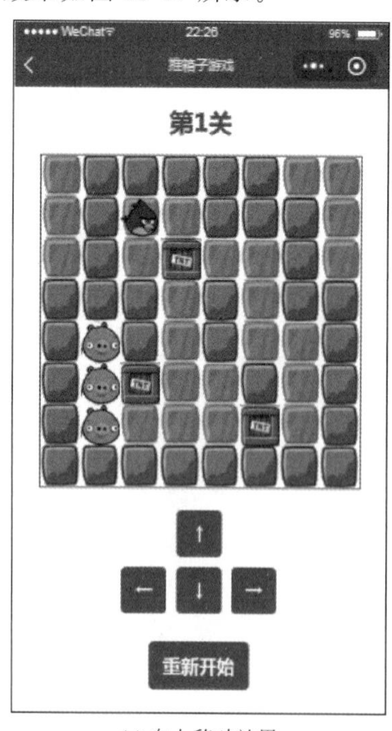

(a) 向上移动效果

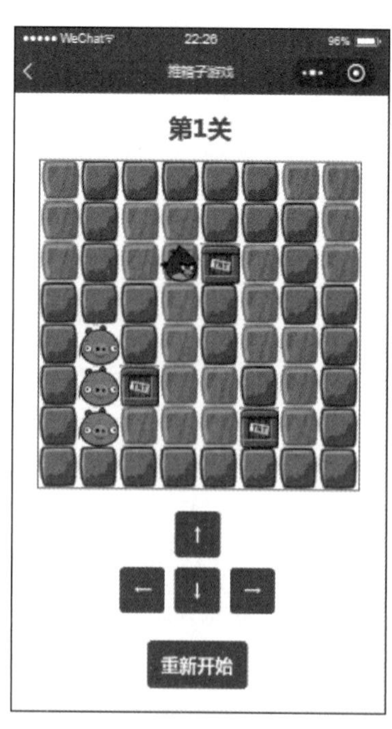

(b) 向右移动效果

图 13-17　游戏主角(小鸟)的移动效果

3 判断游戏成功

视频讲解

在 game.js 文件中添加自定义函数 isWin，用于判断游戏是否已经成功。

对应的 JS(pages/game/game.js)代码片段添加如下：

```
Page({
  /**
   * 自定义函数 -- 判断游戏是否成功
   */
  isWin: function() {
    //使用双重 for 循环遍历整个数组
    for (var i = 0; i < 8; i++) {
      for (var j = 0; j < 8; j++) {
        //如果有箱子没在终点
        if (box[i][j] == 4 && map[i][j] != 3) {
          //返回 false,表示游戏尚未成功
          return false
        }
      }
    }
    //返回 true,表示游戏成功
    return true
  },
})
```

上述代码的判断逻辑是只要有一个箱子没有在终点位置就判断游戏尚未成功。

然后在 game.js 中添加自定义函数 checkWin，要求一旦游戏成功就弹出提示对话框。

对应的 JS(pages/game/game.js)代码片段修改如下：

```
Page({
  /**
   * 自定义函数 -- 游戏成功处理
   */
  checkWin: function() {
    if (this.isWin()) {
      wx.showModal({
        title: '恭喜',
        content: '游戏成功!',
        showCancel: false
      })
    }
  },
})
```

最后在 game.js 的 4 个方向键函数中追加关于游戏成功判断的函数，这里以 up 函数为例，对应的 JS(pages/game/game.js)代码片段修改如下：

```
Page({
  /**
   * 自定义函数 -- 方向键：上
```

```
     */
    up: function() {
      //不在最顶端才考虑上移
      if (row > 0) {
        //如果上方不是墙或箱子,可以移动小鸟
        ...
        //如果上方是箱子
        ...

        //重新绘制地图
        this.drawCanvas()
        //检查游戏是否成功
        this.checkWin()
      }
    },
})
```

其他 3 个方向的函数的修改方式和 up 函数完全一致,这里不再一一赘述。游戏成功后的画面如图 13-18 所示。

视频讲解

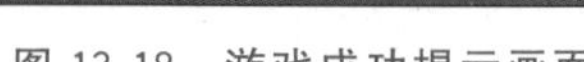

图 13-18　游戏成功提示画面

4 重新开始游戏

修改 game. wxml 代码,为“重新开始”按钮追加自定义函数的点击事件。

WXML(pages/game/game. wxml)代码片段修改如下:

```
<view class = 'container'>
  ...

  <!-- “重新开始”按钮 -->
  <button type = 'warn' bindtap = 'restartGame'>重新开始</button>
</view>
```

在 game. js 文件中添加 restartGame 函数,用于重新开始游戏。

对应的 JS(pages/game/game. js)代码片段添加如下:

```
Page({
  /**
   * 自定义函数 -- 重新开始游戏
   */
  restartGame: function() {
    //初始化地图数据
    this.initMap(this.data.level - 1)
    //绘制画布内容
    this.drawCanvas()
  },
})
```

此时页面效果如图 13-19 所示。

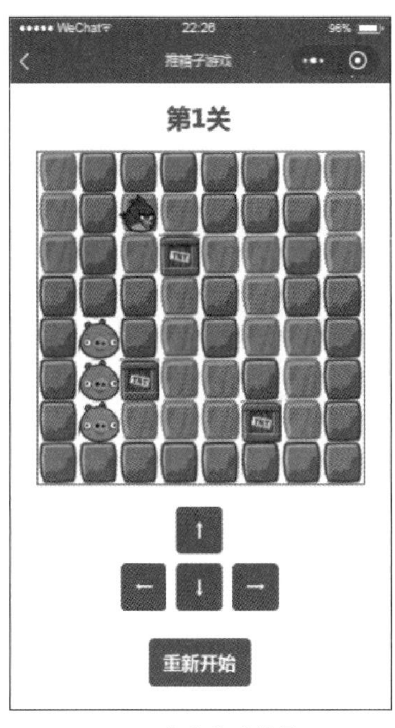

(a) 向上移动效果

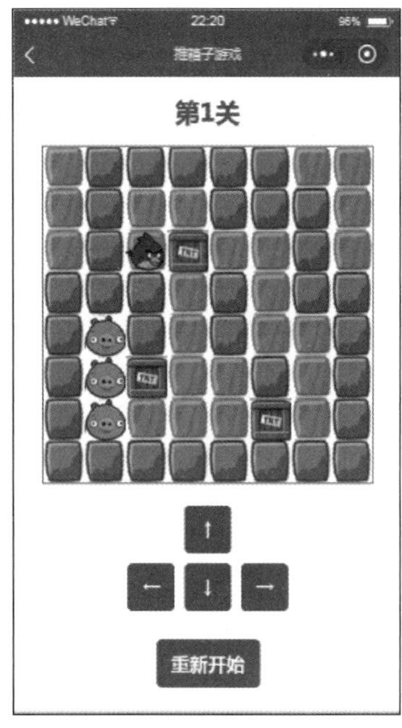

(b) 重新开始游戏

图 13-19　点击“重新开始”按钮效果

13.6　完整代码展示

13.6.1　应用文件代码展示

1 app.json 代码展示

app.json 文件的完整代码如下：

```
{
  "pages": [
    "pages/index/index",
    "pages/game/game"
  ],
  "window": {
    "navigationBarBackgroundColor": "#E64340",
    "navigationBarTitleText": "推箱子游戏"
  }
}
```

2 app.wxss 代码展示

app.wxss 文件的完整代码如下：

```
/* 页面容器样式 */
.container {
  height: 100vh;
  color: #E64340;
  font-weight: bold;
  display: flex;
```

```
  flex - direction: column;
  align - items: center;
  justify - content: space - evenly;
}
/* 顶端标题样式 */
.title {
  font - size: 18pt;
}
```

13.6.2 公共函数文件代码展示

JS 文件(utils/data.js)的完整代码如下：

```
// ================================================
//地图数据 map1～map4
//地图数据：1 为墙、2 为路、3 为终点、4 为箱子、5 为人物、0 为墙的外围
// ================================================
//关卡 1
var map1 = [
  [0, 1, 1, 1, 1, 1, 0, 0],
  [0, 1, 2, 2, 1, 1, 1, 0],
  [0, 1, 5, 4, 2, 2, 1, 0],
  [1, 1, 1, 2, 1, 2, 1, 1],
  [1, 3, 1, 2, 1, 2, 2, 1],
  [1, 3, 4, 2, 2, 1, 2, 1],
  [1, 3, 2, 2, 2, 4, 2, 1],
  [1, 1, 1, 1, 1, 1, 1, 1]
]
//关卡 2
var map2 = [
  [0, 0, 1, 1, 1, 0, 0, 0],
  [0, 0, 1, 3, 1, 0, 0, 0],
  [0, 0, 1, 2, 1, 1, 1, 1],
  [1, 1, 1, 4, 2, 4, 3, 1],
  [1, 3, 2, 4, 5, 1, 1, 1],
  [1, 1, 1, 1, 4, 1, 0, 0],
  [0, 0, 0, 1, 3, 1, 0, 0],
  [0, 0, 0, 1, 1, 1, 0, 0]

]
//关卡 3
var map3 = [
  [0, 0, 1, 1, 1, 1, 0, 0],
  [0, 0, 1, 3, 3, 1, 0, 0],
  [0, 1, 1, 2, 3, 1, 1, 0],
  [0, 1, 2, 2, 4, 3, 1, 0],
  [1, 1, 2, 2, 5, 4, 1, 1],
  [1, 2, 2, 1, 4, 4, 2, 1],
  [1, 2, 2, 2, 2, 2, 2, 1],
  [1, 1, 1, 1, 1, 1, 1, 1]
]
//关卡 4
var map4 = [
  [0, 1, 1, 1, 1, 1, 1, 0],
  [0, 1, 3, 2, 3, 3, 1, 0],
```

```
    [0, 1, 3, 2, 4, 3, 1, 0],
    [1, 1, 1, 2, 2, 4, 1, 1],
    [1, 2, 4, 2, 2, 4, 2, 1],
    [1, 2, 1, 4, 1, 1, 2, 1],
    [1, 2, 2, 2, 5, 2, 2, 1],
    [1, 1, 1, 1, 1, 1, 1, 1]
]

module.exports = {
    maps: [map1, map2, map3, map4]
}
```

13.6.3 页面文件代码展示

1 首页代码展示

WXML 文件(pages/index/index.wxml)的完整代码如下：

```
<view class = 'container'>
    <!-- 标题 -->
    <view class = 'title'>游戏选关</view>

    <!-- 关卡列表 -->
    <view class = 'levelBox'>
        <view class = 'box' wx:for = '{{levels}}' wx:key = 'levels{{index}}' bindtap = 'chooseLevel' data - level = '{{index}}'>
            <image src = '/images/{{item}}'></image>
            <text>第{{index + 1}}关</text>
        </view>
    </view>

</view>
```

WXSS 文件(pages/index/index.wxss)的完整代码如下：

```
/* 关卡列表区域 */
.levelBox {
    width: 100%;
}

/* 单个关卡区域 */
.box {
    width: 50%;
    float: left;
    margin: 20rpx 0;
    display: flex;
    flex - direction: column;
    align - items: center;
}

/* 选关图片 */
image {
    width: 300rpx;
    height: 300rpx;
}
```

JS 文件(pages/index/index.js)的完整代码如下：

```
Page({
  /**
   * 页面的初始数据
   */
  data: {
    levels: [
      'level01.png',
      'level02.png',
      'level03.png',
      'level04.png'
    ]
  },
  /**
   * 自定义函数--游戏选关
   */
  chooseLevel: function(e) {
    let level = e.currentTarget.dataset.level
    wx.navigateTo({
      url: '../game/game?level=' + level
    })
  },
})
```

2 游戏页代码展示

WXML 文件(pages/game/game.wxml)的完整代码如下：

```
<view class='container'>
  <!-- 关卡提示 -->
  <view class='title'>第{{level}}关</view>

  <!-- 游戏画布 -->
  <canvas canvas-id='myCanvas'></canvas>

  <!-- 方向键 -->
  <view class='btnBox'>
    <button type='warn' bindtap='up'>↑</button>
    <view>
      <button type='warn' bindtap='left'>←</button>
      <button type='warn' bindtap='down'>↓</button>
      <button type='warn' bindtap='right'>→</button>
    </view>
  </view>

  <!-- "重新开始"按钮 -->
  <button type='warn' bindtap='restartGame'>重新开始</button>
</view>
```

WXSS 文件(pages/game/game.wxss)的完整代码如下：

```
/*游戏画布样式*/
canvas {
  border: 1rpx solid;
  width: 320px;
  height: 320px;
```

```
}

/* 方向键按钮整体区域 */
.btnBox {
  display: flex;
  flex-direction: column;
  align-items: center;
}

/* 方向键按钮第二行 */
.btnBox view {
  display: flex;
  flex-direction: row;
}

/* 所有方向键按钮 */
.btnBox button {
  width: 90rpx;
  height: 90rpx;
}

/* 所有按钮样式 */
button {
  margin: 10rpx;
}
```

JS 文件(pages/game/game.js)的完整代码如下：

```
var data = require('../../utils/data.js')
//地图图层数据
var map = [
  [0, 0, 0, 0, 0, 0, 0, 0],
  [0, 0, 0, 0, 0, 0, 0, 0],
  [0, 0, 0, 0, 0, 0, 0, 0],
  [0, 0, 0, 0, 0, 0, 0, 0],
  [0, 0, 0, 0, 0, 0, 0, 0],
  [0, 0, 0, 0, 0, 0, 0, 0],
  [0, 0, 0, 0, 0, 0, 0, 0],
  [0, 0, 0, 0, 0, 0, 0, 0]
]
//箱子图层数据
var box = [
  [0, 0, 0, 0, 0, 0, 0, 0],
  [0, 0, 0, 0, 0, 0, 0, 0],
  [0, 0, 0, 0, 0, 0, 0, 0],
  [0, 0, 0, 0, 0, 0, 0, 0],
  [0, 0, 0, 0, 0, 0, 0, 0],
  [0, 0, 0, 0, 0, 0, 0, 0],
  [0, 0, 0, 0, 0, 0, 0, 0],
  [0, 0, 0, 0, 0, 0, 0, 0]
]
//方块的宽度
var w = 40
//初始化小鸟的行与列
var row = 0
var col = 0
```

```
Page({

  /**
   * 页面的初始数据
   */
  data: {
    level: 1
  },

  /**
   * 自定义函数--初始化地图数据
   */
  initMap: function(level) {
    //读取原始的游戏地图数据
    let mapData = data.maps[level]
    //使用双重 for 循环记录地图数据
    for (var i = 0; i < 8; i++) {
      for (var j = 0; j < 8; j++) {
        box[i][j] = 0
        map[i][j] = mapData[i][j]

        if (mapData[i][j] == 4) {
          box[i][j] = 4
          map[i][j] = 2
        } else if (mapData[i][j] == 5) {
          map[i][j] = 2
          //记录小鸟的当前行和列
          row = i
          col = j
        }
      }
    }
  },
  /**
   * 自定义函数--绘制地图
   */
  drawCanvas: function() {
    let ctx = this.ctx
    //清空画布
    ctx.clearRect(0, 0, 320, 320)
    //使用双重 for 循环绘制 8×8 的地图
    for (var i = 0; i < 8; i++) {
      for (var j = 0; j < 8; j++) {
        //默认是道路
        let img = 'ice'
        if (map[i][j] == 1) {
          img = 'stone'
        } else if (map[i][j] == 3) {
          img = 'pig'
        }

        //绘制地图
        ctx.drawImage('/images/icons/' + img + '.png', j * w, i * w, w, w)

```

```
          if (box[i][j] == 4) {
            //叠加绘制箱子
            ctx.drawImage('/images/icons/box.png', j * w, i * w, w, w)
          }
        }
      }

      //叠加绘制小鸟
      ctx.drawImage('/images/icons/bird.png', col * w, row * w, w, w)

      ctx.draw()
    },

    /**
     * 自定义函数--方向键:上
     */
    up: function() {
      //不在最顶端才考虑上移
      if (row > 0) {
        //如果上方不是墙或箱子,可以移动小鸟
        if (map[row - 1][col] != 1 && box[row - 1][col] != 4) {
          //更新当前小鸟的坐标
          row = row - 1
        }
        //如果上方是箱子
        else if (box[row - 1][col] == 4) {
          //箱子不在最顶端才能考虑推动
          if (row - 1 > 0) {
            //如果箱子上方不是墙或箱子
            if (map[row - 2][col] != 1 && box[row - 2][col] != 4) {
              box[row - 2][col] = 4
              box[row - 1][col] = 0
              //更新当前小鸟的坐标
              row = row - 1
            }
          }
        }
        //重新绘制地图
        this.drawCanvas()
        //检查游戏是否成功
        this.checkWin()
      }
    },
    /**
     * 自定义函数--方向键:下
     */
    down: function() {
      //不在最底端才考虑下移
      if (row < 7) {
        //如果下方不是墙或箱子,可以移动小鸟
        if (map[row + 1][col] != 1 && box[row + 1][col] != 4) {
          //更新当前小鸟的坐标
          row = row + 1
        }
        //如果下方是箱子
```

```
      else if (box[row + 1][col] == 4) {
        //箱子不在最底端才能考虑推动
        if (row + 1 < 7) {
          //如果箱子下方不是墙或箱子
          if (map[row + 2][col] != 1 && box[row + 2][col] != 4) {
            box[row + 2][col] = 4
            box[row + 1][col] = 0
            //更新当前小鸟的坐标
            row = row + 1
          }
        }
      }
      //重新绘制地图
      this.drawCanvas()
      //检查游戏是否成功
      this.checkWin()
    }
  },
  /**
   * 自定义函数 -- 方向键: 左
   */
  left: function() {
    //不在最左侧才考虑左移
    if (col > 0) {
      //如果左侧不是墙或箱子,可以移动小鸟
      if (map[row][col - 1] != 1 && box[row][col - 1] != 4) {
        //更新当前小鸟的坐标
        col = col - 1
      }
      //如果左侧是箱子
      else if (box[row][col - 1] == 4) {
        //箱子不在最左侧才能考虑推动
        if (col - 1 > 0) {
          //如果箱子左侧不是墙或箱子
          if (map[row][col - 2] != 1 && box[row][col - 2] != 4) {
            box[row][col - 2] = 4
            box[row][col - 1] = 0
            //更新当前小鸟的坐标
            col = col - 1
          }
        }
      }
      //重新绘制地图
      this.drawCanvas()
      //检查游戏是否成功
      this.checkWin()
    }


  },
  /**
   * 自定义函数 -- 方向键: 右
   */
  right: function() {
    //不在最右侧才考虑右移
```

```
  if (col < 7) {
    //如果右侧不是墙或箱子,可以移动小鸟
    if (map[row][col + 1] != 1 && box[row][col + 1] != 4) {
      //更新当前小鸟的坐标
      col = col + 1
    }
    //如果右侧是箱子
    else if (box[row][col + 1] == 4) {
      //箱子不在最右侧才能考虑推动
      if (col + 1 < 7) {
        //如果箱子右侧不是墙或箱子
        if (map[row][col + 2] != 1 && box[row][col + 2] != 4) {
          box[row][col + 2] = 4
          box[row][col + 1] = 0
          //更新当前小鸟的坐标
          col = col + 1
        }
      }
    }
    //重新绘制地图
    this.drawCanvas()
    //检查游戏是否成功
    this.checkWin()
  }
},



/**
 * 自定义函数 -- 判断游戏是否成功
 */
isWin: function() {
  //使用双重 for 循环遍历整个数组
  for (var i = 0; i < 8; i++) {
    for (var j = 0; j < 8; j++) {
      //如果有箱子没在终点
      if (box[i][j] == 4 && map[i][j] != 3) {
        //返回 false,表示游戏尚未成功
        return false
      }
    }
  }
  //返回 true,表示游戏成功
  return true
},

/**
 * 自定义函数 -- 游戏成功处理
 */
checkWin: function() {
  if (this.isWin()) {
    wx.showModal({
      title: '恭喜',
      content: '游戏成功!',
      showCancel: false
```

```
      })
    }
  },

  /**
   * 自定义函数--重新开始游戏
   */
  restartGame: function() {
    //初始化地图数据
    this.initMap(this.data.level - 1)
    //绘制画布内容
    this.drawCanvas()
  },

  /**
   * 生命周期函数--监听页面加载
   */
  onLoad: function(options) {
    //获取关卡
    let level = options.level
    //更新页面关卡标题
    this.setData({
      level: parseInt(level) + 1
    })
    //创建画布上下文
    this.ctx = wx.createCanvasContext('myCanvas')
    //初始化地图数据
    this.initMap(level)
    //绘制画布内容
    this.drawCanvas()
  },
})
```

第14章 Chapter 14

小程序游戏·贪吃蛇游戏

在学习了<canvas>(画布)组件和小程序界面API中绘图的相关用法以后,读者不妨尝试制作简易的贪吃蛇小游戏。

本章学习目标

- 综合应用所学知识创建完整的贪吃蛇游戏项目;
- 熟练掌握<canvas>(画布)组件和绘图API。

14.1 需求分析

视频讲解

本项目一共需要两个页面,即首页和游戏页面,其中首页用于呈现关卡菜单,点击对应难度的关卡后进入游戏画面。

14.1.1 首页功能需求

首页功能需求如下:

(1) 首页需要包含标题和关卡列表。

(2) 关卡列表包含两种游戏模式,即简单模式和困难模式,主要区别在于贪吃蛇移动速度的快慢。

(3) 点击关卡图片可以打开对应的游戏画面。

14.1.2 游戏页功能需求

游戏页功能需求如下:

(1) 游戏页面需要显示当前得分、游戏画面、方向键和"重新开始"按钮。

(2) 点击方向键可以使贪吃蛇上、下、左、右转方向前进和吃食物。

(3) 游戏画面由16×16格的小方块组成,主要用于显示贪吃蛇和食物。

(4) 点击"重新开始"按钮可以重置全部游戏数据并重新开始游戏。

14.2 项目创建

视频讲解

本项目创建选择空白文件夹snakeDemo,效果如图14-1所示。

单击"新建"按钮完成项目创建,然后准备手动修改页面配置文件。

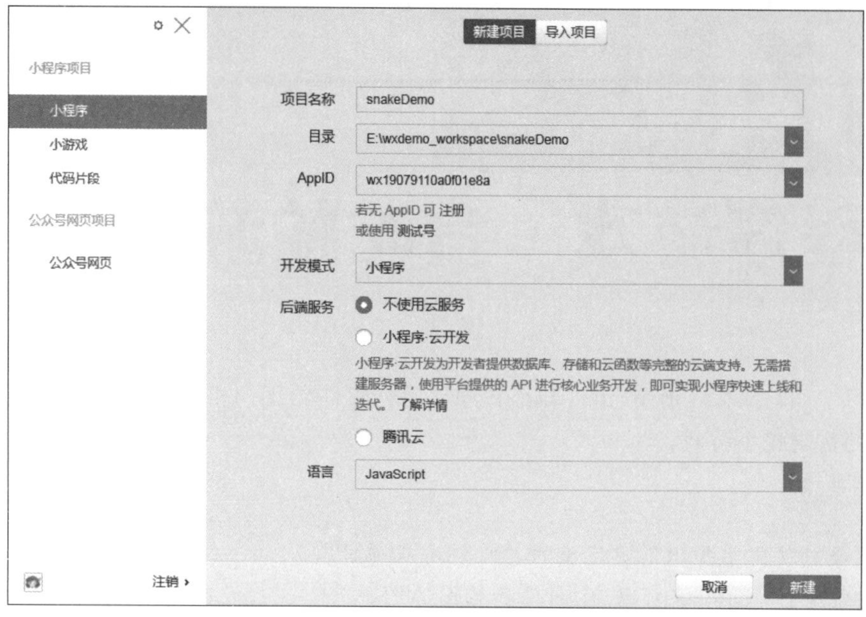

图 14-1　小程序项目填写效果示意图

14.3　页面配置

14.3.1　创建页面文件

视频讲解

项目创建完毕后，在根目录中会生成文件夹 pages 用于存放页面文件。一般来说首页默认命名为 index，表示小程序运行的第一个页面；其他页面名称可以自定义。本项目有两个页面文件，需要创建 index（首页页面）和 game（游戏页面）。

具体操作如下：

（1）将 app.json 文件内 pages 属性中的“pages/logs/logs”改成“pages/game/game”；

（2）按快捷键 Ctrl＋S 保存修改后会在 pages 文件夹下自动生成 game 目录。

14.3.2　删除和修改文件

具体操作如下：

（1）删除 utils 文件夹及其内部所有内容。

（2）删除 pages 文件夹下的 logs 目录及其内部所有内容。

（3）删除 index.wxml 和 index.wxss 中的全部代码。

（4）删除 index.js 中的全部代码，并且输入关键词 page 找到第二个选项按回车键让其自动补全函数（如图 14-2 所示）。

（5）删除 app.wxss 中的全部代码。

（6）删除 app.js 中的全部代码，并且输入关键词 app 找到第一个选项按回车键让其自动补全函数（如图 14-3 所示）。

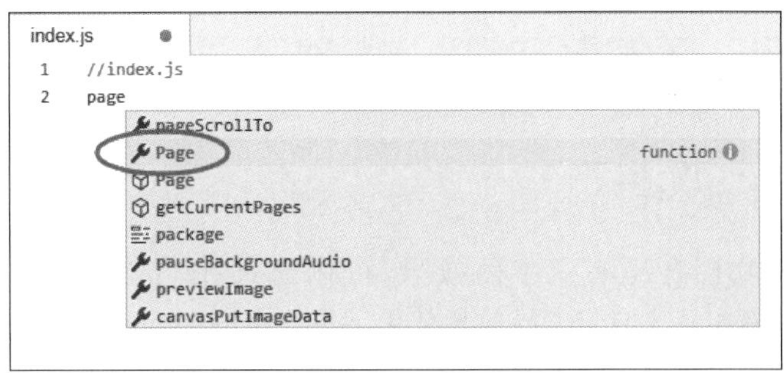

图 14-2 输入关键词创建 Page 函数

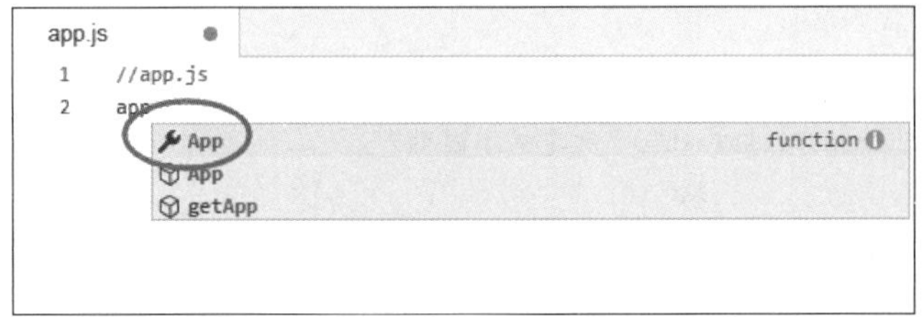

图 14-3 输入关键词创建 App 函数

14.3.3 创建其他文件

接下来创建其他自定义文件，本项目还需要一个 images 文件夹，用于存放图片素材。单击目录结构左上角的＋号创建文件夹，并命名为 images。

本项目将在首页中用到两幅关卡图片，图片素材如图 14-4 所示。

右击目录结构中的 images 文件夹，选择“硬盘打开”，将图片复制、粘贴进去。

全部完成后的目录结构如图 14-5 所示。

此时文件配置就全部完成，14.4 节将正式进行页面布局和样式设计。

(a) snake01.png

(b) snake02.png

图 14-4 关卡图片素材展示

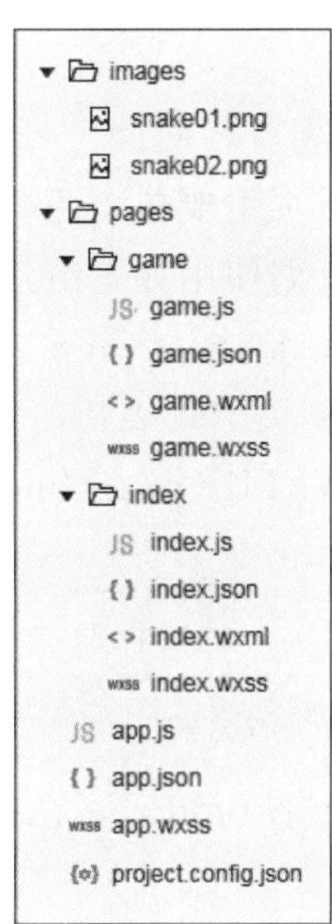

图 14-5 全部文件创建完成

14.4 视图设计

14.4.1 导航栏设计

视频讲解

小程序默认导航栏是黑底白字的效果，可以通过在 app.json 中对 window 属性进行重新配置来自定义导航栏效果。更改后的 app.json 文件代码如下：

```
{
  "pages": [代码略],
  "window": {
    "navigationBarBackgroundColor": "#E64340",
    "navigationBarTitleText": "贪吃蛇小游戏"
  }
}
```

上述代码可以更改导航栏背景色为珊瑚红色、字体为白色，效果如图 14-6 所示。

图 14-6 自定义导航栏效果

14.4.2 页面设计

视频讲解

1 公共样式设计

首先在 app.wxss 中设置页面容器和顶端标题的公共样式，代码如下：

```
/* 页面容器样式 */
.container {
  height: 100vh;
  display: flex;
  flex-direction: column;
  align-items: center;
  justify-content: space-evenly;
}
```

2 首页设计

视频讲解

首页主要包含两个关卡选项，页面设计如图 14-7 所示。

计划使用如下组件。

- 整体：<view>容器；
- 关卡列表：<image>(图片)组件。

WXML(pages/index/index.wxml)代码如下：

```
<view class="container">
  <image src='/images/snake01.png'></image>
  <image src='/images/snake02.png'></image>
</view>
```

相关 WXSS(pages/index/index.wxss)代码片段如下：

```
/* 关卡图片 */
image{
  width: 400rpx;
```

```
    height: 400rpx;
}
```

当前效果如图 14-8 所示。

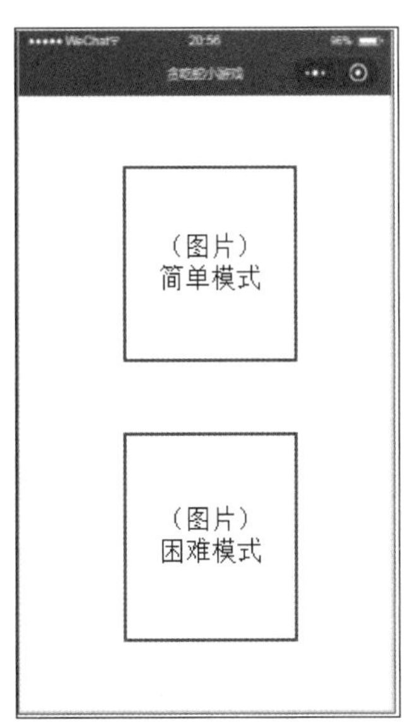

图 14-7 首页设计图

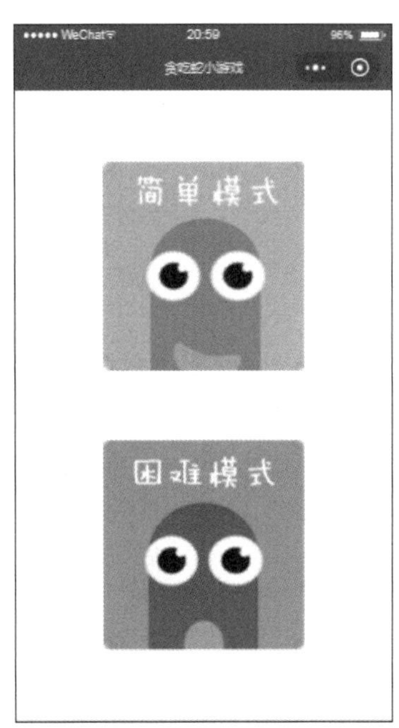

图 14-8 首页效果图

由图可见，此时可以显示首页的两种游戏模式。由于尚未编写图片的点击事件，所以暂时无法跳转游戏页面，仅供作为样式参考。

视频讲解

3 游戏页面设计

游戏页面需要用户点击首页的游戏模式，然后在新窗口中打开该页面。游戏页面包括当前分数、游戏区域、方向键和"重新开始"按钮，页面设计如图 14-9 所示。

图 14-9 游戏页面设计图

由于暂时没有做点击跳转的逻辑设计，所以可以在开发工具顶端选择"普通编译"下的"添加编译模式"，并携带临时测试参数 time=500，表示游戏刷新频率为每隔 500ms（即 0.5s）刷新一次，如图 14-10 所示。

此时预览就可以直接显示 game 页面了，设计完毕后再改回"普通编译"模式即可重新显示首页。

计划使用如下组件。

- <view>：整体容器和顶端标题；
- <canvas>：游戏画布；
- <button>：4 个方向键和 1 个"重新开始"按钮。

WXML（pages/game/game.wxml）代码如下：

```
<view class = 'container'>
  <!-- 关卡提示 -->
```

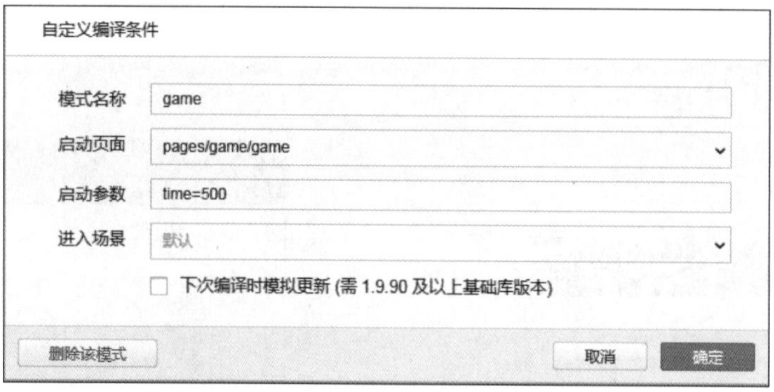

自定义编译条件

模式名称 game

启动页面 pages/game/game

启动参数 time=500

进入场景 默认

下次编译时模拟更新 (需 1.9.90 及以上基础库版本)

删除该模式 取消 确定

图 14-10 添加 game 页面的编译模式

```
  <view>当前分数: 0</view>

  <!-- 游戏画布 -->
  <canvas canvas-id='myCanvas'></canvas>

  <!-- 方向键 -->
  <view class='btnBox'>
    <button>↑</button>
    <view>
      <button>←</button>
      <button>↓</button>
      <button>→</button>
    </view>
  </view>

  <!--"重新开始"按钮 -->
  <button>重新开始</button>
</view>
```

WXSS(pages/game/game.wxss)代码如下：

```
/* 游戏画布样式 */
canvas {
  border: 1rpx solid #E64340;
  width: 320px;
  height: 320px;
}

/* 方向键按钮整体区域 */
.btnBox {
  display: flex;
  flex-direction: column;
  align-items: center;
}

/* 方向键按钮第二行 */
.btnBox view {
  display: flex;
  flex-direction: row;
}

/* 所有方向键按钮 */
.btnBox button {
```

```
  width: 90rpx;
  height: 90rpx;
}

/* 所有按钮样式 */
button {
  margin: 10rpx;
  background-color: #E64340;
  color: white;
}
```

当前效果如图 14-11 所示。

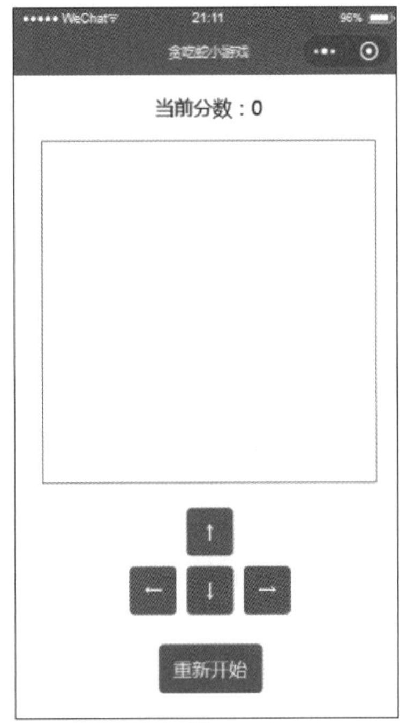

图 14-11　游戏页面效果图

由图可见，此时可以显示完整的布局样式。由于尚未绘制画布上的内容，所以暂时看不到贪吃蛇的动画效果。

此时页面布局与样式设计就已完成，14.5 节将介绍如何进行数据模型设计。

14.5　数据模型设计

本项目计划将游戏画布分割成 16 行、16 列的网格，每个网格的长、宽均为 20 像素。画布上的贪吃蛇是由一系列连续的网格填充颜色组成的，食物是由单个网格填充颜色而成的，因此只要知道了这些需要填色的网格坐标即可在画布上绘制出蛇身与食物。

14.5.1　贪吃蛇模型设计

本项目设置贪吃蛇的初始身长为 3 格，以贪吃蛇的蛇头出现在最左侧第二行并且向右移动为例，动态过程如图 14-12 所示。

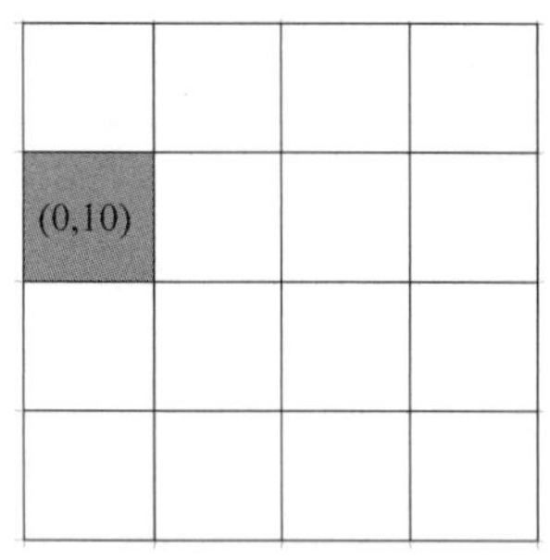

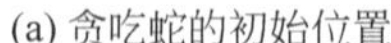
(a) 贪吃蛇的初始位置

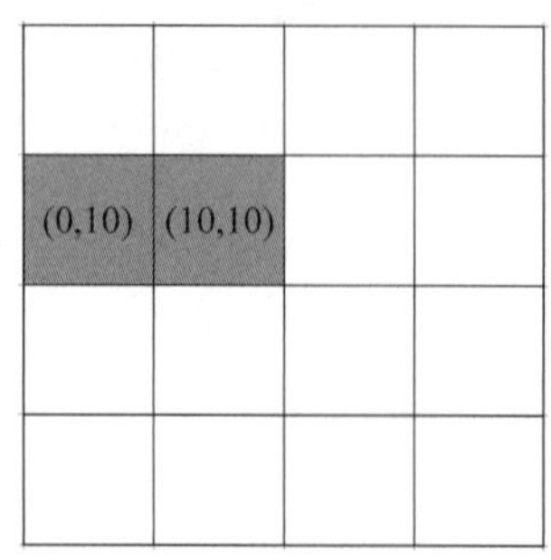

(b) 蛇向右伸展的过程

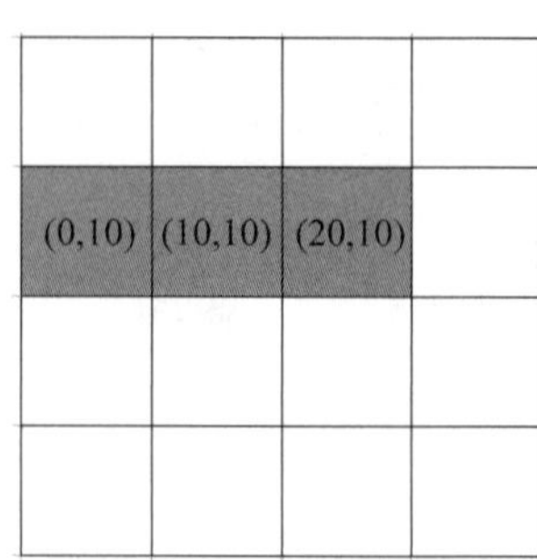

(c) 展现完成蛇身

图 14-12　贪吃蛇的模型概念图

图中标记的所有坐标数据对应的都是网格的左上角坐标位置。由图 14-12(a)可见，本示例中贪吃蛇的初始位置出现在坐标(0,10)处，使用浅蓝色填充边长为 10 像素的网格来表示蛇身。由于目前规定为向右移动，所以随着每次游戏内容刷新都追加填充右侧一个空白网格作为蛇身，直至完整蛇身在网格中全部显现，这一过程由图 14-12(b)和图 14-12(c)所呈现。

使用一个数组 snakeMap 来记录组成蛇身的每一个网格坐标，并依次在画布的指定位置填充颜色，即可形成贪吃蛇从出现到移动直至展现完整身体的过程。

例如上面示例中向右移动的贪吃蛇初始状态的坐标可以记录为：

```
snakeMap = [{'x':0, 'y':10}];
```

随着蛇头向右前进，该数组增加第二组坐标：

```
snakeMap = [{'x':0, 'y':10}, {'x':10, 'y':10}];
```

如果继续向右前进，该数组增加第三组坐标：

```
snakeMap = [{'x':0, 'y':10}, {'x':10, 'y':10}, {'x':20, 'y':10}];
```

此时蛇身已经完整显示出来。

14.5.2　蛇身移动模型

当蛇身已经完全显示在游戏画面中时，如果蛇继续前进，则需要清除蛇尾的网格颜色，以表现出蛇的移动效果。以 14.5.1 节的贪吃蛇模型为例，分别展示其向右、向下和向上移动的效果，如图 14-13 所示。

图 14-13(b)显示的是贪吃蛇的蛇身已全部显示出来后仍继续向右前进的效果。在吃到食物之前，蛇的身长都将保持不变。此时除了需要填充右侧一个新的空白网格外还需要清除最早的一个蛇身网格颜色，以实现蛇在移动的动画效果。图 14-13(c)与图 14-13(d)显示的是贪吃蛇分别向下和向上移动的效果，其原理与图 14-13(b)的解释相同。

以 14.5.1 节介绍的数组 snakeMap 为例，继续讲解如何实现蛇的移动效果。

例如继续往右前进，该数组添加新坐标，并且还需要删除最早的一组坐标：

```
snakeMap = [{'x':10, 'y':10}, {'x':20, 'y':10}, {'x':30, 'y':10}];
```

因为该数组中的坐标只用于显示当前的蛇身数据，所以需要去掉曾经路过的轨迹。这种绘制方式可以展现贪吃蛇的动态移动效果。故只要每次游戏界面刷新时保持更新 snakeMap

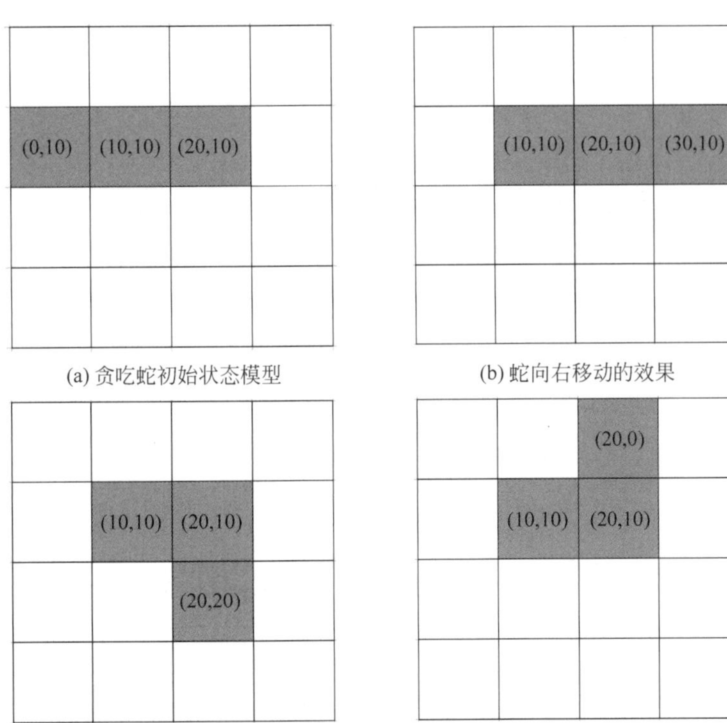

(a) 贪吃蛇初始状态模型　(b) 蛇向右移动的效果

(c) 蛇向下移动的效果　(d) 蛇向上移动的效果

图 14-13　贪吃蛇的移动模型图

数组的记录即可获得贪吃蛇的当前位置。

14.5.3　蛇吃食物模型

在贪吃蛇的移动过程中，如果蛇头碰撞到食物，则认为蛇将食物吃掉了。此时蛇的身长增加一格，并且食物消失，然后在随机位置重新出现。同样以初始方格左上角位置在(0,10)坐标、身长为 3 格的蛇模型为例展示蛇吃食物的过程，如图 14-14 所示。

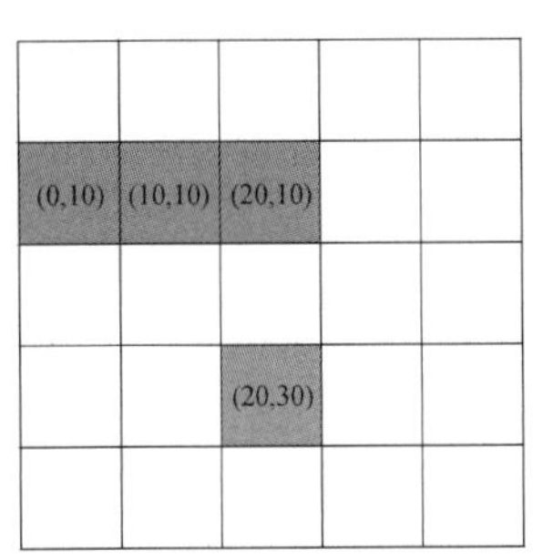

(a) 贪吃蛇的初始位置

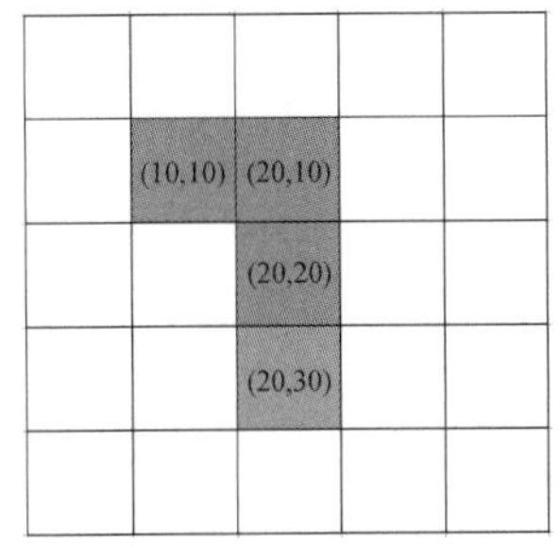

(b) 蛇向下移动准备吃食

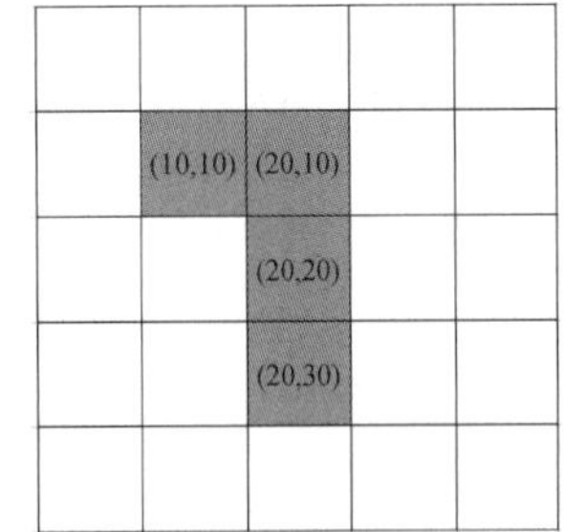

(c) 吞食后的贪吃蛇

图 14-14　蛇吃食物的模型图

由图 14-14(a)可见，食物位于蛇头的正下方，因此需要控制蛇头向下移动来接近食物；图 14-14(b)显示的是蛇向下移动一格后的效果，此时蛇头已经贴在食物边上了；图 14-14(c)显示的是食物被吞食后的效果，此时贪吃蛇的蛇身长度增加了一格并且食物消失。

因此每当蛇吃到食物时，需要将表示蛇身的变量 t 自增 1。然后判断用于记录蛇身坐标的数组 snakeMap 的长度，如果与当前蛇身长度 t 的值相同，则不必删除最前面的数据。

此时的 snakeMap 数组坐标为：

```
snakeMap = [{'x':10, 'y':10}, {'x':20, 'y':10}, {'x':20, 'y':20}, {'x':20, 'y':30}];
```

14.6 逻辑实现

14.6.1 首页逻辑

视频讲解

首页主要需要实现点击图片能跳转到游戏页面，并且根据游戏难度模式规定贪吃蛇的行动速度。本项目根据贪吃蛇的行动速度快慢计划采用两种游戏模式，即简单模式(每 0.5s 行动一次)和困难模式(每 0.2s 行动一次)。

相关 WXML(pages/index/index.wxml)代码片段修改如下：

```
<view class = "container">
  <image src = '/images/snake01.png' bindtap = 'goToGame' data - level = 'easy'></image>
  <image src = '/images/snake02.png' bindtap = 'goToGame' data - level = 'hard'></image>
</view>
```

上述代码表示为关卡添加了自定义点击事件函数 goToGame，并且使用 data-level 属性携带了游戏难度模式信息 easy 和 hard。

然后在对应的 index.js 文件中添加 goToGame 函数的内容，代码片段如下：

```
Page({
  /**
   * 自定义函数 -- 跳转游戏页面
   */
  goToGame: function(e) {
    //获取游戏模式
    let level = e.currentTarget.dataset.level
    //游戏界面刷新的间隔时间，单位为毫秒(数字越大，蛇的速度越慢)
    let time = 0

    //简单模式
    if (level == 'easy') {
      time = 500
    }
    //困难模式
    else if (level == 'hard') {
      time = 200
    }

    //跳转到游戏页面
    wx.navigateTo({
      url: '../game/game?time = ' + time,
    })
  },
})
```

此时已经可以点击跳转到 game 页面，并且成功携带了贪吃蛇的行动速度数据，但是仍需在 game 页面进行携带数据的接收处理才可显示正确的游戏画面。

14.6.2 游戏页逻辑

游戏页面主要有以下几个功能需要实现：

- 初始化游戏数据，包括蛇身长度、游戏速度、初始食物位置等；
- 游戏画面的绘制；
- 4个方向键可以改变贪吃蛇的行动方向；
- 点击“重新开始”按钮可以使游戏回到初始状态；
- 游戏分数的记录；
- 游戏失败的判断。

1 准备工作

视频讲解

首先在game.js顶端使用一系列数据表示贪吃蛇的初始状态，包括蛇身长度、首次出现的位置和移动方向等。相关JS(pages/game/game.js)代码片段如下：

```
//=============
//游戏参数设置
//=============
//蛇的身长
var t = 3
//记录蛇的运动轨迹,用数组记录每个坐标点
var snakeMap = []
//蛇身单元格大小
var w = 20
//方向代码：上为1、下为2、左为3、右为4
var direction = 1
//蛇的初始坐标
var x = 0
var y = 0
//食物的初始坐标
var foodX = 0
var foodY = 0
//画布的宽和高
var width = 320
var height = 320
//游戏界面刷新的间隔时间,单位为毫秒(数字越大,蛇的速度越慢)
var time = 1000

Page({
  /**
   * 页面的初始数据
   */
  data: {
    score: 0                        //游戏当前分数
  },
})
```

需要注意的是，此时time只是初始值，还需要在game.js的onLoad函数中读取从首页传递来的参数值对其进一步更新。相关JS(pages/game/game.js)代码片段如下：

```
Page({
  /**
```

```
     * 生命周期函数 -- 监听页面加载
     */
    onLoad: function(options) {
      //更新游戏刷新时间
      time = options.time
    },
})
```

另外还需要在 game.js 的 onLoad 函数中对画布上下文进行初始化，以便后续可以进行贪吃蛇和食物的绘制工作。相关 JS(pages/game/game.js)代码片段如下：

```
Page({
    /**
     * 生命周期函数 -- 监听页面加载
     */
    onLoad: function(options) {
      //更新游戏刷新时间
      time = options.time

      //创建画布上下文
      this.ctx = wx.createCanvasContext('myCanvas')
    },
})
```

最后修改 game.wxml 页面，将游戏分数用{{score}}表示，相关 WXML(pages/game/game.wxml)代码如下：

```
<view class = 'container'>
    <!-- 关卡提示 -->
    <view>当前分数: {{score}} </view>

    <!-- 游戏画布(代码略) -->
    <!-- 方向键(代码略) -->
    <!-- 重新开始按钮(代码略) -->
</view>
```

2 绘制贪吃蛇逻辑实现

1) 初始化贪吃蛇数据

每次游戏重新开始时需要重新初始化贪吃蛇的一系列数据，例如蛇身长度、蛇身坐标、蛇头坐标和前进方向等。

视频讲解

在 game.js 文件中创建自定义函数 gameStart，用于启动游戏，对应的 JS(pages/game/game.js)代码片段添加如下：

```
Page({
    /**
     * 自定义函数 -- 启动游戏
     */
    gameStart: function() {
      //初始化蛇身长度
      t = 3
      //初始化蛇身坐标
      snakeMap = []

      //随机生成贪吃蛇的初始蛇头坐标
```

```
    x = Math.floor(Math.random() * width / w) * w
    y = Math.floor(Math.random() * height / w) * w

    //随机生成蛇的初始前进方向
    direction = Math.ceil(Math.random() * 4)
  },
})
```

若蛇的初始位置与方向的初始数据均为固定值，则会降低游戏的难度和可玩度，因此可以使用随机数重新定义贪吃蛇初始出现的位置和移动方向，以便每次游戏都可以获得不同的效果。

2）绘制蛇身

视频讲解

每次游戏画面刷新，蛇都需要在指定方向上再前进一格。如果蛇没有吃到新的食物，则还需要清除原先蛇尾最后一个位置的颜色，以表现出贪吃蛇动态前进了一格的效果。

在 game.js 中声明自定义函数 drawSnake，专门用于绘制贪吃蛇的蛇身，对应的 JS(pages/game/game.js)代码片段如下：

```
Page({
  /**
   * 自定义函数 -- 绘制贪吃蛇
   */
  drawSnake: function() {
    let ctx = this.ctx
    //设置蛇身的填充颜色
    ctx.setFillStyle('lightblue')
    //绘制全部蛇身
    for (var i = 0; i < snakeMap.length; i++) {
      ctx.fillRect(snakeMap[i].x, snakeMap[i].y, w, w)
    }
  },
})
```

由于要通过游戏画面刷新才能实现动画效果，所以在 game.js 中声明自定义函数 gameRefresh 专门用于刷新画布，并在该函数中调用 drawSnake 函数来绘制贪吃蛇的蛇身变化过程。对应的 JS(pages/game/game.js)代码片段如下：

```
Page({
  /**
   * 自定义函数 -- 游戏画面刷新
   */
  gameRefresh: function() {
    //将当前坐标添加到贪吃蛇的运动轨迹坐标数组中
    snakeMap.push({
      'x': x,
      'y': y
    })

    //数组只保留蛇身长度的数据，如果蛇前进了，则删除最旧的坐标
    if (snakeMap.length > t) {
      snakeMap.shift()
    }

    //绘制贪吃蛇
```

```
      this.drawSnake()

      //在画布上绘制全部内容
      this.ctx.draw()

      //根据方向移动蛇头的下一个位置
      switch (direction) {
        case 1:
          y -= w
          break
        case 2:
          y += w
          break
        case 3:
          x -= w
          break
        case 4:
          x += w
          break
      }
    },
})
```

然后在 game.js 中修改自定义函数 gameStart，使用 setInterval()方法设置在间隔规定的时间后重复调用 gameRefresh 已达到游戏画面刷新的效果。修改后的 gameStart 函数如下：

```
Page({
  /**
   * 自定义函数 -- 启动游戏
   */
  gameStart: function() {
    //初始化蛇身长度(代码略)
    //初始化蛇身坐标(代码略)
    //随机生成贪吃蛇的初始蛇头坐标(代码略)
    //随机生成蛇的初始前进方向(代码略)

    //每隔 time 毫秒刷新一次游戏内容
    var that = this
    this.interval = setInterval(function() {
      that.gameRefresh()
    }, time)
  },
})
```

最后在 game.js 的 onLoad 函数中调用 gameStart，使动画效果启动。

修改后的 onLoad 函数如下：

```
Page({
  /**
   * 生命周期函数 -- 监听页面加载
   */
  onLoad: function(options) {
    //更新游戏刷新时间(代码略)
    //创建画布上下文(代码略)

```

```
    //开始游戏
    //this.gameStart()
  },
})
```

运行效果如图 14-15 所示。

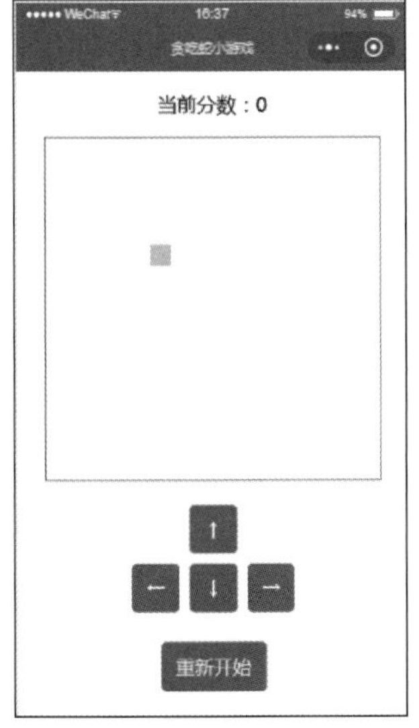

(a) 贪吃蛇的初始位置

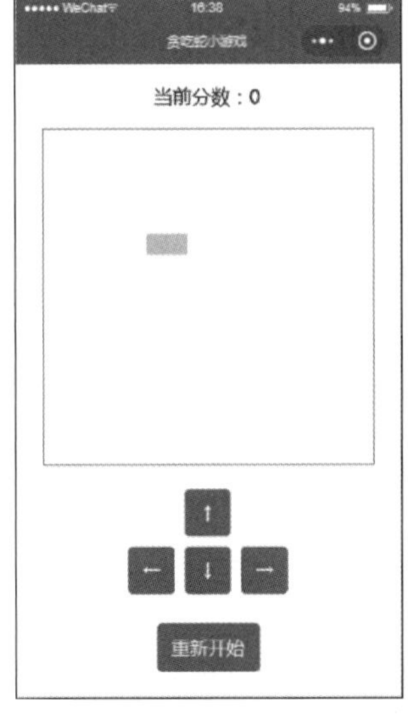

(b) 贪吃蛇向右前进

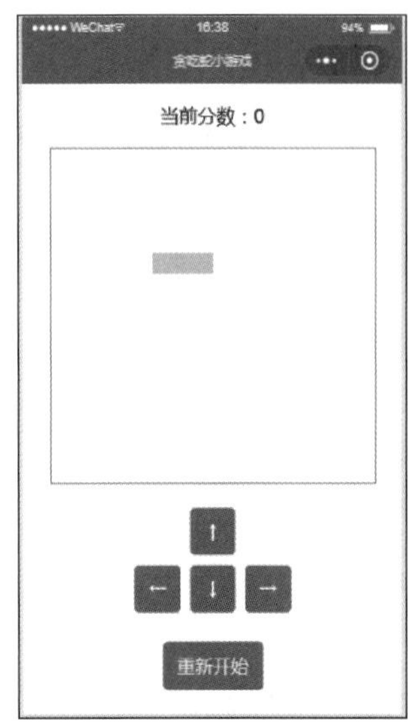

(c) 贪吃蛇完全出现

图 14-15 贪吃蛇的蛇身绘制效果

3）方向键逻辑实现

视频讲解

贪吃蛇是依靠玩家按画面上的方向键进行上、下、左、右方向切换的，因此修改 game.wxml 页面中的 4 个方向键<button>，为其绑定点击事件。

WXML(pages/game/game.wxml)代码修改后如下：

```
<view class = 'container'>
  <!-- 当前分数提示(代码略) -->

  <!-- 游戏画布(代码略) -->

  <!-- 方向键 -->
  <view class = 'btnBox'>
    <button bindtap = 'up'>↑</button>
    <view>
      <button bindtap = 'left'>←</button>
      <button bindtap = 'down'>↓</button>
      <button bindtap = 'right'>→</button>
    </view>
  </view>

  <!-- "重新开始"按钮(代码略) -->
</view>
```

在 game.js 文件中添加自定义函数 up、down、left 和 right，分别用于实现贪吃蛇向上、下、左、右 4 个方向的移动。对应的 JS(pages/game/game.js)代码片段如下：

```
Page({
  /**
   * 自定义函数--监听方向键：上
   */
  up: function() {
    direction = 1
  },

  /**
   * 自定义函数--监听方向键：下
   */
  down: function() {
    direction = 2
  },

  /**
   * 自定义函数--监听方向键：左
   */
  left: function() {
    direction = 3
  },

  /**
   * 自定义函数--监听方向键：右
   */
  right: function() {
    direction = 4
  },
})
```

运行效果如图 14-16 所示。

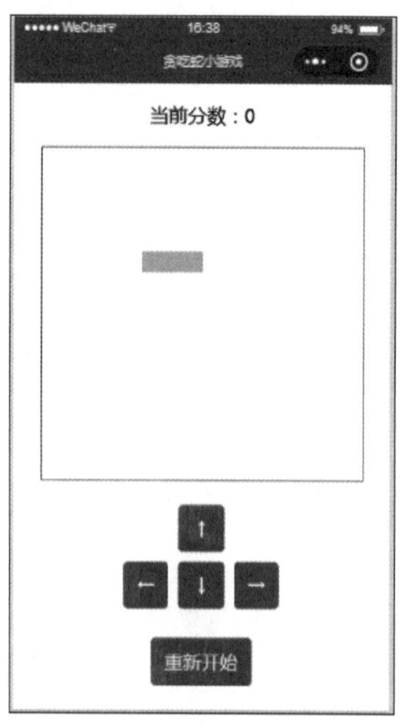

(a) 贪吃蛇向右前进

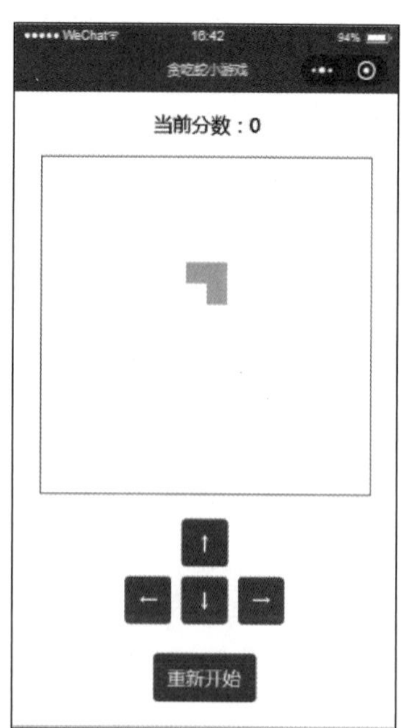

(b) 贪吃蛇改变方向

图 14-16　贪吃蛇的方向改变

3 绘制食物逻辑实现

接下来需要在画布上为贪吃蛇绘制食物。食物每次将在随机网格位置出现，占一格位置。食物每次只在画面中呈现一个，直到被蛇头触碰表示吃掉方可在原先的位置清除，并在下一个随机位置重新产生。

1）初始化食物数据

视频讲解

对应的 JS(pages/game/game.js)代码片段添加如下：

```
Page({
/**
   * 自定义函数 -- 启动游戏
   */
  gameStart: function() {
    //初始化蛇身长度(代码略)
    //初始化蛇身坐标(代码略)
    //随机生成贪吃蛇的初始蛇头坐标(代码略)
    //随机生成蛇的初始前进方向(代码略)

    //随机生成食物的初始坐标
    //foodX = Math.floor(Math.random() * width / w) * w
    //foodY = Math.floor(Math.random() * height / w) * w

    //每隔 time 毫秒刷新一次游戏内容(代码略)
  },
})
```

2）绘制食物

视频讲解

在 game.js 中声明自定义函数 drawFood，专门用于绘制食物，对应的 JS(pages/game/game.js)代码片段如下：

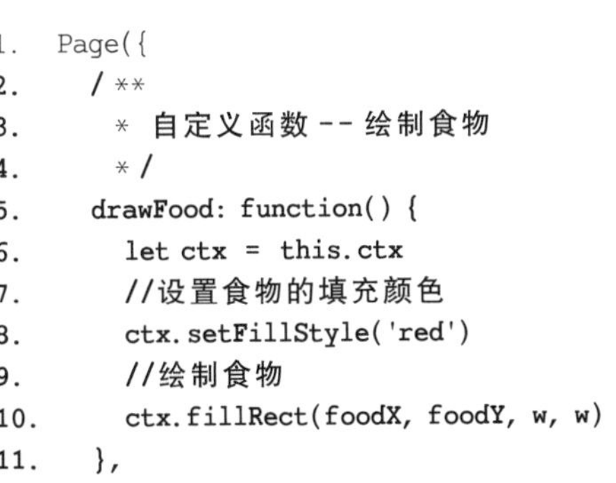

```
Page({
  /**
   * 自定义函数 -- 绘制食物
   */
  drawFood: function() {
    let ctx = this.ctx
    //设置食物的填充颜色
    ctx.setFillStyle('red')
    //绘制食物
    ctx.fillRect(foodX, foodY, w, w)
  },
})
```

然后在 game.js 中修改自定义函数 gameRefresh，在该函数中调用 drawFood 函数在指定的位置绘制食物。对应的 JS(pages/game/game.js)代码片段如下：

```
Page({
  /**
   * 自定义函数 -- 游戏画面刷新
   */
  gameRefresh: function() {
    //在随机位置绘制一个食物
    this.drawFood()

```

```
        //将当前坐标添加到贪吃蛇的运动轨迹坐标数组中(代码略)
        //数组只保留蛇身长度的数据,如果蛇前进了,则删除最旧的坐标(代码略)
        //绘制贪吃蛇(代码略)
        //在画布上绘制全部内容(代码略)
        //根据方向移动蛇头的下一个位置(代码略)
    },
})
```

运行效果如图 14-17 所示。

3) 吃到食物的判定

视频讲解

当蛇头和食物出现在同一个方格中时判定蛇吃到了食物,此时食物消失、当前分数增加 10 分、蛇身增加一格,并且在随机位置重新生成下一个食物。

图 14-17　贪吃蛇和食物同时出现

修改自定义函数 gameRefresh,对应的 JS(pages/game/game.js)代码片段添加如下:

```
Page({
/**
   * 自定义函数 -- 游戏画面刷新
   */
  gameRefresh: function() {
    //在随机位置绘制一个食物(代码略)
    //将当前坐标添加到贪吃蛇的运动轨迹坐标数组中(代码略)
    //数组只保留蛇身长度的数据,如果蛇前进了,则删除最旧的坐标(代码略)
    //绘制贪吃蛇(代码略)

    //吃到食物的判定
    if (foodX == x && foodY == y) {
      //吃到一次食物加 10 分
      let score = this.data.score + 10
      this.setData({
        score: score
      })

      //随机生成下一个食物的初始坐标
      foodX = Math.floor(Math.random() * width / w) * w
      foodY = Math.floor(Math.random() * height / w) * w

      //在新的随机位置绘制食物
      this.drawFood()

      //蛇身长度加 1
      t++
    }

    //在画布上绘制全部内容(代码略)
    //根据方向移动蛇头的下一个位置(代码略)
  },
})
```

运行效果如图 14-18 所示。

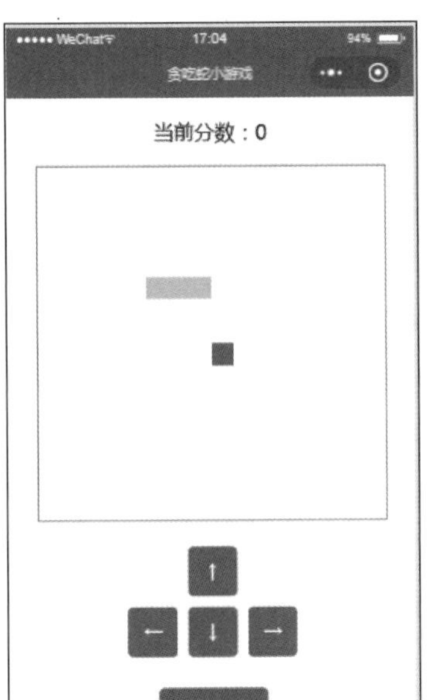

(a) 贪吃蛇向右前进

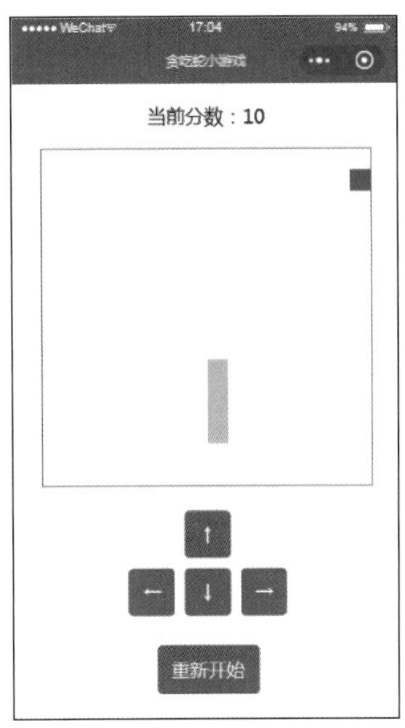

(b) 贪吃蛇吃到第一个食物

图 14-18 贪吃蛇的方向改变

其中图 14-18(a)是尚未吃过食物的贪吃蛇向右前进的画面，此时蛇身为 3 个网格长度、当前分数为 0 分；图 14-18(b)是贪吃蛇已经吃到了第一个食物的画面，此时蛇身长度增加 1 格、当前分数更新为 10 分，并且在新的位置出现了食物。

4 碰撞检测逻辑实现

视频讲解

如果蛇头撞到了游戏画面的任意一边或者撞到蛇身均判定为游戏失败，此时弹出提示对话框告知玩家游戏失败的原因，并提示其重新开始。玩家点击对话框上的“确定”按钮则可以开始下一局游戏。

在 game.js 中创建自定义函数 detectCollision 用于进行蛇与障碍物的碰撞检测。碰撞检测需要检测两种可能性，一是蛇头撞到了四周的墙壁，二是蛇头撞到了蛇身。无论哪一种情况发生都判定游戏失败。

对应的 JS(pages/game/game.js)代码片段添加如下：

```
Page({
  /**
   * 自定义函数 -- 碰撞检测
   */
  detectCollision: function() {
    //如果蛇头撞到了四周的墙壁,游戏失败
    if (x > width || y > height || x < 0 || y < 0) {
      return 1
    }

    //如果蛇头撞到了蛇身,游戏失败
    for (var i = 0; i < snakeMap.length; i++) {
      if (snakeMap[i].x == x && snakeMap[i].y == y) {
        return 2
      }
```

```
    }

    //没有碰撞
    return 0
  },
})
```

该函数具有 3 种返回值，分别表示不同的含义。

- 返回值为 0：表示本次没有碰撞到障碍物，游戏继续；
- 返回值为 1：表示蛇头碰撞到了游戏画布任意一边的墙壁，游戏失败；
- 返回值为 2：表示蛇头碰撞到了蛇身，游戏失败。

然后在 game.js 中修改 gameRefresh 函数，要求一旦游戏失败则弹出提示对话框。

对应的 JS(pages/game/game.js)代码片段修改如下：

```
Page({
/**
   * 自定义函数 -- 游戏画面刷新
   */
  gameRefresh: function() {
    //在随机位置绘制一个食物(代码略)
    //将当前坐标添加到贪吃蛇的运动轨迹坐标数组中(代码略)
    //数组只保留蛇身长度的数据，如果蛇前进了，则删除最旧的坐标(代码略)
    //绘制贪吃蛇(代码略)
    //吃到食物的判定(代码略)
    //在画布上绘制全部内容(代码略)
    //根据方向移动蛇头的下一个位置(代码略)

    //碰撞检测，返回值为 0 表示没有撞到障碍物
    let code = this.detectCollision()
    if (code != 0) {
      //游戏停止
      clearInterval(this.interval)

      var msg = ''
      if (code == 1) {
        msg = '失败原因：撞到了墙壁'
      } else if (code == 2) {
        msg = '失败原因：撞到了蛇身'
      }

      wx.showModal({
        title: '游戏失败，是否重来?',
        content: msg,
        success: res => {
          if (res.confirm) {
            //重新开始游戏
            this.gameStart()
          }
        }
      })
    }
  },
})
```

加上碰撞检测后的游戏运行效果如图 14-19 所示。

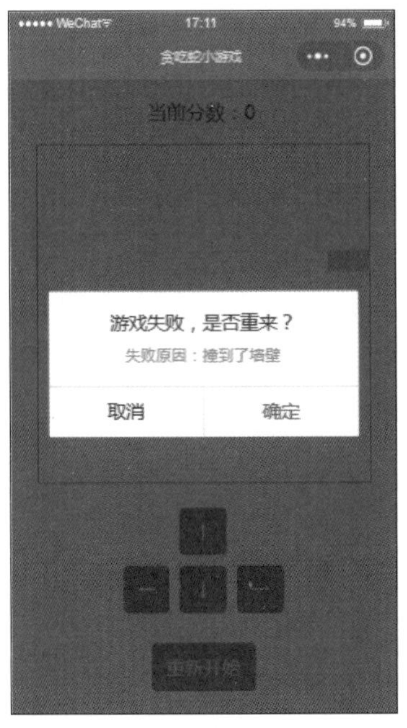

(a) 贪吃蛇碰撞到墙壁　　(b) 贪吃蛇碰撞到蛇身

图 14-19　碰撞检测提示画面

5 重新开始游戏

视频讲解

修改 game. wxml 代码，为“重新开始”按钮追加自定义函数的点击事件。

WXML(pages/game/game. wxml)代码片段修改如下：

```
<view class = 'container'>
  …

  <!-- “重新开始”按钮 -->
  <button type = 'warn' bindtap = 'restartGame'>重新开始</button>
</view>
```

在 game. js 文件中添加 restartGame 函数，用于重新开始游戏。

对应的 JS(pages/game/game. js)代码片段添加如下：

```
Page({
  /**
   * 自定义函数 -- 重新开始游戏
   */
  restartGame: function() {
  clear Interval(this.interval)
    this.gameStart()
  },
})
```

运行效果如图 14-20 所示。

6 返回首页时停止游戏

视频讲解

当游戏中途点击左上角返回键返回首页时还需要停止游戏，在 game. js 的 onUnload 函数中停止定时器即可。对应的 JS(pages/game/game. js)代码片段添加如下：

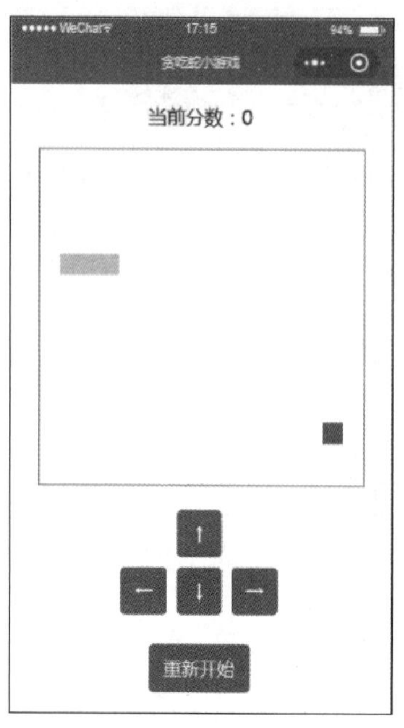

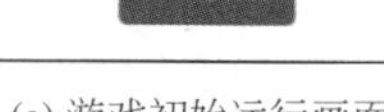
(a) 游戏初始运行画面

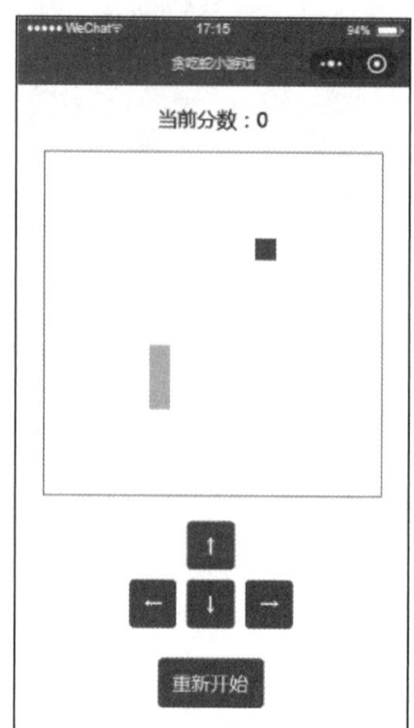

(b) 重新开始游戏画面

图 14-20　点击“重新开始”按钮的效果

```
Page({
  /**
   * 生命周期函数--监听页面卸载
   */
  onUnload: function() {
    //游戏停止
    clearInterval(this.interval)
  },
})
```

此时所有的代码内容就全部完成了。

14.7　完整代码展示

14.7.1　应用文件代码展示

1 app.json 代码展示

app.json 文件的完整代码如下：

```
{
  "pages":[
    "pages/index/index",
    "pages/game/game"
  ],
  "window":{
    "navigationBarBackgroundColor": "#E64340",
    "navigationBarTitleText": "贪吃蛇小游戏"
  }
}
```

2 app.wxss 代码展示

app.wxss 文件的完整代码如下：

```
/* 页面容器样式 */
.container {
  height: 100vh;
  display: flex;
  flex-direction: column;
  align-items: center;
  justify-content: space-evenly;
}
```

14.7.2 页面文件代码展示

1 首页代码展示

WXML 文件(pages/index/index.wxml)的完整代码如下：

```
<view class="container">
  <image src='/images/snake01.png' bindtap='goToGame' data-level='easy'></image>
  <image src='/images/snake02.png' bindtap='goToGame' data-level='hard'></image>
</view>
```

WXSS 文件(pages/index/index.wxss)的完整代码如下：

```
/* 关卡图片 */
image{
  width: 400rpx;
  height: 400rpx;
}
```

JS 文件(pages/index/index.js)的完整代码如下：

```
Page({
  /**
   * 自定义函数--跳转游戏页面
   */
  goToGame: function(e) {
    //获取游戏模式
    let level = e.currentTarget.dataset.level
    //游戏界面刷新的间隔时间,单位为毫秒(数字越大,蛇的速度越慢)
    let time = 0

    //简单模式
    if (level == 'easy') {
      time = 500
    }
    //困难模式
    else if (level == 'hard') {
      time = 200
    }

    //跳转到游戏页面
    wx.navigateTo({
      url: '../game/game?time=' + time,
```

```
    })
  },
})
```

2 游戏页代码展示

WXML 文件(pages/game/game.wxml)的完整代码如下：

```
<view class='container'>
  <!--关卡提示-->
  <view>当前分数：{{score}}</view>

  <!--游戏画布-->
  <canvas canvas-id='myCanvas'></canvas>

  <!--方向键-->
  <view class='btnBox'>
    <button bindtap='up'>↑</button>
    <view>
      <button bindtap='left'>←</button>
      <button bindtap='down'>↓</button>
      <button bindtap='right'>→</button>
    </view>
  </view>

  <!--"重新开始"按钮-->
  <button bindtap='restartGame'>重新开始</button>
</view>
```

WXSS 文件(pages/game/game.wxss)的完整代码如下：

```
/*游戏画布样式*/
canvas {
  border: 1rpx solid #E64340;
  width: 320px;
  height: 320px;
}

/*方向键按钮整体区域*/
.btnBox {
  display: flex;
  flex-direction: column;
  align-items: center;
}

/*方向键按钮第二行*/
.btnBox view {
  display: flex;
  flex-direction: row;
}

/*所有方向键按钮*/
.btnBox button {
  width: 90rpx;
  height: 90rpx;
}

```

```
/* 所有按钮样式 */
button {
  margin: 10rpx;
  background-color: #E64340;
  color: white;
}
```

JS 文件(pages/game/game.js)的完整代码如下：

```
//=============
//游戏参数设置
//=============
//蛇的身长
var t = 3
//记录蛇的运动轨迹,用数组记录每个坐标点
var snakeMap = []
//蛇身单元格大小
var w = 20
//方向代码：上为1、下为2、左为3、右为4
var direction = 1
//蛇的初始坐标
var x = 0
var y = 0
//食物的初始坐标
var foodX = 0
var foodY = 0
//画布的宽和高
var width = 320
var height = 320
//游戏界面刷新的间隔时间,单位为毫秒(数字越大,蛇的速度越慢)
var time = 1000

Page({
  /**
   * 页面的初始数据
   */
  data: {
    score: 0            //游戏当前分数
  },

  /**
   * 自定义函数—启动游戏
   */
  gameStart: function() {
    //初始化游戏分数
    this.setData({
      score: 0
    })
    //初始化蛇身长度
    t = 3
    //初始化蛇身坐标
    snakeMap = []

    //随机生成贪吃蛇的初始蛇头坐标
    x = Math.floor(Math.random() * width / w) * w
    y = Math.floor(Math.random() * height / w) * w
```

```

    //随机生成蛇的初始前进方向
    direction = Math.ceil(Math.random() * 4)

    //随机生成食物的初始坐标
    foodX = Math.floor(Math.random() * width / w) * w
    foodY = Math.floor(Math.random() * height / w) * w

    //每隔 time 毫秒刷新一次游戏内容
    var that = this
    this.interval = setInterval(function() {
      that.gameRefresh()
    }, time)
  },

  /**
   * 自定义函数—绘制食物
   */
  drawFood: function() {
    let ctx = this.ctx
    //设置食物的填充颜色
    ctx.setFillStyle('red')
    //绘制食物
    ctx.fillRect(foodX, foodY, w, w)
  },

  /**
   * 自定义函数 -- 绘制贪吃蛇
   */
  drawSnake: function() {
    let ctx = this.ctx
    //设置蛇身的填充颜色
    ctx.setFillStyle('lightblue')
    //绘制全部蛇身
    for (var i = 0; i < snakeMap.length; i++) {
      ctx.fillRect(snakeMap[i].x, snakeMap[i].y, w, w)
    }
  },

  /**
   * 自定义函数—碰撞检测
   */
  detectCollision: function() {
    //如果蛇头撞到了四周的墙壁,游戏失败
    if (x > width || y > height || x < 0 || y < 0) {
      return 1
    }

    //如果蛇头撞到了蛇身,游戏失败
    for (var i = 0; i < snakeMap.length; i++) {
      if (snakeMap[i].x == x && snakeMap[i].y == y) {
        return 2
      }
    }

```

```
    //没有碰撞
    return 0
  },

  /**
   * 自定义函数 -- 游戏画面刷新
   */
  gameRefresh: function() {
    //在随机位置绘制一个食物
    this.drawFood()

    //将当前坐标添加到贪吃蛇的运动轨迹坐标数组中
    snakeMap.push({
      'x': x,
      'y': y
    })

    //数组只保留蛇身长度的数据,如果蛇前进了,则删除最旧的坐标
    if (snakeMap.length > t) {
      snakeMap.shift()
    }

    //绘制贪吃蛇
    this.drawSnake()

    //吃到食物的判定
    if (foodX == x && foodY == y) {
      //吃到一次食物加 10 分
      let score = this.data.score + 10
      this.setData({
        score: score
      })

      //随机生成下一个食物的初始坐标
      foodX = Math.floor(Math.random() * width / w) * w
      foodY = Math.floor(Math.random() * height / w) * w

      //在新的随机位置绘制食物
      this.drawFood()

      //蛇身长度加 1
      t++
    }


    //在画布上绘制全部内容
    this.ctx.draw()

    //根据方向移动蛇头的下一个位置
    switch (direction) {
      case 1:
        y -= w
        break
      case 2:
        y += w
```

```
        break
      case 3:
        x -= w
        break
      case 4:
        x += w
        break
    }

    //碰撞检测,返回值为 0 表示没有撞到障碍物
    let code = this.detectCollision()
    if (code != 0) {
      //游戏停止
      clearInterval(this.interval)

      var msg = ''
      if (code == 1) {
        msg = '失败原因: 撞到了墙壁'
      } else if (code == 2) {
        msg = '失败原因: 撞到了蛇身'
      }

      wx.showModal({
        title: '游戏失败,是否重来?',
        content: msg,
        success: res => {
          if (res.confirm) {
            //重新开始游戏
            this.gameStart()
          }
        }
      })
    }

  },

  /**
   * 自定义函数—监听方向键: 上
   */
  up: function() {
    direction = 1
  },

  /**
   * 自定义函数—监听方向键: 下
   */
  down: function() {
    direction = 2
  },

  /**
   * 自定义函数—监听方向键: 左
   */
  left: function() {
    direction = 3
```

```
  },

  /**
   * 自定义函数--监听方向键：右
   */
  right: function() {
    direction = 4
  },

  /**
   * 自定义函数--重新开始游戏
   */
  restartGame: function() {
    this.gameStart()
  },

  /**
   * 生命周期函数--监听页面加载
   */
  onLoad: function(options) {
    //更新游戏刷新时间
    time = options.time

    //创建画布上下文
    this.ctx = wx.createCanvasContext('myCanvas')

    //开始游戏
    this.gameStart()
  },

  /**
   * 生命周期函数--监听页面卸载
   */
  onUnload: function() {
    //游戏停止
    clearInterval(this.interval)
  },
})
```

提高篇

第15章 Chapter 15

小程序前端综合实例 · 基于模拟数据的高校新闻网

在学习了小程序的基础知识和各类 API 以后，读者不妨尝试独立动手创建一个小程序前端综合设计实例。本章将从零开始详解如何仿网易新闻小程序实现一个基于模拟数据的简易高校新闻小程序。

本章学习目标

- 综合应用所学知识创建完整的前端新闻小程序项目；
- 能够在开发过程中熟练掌握真机预览、调试等操作。

15.1 需求分析

视频讲解

本项目一共需要 3 个页面，即首页、新闻页和个人中心页，其中首页和个人中心页需要以 tabBar 的形式展示，可以点击 tab 图标互相切换。

15.1.1 首页功能需求

首页功能需求如下：

(1) 首页需要包含幻灯片播放效果和新闻列表。

(2) 幻灯片至少要有 3 幅图片自动播放。

(3) 点击新闻列表可以打开新闻全文。

15.1.2 新闻页功能需求

新闻页功能需求如下：

(1) 阅读新闻全文的页面需要显示新闻标题、图片、正文和日期。

(2) 允许点击按钮将当前阅读的新闻添加到本地收藏夹中。

(3) 已经收藏过的新闻也可以点击按钮取消收藏。

15.1.3 个人中心页功能需求

个人中心页功能需求如下：

(1) 未登录状态下显示登录按钮，用户点击后可以显示微信头像和昵称。

(2) 登录后读取当前用户的收藏夹，展示收藏的新闻列表。

(3) 收藏夹中的新闻可以直接点击查看内容。

(4) 未登录状态下收藏夹显示为空。

15.2 项目创建

视频讲解

本项目创建选择空白文件夹 newsDemo，效果如图 15-1 所示。

单击"新建"按钮完成项目创建，然后准备手动创建页面配置文件。

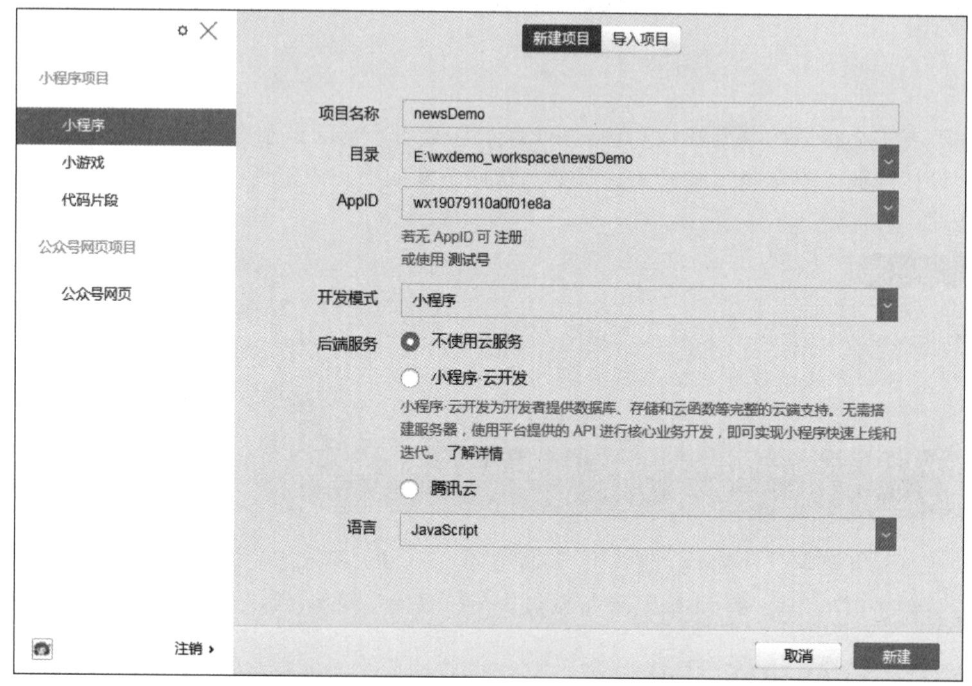

图 15-1　小程序项目填写效果示意图

15.3 页面配置

15.3.1 创建页面文件

视频讲解

项目创建完毕后，在根目录中会生成文件夹 pages 用于存放页面文件。一般来说首页默认命名为 index，表示小程序运行的第一个页面；其他页面名称可以自定义。本项目需要创建 3 个页面文件，包括 index(首页页面)、detail(新闻页面)和 my(个人中心页面)。

具体操作如下：

- 将 app.json 文件 pages 属性中的 pages/logs/logs 删除；
- 在 app.json 文件 pages 属性中继续追加 pages/detail/detail 和 pages/my/my；
- 按快捷键 Ctrl+S 保存修改，然后会在 pages 文件夹下自动生成 detail 和 my 目录。

15.3.2 删除和修改文件

具体操作如下：

- 删除 utils 文件夹中的所有内容；
- 删除 pages 文件夹下的 logs 目录及其内部所有内容；
- 删除 index. wxml 和 index. wxss 中的全部代码；
- 删除 index. js 中的全部代码，并且输入关键词“page”找到第二个选项按回车让其自动补全函数，如图 15-2 所示；

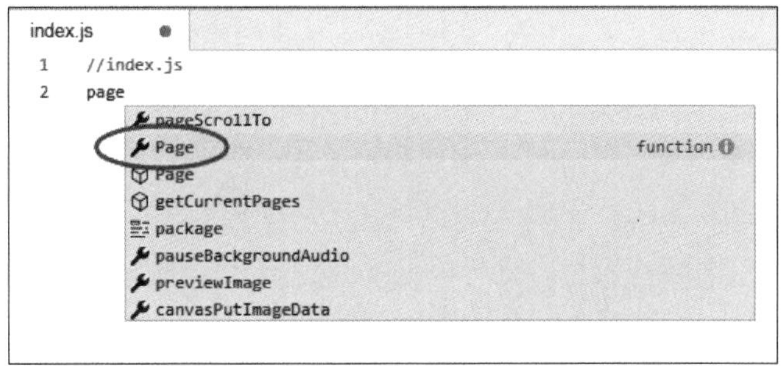

图 15-2 输入关键词创建 Page 函数

- 删除 app. wxss 中的全部代码；
- 删除 app. js 中的全部代码，并且输入关键词“app”找到第一个选项按回车让其自动补全函数，如图 15-3 所示。

图 15-3 输入关键词创建 App 函数

15.3.3 创建其他文件

本节创建其他自定义文件，本项目还需要创建以下两个文件夹。

- images：用于存放图片素材；
- utils：用于存放公共 JS 文件。

文件夹名称由开发者自定义，创建方式与 pages 文件夹创建方式完全相同。

1 添加图片文件

本项目将在 tabBar 栏中用到两组图标文件，图片素材如图 15-4 所示。

右击目录结构中的 images 文件夹，选择“硬盘打开”命令，将图片复制、粘贴进去。

2 创建公共 JS 文件

右击 utils 文件夹，选择“新建”|JS 命令，输入“common”按回车键即创建公共函数 common. js，如图 15-5 所示。

(a) index.png

(b) index_blue.png

(c) my.png

(d) my_blue.png

图 15-4 图标素材展示

全部完成后的目录结构如图 15-6 所示。

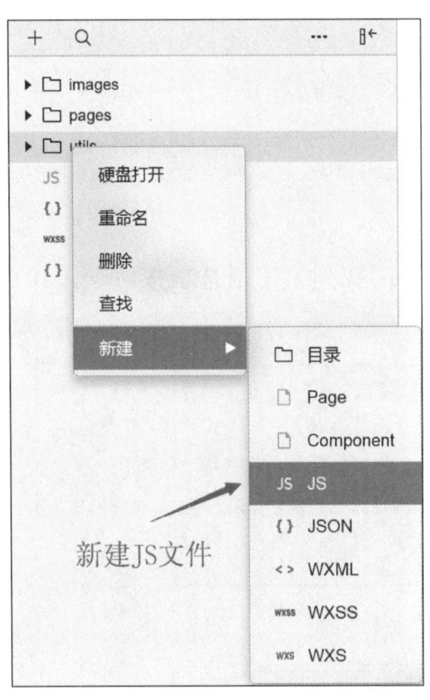

图 15-5 新建 JS 文件

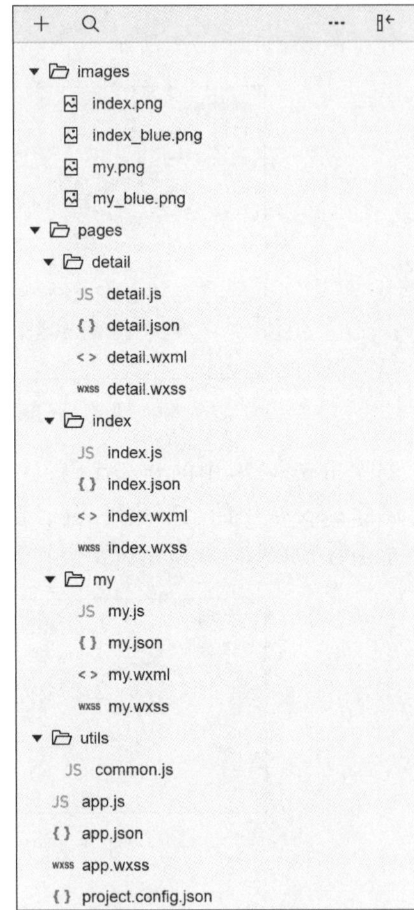

图 15-6 页面文件创建完成

此时，页面文件配置全部完成，15.4 节将正式进行页面布局和样式设计。

15.4 视图设计

15.4.1 导航栏设计

视频讲解

小程序默认导航栏是黑底白字的效果，可以通过在 app.json 中对 window 属性进行重新配置来自定义导航栏效果。更改后的 app.json 文件代码如下：

```
{
  "pages": [代码略],
  "window": {
    "navigationBarBackgroundColor": "#328EEB",
    "navigationBarTitleText": "我的新闻网",
    "navigationBarTextStyle": "white"
  }
}
```

图 15-7　自定义导航栏效果

上述代码可以更改导航栏背景色为蓝色、字体为白色，效果如图 15-7 所示。

15.4.2　tabBar 设计

视频讲解

首先在 app.json 中追加 tarBar 的相关属性代码，更改后的 app.json 文件代码如下：

```
{
  "pages": [代码略],
  "window": {代码略},
  "tabBar": {
    "color": "#000",
    "selectedColor": "#328EEB",
    "list": [
      {
        "pagePath": "pages/index/index",
        "iconPath": "images/index.png",
        "selectedIconPath": "images/index_blue.png",
        "text": "首页"
      },
      {
        "pagePath": "pages/my/my",
        "iconPath": "images/my.png",
        "selectedIconPath": "images/my_blue.png",
        "text": "我的"
      }
    ]
  }
}
```

图 15-8　tabBar 完成效果图

运行效果如图 15-8 所示，此时已经可以切换首页和个人中心页了。

15.4.3　页面设计

视频讲解

1 首页设计

首页主要包含两部分内容，即幻灯片滚动和新闻列表，页面设计如图 15-9 所示。

计划使用如下组件。

- 幻灯片：< swiper >组件；
- 新闻列表：< view >容器，内部使用数组循环。

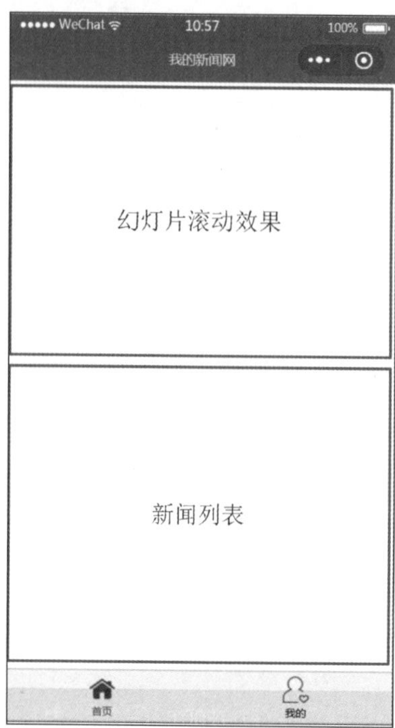

图 15-9　首页设计图

WXML(pages/index/index. wxml)代码如下：

```
<!-- 幻灯片滚动 -->
< swiper indicator - dots autoplay interval = "5000" duration = "500"> </swiper >
<!-- 新闻列表 -->
< view id = 'news - list'>这是新闻列表</view >
```

接着为组件添加 wx:for 属性循环显示幻灯片内容和新闻列表数据。

修改后的 WXML(pages/index/index. wxml)代码如下：

```
<!-- 幻灯片滚动 -->
< swiper indicator - dots = "true" autoplay = "true" interval = "5000" duration = "500">
  < block wx:for = "{{swiperImg}}" wx:key = 'swiper{{index}}'>
    < swiper - item >
      < image src = "{{item.src}}" class = "slide - image" />
    </swiper - item >
  </block >
</swiper >
<!-- 新闻列表 -->
< view id = 'news - list'>
  < view class = 'list - item' wx:for = "{{newsList}}" wx:for - item = "news" wx:key = "{{news.id}}">
    < image src = '{{news.poster}}'></image >
    < text >◇{{news.title}} -- {{news.add_date}}</text >
  </view >
</view >
```

相关 WXSS(pages/index/index. wxss)代码片段如下：

```
/* swiper 区域样式 */
/* 1 - 1 swiper 组件 */
```

```
swiper {
  height: 400rpx;
}
/* 1-2 swiper 中的图片 */
swiper image {
  width: 100%;
  height: 100%;
}
/* 新闻列表区域样式 */
/* 2-1 新闻列表容器 */
#news-list {
  min-height: 600rpx;
  padding: 15rpx;
}
/* 2-2 列表项目 */
.list-item{
  display: flex;
  flex-direction: row;
  border-bottom: 1rpx solid gray;
}
/* 2-3 新闻图片 */
.list-item image{
  width:230rpx;
  height: 150rpx;
  margin: 10rpx;
}
/* 2-4 新闻标题 */
.list-item text{
  width: 100%;
  line-height: 60rpx;
  font-size: 10pt;
}
```

为了进行布局和样式效果的预览，还需要在 JS 文件的 data 中临时录入几个测试数据。相关 JS(pages/index/index.js)代码片段如下：

```
Page({
  data: {
    //幻灯片素材
    swiperImg: [
        { src: 'http://www.ahnu.edu.cn/__local/A/C7/68/C2C9E5E2161A466A2D54D21A63C_DD3FEC40_4EBBB.jpg?e=.jpg'},
        { src: 'http://www.ahnu.edu.cn/__local/7/CC/BD/47349A7168770AC24EB5535B2AF_35829829_6E24D.png?e=.png'},
        { src: 'http://www.ahnu.edu.cn/__local/2/BB/2D/9FEB9B8D0CA5E059B2C1C7E65BD_67A0410C_3A71F.png?e=.png'}
    ],
    //临时新闻数据
    newsList:[{
      id: '264698',
      title: '俄罗斯联邦驻华大使杰尼索夫会见校党委书记顾家山一行并接受«力冈译文全集»赠予',
        poster: 'http://www.ahnu.edu.cn/__local/A/C7/68/C2C9E5E2161A466A2D54D21A63C_DD3FEC40_4EBBB.jpg?e=.jpg',
      add_date: '2018-03-05'
    }]
```

```
    }
})
```

当前效果如图 15-10 所示。

由图可见，此时可以显示幻灯片播放和一条临时新闻。由于尚未获得新闻数据，所以暂时无法显示完整的新闻列表，仅供作为样式参考。

视频讲解

2 个人中心页设计

个人中心页主要包含两个版块，即登录面板和“我的收藏”。登录面板用于显示用户的微信头像和昵称，“我的收藏”用于显示收藏在本地的新闻列表。页面设计如图 15-11 所示。

图 15-10 首页效果图

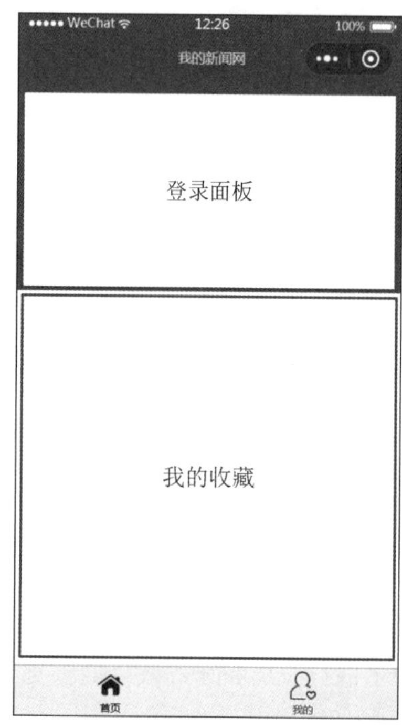

图 15-11 个人中心页设计图

计划使用< view >组件进行整体布局，对自定义的 id 名称解释如下。

- myLogin：登录面板；
- myIcon：微信头像图片；
- nickName：微信昵称；
- myFavorites：我的收藏。

WXML(pages/my/my. wxml)代码如下：

```
<!-- 登录面板 -->
<view id = 'myLogin'> </view>
<!-- 我的收藏 -->
<view id = 'myFavorites'> </view>
```

接着为这两个区域添加内容，修改后的 WXML(pages/my/my. wxml)代码如下：

```
<!-- 登录面板 -->
<view id = 'myLogin'>
```

```
    <block>
      <image id='myIcon' src='{{src}}'></image>
      <text id='nickName'>{{nickName}}</text>
    </block>
</view>
<!-- 我的收藏 -->
<view id='myFavorites'>
  <text>我的收藏(1)</text>
  <!-- 收藏的新闻列表 -->
  <view id='news-list'>
    <view class='list-item' wx:for="{{newsList}}" wx:for-item="news" wx:key="{{news.id}}">
      <image src='{{news.poster}}'></image>
      <text>◇{{news.title}}--{{news.add_date}}</text>
    </view>
  </view>
</view>
```

WXSS(pages/my/my.wxss)代码如下：

```
/*登录面板*/
#myLogin{
  background-color: #328EEB;
  height: 400rpx;
  display: flex;
  flex-direction: column;
  align-items: center;
  justify-content: space-around;
}
/*1-1 头像图片*/
#myIcon{
  width: 200rpx;
  height: 200rpx;
  border-radius: 50%;
}
/*1-2 微信昵称*/
#nickName{
  color: white;
}
/*我的收藏*/
#myFavorites{
  padding: 20rpx;
}
```

由于新闻列表的样式与首页完全相同，没有必要重复样式代码，否则会造成冗余，可以将index.wxss中新闻列表样式的相关代码挪到app.wxss中公共使用。

app.wxss的代码如下：

```
/*新闻列表区域样式*/
/*2-1 新闻列表容器*/
#news-list {
  min-height: 600rpx;
  padding: 15rpx;
```

```
}
/*2-2 列表项目*/
.list-item{
  display: flex;
  flex-direction: row;
  border-bottom: 1rpx solid gray;
}
/*2-3 新闻图片*/
.list-item image{
  width:230rpx;
  height: 150rpx;
  margin: 10rpx;
}
/*2-4 新闻标题*/
.list-item text{
  width: 100%;
  display: block;
  line-height: 60rpx;
  font-size: 10pt;
}
```

为了进行布局和样式效果的预览，还需要在 JS 文件的 data 中临时录入测试数据。

JS(pages/my/my.js)代码片段如下：

```
Page({
  data: {
    //临时微信用户昵称和头像
    nickName:'未登录',
    src:'/images/index.png',
    //临时收藏夹新闻数据
    newsList: [{
      id: '264698',
      title: '俄罗斯联邦驻华大使杰尼索夫会见校党委书记顾家山一行并接受«力冈译文全集»赠予',
       poster: 'http://www.ahnu.edu.cn/__local/A/C7/68/C2C9E5E2161A466A2D54D21A63C_DD3FEC40_4EBBB.jpg?e=.jpg',
      add_date: '2018-03-05'
    }]
  }
})
```

当前效果如图 15-12 所示。

由图可见，此时可以显示完整的样式效果。由于尚未获得微信用户数据和收藏在本地的缓存数据，所以暂时无法显示实际内容，仅供作为样式参考。

3 新闻页设计

视频讲解

新闻页是用于给用户浏览新闻全文的，需要用户点击首页的新闻列表，然后在新窗口中打开该页面。新闻页包括新闻标题、新闻图片、新闻正文和新闻日期，页面设计如图 15-13 所示。

由于暂时没有做点击跳转的逻辑设计，所以可以在微信 web 开发者工具顶端工具栏中找到“普通编译”下拉选项，选择“添加编译模式”，然后追加对于 detail 页面的直接浏览效果，如图 15-14 所示。

此时预览就可以直接显示 detail 页面了，设计完毕后再切换回“普通编译”模式显示首页(index)即可。

图 15-12　个人中心页效果图

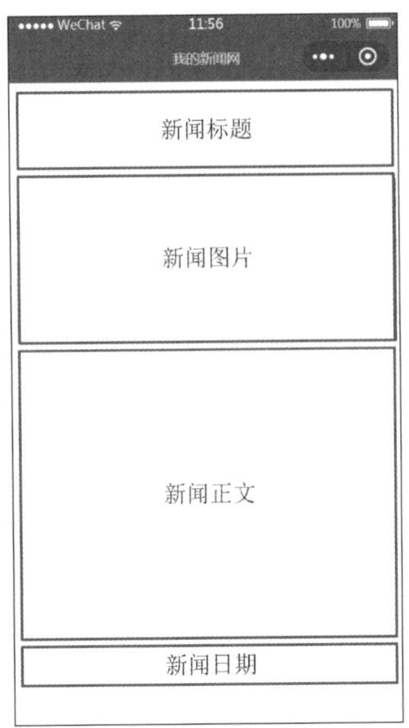

图 15-13　新闻页设计图

图 15-14　添加新闻页的编译模式

计划使用<view>组件进行整体布局，对自定义的 class 名称解释如下。

- container：整体容器；
- title：新闻标题区域；
- poster：新闻图片区域；
- content：新闻正文区域；
- add_date：新闻日期区域。

WXML(pages/detail/detail.wxml)代码如下：

```
<view class = 'container'>
  <view class = 'title'>{{article.title}}</view>
  <view class = 'poster'>
    <image src = '{{article.poster}}' mode = 'widthFix'></image>
  </view>
  <view class = 'content'>{{article.content}}</view>
  <view class = 'add_date'>时间：{{article.add_date}}</view>
</view>
```

WXSS(pages/detail/detail.wxss)代码如下：

```
/* 整体容器 */
.container{
  padding: 15rpx;
  text-align: center;
}
/* 新闻标题 */
.title{
  font-size: 14pt;
  line-height: 80rpx;
}
/* 新闻图片 */
.poster image{
  width: 100%;
}
/* 新闻正文 */
.content{
  text-align: left;
  font-size: 12pt;
  line-height: 60rpx;
}
/* 新闻日期 */
.add_date{
  font-size: 12pt;
  text-align: right;
  line-height: 30rpx;
  margin-right: 25rpx;
  margin-top: 20rpx;
}
```

为了进行布局和样式效果的预览，还需要在 JS 文件的 data 中临时录入一条测试数据。

JS(pages/detail/detail.js)代码片段如下：

```
Page({
  data: {
    article:{
      id: '264698',
      title: '俄罗斯联邦驻华大使杰尼索夫会见校党委书记顾家山一行并接受«力冈译文全集»赠予',
      poster: 'http://www.ahnu.edu.cn/__local/A/C7/68/C2C9E5E2161A466A2D54D21A63C_DD3FEC40_4EBBB.jpg?e=.jpg',
      content: '本网讯(校出版社) 3 月 2 日上午,俄罗斯驻华大使杰尼索夫在北京俄罗斯驻华大使馆会见了校党委书记顾家山,并接受了我校出版社赠予俄罗斯大使馆的十套«力冈译文全集».俄罗斯驻华大使馆参赞梅利尼科娃、大使馆一秘伊戈尔、大使助理、塔斯社记者,我校校办主任曾黎明、出版社社长张奇才,我校杰出校友、俄罗斯人民友谊勋章和利哈乔夫院士奖获得者、中国俄罗斯文学研究会会长刘文飞教授等参加了会见.',
      add_date: '2018-03-05'
    }
  }
})
```

当前效果如图 15-15 所示。

图 15-15 新闻页效果图

由图可见，此时可以显示完整的样式效果。由于尚未获得新闻数据，所以暂时无法根据用户点击的新闻标题入口显示对应的新闻内容，仅供作为样式参考。

此时页面布局与样式设计就已完成，15.5 节将介绍如何进行逻辑处理。

15.5 逻辑实现

15.5.1 公共逻辑

视频讲解

正常来说数据应该由网站群管理平台提供新闻接口，由于隐私安全、开发者条件限制等一系列问题，这里采用模拟数据进行代替。有条件的开发者可以使用第三方免费或付费新闻接口（例如聚合数据等），或自行搭建服务器提供接口。

假设已经获取到了数据，将其放在公共 JS 文件（utils/common.js）中，代码片段如下：

```
const news = [{
  id: '264698',
  title: '俄罗斯联邦驻华大使杰尼索夫会见校党委书记顾家山一行并接受«力冈译文全集»赠予',
  poster: 'http://www.ahnu.edu.cn/__local/A/C7/68/C2C9E5E2161A466A2D54D21A63C_DD3FEC40_4EBBB.jpg?e=.jpg',
  content: '本网讯(校出版社) 3 月 2 日上午,俄罗斯驻华大使杰尼索夫在北京俄罗斯驻华大使馆会见了校党委书记顾家山,并接受了我校出版社赠予俄罗斯大使馆的十套«力冈译文全集».俄罗斯驻华大使馆参赞梅利尼科娃、大使馆一秘伊戈尔、大使助理、塔斯社记者,我校校办主任曾黎明、出版社社长张奇才,我校杰出校友、俄罗斯人民友谊勋章和利哈乔夫院士奖获得者、中国俄罗斯文学研究会会长刘文飞教授等参加了会见. ',
  add_date: '2018-03-05'
},
{
  id: '305670',
  title: '我校学子在全省第八届少数民族传统体育运动会上喜获佳绩',
  poster: 'http://www.ahnu.edu.cn/__local/7/CC/BD/47349A7168770AC24EB5535B2AF_35829829_6E24D.png?e=.png',
  content: '本网讯(体育学院 邹华刚)11 月 18 日至 23 日,由安徽省人民政府主办,省民委、省体育局和蚌埠市人民政府承办的安徽省第八届少数民族传统体育运动会在蚌埠市成功举行,全省 16 个地市代表团近 1300 名运动员、教练员、裁判员参加了本次运动会.\n本届运动会共设武术、民族式摔跤、毽球、蹴球、押加、高脚竞速、陀螺和板鞋竞速等 8 个项目.我校组建了由周慧雅、王和章、王强等 23 名少数民族学生组成的运动员队伍,代表芜湖市参加了高脚竞速、武术、蹴球、陀螺和板鞋竞速等 5 个大项的比赛.经过激烈角逐,我校运动健儿共获得 4 个一等奖(第 1 名),6 个二等奖(第 2～4 名),9 个三等奖(第 5～8 名)的优异战绩,出色地完成了比赛任务. ',
  add_date: '2018-11-27'
},
{
  id: '304083',
  title: '我校学子代表国家队获中国羽毛球公开赛男双亚军',
  poster: 'http://www.ahnu.edu.cn/__local/2/BB/2D/9FEB9B8D0CA5E059B2C1C7E65BD_67A0410C_3A71F.png?e=.png',
  content: '本网讯 (体育学院 徐梦涛)11 月 11 日,世界羽联中国羽毛球公开赛在福州落下帷幕.在男子双打半决赛中,我校 2018 级运动训练专业学生谭强与搭档何济霆以 2 : 0 战胜印尼组合莫哈末·阿山/亨德拉,晋级决赛.决赛中,这对年轻组合以 1:2 负于现世界排名第一的印度尼西亚组合,获得了本次比赛的亚军.这也是谭强在本年度内获得的最好成绩. ',
  add_date: '2018-11-14'
}
```

```
];
```

这里用了 3 条新闻记录作为示范，开发者可以自行添加或修改新闻内容。

接下来在 common.js 中添加自定义函数 getNewsList 和 getNewsDetail，分别用于获取新闻列表信息和指定 ID 的新闻正文内容。代码片段如下：

```
//获取新闻列表
function getNewsList() {
  let list = [];
  for (var i = 0; i < news.length; i++) {
    let obj = {};
    obj.id = news[i].id;
    obj.poster = news[i].poster;
    obj.add_date = news[i].add_date;
    obj.title = news[i].title;
    list.push(obj);
  }
  return list;                          //返回新闻列表
}

//获取新闻内容
function getNewsDetail(newsID) {
  let msg = {
    code: '404',                        //没有对应的新闻
    news: {}
  };
  for (var i = 0; i < news.length; i++) {
    if (newsID == news[i].id) {         //匹配新闻 ID 编号
      msg.code = '200';                 //成功
      msg.news = news[i];               //更新当前新闻内容
      break;
    }
  }
  return msg;                           //返回查找结果
}
```

最后需要在 common.js 中使用 module.exports 语句暴露函数出口，代码片段如下：

```
module.exports = {
  getNewsList: getNewsList,
  getNewsDetail: getNewsDetail
}
```

现在就完成了公共逻辑处理的部分。

然后需要在各页面的 JS 文件顶端引用公共 JS 文件，引用代码如下：

```
var common = require('../../utils/common.js')     //引用公共 JS 文件
```

需要注意这里暂时还不支持绝对路径引用，只能使用相对路径。

15.5.2 首页逻辑

首页主要有两个功能需要实现，一是展示新闻列表，二是点击新闻标题可以跳转对应的内容页面进行浏览。

1 新闻列表展示

视频讲解

新闻列表展示使用了{{newsList}}，因此需要在页面 JS 文件的 onLoad 函数中获取新闻列表，并更新到 data 属性的 newsList 参数中。

相关 JS(pages/index/index.js)代码片段如下：

```
Page({
  onLoad: function(options) {
    //获取新闻列表
    let list = common.getNewsList()
    //更新列表数据
    this.setData({newsList:list})
  }
})
```

此时页面效果如图 15-16 所示。

图 15-16 首页新闻列表展示

2 点击跳转新闻内容

视频讲解

若希望用户点击新闻标题即可实现跳转，需要首先为新闻列表项目添加点击事件。

相关 WXML(pages/index/index.wxml)代码片段修改如下：

```
1. <!-- 新闻列表 -->
2. <view id = 'news - list'>
3.   <view class = 'list - item' wx:for = "{{newsList}}" wx:for - item = "news" wx:key = "{{news.id}}">
4.     <image src = '{{news.poster}}'></image>
5.     <text bindtap = 'goToDetail' data - id = '{{news.id}}'>◇{{news.title}} -- {{news.add_date}}</text>
6.   </view>
7. </view>
```

具体修改为第 5 行加粗字体部分，为<text>组件添加了自定义触摸事件函数 goToDetail，并且使用 data-id 属性携带了新闻 ID 编号。

然后在对应的 detail.js 文件中添加 goToDetail 函数的内容，代码片段如下：

```
Page({
  /**
   * 自定义函数 -- 跳转新页面浏览新闻内容
   */
  goToDetail: function(e) {
    //获取携带的 data - id 数据
    let id = e.currentTarget.dataset.id;
    //携带新闻 ID 进行页面跳转
    wx.navigateTo({
      url: '../detail/detail?id = ' + id
    })
  }
})
```

此时已经可以点击跳转到 detail 页面，并且成功携带了新闻 ID 数据，但是仍需在 detail 页面进行携带数据的接收处理才可显示正确的新闻内容。

15.5.3 新闻页逻辑

视频讲解

新闻页主要有两个功能需要实现，一是显示对应新闻，二是可以添加/取消新闻收藏。

1 显示对应新闻

在首页逻辑中已经实现了页面跳转并携带了新闻 ID 编号，现在需要在新闻页接收 ID 编号，并查询对应的新闻内容。

相关 JS(pages/detail/detail.js)代码片段如下：

```
Page({
  onLoad: function(options) {
    //获取页面跳转来时携带的数据
    let id = options.id
    let result = common.getNewsDetail(id)
    //获取到新闻内容
    if(result.code == '200'){
      this.setData({article:result.news})
    }
  }
})
```

此时重新从首页点击新闻跳转就可以发现已经能够正确显示标题对应的新闻内容了。运行效果如图 15-17 所示。

(a) 首页新闻列表

(b) 浏览收藏的新闻

图 15-17 在首页列表中浏览新闻的效果

2 添加/取消新闻收藏

修改 detail.wxml 代码，追加两个< button >组件作为添加/取消收藏新闻的按钮，并使用

wx:if 和 wx:else 属性使其每次只存在一个。

视频讲解

WXML(pages/detail/detail.wxml)代码片段添加如下:

```
<view class = 'container'>
  <view class = 'title'>{{article.title}}</view>
  <view class = 'poster'>
    <image src = '{{article.poster}}' mode = 'widthFix'></image>
  </view>
  <view class = 'content'>{{article.content}}</view>
  <view class = 'add_date'>时间: {{article.add_date}}</view>
  <button wx:if = '{{isAdd}}' plain bindtap = 'cancelFavorites'>♥已收藏</button>
  <button wx:else plain bindtap = 'addFavorites'>♥点击收藏</button>
</view>
```

对应的 WXSS(pages/detail/detail.wxss)代码片段添加如下:

```
/*"点击收藏"按钮*/
button{
  width: 250rpx;
  height: 100rpx;
  margin: 20rpx auto;
}
```

对应 JS(pages/detail/detail.js)中的 onLoad 函数代码片段修改如下:

```
  onLoad: function(options) {
    //获取页面跳转来时携带的数据
    let id = options.id

    //检查当前新闻是否在收藏夹中
    var article = wx.getStorageSync(id)
    //已存在
    if (article != '') {
      this.setData({
        article:article,
        isAdd: true
      })
    }
    //不存在
    else {
      let result = common.getNewsDetail(id)
      //获取到新闻内容
      if (result.code == '200') {
        this.setData({
          article: result.news,
          isAdd: false
        })
      }
    }
  },
```

继续在 detail.js 文件中追加 addFavorites 和 cancelFavorites 函数,用于点击添加/取消新闻收藏。对应 JS(pages/detail/detail.js)中的函数代码片段修改如下:

```
Page({
  //添加到收藏夹
  addFavorites: function(options) {
```

```
        let article = this.data.article;                    //获取当前新闻
        wx.setStorageSync(article.id, article);             //添加到本地缓存
        this.setData({ isAdd: true });                      //更新按钮显示
    },
    //取消收藏
    cancalFavorites: function() {
        let article = this.data.article;                    //获取当前新闻
        wx.removeStorageSync(article.id);                   //从本地缓存删除
        this.setData({ isAdd: false });                     //更新按钮显示
    },
})
```

现在从首页开始预览，选择其中任意一篇新闻进入 detail 页面，并尝试点击按钮收藏和取消收藏。

此时页面效果如图 15-18 所示。

(a) 已经收藏新闻

(b) 取消收藏新闻

(c) 添加本地缓存

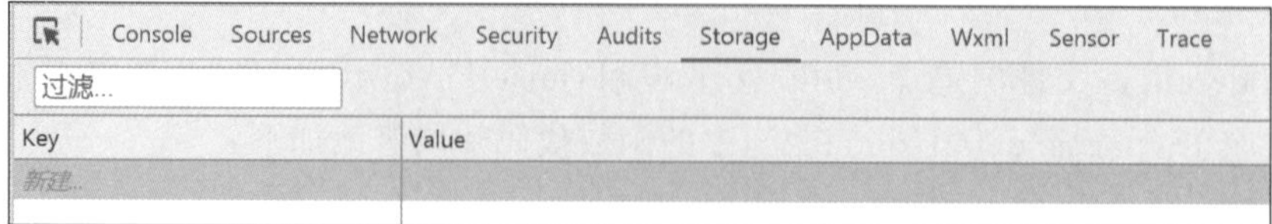

(d) 删除本地缓存

图 15-18 新闻页中“点击收藏”按钮的使用效果

15.5.4 个人中心页逻辑

个人中心页主要有3个功能需要实现，一是获取微信用户信息；二是获取收藏列表；三是浏览收藏的新闻。

1 获取微信用户信息

视频讲解

修改my.wxml代码，追加< button >组件作为登录按钮，并且使用wx:if和wx:else属性让未登录时只显示按钮，登录后只显示头像和昵称。

WXML(pages/my/my.wxml)代码片段修改如下：

```
<view id='myLogin'>
  <block wx:if='{{isLogin}}'>
    <image id='myIcon' src='{{src}}'></image>
    <text id='nickName'>{{nickName}}</text>
  </block>
  <button wx:else>未登录,点此登录</button>
</view>
```

此时页面效果如图15-19所示。

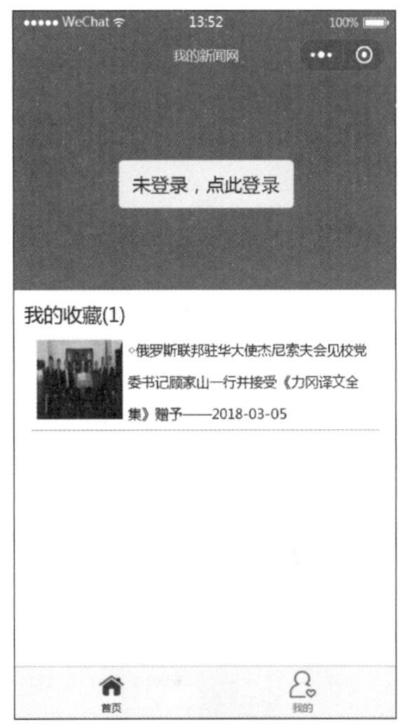

图15-19 个人中心未登录状态效果图

在my.wxml页面修改< button >组件的代码，为其追加获取用户信息事件，代码片段如下：

```
<button wx:else open-type='getUserInfo' bindgetuserinfo='getMyInfo'>
    未登录,点此登录
</button>
```

其中open-type='getUserInfo'表示激活获取微信用户信息功能，然后使用bindgetuserinfo属性表示获得的数据将传递给自定义函数getMyInfo，开发者也可以使用其他名称。

在my.js文件的Page()内部追加getMyInfo函数，代码片段如下：

```
getMyInfo: function(e) {
    console.log(e.detail.userInfo)
},
```

保存后预览项目，单击按钮后如果Console控制台能够成功输出用户信息数据，则说明获取成功，如图15-20所示。

修改my.js文件中getMyInfo函数的代码，将信息更新到动态数据上，代码片段如下：

```
//获取微信用户信息
getMyInfo: function(e) {
  let info = e.detail.userInfo;
  this.setData({
    isLogin:true,                //确认登录状态
    src: info.avatarUrl,         //更新图片来源
    nickName: info.nickName      //更新昵称
  })
},
```

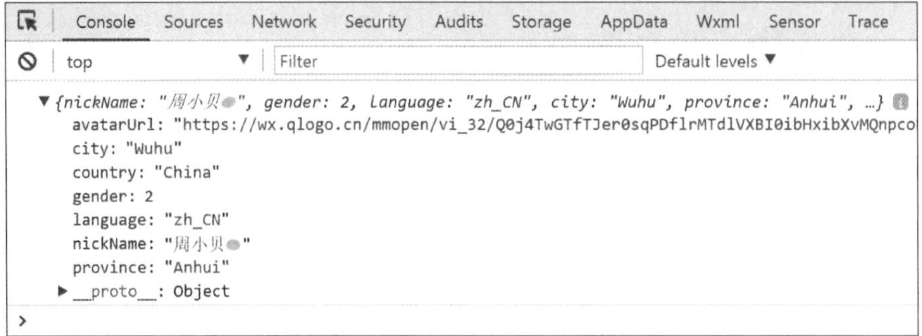

图 15-20 Console 控制台输出内容

此时就已完成登录功能，预览效果如图 15-21 所示。

(a) 初始页面效果

(b) 点击按钮后的效果

图 15-21 个人中心获取微信用户信息效果图

2 获取收藏列表

视频讲解

修改 my.wxml 代码，将“我的收藏”后面的数字更改为动态数据效果。

WXML(pages/my/my.wxml)代码片段如下：

```
<text>我的收藏({{num}})</text>
```

对应 JS(pages/detail/detail.js)中的 data 属性代码片段修改如下：

```
Page({
  data: {
    …,
    num: 0
  }
})
```

继续在 detail.js 文件中追加 getMyFavorites 函数，用于展示真正的新闻收藏列表。

对应的 JS(pages/my/my.js)代码片段如下：

```
Page({
  //获取收藏列表
  getMyFavorites: function() {
    let info = wx.getStorageInfoSync();  //读取本地缓存信息
    let keys = info.keys;                //获取全部 key 信息
    let num = keys.length;               //获取收藏新闻数量

    let myList = [];
    for (var i = 0; i < num; i++) {
      let obj = wx.getStorageSync(keys[i]);
      myList.push(obj);                  //将新闻添加到数组中
    }
    //更新收藏列表
    this.setData({
      newsList: myList,
      num: num
    });
  }
})
```

修改 my.js 中的 getMyInfo 函数，为其追加关于 getMyFavorites 函数的调用。

对应的 JS(pages/my/my.js)代码片段如下：

```
Page({
  //获取微信用户信息
  getMyInfo: function(e) {
    let info = e.detail.userInfo;
    this.setData({
      isLogin: true,             //确认登录状态
      src: info.avatarUrl,       //更新图片来源
      nickName: info.nickName    //更新昵称
    })
    //获取收藏列表
    this.getMyFavorites();
  }
})
```

现在从首页开始预览，选择其中任意两篇新闻进入 detail 页面，并尝试点击收藏。然后退出切换到个人中心页，登录后查看收藏效果。

此时页面效果如图 15-22 所示。

图 15-22　“我的收藏”列表效果

考虑到登录成功后用户还可以手动更改新闻的收藏状态，因此修改 my.js 中的 onShow 函数，判断如果是登录状态就刷新一下收藏列表。

对应的 JS(pages/my/my.js)代码片段如下：

```
Page({
  /**
   * 生命周期函数 -- 监听页面显示
```

```
    */
  onShow: function() {
    //如果已经登录
    if(this.data.isLogin){
      //更新收藏列表
      this.getMyFavorites()
    }
  },
})
```

3 浏览收藏的新闻

视频讲解

点击浏览已经收藏的新闻和首页的点击跳转新闻内容功能类似，首先修改 my.wxml 收藏列表的代码如下：

```
1.  <!-- 收藏的新闻列表 -->
2.  <view id = 'news - list'>
3.    <view class = 'list - item' wx:for = "{{newsList}}" wx:for - item = "news" wx:key = "{{news.id}}">
4.      <image src = '{{news.poster}}'></image>
5.      <text bindtap = 'goToDetail' data - id = '{{news.id}}'>
6.          ◇{{news.title}}—{{news.add_date}}
7.      </text>
8.    </view>
```

具体修改为第 5 行加粗字体部分，为< text >组件添加了自定义触摸事件函数 goToDetail，并且使用 data-id 属性携带了新闻 ID 编号。

然后在对应的 my.js 文件中添加 goToDetail 函数的内容，代码片段如下：

```
Page({
  goToDetail: function(e) {
    //获取携带的 data - id 数据
    let id = e.currentTarget.dataset.id;
    //携带新闻 ID 进行页面跳转
    wx.navigateTo({
      url: '../detail/detail?id = ' + id
    })
  }
})
```

运行效果如图 15-23 所示。

15.5.5 清除临时数据

视频讲解

最后需要清除或注释掉一开始为了测试样式录入的临时数据，以免影响整体逻辑效果。

需要清除的数据如下。

- 首页(index.js)：data 中的临时新闻列表数据(newsList)；
- 新闻页(detail.js)：data 中的临时新闻数据(article)；
- 个人中心页(my.js)：data 中的临时收藏夹新闻数据(newsList)、临时昵称(nickName)以及临时头像路径地址(src)。

此时带有模拟新闻数据的小程序前端项目"高校新闻网"就全部完成，后续章节将为其追加后端服务器和数据库的相关内容。

(a)"我的收藏"列表

(b) 浏览收藏的新闻

图 15-23 浏览已收藏新闻的效果

15.6 完整代码展示

15.6.1 应用文件代码展示

app.json 文件的完整代码如下：

```
{
  "pages": [
    "pages/index/index",
    "pages/my/my",
    "pages/detail/detail"
  ],
  "window": {
    "navigationBarBackgroundColor": "#328EEB",
    "navigationBarTitleText": "我的新闻网"
  },
  "tabBar": {
    "color": "#000",
    "selectedColor": "#328EEB",
    "list": [
      {
        "pagePath": "pages/index/index",
        "text": "首页",
        "iconPath": "images/index.png",
        "selectedIconPath": "images/index_blue.png"
      },
```

```
        {
          "pagePath": "pages/my/my",
          "text": "我的",
          "iconPath": "images/my.png",
          "selectedIconPath": "images/my_blue.png"
        }
      ]
    }
}
```

app.wxss 文件的完整代码如下：

```
/* 新闻列表区域样式 */
/* 2-1 新闻列表容器 */
#news-list {
  min-height: 600rpx;
  padding: 15rpx;
}
/* 2-2 列表项目 */
.list-item{
  display: flex;
  flex-direction: row;
  border-bottom: 1rpx solid gray;
}
/* 2-3 新闻图片 */
.list-item image{
  width:230rpx;
  height: 150rpx;
  margin: 10rpx;
}
/* 2-4 新闻标题 */
.list-item text{
  width: 100%;
  line-height: 60rpx;
  font-size: 10pt;
}
```

15.6.2 公共函数文件代码展示

JS 文件(utils/common.js)的完整代码如下：

```
//模拟新闻数据
const news = [{
      id: '264698',
      title: '俄罗斯联邦驻华大使杰尼索夫会见校党委书记顾家山一行并接受«力冈译文全集»赠予',
        poster: 'http://www.ahnu.edu.cn/__local/A/C7/68/C2C9E5E2161A466A2D54D21A63C_DD3FEC40_4EBBB.jpg?e=.jpg',
      content: '本网讯(校出版社)3月2日上午,俄罗斯驻华大使杰尼索夫在北京俄罗斯驻华大使馆会见了校党委书记顾家山,并接受了我校出版社赠予俄罗斯大使馆的十套«力冈译文全集»。俄罗斯驻华大使馆参赞梅利尼科娃、大使馆一秘伊戈尔、大使助理、塔斯社记者,我校校办主任曾黎明、出版社社长张奇才,我校杰出校友、俄罗斯人民友谊勋章和利哈乔夫院士奖获得者、中国俄罗斯文学研究会会长刘文飞教授等参加了会见。',
      add_date: '2018-03-05'
```

```
  },
  {
    id: '304083',
    title: '我校学子代表国家队获中国羽毛球公开赛男双亚军',
    poster: 'http://www.ahnu.edu.cn/__local/7/CC/BD/47349A7168770AC24EB5535B2AF_35829829_6E24D.png?e=.png',
    content: '本网讯 (体育学院 徐梦涛)11 月 11 日,世界羽联中国羽毛球公开赛在福州落下帷幕.在男子双打半决赛中,我校 2018 级运动训练专业学生谭强与搭档何济霆以 2:0 战胜印度尼西亚组合莫哈末・阿山/亨德拉,晋级决赛.决赛中,这对年轻组合以 1:2 负于现世界排名第一的印度尼西亚组合,获得了本次比赛的亚军.这也是谭强在本年度内获得的最好成绩。',
    add_date: '2018-11-14'
  },
  {
    id: '305670',
    title: '我校学子在全省第八届少数民族传统体育运动会上喜获佳绩',
    poster: 'http://www.ahnu.edu.cn/__local/2/BB/2D/9FEB9B8D0CA5E059B2C1C7E65BD_67A0410C_3A71F.png?e=.png',
    content: '本网讯(体育学院 邹华刚)11 月 18 日至 23 日,由安徽省人民政府主办,省民委、省体育局和蚌埠市人民政府承办的安徽省第八届少数民族传统体育运动会在蚌埠市成功举行,全省 16 个地市代表团近 1300 名运动员、教练员、裁判员参加了本次运动会.\n本届运动会共设武术、民族式摔跤、毽球、蹴球、押加、高脚竞速、陀螺和板鞋竞速等 8 个项目.我校组建了由周慧雅、王和章、王强等 23 名少数民族学生组成的运动员队伍,代表芜湖市参加了高脚竞速、武术、蹴球、陀螺和板鞋竞速等 5 个大项的比赛.经过激烈角逐,我校运动健儿共获得 4 个一等奖(第 1 名),6 个二等奖(第 2～4 名),9 个三等奖(第 5～8 名)的优异战绩,出色地完成了比赛任务。',
    add_date: '2018-11-27'
  }
];

//获取新闻列表
function getNewsList() {
  let list = [];
  for (var i = 0; i < news.length; i++) {
    let obj = {};
    obj.id = news[i].id;
    obj.poster = news[i].poster;
    obj.add_date = news[i].add_date;
    obj.title = news[i].title;
    list.push(obj);
  }
  return list;                    //返回新闻列表
}

//获取新闻内容
function getNewsDetail(newsID) {
  let msg = {
    code: '404',                  //没有对应的新闻
    news: {}
  };
  for (var i = 0; i < news.length; i++) {
    if (newsID == news[i].id) {   //匹配新闻 ID 编号
      msg.code = '200';           //成功
      msg.news = news[i];         //更新当前新闻内容
```

```
        break;
      }
    }
  return msg;                          //返回查找结果
}

/*
  * 对外暴露接口
 */
module.exports = {
  getNewsList: getNewsList,
  getNewsDetail: getNewsDetail
}
```

15.6.3 页面文件代码展示

1 首页代码展示

WXML 文件(pages/index/index.wxml)的完整代码如下：

```
<!--幻灯片-->
<swiper indicator-dots autoplay interval='5000' duration='500'>
  <block wx:for='{{[newsList[0],newsList[1],newsList[2]]}}' wx:key='swiper{{index}}'>
    <swiper-item>
      <image src='{{item.poster}}'></image>
    </swiper-item>
  </block>
</swiper>

<!--新闻列表-->
<view id='news-list'>
  <view class='list-item' wx:for='{{newsList}}' wx:key='news{{index}}' wx:for-item='news'>
    <image src='{{news.poster}}'></image>
    <text bindtap='goToDetail' data-id='{{news.id}}'>
        ◇{{news.title}}--{{news.add_date}}</text>
  </view>
</view>
```

WXSS 文件(pages/index/index.wxss)的完整代码如下：

```
/*swiper 区域样式*/
/*1-1 swiper 组件*/
swiper {
  height: 400rpx;
}
/*1-2 swiper 中的图片*/
swiper image {
  width: 100%;
  height: 100%;
}
```

JS 文件(pages/index/index.js)的完整代码如下：

```
var common = require('../../utils/common.js')       //引用公共 JS 文件
```

```
Page({
  data: {
    //幻灯片素材
    swiperImg: [
      { src: 'http://www.ahnu.edu.cn/__local/A/C7/68/C2C9E5E2161A466A2D54D21A63C_DD3FEC40_4EBBB.jpg?e=.jpg' },
      { src: 'http://www.ahnu.edu.cn/__local/7/CC/BD/47349A7168770AC24EB5535B2AF_35829829_6E24D.png?e=.png'},
      { src: 'http://www.ahnu.edu.cn/__local/2/BB/2D/9FEB9B8D0CA5E059B2C1C7E65BD_67A0410C_3A71F.png?e=.png'}
    ]
  },
  goToDetail: function(e) {
    //获取携带的 data-id 数据
    let id = e.currentTarget.dataset.id;
    //携带新闻 ID 进行页面跳转
    wx.navigateTo({
      url: '../detail/detail?id=' + id
    })
  },
  onLoad: function(options) {
    //获取新闻列表
    let list = common.getNewsList()
    //更新列表数据
    this.setData({ newsList: list })
  }
})
```

2 新闻页代码展示

WXML 文件(pages/detail/detail.wxml)的完整代码如下：

```
<view class='container' wx:if='{{article.id}}'>
  <view class='title'>{{article.title}}</view>
  <view class='poster'>
    <image src='{{article.poster}}' mode='widthFix'></image>
  </view>
  <view class='content'>{{article.content}}</view>
  <view class='add_date'>时间：{{article.add_date}}</view>
  <button wx:if='{{isAdd}}' plain bindtap='cancelFavorites'>♥已收藏</button>
  <button wx:else plain bindtap='addFavorites'>♥点击收藏</button>
</view>
```

WXSS 文件(pages/detail/detail.wxss)的完整代码如下：

```
/*整体容器*/
.container{
  padding: 15rpx;
  text-align: center;
}
/*新闻标题*/
.title{
  font-size: 14pt;
  line-height: 80rpx;
}
/*新闻图片*/
.poster image{
```

```
  width: 100 % ;
}
/ * 新闻正文 * /
.content{
  text - align: left;
  font - size: 12pt;
  line - height: 60rpx;
}
/ * 新闻日期 * /
.add_date{
  font - size: 12pt;
  text - align: right;
  line - height: 30rpx;
  margin - right: 25rpx;
  margin - top: 20rpx;
}
/ * "点击收藏"按钮 * /
button{
  width: 250rpx;
  height: 100rpx;
  margin: 20rpx auto;
}
```

JS 文件(pages/detail/detail.js)的完整代码如下：

```
var common = require('../../utils/common.js')          //引用公共 JS 文件
Page({
  //添加到收藏夹
  addFavorites: function(options) {
    let article = this.data.article;                   //获取当前新闻
    wx.setStorageSync(article.id, article);            //添加到本地缓存
    this.setData({ isAdd: true });                     //更新按钮显示
  },
  //取消收藏
  cancelFavorites: function() {
    let article = this.data.article;                   //获取当前新闻
    wx.removeStorageSync(article.id);                  //从本地缓存删除
    this.setData({ isAdd: false });                    //更新按钮显示
  },
  onLoad: function(options) {
    //获取页面跳转来时携带的数据
    let id = options.id
    //检查当前新闻是否在收藏夹中
    var article = wx.getStorageSync(id)
    //已存在
    if (article != '') {
      this.setData({
        article:article,
        isAdd: true
      })
    }
    //不存在
    else {
      let result = common.getNewsDetail(id)
      //获取到新闻内容
      if (result.code == '200') {
```

```
          this.setData({
            article: result.news,
            isAdd: false
          })
        }
      }
    }
})
```

3 个人中心页代码展示

WXML 文件(pages/my/my.wxml)的完整代码如下：

```
<!-- 登录面板 -->
<view id='myLogin'>
  <block wx:if='{{isLogin}}'>
    <image id='myIcon' src='{{src}}'></image>
    <text id='nickName'>{{nickName}}</text>
  </block>
  <button wx:else open-type='getUserInfo' bindgetuserinfo='getMyInfo'>
    未登录,点此登录
  </button>
</view>
<!-- 我的收藏 -->
<view id='myFavorites'>
  <text>我的收藏({{num}})</text>
  <!-- 收藏的新闻列表 -->
  <view id='news-list'>
    <view class='list-item' wx:for="{{newsList}}" wx:for-item="news" wx:key="{{news.id}}">
      <image src='{{news.poster}}'></image>
      <text class='news-title' bindtap='goToDetail' data-id='{{news.id}}'>
          ◇{{news.title}} -- {{news.add_date}}
      </text>
    </view>
  </view>
</view>
```

WXSS 文件(pages/my/my.wxss)的完整代码如下：

```
/* 登录面板 */
#myLogin{
  background-color: #328EEB;
  height: 400rpx;
  display: flex;
  flex-direction: column;
  align-items: center;
  justify-content: space-around;
}
/* 1-1 头像图片 */
#myIcon{
  width: 200rpx;
  height: 200rpx;
  border-radius: 50%;
}
/* 1-2 微信昵称 */
#nickName{
```

```
  color: white;
}
/* 我的收藏 */
#myFavorites{
  padding: 20rpx;
}
```

JS 文件(pages/my/my.js)的完整代码如下：

```
Page({
  data: {
    num: 0
  },
  //获取微信用户信息
  getMyInfo: function(e) {
    let info = e.detail.userInfo;
    this.setData({
      isLogin: true,                                //确认登录状态
      src: info.avatarUrl,                          //更新图片来源
      nickName: info.nickName                       //更新昵称
    })
    //获取收藏列表
    this.getMyFavorites();
  },
  //获取收藏列表
  getMyFavorites: function() {
    let info = wx.getStorageInfoSync();             //读取本地缓存信息
    let keys = info.keys;                           //获取全部 key 信息
    let num = keys.length;                          //获取收藏新闻数量

    let myList = [];
    for (var i = 0; i < num; i++) {
      let obj = wx.getStorageSync(keys[i]);
      myList.push(obj);                             //将新闻添加到数组中
    }
    //更新收藏列表
    this.setData({
      newsList: myList,
      num: num
    });
  },
  goToDetail: function(e) {
    //获取携带的 data-id 数据
    let id = e.currentTarget.dataset.id;
    //携带新闻 ID 进行页面跳转
    wx.navigateTo({
      url: '../detail/detail?id=' + id
    })
  }
  /**
   * 生命周期函数--监听页面显示
   */
  onShow: function() {
    //如果已经登录
    if(this.data.isLogin){
      //更新收藏列表
```

```
            this.getMyFavorites()
        }
    },
})
```

15.7 项目小结

通过基于模拟数据的高校新闻网项目的开发练习，主要综合复习了以下知识点和操作：

(1) 小程序项目的创建步骤。

(2) 手动新建小程序应用文件和页面文件的步骤。

(3) 导航栏的标题、背景颜色和文字颜色的设置方法。

(4) tabBar 的创建方法。

(5) 页面布局和样式设计的基本方法。

(6) 使用双花括号{{}}生成动态数据的方法。

(7) 使用 setData 重置动态数据的方法。

(8) wx:for、wx:if 和 wx:else 属性的用法。

(9) 公共函数的创建、导出和调用方法。

(10) 本地缓存数据的读取和删除。

(11) 使用按钮的 open-type 属性读取微信个人信息的方法。

(12) 页面导航跳转和数据携带的用法。

(13) 项目预览和真机调试的步骤。

第16章 Chapter 16

小程序全栈开发·基于WAMP的高校新闻网

小程序前端项目对接上后端服务器、数据库和存储可以称为小程序的全栈开发。本章将以 WAMP(Windows＋Apache＋MySQL＋PHP)组合为例从零开始详解如何部署服务器、搭建数据库以及实现后端接口,基于前面第 15 章的高校新闻网小程序项目进行全栈开发改造。

本章学习目标

- 综合应用所学知识创建完整的新闻小程序项目;
- 熟练掌握服务器部署、数据库搭建和接口的实现。

16.1 初始化项目

16.1.1 现有项目导入

视频讲解

本项目是基于第 15 章 newsDemo 项目的改造,因此无须新建空白项目,直接复制第 15 章项目文件夹到新的路径并且重命名为 newsDemo_WAMP(该名称由开发者自定义)即可导入微信 web 开发者工具中进行后续的开发。

注意导入时修改一下项目名称,因为开发者工具中不允许有同名项目存在。效果如图 16-1 所示。

单击"导入"按钮完成项目导入,即可进行后续的改造工作了。

16.1.2 后端逻辑实现

后端逻辑实现包含服务器部署、数据库搭建以及接口的实现,本章以 Windows＋Apache＋MySQL＋PHP(简称为 WAMP)服务器环境为例进行示范。小程序对于接口制作所使用的数据库、后端语言和框架均没有固定要求,这里仅是其中一种示例,开发者完全可以根据自己所擅长的领域自由选择。

视频讲解　视频讲解

1 服务器部署

请根据"附录 A 服务器部署"中的内容进行服务器的搭建和部署工作。

2 数据库搭建

请根据"附录 B 可视化数据库搭建"中的内容进行数据库和

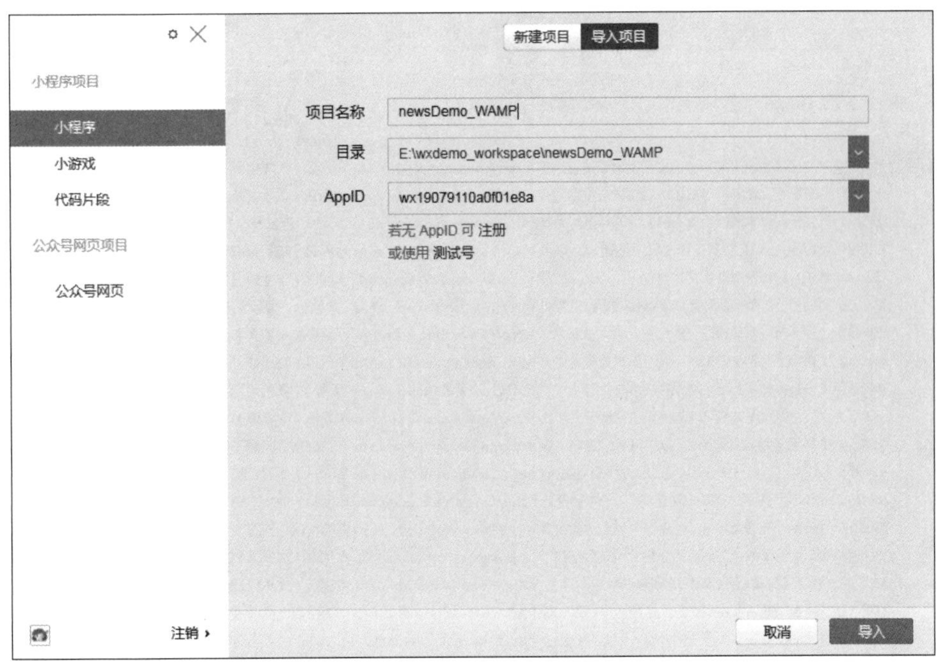

图 16-1　小程序项目填写效果示意图

数据表的搭建工作。

例如创建一个名称为 news 的数据库，并在其中创建名称为 campus_news 的数据表。

campus_news 表的结构参考表 16-1。

表 16-1　campus_news 表结构

字段名称	字段类型	字段长度	字段含义	主　键
id	varchar	10	新闻编号	是
title	varchar	120	新闻标题	否
poster	varchar	256	新闻图片 URL	否
content	longtext	1000	新闻内容	否
add_date	date	10	添加日期	否

其中字段名称、类型、长度等均可以由开发者按照实际情况进行自定义。

然后根据实际情况录入若干条新闻数据，如图 16-2 所示。

3 接口的实现

视频讲解

请根据“附录 C 后端框架搭建”学习框架部署、服务器对接以及接口制作。

首先自定义函数 getNewsList 和 getNewsById，分别用于获取新闻列表和根据 ID 编号获取指定的新闻内容：

```
<?php
namespace Home\Controller;
use Think\Controller;

class IndexController extends Controller
{
    public function getNewsList(){ }            //获取新闻列表
```

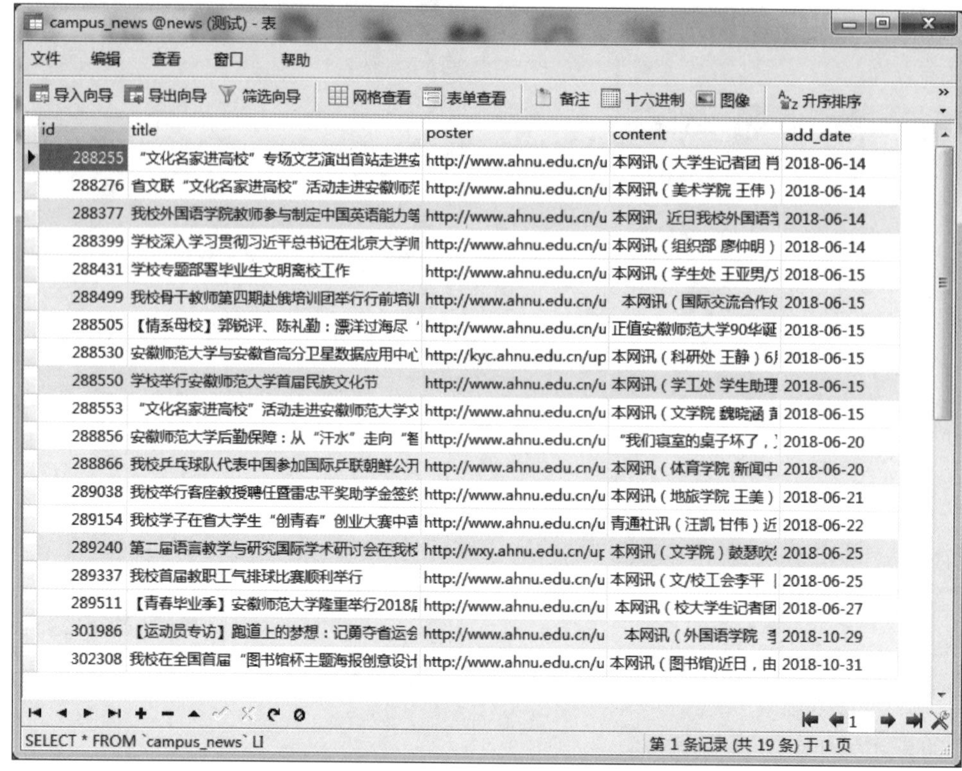

campus_news @news (测试) - 表

文件 编辑 查看 窗口 帮助

导入向导 导出向导 筛选向导 网格查看 表单查看 备注 十六进制 图像 升序排序

id	title	poster	content	add_date
288255	"文化名家进高校"专场文艺演出首站走进安	http://www.ahnu.edu.cn/u	本网讯（大学生记者团 肖	2018-06-14
288276	省文联"文化名家进高校"活动走进安徽师范	http://www.ahnu.edu.cn/u	本网讯（美术学院 王伟）	2018-06-14
288377	我校外国语学院教师参与制定中国英语能力等	http://www.ahnu.edu.cn/u	本网讯 近日我校外国语学	2018-06-14
288399	学校深入学习贯彻习近平总书记在北京大学师	http://www.ahnu.edu.cn/u	本网讯（组织部 廖仲明）	2018-06-14
288431	学校专题部署毕业生文明离校工作	http://www.ahnu.edu.cn/u	本网讯（学生处 王亚男/	2018-06-15
288499	我校骨干教师第四期赴俄培训团举行行前培训	http://www.ahnu.edu.cn/u	本网讯（国际交流合作处	2018-06-15
288505	【情系母校】郭锐评、陈礼勤：漂洋过海尽	http://www.ahnu.edu.cn/u	正值安徽师范大学90华诞	2018-06-15
288530	安徽师范大学与安徽省高分卫星数据应用中心	http://kyc.ahnu.edu.cn/up	本网讯（科研处 王静）6月	2018-06-15
288550	学校举行安徽师范大学首届民族文化节	http://www.ahnu.edu.cn/u	本网讯（学工处 学生助理	2018-06-15
288553	"文化名家进高校"活动走进安徽师范大学文	http://www.ahnu.edu.cn/u	本网讯（文学院 魏晓涵	2018-06-15
288856	安徽师范大学后勤保障：从"汗水"走向"智	http://www.ahnu.edu.cn/u	"我们寝室的桌子坏了，	2018-06-20
288866	我校乒乓球队代表中国参加国际乒联朝鲜公开	http://www.ahnu.edu.cn/u	本网讯（体育学院 新闻中	2018-06-20
289038	我校举行客座教授聘任暨雷忠平奖助学金签约	http://www.ahnu.edu.cn/u	本网讯（地旅学院 王美）	2018-06-21
289154	我校学子在省大学生"创青春"创业大赛中喜	http://www.ahnu.edu.cn/u	青通社讯（汪凯 甘伟）近	2018-06-22
289240	第二届语言教学与研究国际学术研讨会在我校	http://wxy.ahnu.edu.cn/up	本网讯（文学院）鼓瑟吹	2018-06-25
289337	我校首届教职工气排球比赛顺利举行	http://www.ahnu.edu.cn/u	本网讯（文/校工会李平 |	2018-06-25
289511	【青春毕业季】安徽师范大学隆重举行2018届	http://www.ahnu.edu.cn/u	本网讯（校大学生记者团	2018-06-27
301986	【运动员专访】跑道上的梦想：记勇夺省运会	http://www.ahnu.edu.cn/u	本网讯（外国语学院 李	2018-10-29
302308	我校在全国首届"图书馆杯主题海报创意设计	http://www.ahnu.edu.cn/u	本网讯（图书馆)近日，由	2018-10-31

SELECT * FROM `campus_news` LI　　第 1 条记录 (共 19 条) 于 1 页

图 16-2　campus_news 表录入数据参考图

```
    public function getNewsById(){ }            //根据 ID 编号获取新闻内容
}
```

获取新闻列表的接口的详细代码如下：

```
public function getNewsList()
{
    $p = I('page');                             //获取当前页数
    $page = ($p!= '') ? intval($p) : 1;         //当前页数取整
    $rows = 5;                                  //每次获取的新闻数量

    $offset = ($page - 1) * $rows;              //计算从第几条数据开始获取
    $m = M();                                   //创建查询模型
    $count = $m->query('select count(id) n from campus_news');      //查询新闻总数
    $rs = $m->query('select id,title,add_date,poster from campus_news limit '.$offset.','.
$rows);                                         //查询新闻列表数据
    $msg['total'] = $count[0]['n'];             //获取新闻总数
    $msg['list'] = $rs;                         //获取当前页的新闻列表数据

   echo json_encode($msg);                      //发送 JSON 数据
}
```

根据 ID 编号获取指定新闻内容的接口的详细代码如下：

```
public function getNewsById()
{
    $id = I('id');                              //获取新闻 ID 编号
```

```
        $m = M();                                  //创建查询模型
        $rs = $m->query('select * from campus_news where id='.$id);     //查询新闻内容
        echo json_encode($rs);                     //发送 JSON 数据
    }
```

此时接口就制作完成了，开发者可以先使用浏览器进行访问以检测数据是否获得。

16.1.3　公共逻辑

视频讲解

在公共 JS 文件(utils/common.js)中删除原先的所有代码，并进行服务器接口的地址配置。

代码片段如下：

```
//服务器域名地址
var baseUrl = 'http://127.0.0.1/myNews/'

//获取新闻列表接口
var getNewsList = baseUrl + 'Index/getNewsList'

//根据新闻 ID 获取新闻内容接口
var getNewsById = baseUrl + 'Index/getNewsById'
```

注意，这里的 127.0.0.1 是以本机模拟服务器效果为例，开发者如果有条件搭建自己的服务器，可以将此处替换成实际服务器的 IP 地址或域名地址。

接下来继续在 common.js 中添加自定义函数 goToDetail，用于打开新闻正文页面，并携带新闻 ID 编号，代码片段如下：

```
/**
 * 自定义函数 -- 跳转新闻浏览页面
 */
function goToDetail(id) {
  wx.navigateTo({
    url: '../detail/detail?id=' + id,
  })
}
```

最后需要在 common.js 中使用 module.exports 语句暴露变量与函数出口，代码片段如下：

```
module.exports = {
  getNewsList: getNewsList,
  getNewsById: getNewsById,
  goToDetail: goToDetail
}
```

现在就完成了公共逻辑处理的部分。

然后需要在各页面的 JS 文件顶端引用公共 JS 文件，引用代码如下：

```
var common = require('../../utils/common.js')        //引用公共 JS 文件
```

需要注意小程序在这里暂时还不支持绝对路径引用，只能使用相对路径。

16.2 首页改造

16.2.1 新闻列表展示

视频讲解

首先在页面底部添加一个“加载更多”按钮，以备后续使用。

修改后的 WXML 文件(pages/index/index.wxml)代码片段如下：

```
<!-- 新闻列表 -->
<view id='news-list'>
  <view class='list-item' wx:for="{{newsList}}" wx:for-item="news" wx:key="{{news.id}}">
    <image src='{{news.poster}}'></image>
    <text>◇{{news.title}}—{{news.add_date}}</text>
  </view>
  <button plain loading="{{loading}}">
    {{loadMoreText}}
  </button>
</view>
```

然后在 JS 文件的 data 中添加按钮的状态和文字描述。

有关 JS 文件(pages/index/index.js)代码片段如下：

```
Page({
  /**
   * 页面的初始数据
   */
  data: {
    newsList:[],
    loading: false,
    loadMoreText: '加载更多'
  },
})
```

在 JS 文件顶端定义公共变量 isEnd 和 currentPage，分别用于表示新闻是否全部加载和当前处于第几页，有关 JS 文件(pages/index/index.js)代码片段如下：

```
var isEnd = false
var currentPage = 1
Page({
  ...
})
```

创建自定义函数 getNewsListByPage 用于向服务器发送请求，获取新闻总数和指定页数上的新闻列表，并使用 setData 函数渲染到页面上。

有关 JS 文件(pages/index/index.js)代码片段如下：

```
Page({
  /**
   * 自定义函数 -- 获取指定页数的新闻列表
   */
  getNewsListByPage: function(page) {
    var that = this
    wx.request({
```

```
      url: common.getNewsList,
      data: {
        page: page
      },
      success: function(res) {
        //获取新闻总数
        let total = res.data.total
        //追加更多新闻数据
        let list = that.data.newsList.concat(res.data.list)
        //更新新闻数据和新闻总数
        that.setData({
          newsList: list,
          total: total
        })
        //如果已经显示全部新闻
        if (list.length == total) {
          isEnd = true
          that.setData({
            loadMoreText: '已无更多'
          })
        } else {
          //翻到下一页
          currentPage++
        }
      }
    })
  },
})
```

在 onLoad 函数中调用 getNewsListByPage 获取第一页新闻数据。

有关 JS 文件(pages/index/index.js)代码片段如下:

```
Page({
  /**
   * 生命周期函数--监听页面加载
   */
  onLoad: function(options) {
    this.getNewsListByPage(1)                    //获取第一页新闻数据
  },
})
```

修改幻灯片滚动区域的循环数组,将其更新为新闻列表中的前 3 条记录。

有关 WXML 文件(pages/index/index.wxml)代码片段修改如下:

```
<!-- 幻灯片 -->
<swiper indicator-dots autoplay interval='5000' duration='500'>
  <block wx:for='{{[newsList[0],newsList[1],newsList[2]]}}' wx:key='swiper{{index}}'>
    <swiper-item>
      <image src='{{item.poster}}'></image>
    </swiper-item>
  </block>
</swiper>
```

此时页面效果如图 16-3 所示。

(a) 页面初始效果

(b) 页面底部效果

图 16-3　首页新闻列表展示

16.2.2　加载更多新闻

视频讲解

为首页新闻列表底部的"加载更多"按钮追加 bindtap 属性绑定点击事件。有关 WXML 文件(pages/index/index.wxml)代码片段修改如下：

```
<!-- 新闻列表 -->
<view id = 'news - list'>
  <view class = 'list - item' wx:for = "{{newsList}}" wx:for - item = "news" wx:key = "{{news.id}}">
    <image src = '{{news.poster}}'></image>
    <text>◇{{news.title}} -- {{news.add_date}}</text>
  </view>
  <button plain loading = "{{loading}}" bindtap = "loadMore">
    {{loadMoreText}}
  </button>
</view>
```

在 JS 文件中创建 loadMore 函数用于加载当前页面新闻，当用户点击时尝试向服务器要求获取下一页新闻列表数据，当没有更多数据时显示"已无更多"字样，并禁止点击。

有关 JS 文件(pages/index/index.js)代码片段如下：

```
Page({
  /**
   * 自定义函数 -- 加载更多新闻
   */
```

```
  loadMore: function() {
    //如果新闻尚未全部加载完毕,并且按钮不处于正在加载状态
    if (!isEnd && !this.data.loading) {
      //让按钮出现加载动画
      this.setData({
        loading: true
      })
      setTimeout(() => {
        //加载当前页面新闻数据
        this.getNewsListByPage(currentPage)
        //停止按钮加载动画
        this.setData({
          loading: false
        })
      }, 1000)
    }
  },
})
```

此时页面效果如图 16-4 所示。

(a) 页面初始底部效果

(b) 首次加载后底部效果

(c) 全部加载完毕后底部效果

图 16-4 首页新闻列表加载效果展示

16.2.3 点击跳转新闻内容

视频讲解

在对应的 detail.js 文件中修改 goToDetail 函数的内容,代码片段如下:

```
Page({
  /**
   * 自定义函数--跳转新闻浏览页面
   */
```

```
  goToDetail: function(e) {
    let id = e.currentTarget.dataset.id
    common.goToDetail(id)
  },
})
```

此时已经可以点击跳转到 detail 页面，并且成功携带了新闻 ID 数据，但是仍需在 detail 页面进行携带数据的接收处理才可显示正确的新闻内容。

16.3 新闻页改造

视频讲解

新闻页的改造主要集中在如何获取新闻正文内容，在首页逻辑中已经实现了页面跳转并携带了新闻 ID 编号，现在需要在新闻页面接收 ID 编号，并查询对应的新闻内容。

有关 JS 文件(pages/detail/detail.js)代码片段修改如下：

```
Page({
  /**
   * 生命周期函数--监听页面加载
   */
  onLoad: function(options) {
    //获取携带的新闻 ID 编号
    let id = options.id
    //检查当前新闻是否在收藏夹中
    var article = wx.getStorageSync(id)
    //已存在
    if (article != '') {
      this.setData({
        isAdd: true,
        article: article
      })
    }
    //不存在
    else {
      this.setData({ isAdd: false })
      var that = this
      //向服务器发出请求获取新闻
      wx.request({
        url: common.getNewsById,
        data: {
          id: id
        },
        success: function(res) {
          that.setData({ article: res.data[0] })
        }
      })
    }
  },
})
```

此时重新从首页点击新闻跳转就可以发现已经能够正确显示标题对应的新闻内容了。运行效果如图 16-5 所示。

(a) 首页新闻列表

(b) 点击浏览新闻

图 16-5 在首页新闻列表中浏览新闻的效果

16.4 个人中心页改造

视频讲解

个人中心页的改造主要集中在如何浏览已收藏的新闻，与首页的点击跳转新闻内容功能类似，在对应的 my.js 文件中修改 goToDetail 函数的内容，代码片段如下：

```
Page({
  /**
   * 自定义函数--跳转新闻浏览页面
   */
  goToDetail: function(e) {
    let id = e.currentTarget.dataset.id
    common.goToDetail(id)
  },
})
```

最终运行效果如图 16-6 所示。

此时小程序全栈开发的高校新闻网项目就正式改造完毕，开发者也可以根据自己所擅长的技术方向重新选择其他服务器或后端开发语言，例如 Java、Node.js 等均可实现该项目。

(a) 我的收藏列表

(b) 浏览收藏的新闻

图 16-6 浏览已收藏新闻的效果

16.5 完整代码展示

16.5.1 应用文件代码展示

app.json 文件的完整代码如下：

```
{
  "pages": [
    "pages/index/index",
    "pages/my/my",
    "pages/detail/detail"
  ],
  "window": {
    "navigationBarBackgroundColor": "#328EEB",
    "navigationBarTitleText": "我的新闻网"
  },
  "tabBar": {
    "color": "#000",
    "selectedColor": "#328EEB",
    "list": [
      {
        "pagePath": "pages/index/index",
        "text": "首页",
        "iconPath": "images/index.png",
        "selectedIconPath": "images/index_blue.png"
      },
```

```
        {
          "pagePath": "pages/my/my",
          "text": "我的",
          "iconPath": "images/my.png",
          "selectedIconPath": "images/my_blue.png"
        }
      ]
   }
}
```

app.wxss 文件的完整代码如下：

```
/* 新闻列表区域样式 */
/* 2-1 新闻列表容器 */
#news-list{
  min-height: 600rpx;
  padding: 15rpx;
}

/* 2-2 单行列表项目 */
.list-item{
  display: flex;
  flex-direction: row;
  border-bottom: 1rpx solid gray;
}

/* 2-3 新闻图片 */
.list-item image{
  width: 230rpx;
  height: 150rpx;
  margin: 10rpx;
}

/* 2-4 新闻标题 */
.list-item text{
  width: 100%;
  line-height: 60rpx;
  font-size: 10pt;
}
```

16.5.2 公共函数文件代码展示

JS 文件(utils/common.js)的完整代码如下：

```
//服务器域名地址
var baseUrl = 'http://127.0.0.1/myNews/'

//获取新闻列表接口
var getNewsList = baseUrl + 'Index/getNewsList'

//根据新闻 ID 获取新闻内容接口
var getNewsById = baseUrl + 'Index/getNewsById'

/**
 * 自定义函数--跳转新闻浏览页面
```

```
*/
function goToDetail(id) {
  wx.navigateTo({
    url: '../detail/detail?id=' + id,
  })
}

module.exports = {
  getNewsList: getNewsList,
  getNewsById: getNewsById,
  goToDetail: goToDetail
}
```

16.5.3 页面文件代码展示

1 首页代码展示

WXML 文件(pages/index/index.wxml)的完整代码如下：

```
<!-- 幻灯片 -->
<swiper indicator-dots autoplay interval='5000' duration='500'>
  <block wx:for='{{[newsList[0],newsList[1],newsList[2]]}}' wx:key='swiper{{index}}'>
    <swiper-item>
      <image src='{{item.poster}}'></image>
    </swiper-item>
  </block>
</swiper>

<!-- 新闻列表 -->
<view id='news-list'>
  <view class='list-item' wx:for='{{newsList}}' wx:key='news{{index}}' wx:for-item='news'>
    <image src='{{news.poster}}'></image>
    <text bindtap='goToDetail' data-id='{{news.id}}'>
          ◇{{news.title}}—{{news.add_date}}</text>
  </view>
  <button plain loading="{{loading}}" bindtap="loadMore">
    {{loadMoreText}}
  </button>
</view>
```

WXSS 文件(pages/index/index.wxss)的完整代码如下：

```
/* swiper 区域样式 */
/* 1-1 swiper 组件 */
swiper {
  height: 400rpx;
}
/* 1-2 swiper 中的图片 */
swiper image {
  width: 100%;
  height: 100%;
}
```

JS 文件(pages/index/index.js)的完整代码如下：

```
var common = require('../../utils/common.js')
var isEnd = false
var currentPage = 1
Page({
  /**
   * 页面的初始数据
   */
  data: {
    loading: false,
    loadMoreText: '加载更多'
  },
  /**
   * 自定义函数 -- 跳转新闻浏览页面
   */
  goToDetail: function(e) {
    let id = e.currentTarget.dataset.id
    common.goToDetail(id)
  },
  /**
   * 自定义函数 -- 加载更多新闻
   */
  loadMore: function() {
    //如果新闻尚未全部加载完毕,并且按钮不处于正在加载状态
    if (!isEnd && !this.data.loading) {
      //让按钮出现加载动画
      this.setData({
        loading: true
      })
      setTimeout(() => {
        //加载当前页面新闻数据
        this.getNewsListByPage(currentPage)
        //停止按钮加载动画
        this.setData({
          loading: false
        })
      }, 1000)
    }
  },
  /**
   * 自定义函数 -- 获取指定页数的新闻列表
   */
  getNewsListByPage: function(page) {
    var that = this
    wx.request({
      url: common.getNewsList,
      data: {
        page: page
      },
      success: function(res) {
        //获取新闻总数
        let total = res.data.total
        //追加更多新闻数据
        let list = that.data.newsList.concat(res.data.list)
        //更新新闻数据和新闻总数
        that.setData({
```

```
          newsList: list,
          total: total
        })
        //如果已经显示全部新闻
        if (list.length == total) {
          isEnd = true
          that.setData({
            loadMoreText: '已无更多'
          })
        } else {
          //翻到下一页
          currentPage++
        }
      }
    })
  },
  /**
   * 生命周期函数--监听页面加载
   */
  onLoad: function(options) {
      this.getNewsListByPage(1)                    //获取第一页新闻数据
  },
})
```

2 新闻页代码展示

WXML 文件(pages/detail/detail.wxml)的完整代码如下：

```
<view class='container'>
  <!-- 新闻标题 -->
  <view class='title'>{{article.title}}</view>
  <!-- 新闻图片 -->
  <view class='poster'>
     <image src='{{article.poster}}' mode='widthFix'></image>
  </view>
  <!-- 新闻正文 -->
  <view class='content'>
    <text>{{article.content}}</text>
  </view>
  <!-- 新闻日期 -->
  <view class='add_date'>时间：{{article.add_date}}</view>

  <button wx:if='{{isAdd}}' plain bindtap='cancelFavorites'>♥已收藏</button>
  <button wx:else plain bindtap='addFavorites'>♥点击收藏</button>
</view>
```

WXSS 文件(pages/detail/detail.wxss)的完整代码如下：

```
/*整体容器*/
.container{
  padding: 15rpx;
  text-align: center;
}
/*新闻标题*/
.title{
  font-size: 14pt;
  line-height: 80rpx;
```

```
}
/*新闻图片*/
.poster image{
  width: 100%;
}
/*新闻正文*/
.content{
  text-align: left;
  font-size: 12pt;
  line-height: 60rpx;
}
/*新闻日期*/
.add_date{
  font-size: 12pt;
  text-align: right;
  line-height: 30rpx;
  margin-right: 25rpx;
  margin-top: 20rpx;
}
/*"点击收藏"按钮*/
button{
  width: 250rpx;
  height: 100rpx;
  margin: 20rpx auto;
}
```

JS文件(pages/detail/detail.js)的完整代码如下：

```
var common = require('../../utils/common.js')
Page({
  //添加到收藏夹
  addFavorites: function(options) {
    let article = this.data.article;                    //获取当前新闻
    wx.setStorageSync(article.id, article);             //添加到本地缓存
    this.setData({isAdd: true});                        //更新按钮显示
  },
  //取消收藏
  cancelFavorites: function() {
    let article = this.data.article;                    //获取当前新闻
    wx.removeStorageSync(article.id);                   //从本地缓存删除
    this.setData({isAdd: false});                       //更新按钮显示
  },
  /**
   * 生命周期函数--监听页面加载
   */
  onLoad: function(options) {
    //获取携带的新闻ID编号
    let id = options.id
    //检查当前新闻是否在收藏夹中
    var article = wx.getStorageSync(id)
    //已存在
    if (article != '') {
      this.setData({
        isAdd: true,
        article: article
      })
```

```
      }
      //不存在
      else {
        this.setData({isAdd: false})
        var that = this
        //向服务器发出请求获取新闻
        wx.request({
          url: common.getNewsById,
          data: {
            id: id
          },
          success: function(res) {
            that.setData({ article: res.data[0] })
          }
        })
      }
    },
})
```

3 个人中心页代码展示

WXML 文件(pages/my/my.wxml)的完整代码如下：

```
<!-- 登录面板 -->
<view id='myLogin'>
  <block wx:if='{{isLogin}}'>
    <image id='myIcon' src='{{src}}'></image>
    <text id='nickName'>{{nickName}}</text>
  </block>
  <button wx:else open-type='getUserInfo' bindgetuserinfo='getMyInfo'>
    未登录,点此登录
  </button>
</view>

<!-- 我的收藏 -->
<view id='myFavorites'>
  <text>我的收藏({{num}})</text>
  <!-- 新闻列表 -->
  <view id='news-list'>
    <view class='list-item' wx:for='{{newsList}}' wx:key='news{{index}}' wx:for-item='news'>
      <image src='{{news.poster}}'></image>
      <text bindtap='goToDetail' data-id='{{news.id}}'>
            ◇{{news.title}}—{{news.add_date}}</text>
    </view>
  </view>
</view>
```

WXSS 文件(pages/my/my.wxss)的完整代码如下：

```
/*登录面板*/
#myLogin{
  background-color: #328EEB;
  height: 400rpx;
  display: flex;
  flex-direction: column;
  align-items: center;
```

```
    justify-content: space-around;
}
/*1-1 头像图片*/
#myIcon{
    width: 200rpx;
    height: 200rpx;
    border-radius: 50%;
}
/*1-2 微信昵称*/
#nickName{
    color: white;
}
/*我的收藏*/
#myFavorites{
    padding: 20rpx;
}
```

JS 文件(pages/my.my.js)的完整代码如下：

```
var common = require('../../utils/common.js')
Page({
  /**
   * 页面的初始数据
   */
  data: {
    num: 0,
    isLogin: false
  },
  //获取收藏列表
  getMyFavorites: function() {
    let info = wx.getStorageInfoSync()              //读取本地缓存信息
    let keys = info.keys                            //获取全部 key 信息
    let num = keys.length                           //获取收藏新闻数量

    let myList = []
    for (var i = 0; i < num; i++) {
      let obj = wx.getStorageSync(keys[i])
      myList.push(obj)                              //将新闻添加到数组中
    }
    //更新收藏列表
    this.setData({
      newsList: myList,
      num: num
    })
  },
  //获取微信用户信息
  getMyInfo: function(e) {
    let info = e.detail.userInfo
    this.setData({
      isLogin: true,                                //确认登录状态
      src: info.avatarUrl,                          //更新图片来源
      nickName: info.nickName                       //更新昵称
    })
    //获取收藏列表
    this.getMyFavorites()
  },
```

```
  /**
   * 自定义函数 -- 跳转新闻浏览页面
   */
  goToDetail: function(e) {
    let id = e.currentTarget.dataset.id
    common.goToDetail(id)
  },
  /**
   * 生命周期函数 -- 监听页面显示
   */
  onShow: function() {
    if (this.data.isLogin) {
      //获取收藏列表
      this.getMyFavorites();
    }
  },
})
```

第17章 Chapter 17

小程序云开发·基于云数据库的高校新闻网

为了让开发者能够更专注于小程序前端的开发工作，腾讯提供了云开发平台帮助开发者快速上线和迭代小程序项目。开发者开通云开发环境后无须自行搭建第三方服务器即可享有存储、数据库等云能力。本章将从零开始详解如何开通小程序云环境，并使用云数据库改造前面第 15 章的高校新闻网小程序项目。

本章学习目标

- 了解什么是云开发，掌握云开发的开通步骤；
- 掌握创建云模板项目和老项目迁移的步骤；
- 掌握云数据集创建和权限设定的步骤；
- 掌握小程序前端与云数据库交互的方法。

17.1 云开发简介

17.1.1 什么是云开发

云开发是腾讯提供的一套完整原生云端支持和微信服务支持，开发者无须搭建第三方服务器，可以直接使用云端能力开发微信小程序、小游戏。

云开发弱化了后端和运维的概念，开发者可以更多地专注于小程序前端开发，直接使用云平台提供的 API 进行核心业务开发，并实现快速上线和迭代。该能力与开发者使用的其他云服务可以互相兼容，即可以同时使用云开发能力和其他第三方云服务。

17.1.2 云开发能力介绍

目前云开发能力主要分为三大功能，即云函数、云存储和云数据库，具体解释如下。

- 云函数：在云端运行的函数代码，开发者无须自建服务器，微信私有协议天然鉴权；
- 云存储：小程序前端可以上传/下载云端文件，开发者无须自建存储和 CDN，在云开发控制台可视化管理；
- 云数据库：以 MongoDB 为基础的 JSON 数据库，开发者无须自建数据库，可以直接在小程序前端或云函数中对数据库进行读写管理。

云开发能力提供的免费资源配额如表 17-1 所示。

表 17-1 云开发免费资源配额

云开发能力的分类	配额种类	额度
存储	容量	5GB
	下载操作次数	150 万次/月
	上传操作次数	60 万次/月
	外网下行流量	无
	CDN 回源流量	5 吉字节/月
CDN	CDN 流量	5 吉字节/月
云函数	调用次数	20 万次/月
	数量	50 个
	资源使用量(GBs)	4 万/月
	外网出流量	1 吉字节/月
	单个云函数并发数	20
数据库	容量	2GB
	QPS	30
	同时连接数	20
	读操作次数	5 万次/天
	写操作次数	3 万次/天
	集合限制	100 个
	单个集合索引限制	20 个

注意：以上是单个云环境的配额，不是全部云环境的总和。

17.1.3 云开发的开通步骤

用户可以按照以下 3 个步骤开通云开发能力。

1 新建云开发模板

首先开发者使用微信 web 开发者工具新建一个空白项目，必须填入 AppID(不可使用游客模式或测试号)，然后选中“小程序 · 云开发”，即可生成一个自带云开发模板样例代码的云开发项目。

云开发项目在自动生成后目录结构和普通小程序不同，根目录中会出现 cloudfunctionRoot 目录用于存放云函数，并且在 project. config. json 文件中新增了该目录的同名字段。

需要注意的是，云能力要求基础库 2.2.3 及以上版本的支持。

2 开通云开发

在创建完第一个云开发项目后，还需要手动开通云开发功能才可继续使用。单击微信 web 开发者工具顶端的“云开发”按钮打开云控制台，根据提示填写开通云开发。在默认情况下可以免费创建两个云环境(创建的第一个环境自动成为默认环境)，每个环境都有唯一的 ID 表示，并且独立包含数据库、存储空间和云函数配置等资源，彼此隔离，互不干扰。

需要注意的是，首次开通云环境后需要等待 10 分钟左右才可正常使用云 API。开通完成后即可在微信 web 开发者工具的模拟器上体验云开发的相关能力。

3 云控制台管理

开通云环境后单击微信 web 开发者工具顶端的“云开发”按钮即可进入云控制台进行可视化管理，如图 17-1 所示。

图 17-1 云开发控制台概览图

控制台主要提供以下 6 个选项。

- 概览：查看当前环境名称、ID 和套餐版本，以及数据概览信息，包括今日活跃用户数、API 调用、数据库容量、存储容量和 CDN 流量情况等；
- 用户管理：查看和管理使用小程序项目的用户信息，包括用户的头像、性别、昵称、城市、注册时间、最后一次进入时间以及用户的 openid；
- 数据库：查看和管理数据库，包括对其中数据集的 CRUD 操作和访问权限管理；
- 存储管理：查看和管理存储空间，可以分配访问权限；
- 云函数：查看和管理云函数列表、配置和日志情况等；
- 统计分析：分别展示 API 调用、数据库、存储和云函数的调用情况或资源使用量。

17.2 初始化项目

17.2.1 创建云模板项目

视频讲解

首先需要创建一个云开发项目，在任意盘符下创建一个空白文件夹(例如 cloudNews)，然后填入 AppID 和选中“小程序·云开发”，如图 17-2 所示。

接着删除其中无用的模板代码：

(1) 删除 cloudFunctions 文件夹下的默认云函数 login 的全部内容。

(2) 找到 app. json 文件，打开并删除其中的页面引用，只保留第一个 pages/index/index。

(3) 打开硬盘中的 pages 文件夹，删除 index 以外的所有目录。

(4) 进入 index 文件夹，删除多余的图片，以及 JS、WXML 和 WXSS 文件中的全部代码

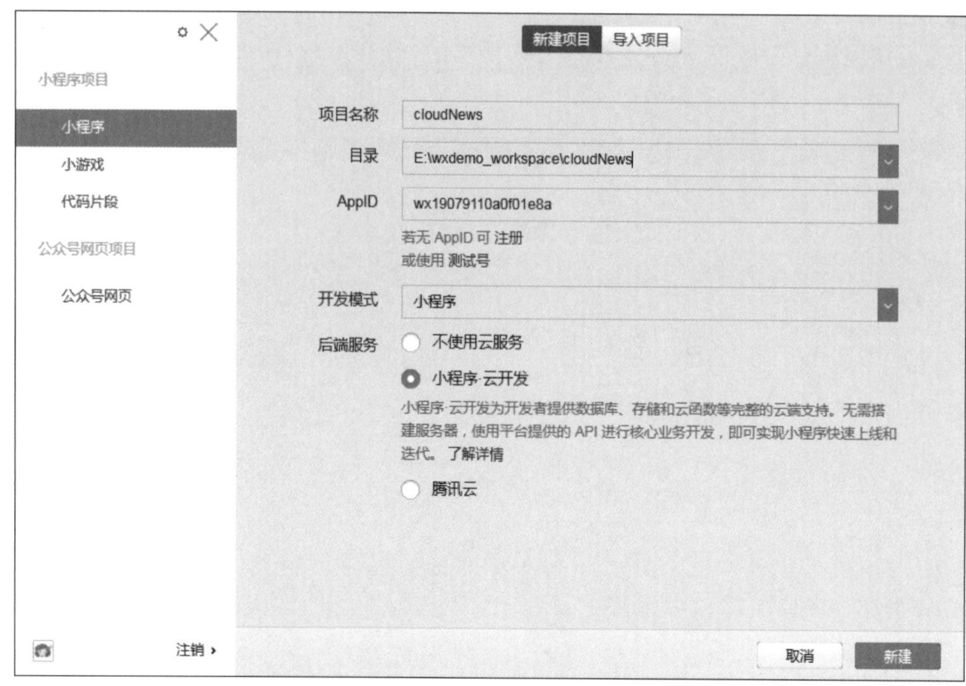

图 17-2 云模板项目填写效果示意图

(JS 文件删除干净后输入关键词 page 让它自动生成 Page({})函数的相关代码)。

(5) 删除 app. wxss 中的代码。

(6) 删除 image 文件夹中的所有图片。

(7) 删除 style 文件夹，此时项目清理全部完成。

17.2.2 迁移老项目

视频讲解

现在需要将第 15 章 newsDemo 中的相关文件合并到当前新建的云项目中，具体步骤如下：

(1) 将 newsDemo 中 images 文件夹内的图片复制、粘贴过来。

(2) 将 newsDemo 中的 utils 文件夹复制、粘贴过来。

(3) 将 newsDemo 中 pages 文件夹内的所有内容复制、粘贴过来，其中 index 文件夹全部替换。

(4) 将 newsDemo 中的 app. json 和 app. wxss 文件替换过来，此时项目迁移完成。

17.2.3 部署云数据库

视频讲解

具体操作如下：

(1) 将若干条新闻数据做到 Excel 表格里面，第一行为标题。

(2) 将 Excel 表格文件另存为 CSV 格式。

(3) 安装 Notepad++ 软件，打开 CSV 文件，转换为 utf8 编码格式，并保存。

(4) 打开云开发控制台，创建一个新的数据集，例如 news。

(5) 检查 news 数据集的权限，确认权限选择的是“所有用户可读，仅创建者及管理员可写”。

(6) 导入 CSV 文件，完成。

效果如图 17-3 所示。

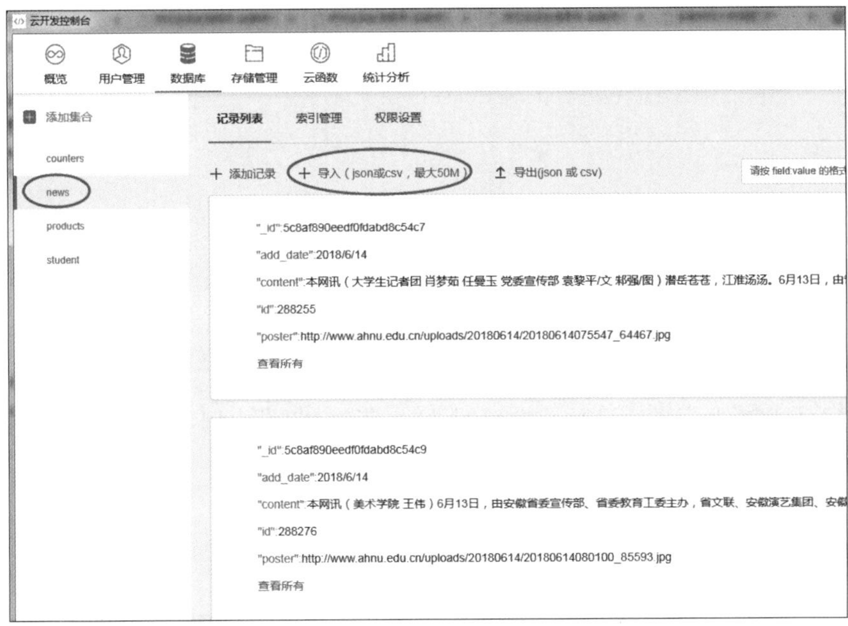

图 17-3 云数据库中的 news 数据集效果图

主要字段参考如下，开发者也可以根据实际需要自行修改或追加其他字段。

- title：新闻标题；
- add_date：添加日期；
- content：正文内容；
- poster：新闻图片。

17.3 首页改造

17.3.1 展示新闻列表

视频讲解

首先需要去掉原来的临时数据，修改 index.js 文件，清空其中的 data 初始数据：

```
/**
 * 页面的初始数据
 */
data: {
  //这里的所有数据清空即可
},
```

然后进行云数据库的新闻读取，修改 index.js 文件，在其顶部添加如下代理：

```
const db = wx.cloud.database()
const news = db.collection('news')
```

修改 index.js 中的 onLoad 函数：

```
/**
 * 生命周期函数 -- 监听页面加载
 */
onLoad: function(options) {
  news.limit(5).get({
    success:res =>{
      this.setData({newsList:res.data})
    }
  })
},
```

上述代码表示从云数据库的 news 数据集中读取前 5 条新闻记录，开发者可以修改 limit(5)里面的数字。此时重新运行，新闻列表成功读取到，如图 17-4 所示。

17.3.2 展示滚动图片

视频讲解

滚动图片可以由开发者定义显示最新的 3～5 张，以 3 张为例，修改代码如下：

```
<!-- 幻灯片 -->
<swiper indicator-dots autoplay interval='5000' duration='500'>
  <block wx:for='{{[newsList[0],newsList[1],newsList[2]]}}' wx:key='swiper{{index}}'>
    <swiper-item>
      <image src='{{item.poster}}'></image>
    </swiper-item>
  </block>
</swiper>
```

此时重新运行，滚动图片成功显示，如图 17-5 所示。

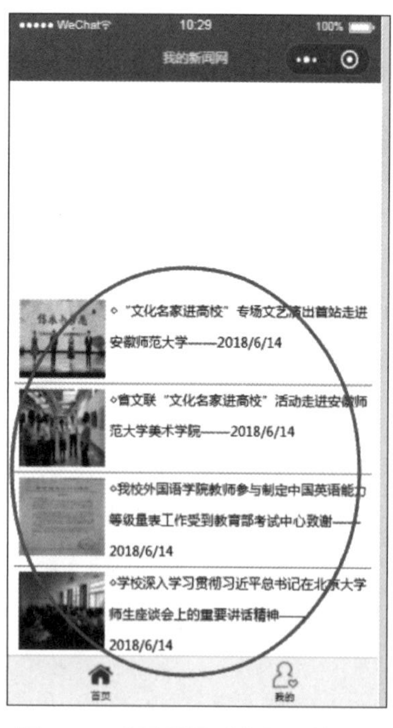

图 17-4 首页新闻列表展示效果图

图 17-5 首页顶端滚动图片效果图

17.3.3 触底自动加载新闻列表

视频讲解

首先修改 index.json 文件，在其中添加新属性 onReachBottomDistance：

```
{
  "onReachBottomDistance":100
}
```

上述代码表示一旦页面下拉触到底部 100 像素的位置，就触发触底事件。

修改 index.js 文件，在顶端声明当前页面 page 和每次读取新闻数量 row：

```
const row = 5
var page = 0
```

修改 index.js 中的 onLoad 函数，将固定值 limit(5)改成 limit(row)：

```
  /**
   * 生命周期函数--监听页面加载
   */
  onLoad: function(options) {
    news.limit(row).get({
      success:res =>{
        this.setData({newsList:res.data})
      }
    })
  },
```

修改 index.js 中的 onReachBottom 函数，每次更新新闻列表：

```
  /**
   * 页面下拉触底事件的处理函数
   */
  onReachBottom: function() {
    //翻下一页
    page++
    //获取当前页面的新闻记录
    news.skip(row * page).limit(row).get({
      success: res => {
        //获取原有的新闻记录
        let old_data = this.data.newsList
        //获取新页面的新闻记录
        let new_data = res.data
        //更新首页新闻列表
        this.setData({
          newsList: old_data.concat(new_data)
        })
      }
    })
  },
```

此时拉到页面底部就可以更新出新闻列表了。

17.3.4 点击新闻列表传递新闻编号

视频讲解

如果希望阅读页面显示不同的新闻内容，需要知道新闻编号。

修改 index.wxml 如下：

```
<!-- 新闻列表 -->
<view id='news-list'>
    <view class='list-item' wx:for='{{newsList}}' wx:key='news{{index}}' wx:for-item='news'>
        <image src='{{news.poster}}'></image>
        <text data-id='{{news._id}}' bindtap='goToDetail'>
            ◇{{news.title}} -- {{news.add_date}}</text>
    </view>
</view>
```

上述代码表示点击新闻标题时附带 ID 编号，然后修改 index.js 中的 goToDetail 函数：

```
  /**
   * 自定义函数 -- 跳转新闻浏览页面
   */
  goToDetail: function(e) {
    common.goToDetail(e.currentTarget.dataset.id)
  },
```

然后更新 utils 文件夹中的 common.js 文件，删除已经不需要的模拟数据 const news，以及函数 getNewsList 和 getNewsDetail，并新增自定义函数 goToDetail，用于跳转新闻浏览页面：

```
/**
  * 自定义函数 -- 跳转新闻浏览页面
  */
function goToDetail(id) {
  wx.navigateTo({
    url: '../detail/detail?id=' + id,
  })
}

module.exports = {
  goToDetail: goToDetail
}
```

这样点击跳转到 detail 页面时就可以传递新闻编号。

17.4 新闻阅读页改造

新闻阅读页的改造主要集中在如何获取新闻正文内容。

视频讲解

修改 detail.js 文件，在其顶部添加如下代码：

```
const db = wx.cloud.database()
const news = db.collection('news')
```

然后修改 detail.js 中的 onLoad 函数：

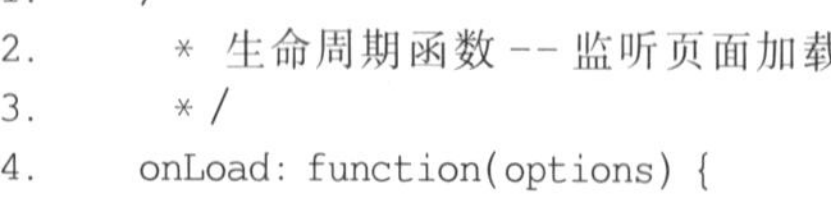

```
  /**
   * 生命周期函数 -- 监听页面加载
   */
  onLoad: function(options) {
```

```
    //显示 loading 提示框
    wx.showLoading({
      title: '数据加载中'
    })

    //获取新闻编号
    let id = options.id
    //根据新闻 ID 查找新闻是否在收藏夹中
    let article = wx.getStorageSync(id)

    //新闻在收藏夹中
    if (article != '') {
      //更新页面上的新闻信息和收藏状态
      this.setData({
        article: article,
        isAdd: true
      })
      //隐藏 loading 提示框
      wx.hideLoading()
    }
    //新闻不在收藏夹中
    else {
      //根据新闻 ID 在云数据集中查找新闻内容
      news.doc(id).get({
        success: res => {
          //更新页面上的新闻信息和收藏状态
          this.setData({
            article: res.data,
            isAdd: false
          })
          //隐藏 loading 提示框
          wx.hideLoading()
        }
      })
    }
  },
```

此时重新运行，新闻内容成功读取到，如图 17-6 所示。

图 17-6 新闻阅读页成功读取到新闻信息

个人中心页的改造主要集中在如何浏览已收藏的新闻，与首页的点击跳转新闻内容功能类似，首先修改 my.wxml 中收藏列表的代码：

视频讲解

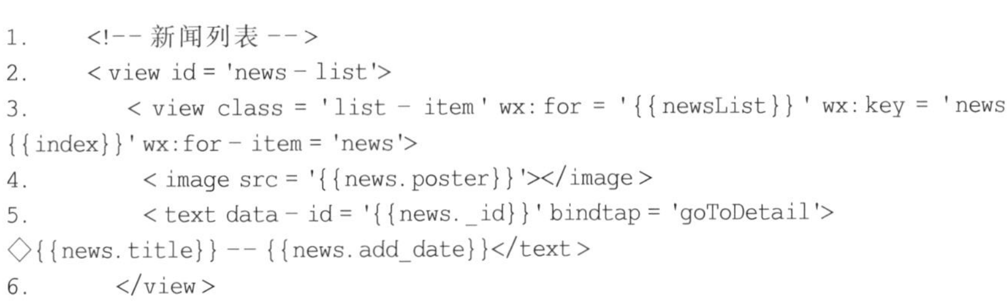

```
<!-- 新闻列表 -->
<view id = 'news - list'>
  < view class = 'list - item' wx: for = '{{newsList}} ' wx: key = 'news {{index}}' wx:for - item = 'news'>
    < image src = '{{news.poster}}'></image >
    < text data - id = '{{news._id}}' bindtap = 'goToDetail'>◇{{news.title}} -- {{news.add_date}}</text >
  </view >
```

```
    </view>
```

上述代码为< text >组件的 data-id 属性更新了新闻 ID 编号。

然后在对应的 my.js 文件中修改 goToDetail 函数的内容，代码片段如下：

```
/**
  * 自定义函数 -- 跳转新闻浏览页面
  */
goToDetail: function(e) {
  common.goToDetail(e.currentTarget.dataset.id)
},
```

最终运行效果如图 17-7 所示。

(a) "我的收藏"列表

(b) 浏览收藏的新闻

图 17-7 浏览已收藏新闻的效果

此时整个项目就全部改造完毕，由于图片地址有可能在示例高校运维网站群平台时发生变化，开发者可以替换成自己所在学校的其他图片的 URL 地址。

17.6 完整代码展示

17.6.1 应用文件代码展示

app.json 文件的完整代码如下：

```
{
  "pages": [
    "pages/index/index",
    "pages/my/my",
```

```
    "pages/detail/detail"
  ],
  "window": {
    "navigationBarBackgroundColor": "#328EEB",
    "navigationBarTitleText": "我的新闻网"
  },
  "tabBar": {
    "color": "#000",
    "selectedColor": "#328EEB",
    "list": [
      {
        "pagePath": "pages/index/index",
        "text": "首页",
        "iconPath": "images/index.png",
        "selectedIconPath": "images/index_blue.png"
      },
      {
        "pagePath": "pages/my/my",
        "text": "我的",
        "iconPath": "images/my.png",
        "selectedIconPath": "images/my_blue.png"
      }
    ]
  }
}
```

app.wxss 文件的完整代码如下：

```
/* 新闻列表区域样式 */
/* 2-1 新闻列表容器 */
#news-list {
  min-height: 600rpx;
  padding: 15rpx;
}
/* 2-2 列表项目 */
.list-item{
  display: flex;
  flex-direction: row;
  border-bottom: 1rpx solid gray;
}
/* 2-3 新闻图片 */
.list-item image{
  width:230rpx;
  height: 150rpx;
  margin: 10rpx;
}
/* 2-4 新闻标题 */
.list-item text{
  width: 100%;
  line-height: 60rpx;
  font-size: 10pt;
}
```

17.6.2　公共函数文件代码展示

JS 文件(utils/common.js)的完整代码如下：

```
/**
  * 自定义函数 -- 跳转新闻浏览页面
  */
function goToDetail(id) {
  wx.navigateTo({
    url: '../detail/detail?id=' + id,
  })
}


module.exports = {
  goToDetail: goToDetail
}
```

17.6.3 页面文件代码展示

1 首页代码展示

WXML 文件(pages/index/index.wxml)的完整代码如下：

```
<!-- 幻灯片 -->
<swiper indicator-dots autoplay interval='5000' duration='500'>
  <block wx:for='{{[newsList[0],newsList[1],newsList[2]]}}' wx:key='swiper{{index}}'>
    <swiper-item>
      <image src='{{item.poster}}'></image>
    </swiper-item>
  </block>
</swiper>

<!-- 新闻列表 -->
<view id='news-list'>
  <view class='list-item' wx:for='{{newsList}}' wx:key='news{{index}}' wx:for-item='news'>
    <image src='{{news.poster}}'></image>
    <text bindtap='goToDetail' data-id='{{news._id}}'>
          ◇{{news.title}} -- {{news.add_date}}</text>
  </view>
  <button plain loading="{{loading}}" bindtap="loadMore">
    {{loadMoreText}}
  </button>
</view>
```

WXSS 文件(pages/index/index.wxss)的完整代码如下：

```
/* swiper 区域样式 */
/* 1-1 swiper 组件 */
swiper {
  height: 400rpx;
}
/* 1-2 swiper 中的图片 */
swiper image {
  width: 100%;
  height: 100%;
}
```

JS 文件(pages/index/index.js)的完整代码如下：

```
var common = require('../../utils/common.js')
const db = wx.cloud.database()
const news = db.collection('news')

var row = 5                    //每次读取的新闻数量
var page = 0                   //当前是第几页

Page({
  /**
   * 页面的初始数据
   */
  data: {

  },
  /**
   * 自定义函数 -- 跳转新闻浏览页面
   */
  goToDetail: function(e) {
    common.goToDetail(e.currentTarget.dataset.id)
  },
  /**
   * 生命周期函数 -- 监听页面加载
   */
  onLoad: function(options) {
    news.limit(row).get({
      success: res => {
        this.setData({
          newsList: res.data
        })
      }
    })
  },
})
```

2 新闻页代码展示

WXML 文件(pages/detail/detail.wxml)的完整代码如下：

```
<view class='container'>
  <!-- 新闻标题 -->
  <view class='title'>{{article.title}}</view>
  <!-- 新闻图片 -->
  <view class='poster'>
     <image src='{{article.poster}}' mode='widthFix'></image>
  </view>
  <!-- 新闻正文 -->
  <view class='content'>
    <text>{{article.content}}</text>
  </view>
  <!-- 新闻日期 -->
  <view class='add_date'>时间：{{article.add_date}}</view>

  <button wx:if='{{isAdd}}' plain bindtap='cancelFavorites'>已收藏</button>
  <button wx:else plain bindtap='addFavorites'>点击收藏</button>
</view>
```

WXSS 文件(pages/detail/detail.wxss)的完整代码如下：

```
/*整体容器*/
.container{
  padding: 15rpx;
  text-align: center;
}
/*新闻标题*/
.title{
  font-size: 14pt;
  line-height: 80rpx;
}
/*新闻图片*/
.poster image{
  width: 100%;
}
/*新闻正文*/
.content{
  text-align: left;
  font-size: 12pt;
  line-height: 60rpx;
}
/*新闻日期*/
.add_date{
  font-size: 12pt;
  text-align: right;
  line-height: 30rpx;
  margin-right: 25rpx;
  margin-top: 20rpx;
}
/*"点击收藏"按钮*/
button{
  width: 250rpx;
  height: 100rpx;
  margin: 20rpx auto;
}
```

JS 文件(pages/detail/detail.js)的完整代码如下：

```
var common = require('../../utils/common.js')
Page({
  /**
   * 自定义函数--添加到收藏夹
   */
  addFavorites: function() {
    let article = this.data.article
    wx.setStorageSync(article._id, article)
    this.setData({
      isAdd: true
    })
  },

  /**
   * 自定义函数--取消收藏
   */
  cancelFavorites: function() {
```

```
    let article = this.data.article
    wx.removeStorageSync(article._id)
    this.setData({
      isAdd: false
    })
  },

  /**
   * 生命周期函数--监听页面加载
   */
  onLoad: function(options) {
    //显示 loading 提示框
    wx.showLoading({
      title: '数据加载中'
    })

    //获取新闻编号
    let id = options.id
    //根据新闻 ID 查找新闻是否在收藏夹中
    let article = wx.getStorageSync(id)

    //新闻在收藏夹中
    if (article != '') {
      //更新页面上的新闻信息和收藏状态
      this.setData({
        article: article,
        isAdd: true
      })
      //隐藏 loading 提示框
      wx.hideLoading()
    }
    //新闻不在收藏夹中
    else {
      //根据新闻 ID 在云数据集中查找新闻内容
      news.doc(id).get({
        success: res => {
          //更新页面上的新闻信息和收藏状态
          this.setData({
            article: res.data,
            isAdd: false
          })
          //隐藏 loading 提示框
          wx.hideLoading()
        }
      })
    }
  },
})
```

3 个人中心页代码展示

WXML 文件(pages/my/my.wxml)的完整代码如下：

```
<!-- 登录面板 -->
<view id='myLogin'>
  <block wx:if='{{isLogin}}'>
```

```
        <image id='myIcon' src='{{src}}'></image>
        <text id='nickName'>{{nickName}}</text>
    </block>
    <button wx:else open-type='getUserInfo' bindgetuserinfo='getMyInfo'>
        未登录,点此登录
    </button>
</view>

<!-- 我的收藏 -->
<view id='myFavorites'>
    <text>我的收藏({{num}})</text>
    <!-- 新闻列表 -->
    <view id='news-list'>
        <view class='list-item' wx:for='{{newsList}}' wx:key='news{{index}}' wx:for-item='news'>
            <image src='{{news.poster}}'></image>
            <text bindtap='goToDetail' data-id='{{news._id}}'>
                    ◇{{news.title}} -- {{news.add_date}}</text>
        </view>
    </view>
</view>
```

WXSS 文件(pages/my/my.wxss)的完整代码如下:

```
/* 登录面板 */
#myLogin{
  background-color: #328EEB;
  height: 400rpx;
  display: flex;
  flex-direction: column;
  align-items: center;
  justify-content: space-around;
}
/* 1-1 头像图片 */
#myIcon{
  width: 200rpx;
  height: 200rpx;
  border-radius: 50%;
}
/* 1-2 微信昵称 */
#nickName{
  color: white;
}
/* 我的收藏 */
#myFavorites{
  padding: 20rpx;
}
```

JS 文件(pages/my/my.js)的完整代码如下:

```
var common = require('../../utils/common.js')
Page({
  /**
   * 页面的初始数据
   */
  data: {
```

```
      num: 0
    },
    /**
     * 自定义函数--跳转新闻浏览页面
     */
    goToDetail: function(e) {
      common.goToDetail(e.currentTarget.dataset.id)
    },
    /**
     * 自定义函数--获取用户微信个人信息
     */
    getMyInfo: function(e) {
      console.log(e.detail.userInfo)
      let info = e.detail.userInfo
      this.setData({
        isLogin: true,
        src: info.avatarUrl,
        nickName: info.nickName
      })

      this.getMyFavorites()
    },
    /**
     * 自定义函数--获取收藏列表
     */
    getMyFavorites: function() {
      let info = wx.getStorageInfoSync()
      let keys = info.keys
      let num = keys.length      //收藏的新闻总数

      let myList = []
      for (var i = 0; i < num; i++) {
        let obj = wx.getStorageSync(keys[i])
        myList.push(obj)
      }

      this.setData({
        num: num,
        newsList: myList
      })
    },
    /**
     * 生命周期函数--监听页面显示
     */
    onShow: function() {
      //如果已登录,则更新收藏列表
      if (this.data.isLogin) {
        this.getMyFavorites()
      }
    },
})
```

第18章 Chapter 18

小程序云开发·基于云存储的电子书橱

在了解了云开发的相关能力后，读者不妨尝试将前面第 7 章的电子书橱小程序改造成基于云存储的小程序项目。改造后的小程序无须自行搭建服务器，可以在小程序前端直接使用云开发 API 下载云存储中的电子书资源到本地设备进行使用。

本章学习目标

- 掌握云存储和云数据库的管理操作；
- 掌握小程序前端与云数据库交互的方法；
- 掌握小程序前端下载云文件的方法。

18.1 初始化项目

18.1.1 创建云模板项目

视频讲解

首先需要创建一个云开发项目，在任意盘符下创建一个空白文件夹（例如 cloudBooks），然后填入 AppID 和选中“小程序 · 云开发”，如图 18-1 所示。

接着删除其中无用的模板代码：

（1）删除 cloudFunctions 文件夹下的默认云函数 login 的全部内容。

（2）找到 app. json 文件，打开并删除其中的页面引用，只保留第一个 pages/index/index。

（3）打开硬盘中的 pages 文件夹，删除 index 以外的所有目录。

（4）进入 index 文件夹，删除多余的图片。

（5）删除 image 文件夹。

（6）删除 style 文件夹，此时项目清理全部完成。

18.1.2 迁移老项目

视频讲解

现在需要将第 7 章 booksDemo 中的相关文件合并到当前新建的云项目中，具体步骤如下：

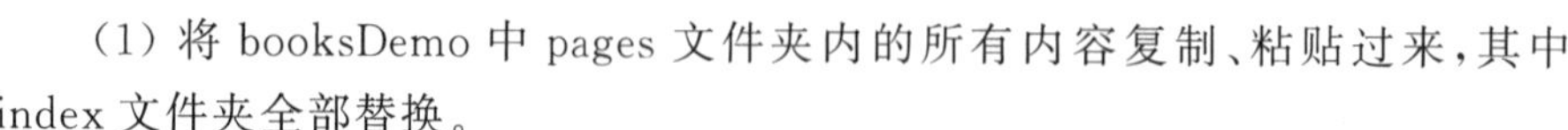

（1）将 booksDemo 中 pages 文件夹内的所有内容复制、粘贴过来，其中 index 文件夹全部替换。

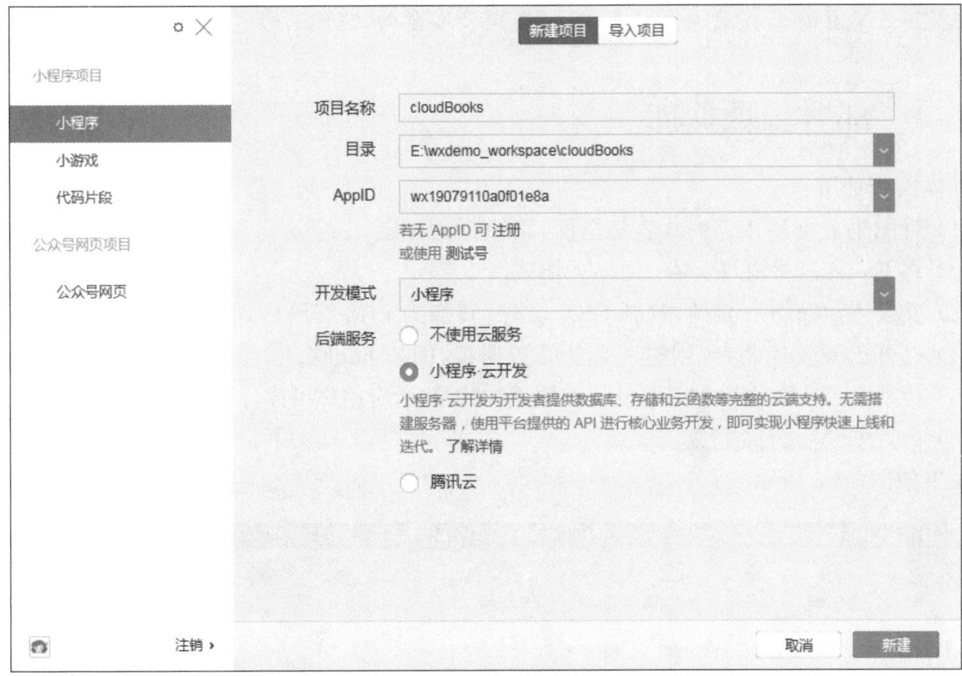

图 18-1　云模板项目填写效果示意图

(2) 将 booksDemo 中的 app.json 和 app.wxss 文件替换过来，此时项目迁移完成。

视频讲解

18.1.3　部署云文件存储

打开云开发控制台，选择"存储管理"面板，新建文件夹 books，然后进入并将需要的电子书资源(PDF 格式等)上传到云文件存储库中，效果如图 18-2 所示。

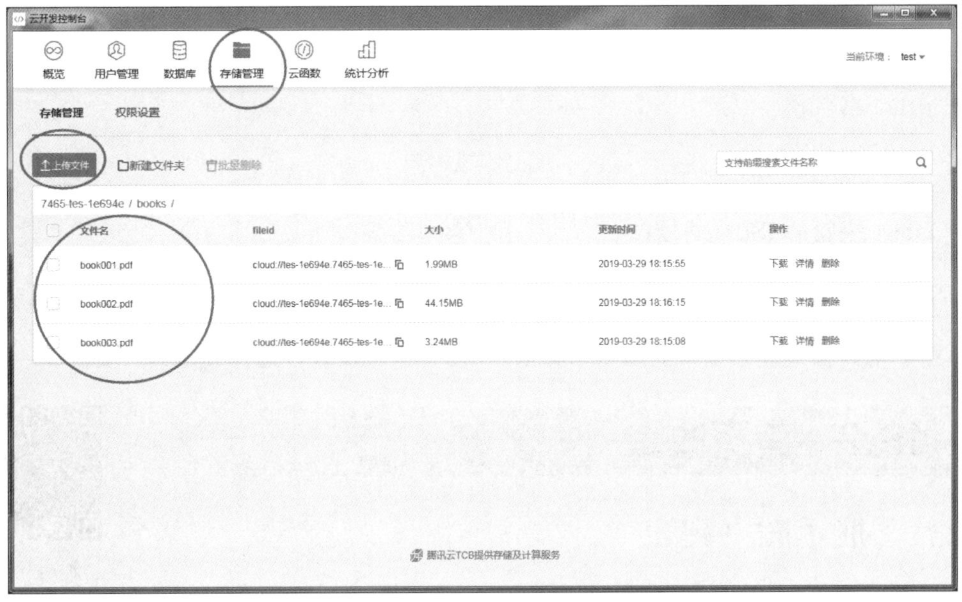

图 18-2　往云存储库中上传电子书示意图

注意：云文件存储库最大允许免费存储5GB容量的文件。

18.1.4 部署云数据库

视频讲解

具体操作如下：

(1) 将图书数据输入Excel表格里面，第一行为标题。

(2) 将Excel表格文件另存为CSV格式。

(3) 安装Notepad++软件，打开CSV文件，转换为utf8编码格式并保存。

(4) 打开云开发控制台，创建一个新的数据集，例如books。

(5) 检查books数据集的权限，确认权限选择的是“所有用户可读，仅创建者及管理员可写”。

(6) 导入CSV文件，完成。

效果如图18-3所示。

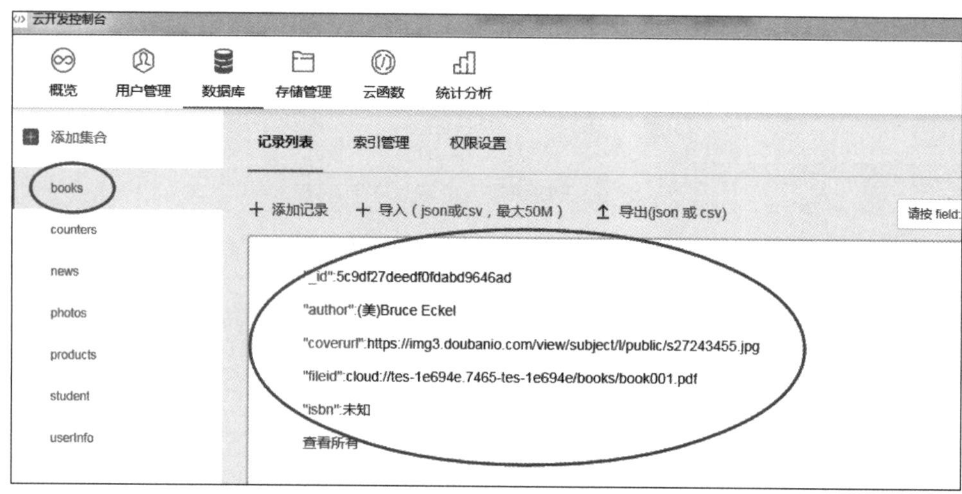

图18-3 往云数据库中录入图书数据

参考字段如下，对于其他字段，开发者可以根据实际情况自由发挥。

- title：书名；
- author：作者；
- price：价格；
- isbn：书籍的ISBN编号；
- coverurl：封面图片地址；
- fileid：云文件存储库中的文件ID。

其中图书封面地址来源于豆瓣图书频道，开发者也可以自行选择其他素材资源。

18.2 首页改造

18.2.1 展示图书列表

视频讲解

首先需要删除原来的临时数据，修改index.js文件，清空其中的data初始数据：

```
/**
  * 页面的初始数据
  */
data: {
  bookList: [ ]
},
```

修改 index.js 文件，在其顶部添加如下代码：

```
const db = wx.cloud.database()
const books = db.collection('books')
```

然后修改 index.js 文件中的 onLoad 函数：

```
/**
  * 生命周期函数--监听页面加载
  */
onLoad: function(options) {
  books.get({
    success:res =>{
      this.setData({bookList:res.data})
    }
  })
},
```

上述代码表示从云数据集 books 中读取图书信息。

接着修改 index.wxml 页面的代码，为 wx:for 循环内部的元素匹配数据集里的字段：

```
<!-- 图书展示容器 -->
<view class='book-container'>
  <!-- 图书单元区域 -->
  <view class='box' wx:for='{{bookList}}' wx:key='book{{index}}' data-id='{{item._id}}' bindtap='readBook'>
    <!-- 图书封面 -->
    <image src='{{item.coverurl}}'></image>
    <!-- 图书标题文本 -->
    <text>{{item.title}}</text>
  </view>
</view>
```

此时重新运行，图书列表成功读取到，如图 18-4 所示。

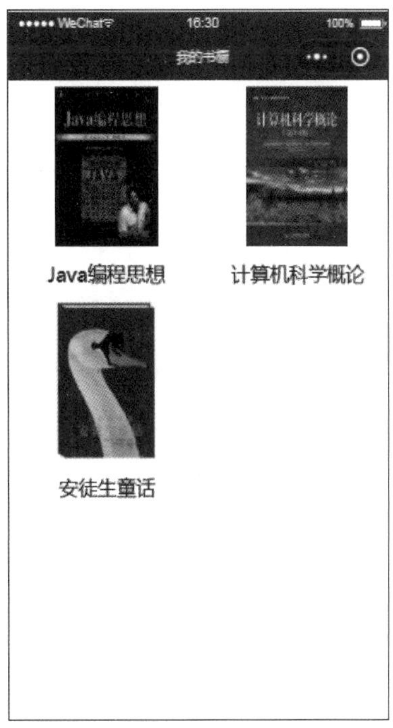

图 18-4 图书封面展示效果图

18.2.2 点击跳转图书详情页

视频讲解

创建页面 intro，用于显示图书详情。

然后在 index.wxml 页面修改点击事件：

```
<!-- 图书展示容器 -->
<view class='book-container'>
  <!-- 图书单元区域 -->
  <view class='box' wx:for='{{bookList}}' wx:key=
```

```
'book{{index}}' data-id='{{item._id}}' bindtap='showBookIntro'>
      <!-- 图书封面 -->
      <image src='{{item.coverurl}}'></image>
      <!-- 图书标题文本 -->
      <text>{{item.title}}</text>
    </view>
  </view>
```

接下来在 index.js 文件中添加自定义函数 showBookIntro：

```
  /**
   * 自定义函数 -- 显示图书详情
   */
  showBookIntro: function(e) {
    //获取图书 ID 编号
    let id = e.currentTarget.dataset.id
    wx.navigateTo({
      url: '../intro/intro?id=' + id,
    })
  },
```

此时点击可以成功跳转图书详情页面，并携带当前图书的 ID 编号。

18.3 图书详情页改造

18.3.1 页面设计

视频讲解

首先将 index.wxml 里面的蒙层代码剪切、粘贴过来使用：

```
<!-- 下载时的蒙层 -->
<view class='loading-container' wx:if='{{isDownloading}}'>
  <text>下载中，请稍候</text>
  <progress percent="{{percentNum}}" stroke-width="6" activeColor="#663366"
backgroundColor="#FFFFFF" show-info active active-mode="forwards"></progress>
</view>
```

将 index.js 文件中 data 里面的初始数据剪切、粘贴到当前 intro.js 文件的 data 中：

```
  /**
   * 页面的初始数据
   */
  data: {
    isDownloading: false,
    percentNum: 0
  },
```

同样将 index.wxss 文件中关于蒙层的样式代码剪切、粘贴到当前 intro.wxss 文件中：

```
/* 下载时的蒙层容器样式 */
.loading-container {
  height: 100vh;                        /* 高度 */
  background-color: silver;             /* 背景颜色 */
  display: flex;                        /* flex 模型布局 */
  flex-direction: column;               /* 水平排列 */
```

```
    align-items: center;              /* 水平方向居中 */
    justify-content: space-around;    /* 分散布局 */
}
/* 进度条样式 */
progress{
    width: 80%;                       /* 宽度 */
}
```

然后在 intro.wxml 中追加当前页面的图书详情显示：

```
<!-- 下载时的蒙层(代码略) -->

<!-- 图书详情 -->
<view class='intro-container' wx:else>
  <!-- 图书封面图片 -->
  <image src='{{book.coverurl}}' mode='widthFix'></image>
  <!-- 图书信息介绍 -->
  <view class='intro-box'>
    <text>书名：{{book.title}}</text>
    <text>作者：{{book.author}}</text>
    <text>价格：{{book.price}}</text>
    <text>ISBN：{{book.isbn}}</text>
  </view>
  <!-- "开始阅读"按钮 -->
  <button type='warn' bindtap='readBook'>开始阅读</button>
</view>
```

对应的 intro.wxss 代码如下：

```
/* 图书详细信息区域 */
.intro-container{
  height: 100vh;
  display: flex;
  flex-direction: column;
  align-items: center;
  justify-content: space-evenly;
}
/* 图书封面图片 */
.intro-container image{
  width: 400rpx;
  margin: 20rpx;
}
/* 图书信息区域 */
.intro-box{
  display: flex;
  flex-direction: column;
}
/* 图书文字信息 */
.intro-box text{
  margin: 20rpx;
}
```

此时页面设计就全部完成。

18.3.2　页面逻辑

视频讲解

修改 intro.js 文件，在其顶部添加如下代码：

```
const db = wx.cloud.database()
const books = db.collection('books')
```

然后修改 intro.js 中的 onLoad 函数：

```
  /**
   * 生命周期函数--监听页面加载
   */
  onLoad: function(options) {
    books.doc(options.id).get({
      success:res=>{
        this.setData({book:res.data})
      }
    })
  },
```

图 18-5 查询图书详情页

上述代码表示根据页面跳转过来时所携带的图书 ID 查找云数据集 books 中该图书的相关信息。此时重新运行，图书内容成功读取到，如图 18-5 所示。

由该图可见查询成功，图书信息会根据开发者上传的数据的不同显示实际值。

18.3.3 阅读图书功能

视频讲解

修改 intro.js 代码，将原先在 index.js 中的几个函数剪切、粘贴过来，函数的具体内容略。

```
/**
 * 打开图书
 */
 openBook: function(path) {代码略},

  /**
   * 保存图书
   */
  saveBook: function(id, path) {代码略},

  /**
   * 阅读图书
   */
  readBook: function(e) {代码略},

  /**
   * 封装 showModal 方法
   */
  showTips: function(content) {代码略},
```

然后修改其中的 readBook 函数：

```
  /**
   * 阅读图书
   */
  readBook: function(e) {
    var that = this
```

```
    //获取当前点击的图书的 ID
    let id = this.data.book._id
    //查看本地缓存
    let path = wx.getStorageSync(id)
    //未曾下载过
    if (path == '') {
      //切换到下载时的蒙层
      this.setData({
        isDownloading: true
      })

      //获取当前点击的图书的 URL 地址
      let fileid = this.data.book.fileid

      const downloadTask = wx.cloud.downloadFile({
        fileID:fileid,
        success:res =>{
          //下载成功
          if (res.statusCode == 200) {
            //获取地址
            path = res.tempFilePath
            //保存并打开图书
            this.saveBook(id, path)
          }
          //连上了服务器,下载失败
          else {
            this.showTips('暂时无法下载!')
          }
        },fail:err =>{
          this.showTips('无法连接到服务器!')
        },complete:res =>{
          //关闭下载时的蒙层
          this.setData({
            isDownloading: false
          })
        }
      })

      //监听当前文件的下载进度
      downloadTask.onProgressUpdate(function(res) {
        let progress = res.progress;
        that.setData({
          percentNum: progress
        })
      })
    }
    //之前下载过的,直接打开
    else {
      //打开图书
      this.openBook(path)
    }
  },
```

此时点击按钮会检测当前这本图书是否已经下载过了,如果已经下载过了,则直接打开阅读;如果没有下载过,则显示下载进度条蒙层进行下载。

运行效果如图 18-6 所示。

(a) 图书详情页

(b) 正在下载电子书

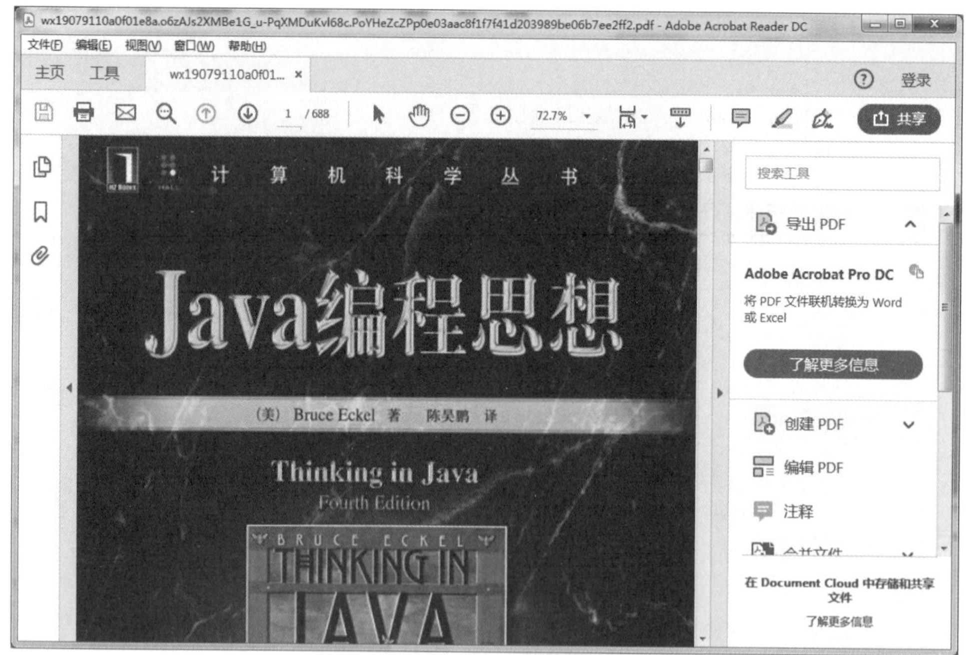

(c) 在计算机端打开已下载的电子书效果

图 18-6 图书下载过程示意图

由图可见，所选择的电子书已经从云存储空间中下载到本地。用户要注意小程序只允许下载、保存 10MB 以内大小的文件，必要时可以在微信 web 开发者工具中清除文件缓存。

此时基于云存储的电子书橱项目就全部改造完毕了。

18.4 完整代码展示

18.4.1 应用文件代码展示

app.json 文件的完整代码如下：

```
{
  "pages": [
    "pages/index/index",
    "pages/intro/intro"
  ],
  "window": {
    "navigationBarBackgroundColor": "#663366",
    "navigationBarTitleText": "我的书橱"
  }
}
```

18.4.2 页面文件代码展示

1 首页代码展示

WXML 文件(pages/index/index.wxml)的完整代码如下：

```
<!-- 图书展示容器 -->
<view class = 'book - container'>
  <!-- 图书单元区域 -->
  <view class = 'box' wx:for = '{{bookList}}' wx:key = 'book{{index}}' data - id = '{{item._id}}' bindtap = 'showBookIntro'>
    <!-- 图书封面 -->
    <image src = '{{item.coverurl}}'></image>
    <!-- 图书标题文本 -->
    <text>{{item.title}}</text>
  </view>
</view>
```

WXSS 文件(pages/index/index.wxss)的完整代码如下：

```
/* 图书展示容器样式 */
.book - container {
  display: flex;                      /* flex 模型布局 */
  flex - direction: row;              /* 水平排列 */
  flex - wrap: wrap;                  /* 允许换行 */
}
/* 图书单元区域样式 */
.box {
  width: 50%;                         /* 宽度 */
  height: 400rpx;                     /* 高度 */
  display: flex;                      /* flex 模型布局 */
  flex - direction: column;           /* 垂直排列 */
  align - items: center;              /* 水平方向居中 */
  justify - content: space - around;  /* 分散布局 */
}
/* 图书封面图片样式 */
```

```
image {
  width: 200rpx;                    /* 宽度 */
  height: 300rpx;                   /* 高度 */
}
/* 图书标题文本样式 */
text {
  text-align: center;               /* 文本居中显示 */
}
```

JS 文件(pages/index/index.js)的完整代码如下：

```
const db = wx.cloud.database()
const books = db.collection('books')

Page({
  /**
   * 页面的初始数据
   */
  data: {
    bookList: []
  },
  /**
   * 自定义函数 -- 跳转图书详情页面
   */
  showBookIntro: function(e) {
    let id = e.currentTarget.dataset.id
    wx.navigateTo({
      url: '../intro/intro?id=' + id
    })
  },
  /**
   * 生命周期函数 -- 监听页面加载
   */
  onLoad: function(options) {
    //获取图书列表
    books.get({
      success: res => {
        //console.log(res.data)
        this.setData({
          bookList: res.data
        })
      }
    })
  },
})
```

2 图书详情页代码展示

WXML 文件(pages/intro/intro.wxml)的完整代码如下：

```
<!-- intro.wxml -->
<!-- 下载时的蒙层 -->
<view class='loading-container' wx:if='{{isDownloading}}'>
  <text>下载中，请稍候</text>
  <progress percent="{{percentNum}}" stroke-width="6" activeColor="#663366" backgroundColor="#FFFFFF" show-info active active-mode="forwards"></progress>
</view>
```

```
<!-- 图书详细信息 -->
<view class = 'intro - container' wx:else >
  <!-- 图书封面 -->
  < image src = '{{book.coverurl}}' mode = 'widthFix'></image >

  <!-- 图书信息 -->
  < view class = 'intro - box'>
    < text >书名: {{book.title}}</text >
    < text >作者: {{book.author}}</text >
    < text >价格: {{book.price}}</text >
    < text > ISBN: {{book.isbn}}</text >
  </view >

  <!--“开始阅读”按钮 -->
  < button type = 'warn' bindtap = 'readBook'>开始阅读</button >
</view >
```

WXSS 文件(pages/intro/intro.wxss)的完整代码如下:

```
/ * 下载时的蒙层容器样式 * /
.loading - container {
  height: 100vh;                          / * 高度 * /
  background - color: silver;             / * 背景颜色 * /
  display: flex;                          / * flex 模型布局 * /
  flex - direction: column;               / * 水平排列 * /
  align - items: center;                  / * 水平方向居中 * /
  justify - content: space - around;      / * 分散布局 * /
}
/ * 进度条样式 * /
progress{
  width: 80 % ;                           / * 宽度 * /
}
/ * 图书详细信息区域 * /
.intro - container{
  height: 100vh;
  display: flex;
  flex - direction: column;
  align - items: center;
  justify - content: space - evenly;
}
/ * 图书封面图片 * /
.intro - container image{
  width: 400rpx;
  margin: 20rpx;
}
/ * 图书信息区域 * /
.intro - box{
  display: flex;
  flex - direction: column;
}
/ * 图书文字信息 * /
.intro - box text{
  margin: 20rpx;
}
```

JS 文件(pages/intro/intro.js)的完整代码如下：

```
const db = wx.cloud.database()
const books = db.collection('books')

Page({
  /**
   * 页面的初始数据
   */
  data: {
    isDownloading: false,
    percentNum: 0
  },
  /**
   * 打开图书
   */
  openBook: function(path) {
    wx.openDocument({
      filePath: path,
      success: function(res) {
        console.log('打开图书成功')
      },
      fail: function(error) {
        console.log(error);
      }
    })
  },
  /**
   * 保存图书
   */
  saveBook: function(id, path) {
    var that = this
    wx.saveFile({
      tempFilePath: path,
      success: function(res) {
        //将文件地址存到本地缓存中，下次直接打开
        let newPath = res.savedFilePath
        wx.setStorageSync(id, newPath)
        //打开图书
        that.openBook(newPath)
      },
      fail: function(error) {
        console.log(error)
        that.showTips('文件保存失败！')
      }
    })
  },
  /**
   * 阅读图书
   */
  readBook: function(e) {
    var that = this
    //获取当前图书 ID
    let id = this.data.book._id
    //获取当前图书云端地址
    let fileid = this.data.book.fileid
```

```
    //查看本地缓存
    let path = wx.getStorageSync(id)
    //未曾下载过
    if (path == '') {
      //切换到下载时的蒙层
      that.setData({
        isDownloading: true
      })
      //先从云端下载图书
      const downloadTask = wx.cloud.downloadFile({
        fileID: fileid,
        success:res =>{
          //关闭下载时的蒙层
          this.setData({
            isDownloading: false
          })
          //下载成功
          if (res.statusCode == 200) {
            //获取地址
            path = res.tempFilePath
            //保存并打开图书
            this.saveBook(id, path)
          }
          //连上了服务器,下载失败
          else {
            this.showTips('暂时无法下载!')
          }

        },
        //请求失败
        fail:err => {
          //关闭下载时的蒙层
          this.setData({
            isDownloading: false
          })
          this.showTips('无法连接到服务器!')
        }
      })

      //监听当前文件的下载进度
      downloadTask.onProgressUpdate(function(res) {
        let progress = res.progress;
        that.setData({
          percentNum: progress
        })
      })
    }
    //之前下载过的,直接打开
    else {
      //打开图书
      that.openBook(path)
    }
  },

  /**
```

```
   * 封装 showModal 方法
   */
  showTips: function(content) {
    wx.showModal({
      title: '提醒',
      content: content,
      showCancel: false
    })
  },

  /**
   * 生命周期函数--监听页面加载
   */
  onLoad: function(options) {
    //获取当前图书信息
    books.doc(options.id).get({
      success: res => {
        this.setData({
          book: res.data
        })
      }
    })
  },
})
```

综合篇

第19章 Chapter 19

小程序云开发·基于全套云能力的图片分享社区

在学习了小程序云开发的基础知识后，读者不妨尝试综合应用云数据库、云函数和云存储制作一款图片分享社区小程序。用户可以上传图片到云存储空间中，也可以查看其他用户上传的图片列表，并进行图片分享、下载和全屏预览等。

本章学习目标

- 综合应用小程序云开发的基础知识创建图片分享社区小程序；
- 掌握云数据集创建、云存储管理和云函数调用等知识。

19.1 初始化项目

19.1.1 创建云模板项目

视频讲解

首先需要创建一个云开发项目，在任意盘符下创建一个空白文件夹(例如cloudPhoto)，然后填入AppID和选中“小程序·云开发”，如图19-1所示。

接着删除其中无用的模板代码：

(1) 删除cloudFunctions文件夹下的默认云函数login的全部内容。

(2) 找到app.json文件，打开并删除其中的页面引用，只保留第一个pages/index/index。

(3) 打开硬盘中的pages文件夹，删除index以外的所有目录。

(4) 进入index文件夹，删除多余的图片，以及JS、WXML和WXSS文件中的全部代码(JS文件删除干净后输入关键词page让它自动生成Page({})函数的相关代码)。

(5) 删除app.wxss中的代码。

(6) 删除image文件夹中的所有图片。

(7) 删除style文件夹，此时项目清理全部完成。

19.1.2 部署云数据库

视频讲解

具体操作如下：

(1) 打开云开发控制台，创建一个新的数据集，例如photos。

(2) 检查photos数据集的权限，确认是“所有用户可读，仅创建者及管理员可写”,完成。

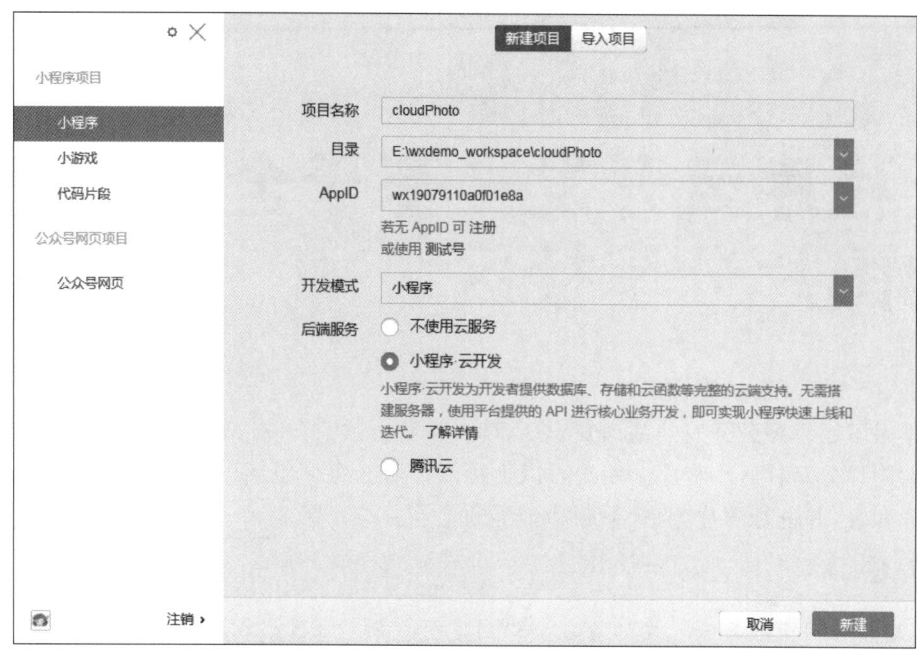

图 19-1　云模板项目填写效果示意图

效果如图 19-2 所示。

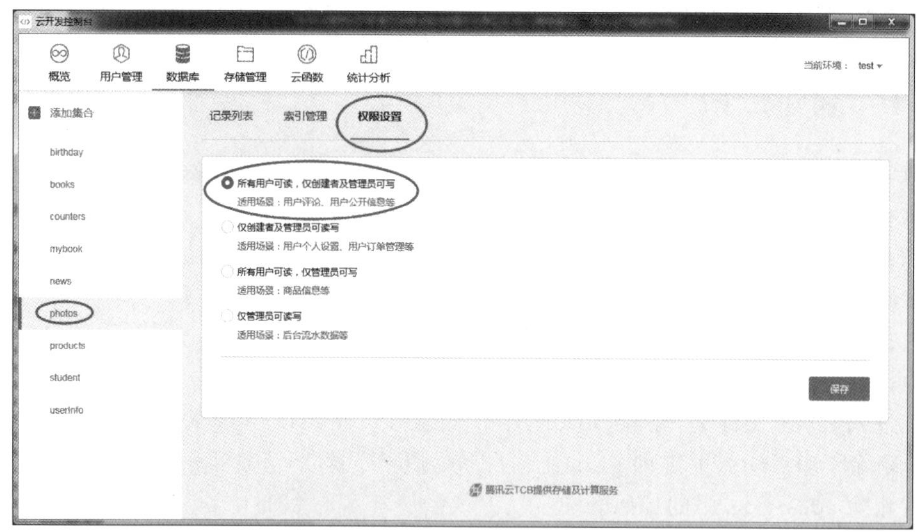

图 19-2　在云开发控制台添加数据集 photos 并设置权限

19.1.3　创建页面文件

视频讲解

本项目有 4 个页面文件，分别是 index（首页）、homepage（个人主页）、detail（图片展示页）和 add（上传图片页）。打开 app.json 文件，在 pages 属性中追加除 index 之外的其他页面的路径描述，如图 19-3 所示。

保存后会自动生成后面 3 个页面，此时 pages 文件夹内部的目录结构如图 19-4 所示。此时文件配置就全部完成，19.2 节将正式进行页面布局和样式设计。

```
app.json ×
{
  "pages": [
    "pages/index/index",
    "pages/homepage/homepage",
    "pages/detail/detail",
    "pages/add/add"
  ],
```

图 19-3 在 app.json 中添加页面配置的代码

```
▼ pages
  ▼ add
      add.js
      add.json
      add.wxml
      add.wxss
  ▼ detail
      detail.js
      detail.json
      detail.wxml
      detail.wxss
  ▼ homepage
      homepage.js
      homepage.json
      homepage.wxml
      homepage.wxss
  ▼ index
      index.js
      index.json
      index.wxml
      index.wxss
```

图 19-4 页面文件创建完成

19.2 视图设计

19.2.1 导航栏设计

视频讲解

用户可以通过在 app.json 中对 window 属性进行重新配置来自定义导航栏效果。

更改后的 app.json 文件代码如下：

```
{
  "pages": [代码略],
  "window": {
    "navigationBarBackgroundColor": "#F6F6F6",
    "navigationBarTitleText": "图片分享社区",
    "navigationBarTextStyle": "black"
  }
}
```

上述代码可以更改导航栏背景色为浅灰色、字体为黑色，效果如图 19-5 所示。

图 19-5 自定义导航栏效果

19.2.2 页面设计

视频讲解

1 首页设计

首页主要是图片展示区域，用于展示多名作者上传的图片作品。每张图片都以卡片的形式出现，卡片包括页眉、主体和页脚部分。除此之外还需要在右上角放置一个浮动按钮，点击此按钮可以上传图片到云存储空间。

页面设计如图 19-6 所示。

计划使用如下组件。

- 整体容器：容器组件（< view >），并定义 class＝'container'；
- 整张卡片：容器组件（< view >），并定义 class＝'card'；
- 卡片页眉、主体和页脚：容器组件（< view >），并分别定义 class＝'card-head'、'card-body'和'card-foot'；
- 作者头像图标和上传的图片：图片组件（< image >）；
- 作者昵称、所在地以及图中上传时间：文本组件（< text >）；
- 浮动按钮：按钮组件（< button >）。

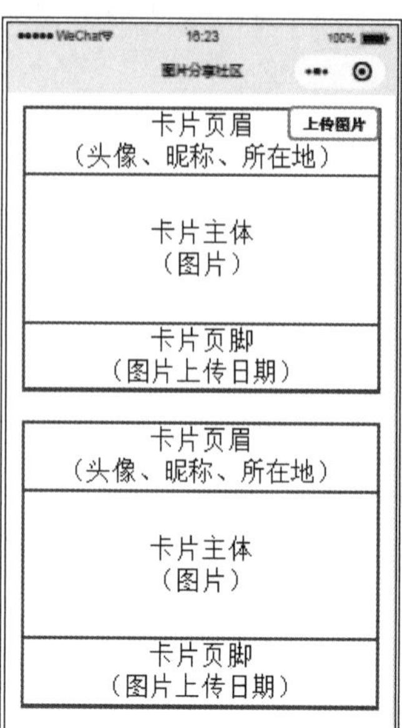

图 19-6 首页设计图

WXML（pages/index/index. wxml）代码如下：

```
< view class = 'container'>
  <!-- 卡片 -->
  < view class = 'card'>
    <!-- 卡片页眉 -->
    < view class = 'card-head'>
      < image class = 'avatar' src = '/images/avatar.jpg' mode = 'widthFix'></image>
      < view class = 'title'>
        < text class = 'nickName'>周小贝</text>
        < text class = 'address'> Anhui,China </text>
      </view>
    </view>

    <!-- 卡片主体 -->
    < view class = 'card-body'>
      < image src = '/images/pic001.jpg' mode = 'widthFix'></image>
    </view>

    <!-- 卡片页脚 -->
    < view class = 'card-foot'>
      < text > 2019-06-21 </text>
    </view>
  </view>
</view>

<!--"上传图片"按钮 -->
< view class = 'floatBtn'>
  < button size = 'mini' type = 'primary'>上传图片</button>
</view>
```

由于整体容器、卡片样式也会在其他页面使用，所以将这两部分样式代码写到公共样式表 app. wxss 中，具体代码如下：

```
/* 1.整体容器样式 */
.container {
  display: flex;
  flex-direction: column;
```

```
  align-items: center;
  background-color: whitesmoke;
  min-height: 100vh;
}
/* 2.卡片区域整体样式 */
.card {
  width: 710rpx;
  border-radius: 20rpx;
  background-color: white;
  margin: 20rpx 0;
}
/* 2-1 卡片页眉 */
.card-head {
  display: flex;
  flex-direction: row;
  align-items: center;
}

/* 2-1-1 头像图片 */
.avatar {
  width: 150rpx;
  border-radius: 50%;
  margin: 0 20rpx;
}

/* 2-1-2 文字信息 */
.title {
  display: flex;
  flex-direction: column;
}
/* 2-1-2(1) 昵称 */
.nickName {
  font-size: 35rpx;
  margin: 0 10rpx;
}
/* 2-1-2(2) 所在地区 */
.address {
  font-size: 30rpx;
  color: gray;
  margin: 0 10rpx;
}
/* 2-2 卡片主体 */
.card-body image {
  width: 100%;
}
/* 2-3 卡片页脚 */
.card-foot{
  font-size: 35rpx;
  text-align: right;
  margin: 20rpx;
}
```

浮动按钮是首页特有的，因此将相关样式代码写到首页对应的 index.wxss 文件中即可。

WXSS(pages/index/index.wxss)代码如下：

```
/*浮动按钮样式*/
.floatBtn{
  position: fixed;
  top: 50rpx;
  right: 50rpx;
}
```

上述代码表示无论首页如何下拉滚动，浮动按钮都永远固定在距离顶端和右边 50rpx 的位置上不变。当前效果如图 19-7 所示。

需要注意的是，这里所展示的头像、昵称、所在地、图片和上传日期都是为了演示效果临时填写的，后续会换成实际录入的信息，并形成卡片列表效果。

2 个人主页设计

个人主页除了顶部会显示当前作者的头像、昵称外，下方仍然是和首页一样布局的图片展示区域，仅限于展示当前作者上传的图片作品。

视频讲解

页面设计如图 19-8 所示。

图 19-7 首页效果图

图 19-8 个人主页设计图

计划使用如下组件。

- 整体容器：容器组件(<view>)，并定义 class='container'；
- 顶端头像和昵称区域：容器组件(<view>)，并定义 class='avatarBox'；
- 整张卡片：容器组件(<view>)，并定义 class='card'；
- 卡片页眉、主体和页脚：容器组件(<view>)，并分别定义 class='card-head'、'card-body'和'card-foot'；
- 作者头像图标和上传的图片：图片组件(<image>)；
- 作者昵称和上传时间：文本组件(<text>)。

WXML(pages/homepage/homepage.wxml)代码如下：

```
<view class = 'container'>
  <!-- 头像和昵称 -->
  <view class = 'avatarBox'>
    <image src = '/images/avatar.jpg'></image>
    <text>周小贝个人主页</text>
  </view>

  <!-- 卡片 -->
  <view class = 'card'>
    <!-- 卡片页眉 -->
    <view class = 'card - head'>
      <image class = 'avatar' src = '/images/avatar.jpg' mode = 'widthFix'></image>
      <view class = 'title'>
        <text class = 'nickName'>周小贝</text>
        <text class = 'address'> Anhui,China </text>
      </view>
    </view>

    <!-- 卡片主体 -->
    <view class = 'card - body'>
      <image src = '/images/pic01.jpg' mode = 'widthFix'></image>
    </view>

    <!-- 卡片页脚 -->
    <view class = 'card - foot'>
      <text> 2019 - 06 - 21 </text>
    </view>
  </view>
</view>
```

整体容器和卡片的样式代码与首页相同，可以自动继承于公共样式表 app.wxss，无须重复声明，而顶部头像和昵称的相关样式写到对应的 homepage.wxss 中即可。

WXSS(pages/homepage/homepage.wxss)代码如下：

```
/* 头像区域 */
.avatarBox{
  display: flex;
  flex - direction: column;
  align - items: center;
  padding - top: 100rpx;
}
/* 头像区域中的头像图片 */
.avatarBox image{
  width: 200rpx;
  height: 200rpx;
  border - radius: 50%;
}
/* 头像区域中的昵称文本 */
.avatarBox text{
  margin: 30rpx 0;
}
```

当前效果如图 19-9 所示。

同样这里所展示的头像、昵称、图片以及上传日期都是为了演示效果临时填写的，后续会换成实际录入的信息，并形成卡片列表效果。

3 图片展示页设计

视频讲解

当用户点击卡片主体中的图片时会跳转到图片展示页查看完整图片效果，该页面主要包含完整图片和 3 个按钮，按钮分别用于下载图片、分享给好友以及全屏预览图片。

页面设计如图 19-10 所示。

图 19-9 个人主页效果图

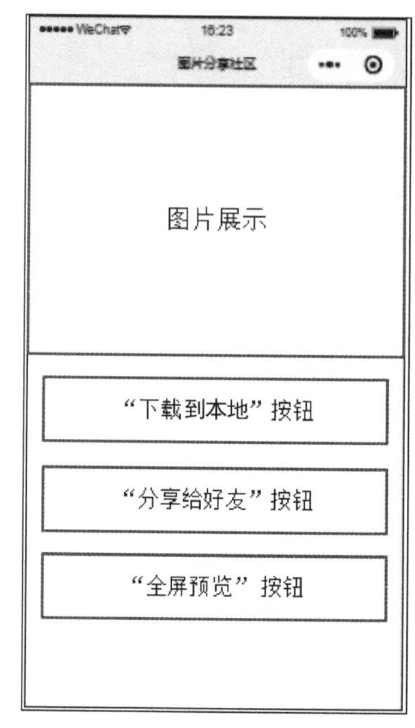

图 19-10 图片展示页设计图

计划使用如下组件。

- 顶端图片展示：图片组件(<image>)；
- 按钮区域：容器组件(<view>)；
- 3 个按钮：按钮组件(<button>)。

WXML 文件(pages/detail/detail.wxml)代码如下：

```
<!-- 顶端图片展示 -->
<image src='/images/pic01.jpg' mode='widthFix'></image>

<!-- 按钮区域 -->
<view>
  <button type='primary' plain>下载到本地</button>
  <button type='primary' plain>分享给好友</button>
  <button type='primary' plain>全屏预览</button>
</view>
```

WXSS(pages/detail/detail.wxss)代码如下：

```
/* 顶端展示图片样式 */
image{
  width: 750rpx;
}

```

```
/*按钮外层 view*/
view{
  padding: 0 50rpx;
}

/*按钮样式*/
button{
  margin: 10rpx;
}
```

当前效果如图 19-11 所示。

这里的图片路径是为了演示效果临时填写的,后续会换成实际需要展示的图片。

视频讲解

4 上传图片页设计

点击首页中的“上传图片”按钮可以跳转到上传图片页,该页面主要包含按钮、标题和九宫格图片。页面设计如图 19-12 所示。

图 19-11 图片展示页效果图

图 19-12 上传图片页设计图

计划使用如下组件。

- 整体容器:容器组件(<view>),并定义 class='container';
- 按钮:按钮组件(<button>);
- 标题:文本组件(<text>);
- 九宫格图片展示:图片组件(<image>)。

WXML 文件(pages/add/add.wxml)代码如下:

```
<view class = 'container'>
  <!-- “点击此处上传图片”按钮 -->
  <button type = 'warn'>点击此处上传图片</button>

```

```
    <!-- 已上传图片区域 -->
    < view class = 'photoBox'>
      <!-- 标题 -->
      < text >已上传图片历史记录</text >

      <!-- 图片集 -->
      < view >
        < image src = '/images/pic01.jpg'></image >
        < image src = '/images/pic01.jpg'></image >
        < image src = '/images/pic01.jpg'></image >
        < image src = '/images/pic01.jpg'></image >
        < image src = '/images/pic01.jpg'></image >
        < image src = '/images/pic01.jpg'></image >
      </view >
    </view >
  </view >
```

整体容器的样式代码大部分与首页相同，可以自动继承于公共样式表 app.wxss，无须重复声明。在对应的 add.wxss 文件中还可以追加其他样式代码。

WXSS(pages/add/add.wxss)代码如下：

```
/ * 已上传图片区域 * /
.photoBox{
  margin - top: 50rpx;
  display: flex;
  flex - direction: column;
}
/ * 标题样式 * /
.photoBox text{
  margin - bottom: 30rpx;
  text - align: center;
}
/ * 图片样式 * /
.photoBox image{
  float: left;
  width: 250rpx;
  height: 250rpx;
}
```

图 19-13　上传图片页效果图

当前效果如图 19-13 所示。

为了体现多张图片设计效果，这里重复了 6 次< image >组件的相关代码，仅作为临时参考。后续将读取用户真实上传的图片数量，展示历史记录。

此时页面布局与样式设计就已完成，19.3 节将介绍如何进行逻辑处理。

19.3　逻辑实现

19.3.1　用户个人信息获取逻辑

在首页中点击"上传图片"按钮时需要实现两个功能，一是获取当前用户个人信息（包括基础信息和 openid）；二是能够跳转到上传图片页。

1 获取用户基础信息

视频讲解

用户基础信息主要包括用户的微信昵称、头像、性别、所在地等内容，为按钮组件（< button >）添加 open-type 属性就可以用来获取这些信息。

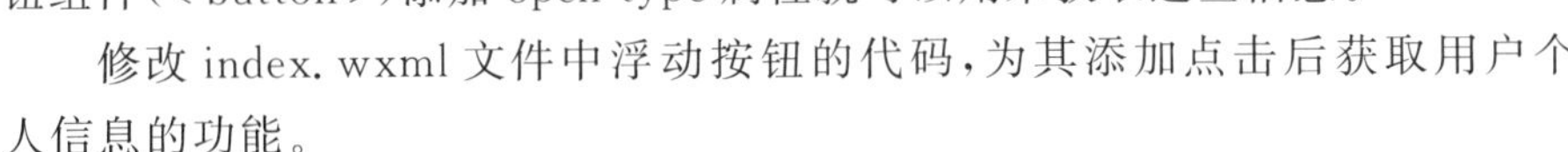

修改 index. wxml 文件中浮动按钮的代码，为其添加点击后获取用户个人信息的功能。

相关 WXML（pages/index/index. wxml）代码片段如下：

```
<!-- "上传图片"按钮 -->
<view class = 'floatBtn'>
    <button size = 'mini' type = 'primary' open - type = 'getUserInfo' bindgetuserinfo =
'getUserInfo'>上传图片</button>
</view>
```

其中 open-type 的属性值为固定写法，用于表示按钮的特殊用法类型；bindgetuserinfo 的属性值为自定义函数，用于获取到用户信息后的进一步处理，开发者也可以更改为其他名称。

在 JS 文件中添加自定义函数 getUserInfo，相关 JS（pages/index/index. js）代码片段如下：

```
var app = getApp()

Page({
  /**
   * 自定义函数 -- 获取用户个人信息
   */
  getUserInfo: function(e) {
    //尝试打印输出个人信息,测试是否获取成功
    console.log(e.detail.userInfo)
    //将用户个人信息存放到全局变量 userInfo 中
    app.globalData.userInfo = e.detail.userInfo
  },
})
```

点击右上角的按钮触发获取用户信息事件，此时 Console 控制台的运行效果如图 19-14 所示。

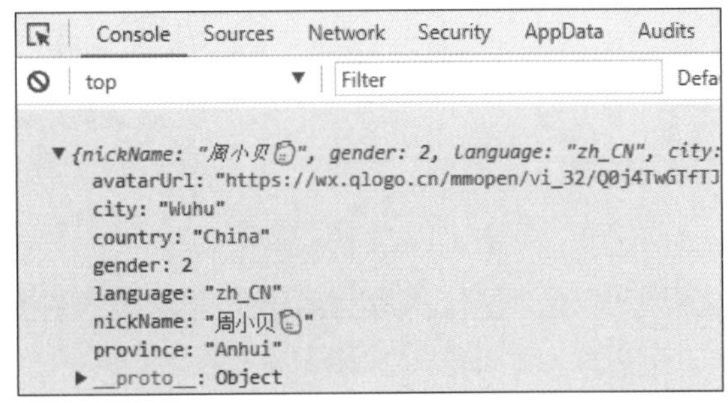

图 19-14 Console 控制台显示用户基础信息

由图可见，点击按钮后可以将用户的信息打印出来了，说明该功能生效。此时可以去掉或者注释掉其中的 console. log(e. detail. userInfo)语句，该语句仅在开发过程中临时使用，用于测试是否获取到数据。

视频讲解

2 获取用户 openid 信息

实际上每个用户还有一个专属用户编号，称为 openid，该编号信息是不会

改变的，因此开发者可以通过 openid 的值来确定用户身份。

可以通过自定义云函数来实现用户 openid 信息的获取。对项目中的 cloudfunctions 右击，选择“新建 Node. js 云函数”，然后自定义云函数名称，例如 getOpenid。

修改云函数中 index. js 文件的代码如下：

```
//云函数入口文件
const cloud = require('wx - server - sdk')

cloud.init()

//云函数入口函数
exports.main = async (event, context) => {
  const wxContext = cloud.getWXContext()

  return {
    openid: wxContext.OPENID
  }
}
```

修改完毕后右击该云函数，选择“上传并部署：云端安装依赖”等待上传到云开发控制台。上传成功后可以在云开发控制台查看，如图 19-15 所示。

图 19-15　云开发控制台显示云函数信息

现在就可以在小程序中调用该云函数获取当前用户的 openid 信息了。修改 index. js 中的自定义函数 getUserInfo，相关 JS(pages/index/index. js)代码片段如下：

```
Page({
  /**
   * 自定义函数 -- 获取用户个人信息
   */
  getUserInfo: function(e) {
```

```
    //尝试打印输出个人信息,测试是否获取成功
    //console.log(e.detail.userInfo)
    //将用户个人信息存放到全局变量 userInfo 中
    app.globalData.userInfo = e.detail.userInfo

    //检测是否已经获取过了用户 openid 信息
    if (app.globalData.openid == null) {
      //如果是第一次登录则使用云函数获取用户 openid
      wx.cloud.callFunction({
        name: 'getOpenid',
        complete: res => {
          //尝试打印输出个人信息,测试是否获取成功
          console.log(res.result.openid)
          //将用户 openid 信息存放到全局变量 openid 中
          app.globalData.openid = res.result.openid
        }
      })
    }
  },
})
```

点击右上角的按钮触发获取用户信息事件，此时 Console 控制台的运行效果如图 19-16 所示。

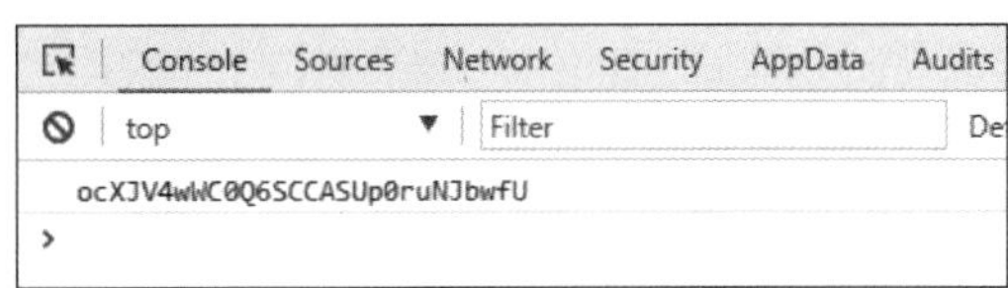

图 19-16　Console 控制台显示用户 openid 信息

由该图可见，点击按钮后可以将用户的 openid 信息打印出来了，说明该功能生效。此时可以去掉或者注释掉其中的 console.log(res.result.openid)语句，该语句仅在开发过程中临时使用，用于测试是否获取到数据。

3 首页跳转上传图片页

视频讲解

首页中的“上传图片”按钮点击后除了能够获取用户个人信息以外，还需要跳转到上传图片页，以便进行本地图片的上传。

修改 index.wxml 文件中浮动按钮的代码，为其添加自定义点击事件 goToAdd。

相关 WXML(pages/index/index.wxml)代码片段如下：

```
<!-- "上传图片"按钮 -->
<view class = 'floatBtn'>
  <button size = 'mini' type = 'primary' bindtap = 'goToAdd' open - type = 'getUserInfo' bindgetuserinfo = 'getUserInfo'>上传图片</button>
</view>
```

在 JS 文件中添加自定义函数 goToAdd，相关 JS(pages/index/index.js)代码片段如下：

```
Page({
  /**
   * 自定义函数 -- 跳转上传图片页
   */
```

```
    goToAdd: function(options) {
      wx.navigateTo({
        url: '../add/add',
      })
    },
})
```

为了测试跳转后新页面是否也可以读取到用户个人信息数据，可以临时在 add.js 文件的 onLoad 函数中添加 console.log()语句尝试打印输出用户的基础信息和 openid。

相关 JS(pages/add/add.js)代码片段如下：

```
var app = getApp()
Page({
  /**
   * 生命周期函数--监听页面加载
   */
  onLoad: function(options) {
    //尝试输出用户基础信息
    console.log(app.globalData.userInfo)
    //尝试输出用户 openid
    console.log(app.globalData.openid)
  },
})
```

点击首页右上角的按钮跳转新页面，此时 Console 控制台的运行效果如图 19-17 所示。

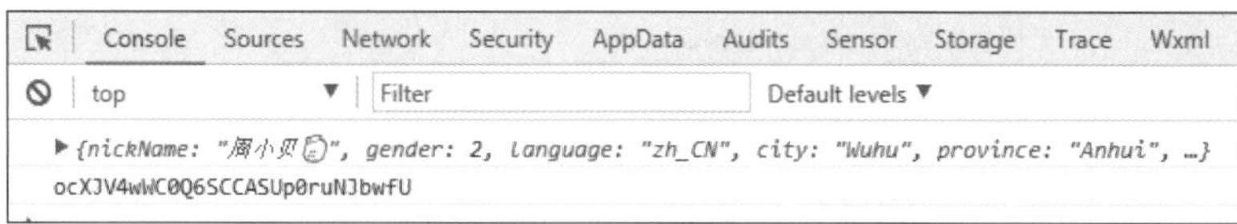

图 19-17　Console 控制台显示用户个人信息

由图可见，点击按钮跳转上传图片页后可以将用户基础信息和 openid 都打印出来了，说明该功能生效。此时可以去掉或者注释掉这两个 console.log()语句，该语句仅在开发过程中临时使用，用于测试是否获取到数据。

19.3.2　上传图片页逻辑

为了使首页可以显示真实上传的图片素材，可以先将上传图片页的功能实现，然后传若干张测试图片等待首页展示使用。

1 图片上传

视频讲解

图片上传成功后需要用到云数据库中的 photos 数据集记录图片基础信息，例如图片地址、添加日期、上传者信息等。因此首先在 add.js 文件顶端声明对 photos 数据集的引用，相关 JS(pages/index/index.js)代码片段如下：

```
const db = wx.cloud.database()
const photos = db.collection('photos')

Page({
    …
})
```

其中 const photos 是自定义名称，开发者可以自行更改。

上传图片成功后还需要记录上传日期，因此在 add.js 文件的顶端自定义函数 formatDate，用于格式化显示当天的日期。相关 JS(pages/index/index.js)代码片段如下：

```
//格式化当前日期
function formatDate() {
  var now = new Date()
  var year = now.getFullYear()
  var month = now.getMonth() + 1
  var day = now.getDate()

  if (month < 10) month = '0' + month
  if (day < 10) day = '0' + day

  return year + '-' + month + '-' + day
}

Page({
    …
})
```

修改 add.wxml 中按钮的代码，为其添加自定义点击事件 upload，用于上传图片。

相关 WXML(pages/add/add.wxml)代码片段修改后如下：

```
  <!--"点击此处上传图片"按钮 -->
  <button type='warn' bindtap='upload'>点击此处上传图片</button>
```

然后在 add.js 中添加自定义函数 upload，相关 JS(pages/add/add.js)代码片段如下：

```
Page({
  /**
   * 自定义函数--上传图片
   */
  upload: function() {
    //选择图片
    wx.chooseImage({
      count: 1,
      sizeType: ['compressed'],
      sourceType: ['album', 'camera'],
      success: function(res) {
        //loading 提示框表示正在上传图片
        wx.showLoading({
          title: '上传中',
        })
        //获取图片临时地址
        const filePath = res.tempFilePaths[0]

        //自定义云端的图片名称
        const cloudPath = Math.floor(Math.random() * 1000000) + filePath.match(/.[^.]+?$/)[0]
        //上传图片到云存储空间中
        wx.cloud.uploadFile({
          cloudPath,
          filePath,
          success: res => {
```

```
            //提示上传成功
            wx.showToast({
              title: '上传成功!',
              duration: 3000
            })

            //获取用户个人基础信息
            let userInfo = app.globalData.userInfo
            //获取当天日期
            let today = formatDate()

            //往云数据集中添加一条记录
            photos.add({
              data: {
                photoUrl: res.fileID,
                avatarUrl: userInfo.avatarUrl,
                country: userInfo.country,
                province: userInfo.province,
                nickName: userInfo.nickName,
                addDate: today
              },
              success: res => {
                console.log(res)
              },
              fail: e => {
                console.log(e)
              }
            })
          },
          fail: e => {
            //提示上传失败
            wx.showToast({
              icon: 'none',
              title: '上传失败',
            })
          }
        })
      },
      fail: e => {
        console.error(e)
      },
      complete: () => {
        //上传完成后关闭 loading 提示框
        wx.hideLoading()
      }
    })
  },
})
```

上述代码在自定义云端图片名称时用了随机数 Math. floor(Math. random() * 1000000)，表示图片名称为随机生成的 0～1 000 000 的向下取整的数，但是在图片非常多的情况下难免会碰巧有重复的，开发者也可以思考其他自定义的图片名称。

此外还需要注意的是，一定要从首页中点击“上传图片”按钮跳转到当前页面再进行测试，否则可能无法获取到用户的个人信息数据。

点击首页右上角的按钮跳转到当前页面，并从本地任意上传一张图片。

此时云开发控制台的运行效果如图 19-18 所示。

(a) 云数据库的photos集中出现记录

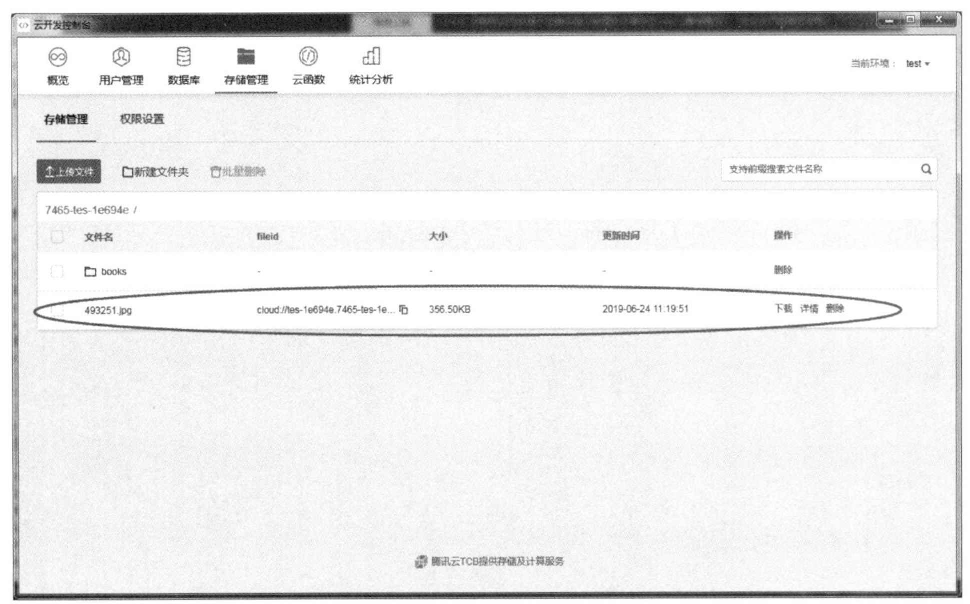

(b) 云存储中出现已上传的图片

图 19-18　云开发控制台显示信息

由图可见，本地图片上传成功后会分别出现在云数据库和云存储中。为了后续的图片展示功能，不妨再继续上传若干张本地图片进行测试。

视频讲解

2 展示图片历史记录

在往云数据库中添加记录时，会自动登记当前用户的 openid 并记录成“_openid”字段，因此只要筛选出 openid 属性值与当前用户匹配的所有数据即可展示图片历史记录。

在 add.js 文件中添加自定义函数 getHistoryPhotos，用于获取当前用户已经上传过的图片数据。相关 JS(pages/add/add.js)代码片段如下：

```
Page({
  /**
   * 自定义函数 -- 获取已上传图片历史记录
   */
  getHistoryPhotos: function() {
    //获取当前用户的 openid
    let openid = app.globalData.openid

    //从云数据集查找当前用户的上传记录
    photos.where({
      _openid:openid
    }).get({
      success:res =>{
        this.setData({historyPhotos:res.data})
      }
    })
  },
})
```

上述代码表示从云数据集 photos 中查找当前用户上传的图片记录，并将获取到的记录集存到变量 historyPhotos 中，该名称可以由开发者自定义。

修改 add.wxml 文件中显示图片历史记录的代码，使用 wx:for 循环来展示实际图片。

相关 WXML(pages/add/add.wxml)代码片段如下：

```
    <!-- 图片集 -->
    <view>
      <block wx:for = '{{historyPhotos}}' wx:key = 'history{{index}}'>
        <image src = '{{item.photoUrl}}'></image>
      </block>
    </view>
```

最后在 add.js 文件的 onLoad 和 upload 函数中分别引用 getHistoryPhotos，表示打开当前页面和上传新图片后都更新显示图片历史记录。

相关 JS(pages/add/add.js)代码片段如下：

```
Page({
  /**
   * 自定义函数 -- 上传图片
   */
  upload: function() {
    //选择图片
    wx.chooseImage({
      count: 1,
      sizeType: ['compressed'],
      sourceType: ['album', 'camera'],
      success: function(res) {
        …
      },
      fail: e => {
        console.error(e)
      },
```

```
      complete: () => {
        //上传完成后关闭 loading 提示框
        wx.hideLoading()
        //更新图片历史记录
        this.getHistoryPhotos()
      }
    })
  },

  /**
   * 生命周期函数--监听页面加载
   */
  onLoad: function(options) {
    //更新图片历史记录
    this.getHistoryPhotos()
  },

})
```

在已经有上传图片的前提条件下打开上传图片页，此时运行效果如图 19-19 所示。

由图可见，当前页面可以成功显示云存储中的图片，此时上传图片页的逻辑全部完成。

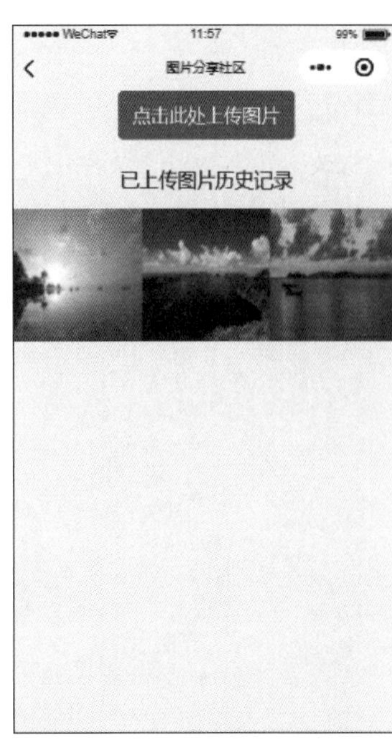

图 19-19　Console 控制台显示用户个人信息

19.3.3　首页逻辑

视频讲解

1 图片列表展示

首先在 index.js 文件顶端声明对 photos 数据集的引用，相关 JS(pages/index/index.js)代码片段如下：

```
const db = wx.cloud.database()
const photos = db.collection('photos')

Page({
    …
})
```

其中 const photos 是自定义名称，开发者可以自行更改。

在 index.js 文件的 onShow 函数中追加对云端数据库的读取代码，这样从其他页面返回首页时也可以刷新图片列表。相关 JS(pages/index/index.js)代码片段如下：

```
Page({
  /**
   * 生命周期函数--监听页面显示
   */
  onShow: function() {
    //获取图片列表(按照添加日期降序排列)
    photos.orderBy('addDate','desc').get({
      success: res => {
        this.setData({
          photoList: res.data
        })
      }
```

```
        })
    },
})
```

修改 index.wxml 文件中卡片的相关代码，使用 wx:for 循环语句显示实际图片信息。相关 WXML(pages/index/index.wxml)代码片段如下：

```
<!-- 卡片 -->
<view class = 'card' wx:for = '{{photoList}}' wx:key = 'photo{{index}}'>
  <!-- 卡片页眉 -->
  <view class = 'card - head'>
    <image class = 'avatar' src = '{{item.avatarUrl}}' mode = 'widthFix'></image>
    <view class = 'title'>
      <text class = 'nickName'>{{item.nickName}}</text>
      <text class = 'address'>{{item.province}},{{item.country}}</text>
    </view>
  </view>

  <!-- 卡片主体 -->
  <view class = 'card - body'>
    <image src = '{{item.photoUrl}}' mode = 'widthFix'></image>
  </view>

  <!-- 卡片页脚 -->
  <view class = 'card - foot'>
    <text>{{item.addDate}}</text>
  </view>
</view>
</view>
```

为了显示出上传日期的区别，开发者可以临时手动修改云数据集里面 addDate 字段的值，此时运行效果如图 19-20 所示。

由图可见，首页已经可以成功显示当前云存储中的图片和上传者信息，并且按照上传日期将最新的图片显示在最上面。

视频讲解

2 点击头像跳转个人主页

修改 index.wxml 文件中卡片页眉的相关代码，使用< navigator >组件实现头像图片的导航功能。相关 WXML(pages/index/index.wxml)代码片段如下：

```
  <!-- 卡片页眉 -->
  <view class = 'card - head'>
    <navigator url = '../homepage/homepage?id = {{item._openid}}'>
      <image class = 'avatar' src = '{{item.avatarUrl}}' mode = 'widthFix'></image>
    </navigator>
    <view class = 'title'>
      <text class = 'nickName'>{{item.nickName}}</text>
      <text class = 'address'>{{item.province}},{{item.country}}</text>
    </view>
  </view>
```

上述代码表示点击头像图片可以跳转到 homepage 页面。由于未来实际使用该小程序时有可能首页会呈现多名不同用户的头像信息，所以在< navigator >组件的 url 属性值中携带自

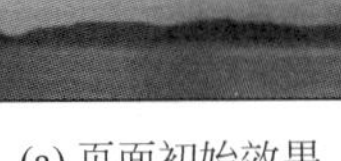

(a) 页面初始效果　　　　(b) 下拉滚动效果

图 19-20　首页图片列表展示

定义参数 id，用于记录当前被点击用户的 openid。

后续的代码逻辑需要在个人主页(homepage)中实现。

视频讲解

3 点击图片跳转图片展示页

修改 index. wxml 文件中卡片主体的相关代码，使用< navigator >组件实现上传图片的导航功能。相关 WXML(pages/index/index. wxml)代码片段如下：

```
<!-- 卡片主体 -->
<view class = 'card - body'>
  <navigator url = '../detail/detail?id = {{item._id}}'>
    <image src = '{{item.photoUrl}}' mode = 'widthFix'></image>
  </navigator>
</view>
```

上述代码表示点击展示图片可以跳转到 detail 页面。由于首页会呈现不同图片信息，所以在< navigator >组件的 url 属性值中携带自定义参数 id，用于记录当前被点击图片的 id。

后续的代码逻辑需要在图片展示页(detail)中实现。

19.3.4　个人主页逻辑

视频讲解

1 获取被点击用户上传的图片列表

从首页跳转到个人主页时会携带被点击用户的 openid 值，所以可以去云数据集查找该用户上传的所有图片记录。

首先在 homepage. js 文件顶端声明对云数据集 photos 的引用，相关 JS

(pages/homepage/homepage.js)代码片段如下：

```
const db = wx.cloud.database()
const photos = db.collection('photos')

Page({
    …
})
```

其中 const photos 是自定义名称，开发者可以自行更改。

然后在 homepage.js 文件的 onLoad 函数中追加对云数据集 photos 的读取代码。相关 JS(pages/index/index.js)代码片段如下：

```
Page({
  /**
   * 生命周期函数--监听页面加载
   */
  onLoad: function(options) {
    //获取被点击用户的 openid
    let openid = options.id

    //显示 loading 提示框
    wx.showLoading({
      title: '数据加载中',
    })

    //查找云数据集 photos 中该用户的图片上传记录
    photos.orderBy('addDate', 'desc').where({
      _openid: openid
    }).get({
      success: res => {
        //获取数据记录
        this.setData({
          photoList: res.data
        })
        //关闭 loading 提示框
        wx.hideLoading()
      }
    })
  },
})
```

最后修改 homepage.wxml 中卡片的代码，使用 wx:for 循环语句显示实际图片信息。相关 WXML(pages/homepage/homepage.wxml)代码片段如下：

```
<!-- 卡片 -->
<view class='card' wx:for='{{photoList}}' wx:key='photo{{index}}'>
  <!-- 卡片页眉 -->
  <view class='card-head'>
    <image class='avatar' src='{{item.avatarUrl}}' mode='widthFix'></image>
    <view class='title'>
      <text class='nickName'>{{item.nickName}}</text>
      <text class='address'>{{item.province}},{{item.country}}</text>
    </view>
  </view>

  <!-- 卡片主体 -->
```

```
    <view class='card-body'>
      <image src='{{item.photoUrl}}' mode='widthFix'></image>
    </view>

    <!-- 卡片页脚 -->
    <view class='card-foot'>
      <text>{{item.addDate}}</text>
    </view>
  </view>
```

此时运行效果如图 19-21 所示。

(a) 页面初始效果

(b) 下拉滚动效果

图 19-21　个人主页的图片列表展示

由图可见，个人主页已经可以成功显示云存储中的图片，并且按照上传日期将最新的图片显示在最上面。

由于尚未实现顶端用户头像和昵称更新的逻辑，所以目前仍然是测试图片效果。

视频讲解

2 显示顶端用户头像和昵称

修改 homepage.wxml 文件中顶端头像和昵称的代码，使用 photoList 数据中的任意一条均可获取头像和昵称属性值。相关 WXML（pages/homepage/homepage.wxml）代码片段如下：

```
<!-- 头像和昵称 -->
<view class='avatarBox'>
  <image src='{{photoList[0].avatarUrl}}'></image>
  <text>{{photoList[0].nickName}}个人主页</text>
</view>
```

此时运行效果如图 19-22 所示。

由图可见，此时已经可以成功显示当前用户的个人信息了。

3 点击图片跳转图片展示页

视频讲解

修改 homepage. wxml 文件中卡片主体的相关代码，使用< navigator >组件实现上传图片的导航功能。相关 WXML(pages/homepage/homepage. wxml)代码片段如下：

```
<!-- 卡片主体 -->
<view class='card-body'>
    <navigator url='../detail/detail?id={{item._id}}'>
        <image src='{{item.photoUrl}}' mode='widthFix'></image>
    </navigator>
</view>
```

上述代码表示点击展示图片可以跳转到 detail 页面。由于首页会呈现不同图片信息，所以在< navigator >组件的 url 属性值中携带自定义参数 id，用于记录当前被点击图片的 id。

后续的代码逻辑需要在图片展示页(detail)中实现。

图 19-22　个人主页的顶端头像和昵称展示

19.3.5　图片展示页逻辑

视频讲解

1 显示当前图片

从首页或个人主页的图片卡片跳转到图片展示页时均会携带被点击图片的 id，所以可以去云数据集查找该图片的记录。

首先在 detail. js 文件顶端声明对云数据集 photos 的引用，相关 JS(pages/detail/detail. js)代码片段如下：

```
const db = wx.cloud.database()
const photos = db.collection('photos')

Page({
    ...
})
```

其中 const photos 是自定义名称，开发者可以自行更改。

然后在 detail. js 文件的 onLoad 函数中追加对云数据集 photos 的读取代码。

相关 JS(pages/detail/detail. js)代码片段如下：

```
Page({
  /**
   * 生命周期函数--监听页面加载
   */
  onLoad: function(options) {
    //根据图片 id 获取云数据集中的图片记录
    photos.doc(options.id).get({
      success: res => {
```

```
            this.setData({ photo: res.data })
        }
    })
  },
})
```

最后修改 detail.wxml 中图片的代码，显示实际图片信息。

相关 WXML(pages/detail/detail.wxml)代码片段如下：

```
<!-- 顶端图片展示 -->
<image src='{{photo.photoUrl}}' mode='widthFix'></image>
```

从首页点击任意图片，此时运行效果如图 19-23 所示。

(a) 首页效果

(b) 图片展示页效果

图 19-23　图片展示页显示顶端图片

由图可见，此时点击首页卡片列表中的任意图片均可在图片展示页显示正确的画面。实际上从个人主页点击图片进入图片展示页也是一样的效果，这里不再另行演示。

2 下载图片到本地设备

修改 detail.wxml 中相关按钮的代码，为其添加点击事件 downloadPhoto。

相关 WXML(pages/detail/detail.wxml)代码片段如下：

视频讲解

```
<!-- 按钮区域 -->
<view>
  <button type='primary' plain bindtap='downloadPhoto'>下载到本地</button>
  <button type='primary' plain>分享给好友</button>
  <button type='primary' plain>全屏预览</button>
</view>
```

然后在 detail.js 文件中追加自定义函数 downloadPhoto，相关 JS(pages/detail/detail.js)

代码片段如下：

```
Page({
  /**
   * 自定义函数--下载图片到本地
   */
  downloadPhoto: function() {
    //从云存储中进行图片下载
    wx.cloud.downloadFile({
      fileID: this.data.photo.photoUrl,
      success: res => {
        //保存图片到本地相册
        wx.saveImageToPhotosAlbum({
          filePath: res.tempFilePath,
          success: res => {
            wx.showToast({
              title: '保存成功!',
            })
          },
          fail: err => {
            wx.showToast({
              title: '保存失败!',
              icon: 'none'
            })
          }
        })
      },
      fail: err => {
        console.log(err)
      }
    })
  },
})
```

此时运行效果如图 19-24 所示。

(a) 点击按钮进行图片下载

(b) 保存成功提示

图 19-24　下载图片到本地设备效果

当前是计算机端模拟运行效果，可以自选图片另存为地址；如果用手机测试会将图片直接保存到手机相册中。

3 分享图片给好友

视频讲解

修改 detail.wxml 中相关按钮的代码，为其添加 open-type 属性。

相关 WXML(pages/detail/detail.wxml)代码片段如下：

```
<!-- 按钮区域 -->
<view>
  <button type='primary' plain bindtap='downloadPhoto'>下载到本地</button>
  <button type='primary' plain open-type='share'>分享给好友</button>
  <button type='primary' plain>全屏预览</button>
</view>
```

此时点击“分享给好友”按钮的效果就等同于点击右上角的“…”，都可以进行页面分享。

如果用户需要自定义分享的内容，可以在 detail.js 文件中修改自带的 onShareAppMessage 函数，相关 JS(pages/detail/detail.js)代码片段如下：

```
Page({
  /**
   * 用户点击右上角分享
   */
  onShareAppMessage: function() {
    return {
      title: '给你分享一张好看的图片',
      path: 'pages/detail/detail?id=' + this.data.photo._id
    }
  }
})
```

此时运行效果如图 19-25 所示。

(a) 点击按钮进行图片分享

(b) 图片分享对话框

图 19-25 分享图片效果

当前是计算机端模拟运行效果，如果用手机测试还可以选择微信好友列表进行发送。

4 全屏预览图片

视频讲解

修改 detail. wxml 中相关按钮的代码，为其添加点击事件 previewPhoto。

相关 WXML(pages/detail/detail. wxml)代码片段如下：

```
<!-- 按钮区域 -->
<view>
  <button type = 'primary' plain bindtap = 'downloadPhoto'>下载到本地</button>
  <button type = 'primary' plain open-type = 'share'>分享给好友</button>
    <button type = 'primary' plain bindtap = 'previewPhoto'>全屏预览</button>
</view>
```

然后在 detail. js 文件中追加自定义函数 previewPhoto，相关 JS(pages/detail/detail. js)代码片段如下：

```
Page({
  /**
   * 自定义函数 -- 全屏预览图片
   */
  previewPhoto: function() {
    //定义图片 URL 地址
    var urls = [this.data.photo.photoUrl]
    //全屏预览图片
    wx.previewImage({
      urls: urls,
    })
  },
})
```

此时运行效果如图 19-26 所示。

(a) 点击按钮进行图片全屏预览

(b) 全屏预览效果

图 19-26 全屏预览图片效果

当前是计算机端模拟运行效果，如果用手机预览，长按还可以保存图片到手机相册中。

19.4 完整代码展示

19.4.1 应用文件代码展示

app.json 文件的完整代码如下：

```
{
  "pages": [
    "pages/index/index",
    "pages/homepage/homepage",
    "pages/detail/detail",
    "pages/add/add"
  ],
  "window": {
    "navigationBarBackgroundColor": "#F6F6F6",
    "navigationBarTitleText": "图片分享社区",
    "navigationBarTextStyle": "black"
  }
}
```

app.wxss 文件的完整代码如下：

```
/* 1.整体容器样式 */
.container {
  display: flex;
  flex-direction: column;
  align-items: center;
  background-color: whitesmoke;
  min-height: 100vh;
}

/* 2.卡片区域整体样式 */
.card {
  width: 710rpx;
  border-radius: 20rpx;
  background-color: white;
  margin: 20rpx 0;
}
/* 2-1 卡片页眉 */
.card-head {
  display: flex;
  flex-direction: row;
  align-items: center;
}

/* 2-1-1 头像图片 */
.avatar {
  width: 150rpx;
  border-radius: 50%;
  margin: 0 20rpx;
}

```

```
/*2-1-2 文字信息*/
.title {
  display: flex;
  flex-direction: column;
}
/*2-1-2(1) 昵称*/
.nickName {
  font-size: 35rpx;
  margin: 0 10rpx;
}
/*2-1-2(2) 所在地区*/
.address {
  font-size: 30rpx;
  color: gray;
  margin: 0 10rpx;
}
/*2-2 卡片主体*/
.card-body image {
  width: 100%;
}
/*2-3 卡片页脚*/
.card-foot{
  font-size: 35rpx;
  text-align: right;
  margin: 20rpx;
}
```

app.js 文件的完整代码如下(该文件代码为云模板自动生成):

```
App({
  onLaunch: function() {

    if (!wx.cloud) {
      console.error('请使用 2.2.3 或以上的基础库以使用云能力')
    } else {
      wx.cloud.init({
        traceUser: true,
      })
    }

    this.globalData = {}
  }
})
```

19.4.2 云函数文件代码展示

云函数 getOpenid 的 JS 文件(getOpenid/index.js)的完整代码如下:

```
//云函数入口文件
const cloud = require('wx-server-sdk')

cloud.init()

//云函数入口函数
exports.main = async (event, context) => {
```

```
  const wxContext = cloud.getWXContext()

  return {
    openid: wxContext.OPENID
  }
}
```

19.4.3　页面文件代码展示

1 首页代码展示

WXML 文件(pages/index/index.wxml)的完整代码如下：

```
<view class = 'container'>
  <!-- 卡片 -->
  <view class = 'card' wx:for = '{{photoList}}' wx:key = 'photo{{index}}'>
    <!-- 卡片页眉 -->
    <view class = 'card - head'>
      <navigator url = '../homepage/homepage?id = {{item._openid}}'>
        <image class = 'avatar' src = '{{item.avatarUrl}}' mode = 'widthFix'></image>
      </navigator>
      <view class = 'title'>
        <text class = 'nickName'>{{item.nickName}}</text>
        <text class = 'address'>{{item.province}},{{item.country}}</text>
      </view>
    </view>

    <!-- 卡片主体 -->
    <view class = 'card - body'>
      <navigator url = '../detail/detail?id = {{item._id}}'>
        <image src = '{{item.photoUrl}}' mode = 'widthFix'></image>
      </navigator>
    </view>

    <!-- 卡片页脚 -->
    <view class = 'card - foot'>
      <text>{{item.addDate}}</text>
    </view>
  </view>
</view>

<!--"上传图片"按钮 -->
<view class = 'floatBtn'>
  <button size = 'mini' type = 'primary' bindtap = 'goToAdd' open - type = 'getUserInfo' bindgetuserinfo = 'getUserInfo'>上传图片</button>
</view>
```

WXSS 文件(pages/index/index.wxss)的完整代码如下：

```
/* 浮动按钮样式 */
.floatBtn{
  position: fixed;
  top: 50rpx;
  right: 50rpx;
}
```

JS 文件(pages/index/index.js)的完整代码如下：

```
const db = wx.cloud.database()
const photos = db.collection('photos')
var app = getApp()

Page({
  /**
   * 自定义函数--跳转上传图片页
   */
  goToAdd: function(options) {
    wx.navigateTo({
      url: '../add/add',
    })
  },

  /**
   * 自定义函数--获取用户个人信息
   */
  getUserInfo: function(e) {
    //尝试打印输出个人信息,测试是否获取成功
    //console.log(e.detail.userInfo)

    //将用户个人信息存放到全局变量 userInfo 中
    app.globalData.userInfo = e.detail.userInfo

    //检测是否已经获取过了用户 openid 信息
    if (app.globalData.openid == null) {
      //如果是第一次登录,则使用云函数获取用户 openid
      wx.cloud.callFunction({
        name: 'getOpenid',
        complete: res => {
          //尝试打印输出个人信息,测试是否获取成功
          //console.log(res.result.openid)
          //将用户 openid 信息存放到全局变量 openid 中
          app.globalData.openid = res.result.openid
        }
      })
    }
  },
  /**
   * 生命周期函数--监听页面显示
   */
  onShow: function() {
    //获取图片列表(按照添加日期降序排列)
    photos.orderBy('addDate','desc').get({
      success: res => {
        this.setData({
          photoList: res.data
        })
      }
    })
  }
})
```

2 个人主页代码展示

WXML 文件(pages/homepage/homepage.wxml)的完整代码如下：

```
<view class = 'container'>
  <!-- 头像和昵称 -->
  <view class = 'avatarBox'>
    <image src = '{{photoList[0].avatarUrl}}'></image>
    <text>{{photoList[0].nickName}}个人主页</text>
  </view>

  <!-- 卡片 -->
  <view class = 'card' wx:for = '{{photoList}}' wx:key = 'photo{{index}}'>
    <!-- 卡片页眉 -->
    <view class = 'card - head'>
      <navigator url = '../user/user?id = {{item._openid}}'>
        <image class = 'avatar' src = '{{item.avatarUrl}}' mode = 'widthFix'></image>
      </navigator>
      <view class = 'title'>
        <text class = 'nickName'>{{item.nickName}}</text>
        <text class = 'address'>{{item.province}},{{item.country}}</text>
      </view>
    </view>

    <!-- 卡片主体 -->
    <view class = 'card - body'>
      <navigator url = '../detail/detail?id = {{item._id}}'>
        <image src = '{{item.photoUrl}}' mode = 'widthFix'></image>
      </navigator>
    </view>

    <!-- 卡片页脚 -->
    <view class = 'card - foot'>
      <text>{{item.addDate}}</text>
    </view>
  </view>
</view>
```

WXSS 文件(pages/homepage/homepage.wxss)的完整代码如下：

```
/* 头像区域 */
.avatarBox{
  display: flex;
  flex - direction: column;
  align - items: center;
  padding - top: 100rpx;
}
/* 头像区域中的头像图片 */
.avatarBox image{
  width: 200rpx;
  height: 200rpx;
  border - radius: 50%;
}
/* 头像区域中的昵称文本 */
.avatarBox text{
  margin: 30rpx 0;
}
```

JS 文件(pages/homepage/homepage. js)的完整代码如下:

```
const db = wx.cloud.database()
const photos = db.collection('photos')

Page({
  /**
   * 生命周期函数 -- 监听页面加载
   */
  onLoad: function(options) {
    //获取被点击用户的 openid
    let openid = options.id

    //显示 loading 提示框
    wx.showLoading({
      title: '数据加载中',
    })

    //查找云数据集 photos 中该用户的图片上传记录
    photos.orderBy('addDate', 'desc').where({
      _openid: openid
    }).get({
      success: res => {
        //获取数据记录
        this.setData({
          photoList: res.data
        })
        //关闭 loading 提示框
        wx.hideLoading()
      }
    })
  }
})
```

3 图片展示页代码展示

WXML 文件(pages/detail/detail. wxml)的完整代码如下:

```
<!-- 顶端图片展示 -->
<image src = '{{photo.photoUrl}}' mode = 'widthFix'></image>

<!-- 按钮区域 -->
<view>
  <button type = 'primary' plain bindtap = 'downloadPhoto'>下载到本地</button>
  <button type = 'primary' plain open - type = 'share'>分享给好友</button>
    <button type = 'primary' plain bindtap = 'previewPhoto'>全屏预览</button>
</view>
```

WXSS 文件(pages/detail/detail. wxss)的完整代码如下:

```
/* 顶端展示图片样式 */
image{
  width: 750rpx;
}
/* 按钮外层 view */
view{
  padding: 0 50rpx;
```

```
}
/* 按钮样式 */
button{
  margin: 10rpx;
}
```

JS 文件(pages/detail/detail.js)的完整代码如下：

```
const db = wx.cloud.database()
const photos = db.collection('photos')

Page({
  /**
   * 自定义函数--下载图片到本地
   */
  downloadPhoto: function() {
    //从云存储中进行图片下载
    wx.cloud.downloadFile({
      fileID: this.data.photo.photoUrl,
      success: res => {
        //保存图片到本地相册
        wx.saveImageToPhotosAlbum({
          filePath: res.tempFilePath,
          success: res => {
            wx.showToast({
              title: '保存成功!',
            })
          },
          fail: err => {
            wx.showToast({
              title: '保存失败!',
              icon: 'none'
            })
          }
        })
      },
      fail: err => {
        console.log(err)
      }
    })
  },
  /**
   * 自定义函数--全屏预览图片
   */
  previewPhoto: function() {
    //定义图片 URL 地址
    var urls = [this.data.photo.photoUrl]
    //全屏预览图片
    wx.previewImage({
      urls: urls,
    })
  },
  /**
   * 生命周期函数--监听页面加载
   */
  onLoad: function(options) {
```

```
      //根据图片 id 获取云数据集中的图片记录
      photos.doc(options.id).get({
        success: res => {
          this.setData({ photo: res.data })
        }
      })
    },
    /**
     * 用户点击右上角分享
     */
    onShareAppMessage: function() {
      return {
        title: '给你分享一张好看的图片',
        path: 'pages/detail/detail?id=' + this.data.photo._id
      }
    }
})
```

4 上传图片页代码展示

WXML 文件(pages/add/add.wxml)的完整代码如下：

```
<view class='container'>
  <!--"点击此处上传图片"按钮 -->
  <button type='warn' bindtap='upload'>点击此处上传图片</button>

  <!-- 已上传图片区域 -->
  <view class='photoBox'>
    <!-- 标题 -->
    <text>已上传图片历史记录</text>

    <!-- 图片集 -->
    <view>
      <block wx:for='{{historyPhotos}}' wx:key='history{{index}}'>
        <image src='{{item.photoUrl}}'></image>
      </block>
    </view>
  </view>
</view>
```

WXSS 文件(pages/add/add.wxss)的完整代码如下：

```
/* 已上传图片区域 */
.photoBox{
  margin-top: 50rpx;
  display: flex;
  flex-direction: column;
}
/* 标题样式 */
.photoBox text{
  margin-bottom: 30rpx;
  text-align: center;
}
/* 图片样式 */
.photoBox image{
  float: left;
  width: 250rpx;
```

```
  height: 250rpx;
}
```

JS 文件(pages/add/add.js)的完整代码如下：

```
const db = wx.cloud.database()
const photos = db.collection('photos')
var app = getApp()

//格式化当前日期
function formatDate() {
  var now = new Date()
  var year = now.getFullYear()
  var month = now.getMonth() + 1
  var day = now.getDate()

  if (month < 10) month = '0' + month
  if (day < 10) day = '0' + day

  return year + '-' + month + '-' + day
}

Page({
  /**
   * 自定义函数--上传图片
   */
  upload: function() {
    //选择图片
    wx.chooseImage({
      count: 1,
      sizeType: ['compressed'],
      sourceType: ['album', 'camera'],
      success: function(res) {
        //loading 提示框表示正在上传图片
        wx.showLoading({
          title: '上传中',
        })
        //获取图片临时地址
        const filePath = res.tempFilePaths[0]

        //自定义云端的图片名称
        const cloudPath = Math.floor(Math.random() * 1000000) + filePath.match(/\.[^.]+?$/)[0]
        //上传图片到云存储空间中
        wx.cloud.uploadFile({
          cloudPath,
          filePath,
          success: res => {
            //提示上传成功
            wx.showToast({
              title: '上传成功!',
              duration: 3000
            })

            //获取用户个人基础信息
            let userInfo = app.globalData.userInfo
```

```
              //获取当天日期
              let today = formatDate()

              //往云数据集中添加一条记录
              photos.add({
                data: {
                  photoUrl: res.fileID,
                  avatarUrl: userInfo.avatarUrl,
                  country: userInfo.country,
                  province: userInfo.province,
                  nickName: userInfo.nickName,
                  addDate: today
                },
                success: res => {
                  console.log(res)
                },
                fail: e => {
                  console.log(e)
                }
              })
            },
            fail: e => {
              //提示上传失败
              wx.showToast({
                icon: 'none',
                title: '上传失败',
              })
            }
          })
        },
        fail: e => {
          console.error(e)
        },
        complete: () => {
          //上传完成后关闭 loading 提示框
          wx.hideLoading()
          //更新图片历史记录
          this.getHistoryPhotos()
        }
      })
    },
    /**
     * 自定义函数--获取已上传图片历史记录
     */
    getHistoryPhotos: function() {
      //获取当前用户的 openid
      let openid = app.globalData.openid

      //从云数据集查找当前用户的上传记录
      photos.where({
        _openid: openid
      }).get({
        success: res => {
          this.setData({
            historyPhotos: res.data
```

```
            })
          }
        })
      },
      /**
       * 生命周期函数--监听页面加载
       */
      onLoad: function(options) {
        //尝试输出用户基础信息
        //console.log(app.globalData.userInfo)
        //尝试输出用户 openid
        //console.log(app.globalData.openid)

        //更新图片历史记录
        this.getHistoryPhotos()
      }
    })
```

第20章 Chapter 20

小程序UI组件库·基于Vant Weapp的生日管家

为了提高小程序的开发效率，可以考虑使用第三方 UI 组件来实现界面的视觉统一。开发者可以方便地引用已经事先设计好的自定义组件来快速搭建小程序页面。本章以有赞第三方 UI 组件库 Vant Weapp 为例，介绍了如何使用自定义组件配合云开发中的数据库基本功能实现一个生日管家小程序。

本章学习目标

- 了解小程序自定义组件的概念；
- 掌握 UI 组件库 Vant Weapp 的下载和使用；
- 掌握小程序云开发中小程序端数据库的相关 API。

20.1 小程序自定义组件简介

20.1.1 什么是自定义组件

从基础库版本 1.6.3 开始，小程序开始支持简洁的组件化编程。开发者可以将页面内的功能模块制作成自定义组件，以便在不同的页面中重复使用；也可以将复杂内容拆分成若干个低耦合的模块，这样有助于代码的后期维护。

例如，目前小程序的原生组件中是没有卡片组件的，开发者可以自行使用图片、按钮、文本等内容通过样式布局组合成一个商品展示卡片，然后自由应用于多个页面上，这种组件就是自定义组件。

20.1.2 自定义组件的引用方式

如果需要开发者自定义组件，则需要为每个组件编写一套由 WXML、WXSS、JSON 以及 JS 几个文件组成的模板代码，并且使用前需要在对应页面的 JSON 文件中进行引用声明。其语法格式如下：

```
{
  "usingComponents": {
    "component - tag - name": "path/to/the/custom/component"
  }
}
```

其中"component-tag-name"换成自定义的组件名称(也就是未来在页面上引用的组件标签名)、"path/to/the/custom/component"换成自定义组件所在的路径地址即可使用。

在完成引用声明后,自定义组件在使用时与小程序原生的基础组件用法非常相似。

20.1.3　小程序 UI 组件库 Vant Weapp

目前市面上提供了一些免费开源的第三方小程序 UI 组件库,可以下载后放到项目文件夹中直接使用,比起开发者从头开始自定义组件更为方便、高效。

这里以有赞小程序组件库 Vant Weapp 为例,从零开始讲解如何使用其开发完成一款生日管家小程序项目。Vant Weapp 是一款轻量、可靠的小程序 UI 组件库,与有赞移动端组件库 Vant 基于相同的视觉规范,并提供一致的 API 接口,方便开发者快速搭建小程序应用。

例如其中的一款卡片组件< van-card >就可以实现如图 20-1 所示的商品展示效果。

图 20-1　Vant Weapp 卡片组件的展示效果

其官方文档地址为"https://youzan.github.io/vant-weapp/#/intro",开发者可以通过查看文档了解这些第三方组件的引用方式和用法示例。

20.1.4　Vant Weapp 的下载和安装

Vant Weapp 有 3 种安装方式,开发者可以根据自己的实际情况任选一种。

1 方法一:通过 npm 安装

小程序目前已经支持使用 npm 安装第三方包,语法如下:

```
# 通过 npm 安装
npm i @vant/weapp -S --production

# 通过 yarn 安装
yarn add @vant/weapp --production

# 安装 0.x 版本
npm i vant-weapp -S --production
```

需要注意的是:package.json 和 node_modules 必须在 miniprogram 目录下。

这种方法需要开发者对 npm 有一定的了解。

2 方法二：通过 git 下载源代码

开发者也可以通过 git 下载源代码，并手动将其中的 dist 或 lib 文件夹复制到项目内的自定义路径地址中，语法如下：

```
git clone https://github.com/youzan/vant - weapp.git
```

这种方法需要开发者对 github 有一定的了解，最好有自己的账号。

3 方法三：直接下载源代码

如果开发者不太熟悉以上两种方法，还可以直接访问网页下载源代码，解压缩后手动将目录中的 dist 或 lib 复制到项目内的自定义路径地址中，其官方的下载访问地址是"https://github.com/youzan/vant-weapp"，然后单击右侧的 Clone or download 按钮，如图 20-2 所示，在下拉列表中单击 Download ZIP 下载压缩包。

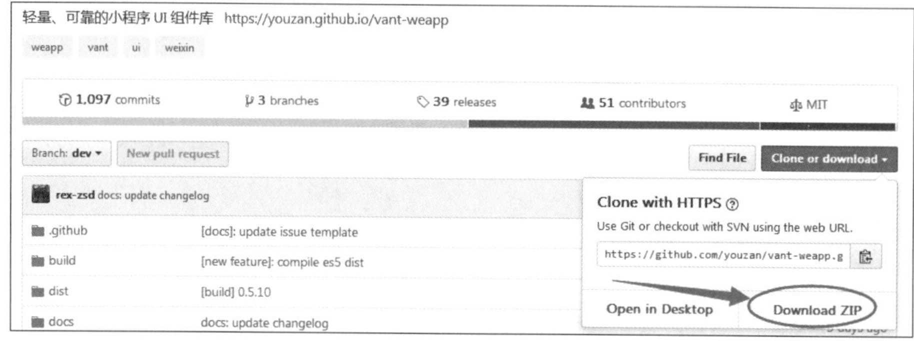

图 20-2 在线下载源代码示意图

20.2 需求分析

本项目一共需要 3 个页面，即首页、好友信息编辑页和好友信息展示页。

视频讲解

20.2.1 首页功能需求

首页功能需求如下：

(1) 首页需要包含"添加新朋友"按钮、搜索框和好友列表。

(2) 点击"添加新朋友"按钮后跳转到好友信息编辑页，可以录入数据。

(3) 搜索框可以根据好友姓名关键词查找指定好友。

(4) 好友生日列表需要展示好友姓名、生日、距离下个生日还有多少天，并且点击好友头像可以跳转到好友信息展示页查看详情。

20.2.2 好友信息编辑页功能需求

好友信息编辑页功能需求如下：

(1) 以表单的形式要求用户录入好友的姓名、性别、生日、电话、关系等信息。

(2) "保存记录"按钮用于添加或更新好友数据到云数据库中。

(3) "取消修改"按钮用于取消本次填写，返回上一页。

20.2.3　好友信息展示页功能需求

好友信息展示页功能需求如下：

(1) 顶端展示好友的头像和姓名。

(2) 中间列表展示好友的性别、电话、和用户本人的关系、距离出生已经多少天、距离下个生日还有多少天。

(3) 下方是"修改"按钮和"删除"按钮，分别用于跳转编辑页面和直接删除当前好友。

20.3　初始化项目

20.3.1　创建云模板项目

视频讲解

首先需要创建一个云开发项目，在任意盘符下创建一个空白文件夹(例如birthdayMemo)，然后填入AppID和选中"小程序·云开发"，如图20-3所示。

接着删除其中无用的模板代码：

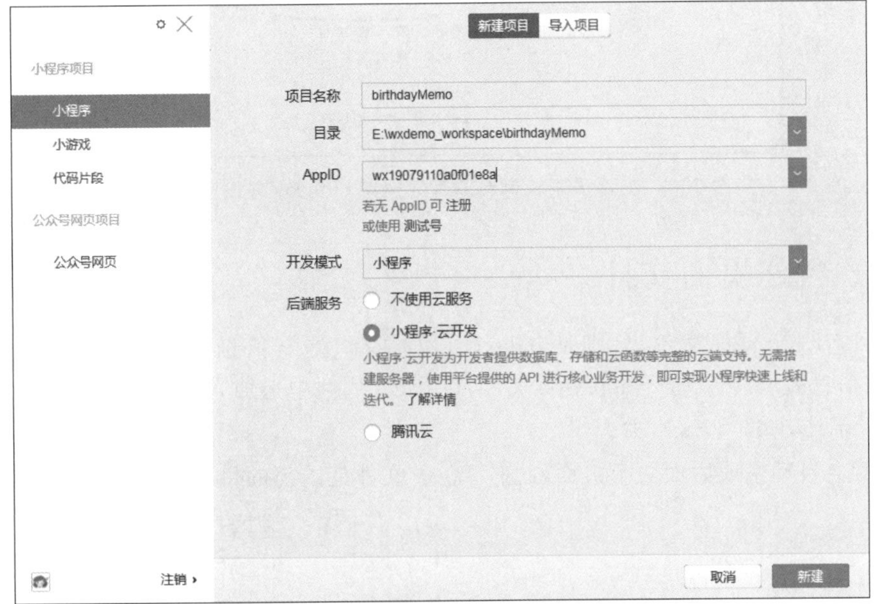

图20-3　云模板项目填写效果示意图

(1) 删除cloudFunctions文件夹下的默认云函数login的全部内容。

(2) 找到app.json文件，打开并删除其中的页面引用，只保留第一个pages/index/index。

(3) 打开硬盘中的pages文件夹，删除index以外的所有目录。

(4) 进入index文件夹，删除多余的图片，以及JS、WXML和WXSS文件中的全部代码(JS文件删除干净后输入关键词page让它自动生成Page({})函数的相关代码)。

(5) 删除app.wxss中的代码。

(6) 删除image文件夹中的所有图片。

(7) 删除style文件夹，此时项目清理全部完成。

20.3.2 部署云数据库

视频讲解

具体操作如下：

(1) 打开云开发控制台，创建一个新的数据集，例如 birthday。

(2) 检查 birthday 数据集的权限，确认是"仅创建者及管理员可读写"，完成。

效果如图 20-4 所示。

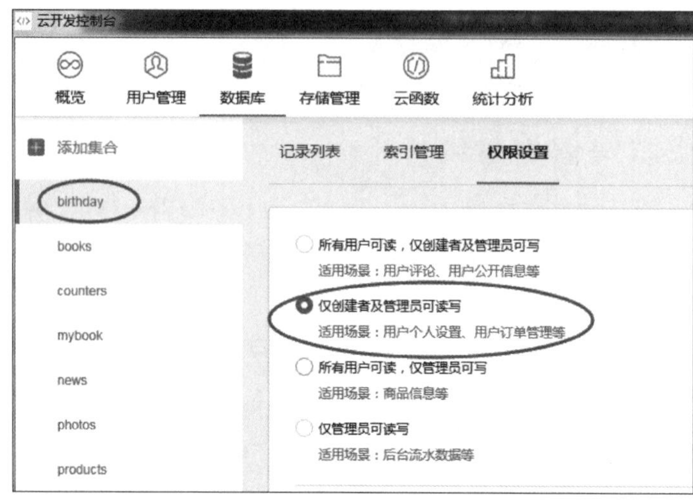

图 20-4 在云开发控制台添加数据集 birthday 并设置权限

20.3.3 创建页面文件

视频讲解

本项目有 3 个页面文件，分别是 index(首页)、edit(好友信息编辑页)和 detail(好友信息展示页)。打开 app.json 文件，在 pages 属性中追加 edit 和 detail 页面的路径描述，如图 20-5 所示。

保存后会自动生成后面两个页面，此时 pages 文件夹内部的目录结构如图 20-6 所示。

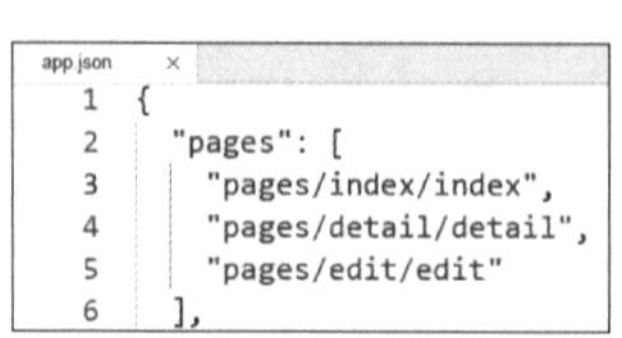

```
app.json
{
  "pages": [
    "pages/index/index",
    "pages/detail/detail",
    "pages/edit/edit"
  ],
```

图 20-5 在 app.json 中添加页面配置的代码

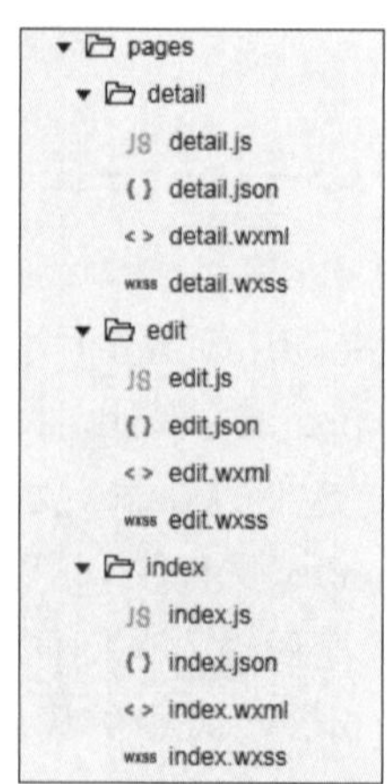

图 20-6 页面文件创建完成

20.3.4 创建其他文件

视频讲解

接下来创建其他自定义文件，本项目还需要以下 3 个文件夹。

- images：用于存放图片素材，已存在；
- utils：用于存放公共 JS 文件，需要手动创建；
- vant-weapp：用于存放有赞 UI 库的 dist 目录，需要手动创建。

文件夹名称可以由开发者自定义，这里仅作为示例参考。

1 添加图片文件

本项目将用到一套动物头像卡通图标为新增好友随机生成头像，图片素材来源于网络，效果如图 20-7 所示。

(a) 001.jpg (b) 002.jpg (c) 003.jpg
(d) 004.jpg (e) 005.jpg (f) 006.jpg
(g) 007.jpg (h) 008.jpg (i) 009.jpg

图 20-7 图标素材展示

右击目录结构中的 images 文件夹，选择"硬盘打开"，创建二级目录 avatar，并将图片复制、粘贴进去。

2 创建公共 JS 文件

右击 utils 文件夹，选择"新建"→JS，输入 utils 后按回车即创建公共文件 utils. js。

3 添加 UI 组件库

右击 vant-weapp 文件夹，选择"硬盘打开"，将事先下载好的 Vant Weapp 组件库源代码中的 dist 目录复制、粘贴进去。全部完成后的目录结构如图 20-8 所示。

```
▸ cloudfunctions | test
▾ miniprogram
  ▾ images
    ▸ avatar
  ▾ pages
    ▸ detail
    ▸ edit
    ▸ index
  ▾ utils
      utils.js
  ▾ vant-weapp
    ▸ dist
    app.js
    app.json
    app.wxss
  README.md
  project.config.json
```

图 20-8 完整目录结构创建完成

注：最后检查一定要将 app. json 文件 中的 "style"："v2" 手动删除，这句代码是表示使用小程序新版的基础组件样式，会对当前 UI 组件库的部分组件造成样式干扰，影响使用效果。

此时文件配置就全部完成，20. 4 节将正式进行页面布局和样式设计。

20.4 视图设计

20.4.1 导航栏设计

视频讲解

用户可以通过在 app.json 中对 window 属性进行重新配置来自定义导航栏效果。更改后的 app.json 文件代码如下：

```
{
  "pages":[代码略],
  "window":{
    "navigationBarBackgroundColor":"#DE6E6D",
    "navigationBarTitleText":"生日管家"
  }
}
```

上述代码可以更改导航栏背景色为深粉色、字体为白色，效果如图 20-9 所示。

20.4.2 页面设计

视频讲解

1 首页设计

首页主要包含 3 部分内容，即"添加新朋友"按钮、搜索框和好友列表，页面设计如图 20-10 所示。

图 20-9 自定义导航栏效果

图 20-10 首页设计图

计划使用如下组件。

- 按钮：Vant Weapp 中的按钮组件<van-button>；
- 搜索框：Vant Weapp 中的搜索组件<van-search>；
- 好友列表：Vant Weapp 中的卡片组件<van-card>。

首先在 JSON 文件（pages/index/index.json）中添加对于第三方组件的引用声明：

```
{
  "usingComponents": {
    "van-search": "/vant-weapp/dist/search/index",
    "van-card": "/vant-weapp/dist/card/index",
    "van-button": "/vant-weapp/dist/button/index"
  }
}
```

注意：当前示例代码表示该组件是在根目录的vant-weapp文件目录下的dist二级目录中。开发者如果变更了UI组件库的目录名称或路径位置，请根据实际情况填写。

WXML(pages/index/index.wxml)代码如下：

```
<!--"添加新朋友"按钮-->
<van-button block type='default'>添加新朋友</van-button>

<!--搜索框-->
<van-search placeholder="请输入搜索关键词" show-action bind:search="onSearch" bind:cancel="onCancel" />

<!--好友列表-->
<van-card centered desc="06-23" title="小兔" thumb="/images/avatar/001.jpg">
    <view slot="footer">
    距离下个生日
    <text style='color:red;font-weight:bold;'>100天</text>
  </view>
</van-card>
```

此时效果如图20-11所示。

这里的好友姓名、头像、生日和距离下次生日多少天都是为了演示效果临时填写的，后续会换成实际录入的好友信息，并形成列表效果。

视频讲解

2 好友信息编辑页设计

好友信息编辑页主要包含一系列表单组件和两个按钮。表单组件主要用于填写好友的姓名、性别、生日、电话和关系，两个按钮分别用于保存或取消当前登记的信息。

页面设计如图20-12所示。

由于暂时没有做点击跳转的逻辑设计，所以可以在开发工具顶端选择"普通编译"下的"添加编译模式"，添加界面如图20-13所示。

此时预览就可以直接显示edit页面了，其他页面也可以这么做，设计完毕后改回"普通编译"模式即可重新显示首页。

计划使用<form>组件进行整体布局，内部包含的组件如下。

- 行：Vant Weapp中的布局组件<van-row>；
- 列：Vant Weapp中的布局组件<van-col>；
- 文本标签：<label>组件；
- 文本输入框：<input>组件；
- 单选框：<radio>和<radio-group>组件；
- 日期选择器：<picker>组件；

图 20-11　首页效果图

图 20-12　好友信息编辑页设计图

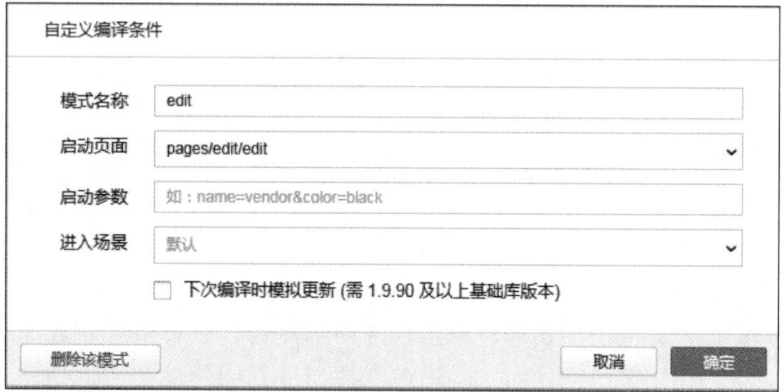

图 20-13　添加 edit 页面的编译模式

- 按钮：< button >组件。

首先在 JSON 文件(pages/edit/edit. json)中添加对于第三方组件的引用声明：

```
{
  "usingComponents": {
    "van - row": "/vant - weapp/dist/row/index",
    "van - col": "/vant - weapp/dist/col/index"
  }
}
```

在 WXML 文件(pages/edit/edit. wxml)中添加< form >组件，并在该组件内部使用 Vant Weapp 的布局组件< van-row >将页面分割成 6 行，代码如下：

```
<form>
  <!-- 第 1 行 -->
```

```
    <van-row>
      <van-col span="6"></van-col>
      <van-col span="18"></van-col>
    </van-row>

    <!-- 第 2 行 -->
    <van-row>
      <van-col span="6"></van-col>
      <van-col span="18"></van-col>
    </van-row>

    <!-- 第 3 行 -->
    <van-row>
      <van-col span="6"></van-col>
      <van-col span="18"></van-col>
    </van-row>

    <!-- 第 4 行 -->
    <van-row>
      <van-col span="6"></van-col>
      <van-col span="18"></van-col>
    </van-row>

    <!-- 第 5 行 -->
    <van-row>
      <van-col span="6"></van-col>
      <van-col span="18"></van-col>
    </van-row>

    <!-- 第 6 行 -->
    <van-row>
      <van-col span="18" offset="3">
      </van-col>
      <van-col span="18" offset="3">
      </van-col>
    </van-row>

</form>
```

其中前 5 行用于放置表单组件，因此在< van-row >组件内部再使用< van-col >组件进行分割。开发者需要了解的是< van-row >组件默认被平均分为 24 个栅格，因此可以尝试使用 span 属性将< van-col >再分成 6∶18 的比例，其中前 6 格用于放置文本标签，后面 18 格用于放置文本输入框、单选框、日期选择器。

第 6 行用于放置两个按钮组件，对应的< van-row >组件内部使用< van-col >组件分割成 18 个栅格，并且使用 offset 属性让左边空 3 个栅格，以便按钮可以居中显示。由于第 2 个按钮所占的比例较多，会被挤到下一行单独显示。

对于上述比例，开发者可以根据自己的喜好自由修改。

然后继续在< van-col >组件中添加对应的内容，修改后的 WXML(pages/edit/edit.wxml)代码如下：

```
<form>
  <!-- 第 1 行 -->
```

```
<van-row>
  <van-col span="6">
    <label>姓名</label>
  </van-col>
  <van-col span="18">
    <input name='name' placeholder='请输入姓名'></input>
  </van-col>
</van-row>

<!-- 第 2 行 -->
<van-row>
  <van-col span="6">
    <label>性别</label>
  </van-col>
  <van-col span="18">
    <radio-group name='gender'>
      <radio color='#DE6E6D' value='1' />男
      <radio color='#DE6E6D' value='2' />女
    </radio-group>
  </van-col>
</van-row>

<!-- 第 3 行 -->
<van-row>
  <van-col span="6">
    <label>生日</label>
  </van-col>
  <van-col span="18">
    <picker name='birthday' mode='date'>
      <view>{{date}}</view>
    </picker>
  </van-col>
</van-row>

<!-- 第 4 行 -->
<van-row>
  <van-col span="6">
    <label>电话</label>
  </van-col>
  <van-col span="18">
    <input name='tel' type='number' placeholder='请输入联系电话'></input>
  </van-col>
</van-row>

<!-- 第 5 行 -->
<van-row>
  <van-col span="6">
    <label>关系</label>
  </van-col>
  <van-col span="18">
    <input name='relationship' placeholder='描述你们的关系'></input>
  </van-col>
</van-row>

<!-- 第 6 行 -->
```

```
  <van-row>
    <van-col span="18" offset="3">
      <button>保存记录</button>
    </van-col>
    <van-col span="18" offset="3">
      <button>取消修改</button>
    </van-col>
  </van-row>

</form>
```

WXSS(pages/edit/edit.wxss)代码如下：

```
/* 行布局 */
van-row {
  margin: 20rpx 20rpx;
  text-align: center;
}

/* 文本标签 */
label {
  padding: 10rpx;
  color: #DE6E6D;
  line-height: 80rpx;
}

/* 文本输入框 */
input {
  border: 1rpx solid #DE6E6D;
  width: 480rpx;
  height: 80rpx;
  border-radius: 20rpx;
}

/* 单选框组 */
radio-group {
  width: 480rpx;
  line-height: 80rpx;
}

/* 单选框 */
radio{
  margin: 0 20rpx;
}

/* 日期选择器中的 view */
picker view {
  width: 480rpx;
  line-height: 80rpx;
}

/* 按钮 */
button {
  margin: 20rpx;
```

```
    background-color: #DE6E6D;
    color: white;
}
```

为了进行样式效果的预览，还需要在 JS 文件的 data 中录入日期选择器的提示语句。JS(pages/edit/edit.js)代码片段如下：

```
Page({
  /**
   * 页面的初始数据
   */
  data: {
    date: '点击设置生日'
  },
})
```

当前效果如图 20-14 所示。

由图可见，此时可以显示完整的样式效果。

3 好友信息展示页设计

视频讲解

好友信息展示页用于给用户浏览好友详细信息，需要用户点击首页的好友列表，然后在新窗口中打开该页面。好友信息展示页包括好友的头像、姓名、性别、生日、电话、关系、距离出生的天数、距离下个生日的天数，以及“修改”按钮和“删除”按钮。

页面设计如图 20-15 所示。

图 20-14 好友信息编辑页效果图

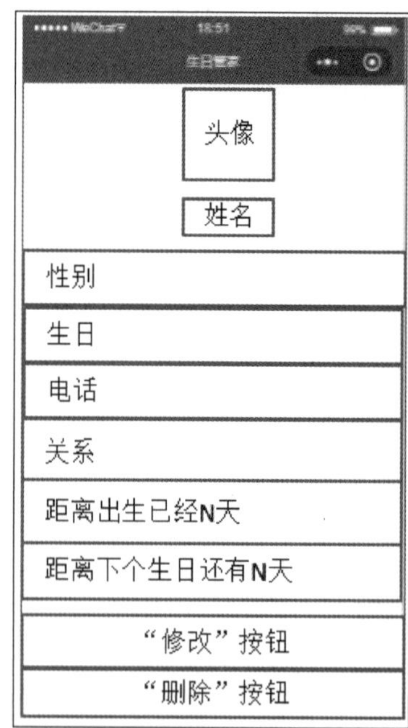

图 20-15 好友信息展示页设计图

计划将整个页面分为 3 个部分，解释如下。

- 顶端头像和姓名：<image>和<view>组件；
- 中间个人信息数据：Vant Weapp 中的单元格组件<van-cell-group>和<van-cell>；

- 底部的两个按钮：Vant Weapp 中的按钮组件< van-button >。

首先在 JSON 文件(pages/detail/detail.json)中添加对于第三方组件的引用声明：

```
{
  "usingComponents": {
    "van - button": "/vant - weapp/dist/button/index",
    "van - cell": "/vant - weapp/dist/cell/index",
    "van - cell - group": "/vant - weapp/dist/cell - group/index"
  }
}
```

WXML(pages/detail/detail.wxml)代码如下：

```
<!-- 顶端头像和姓名 -->
<view class = 'avatarBox'>
  <image src = '/images/avatar/001.jpg'></image>
  <view>测试好友</view>
</view>

<!-- 个人信息展示 -->
<van - cell - group>
  <van - cell title = "性别" value = "女" />
  <van - cell title = "生日" value = "1991 - 10 - 10" />
  <van - cell title = "电话" value = "1234567" />
  <van - cell title = "关系" value = "同学" />
  <van - cell title = "距离出生已经" value = "10076 天" />
  <van - cell title = "距离下个生日还有" value = "50 天" />
</van - cell - group>

<!-- 按钮区域 -->
<van - button block type = 'warning'>修改</van - button>
<van - button block type = 'danger'>删除</van - button>
```

WXSS(pages/detail/detail.wxss)代码如下：

```
/* 头像和姓名区域 */
.avatarBox{
  display: flex;
  flex - direction: column;
  align - items: center;
}

/* 头像图片 */
.avatarBox image{
  width: 200rpx;
  height: 200rpx;
  margin: 20rpx;
}

/* 姓名 */
.avatarBox view{
  margin - bottom: 50rpx;
}
```

当前效果如图 20-16 所示。

图 20-16 好友信息展示页效果图

由图可见,此时可以显示好友信息展示页的完整样式效果。由于尚未获得实际录入云数据库的好友信息,当前仅供作为样式参考。

此时页面布局与样式设计就已完成,20.5 节将介绍如何进行逻辑处理。

20.5 逻辑实现

20.5.1 公共逻辑

视频讲解

1 utils.js 文件逻辑

在公共 JS 文件(utils/utils.js)中添加自定义函数 getToday,用于获取当前格式化日期,相关函数代码如下:

```
//获取当前格式化日期
function getToday(){
  //获取当前日期对象
  var now = new Date()
  //获取当前年份(4 位数)
  var y = now.getFullYear()
  //获取当前月份
  var m = now.getMonth() + 1
  //获取当前日期
  var d = now.getDate()
  //格式化当天日期
  var today = y + '/' + m + '/' + d

  return today
}
```

在公共 JS 文件(utils/utils.js)中添加自定义函数 getFullYear,用于获取当前年份(4 位数),相关函数代码如下:

```
//获取当前年份(4 位数)
function getFullYear() {
  //获取当前日期对象
  var now = new Date()
  //获取当前年份(4 位数)
  var y = now.getFullYear()

  return y
}
```

在公共 JS 文件(utils/utils.js)中添加自定义函数 dateDiff,用于计算两个日期之间的天数差,相关函数代码如下:

```
//计算天数差
function dateDiff(sDate1, sDate2) {
  sDate1 = sDate1.replace(/-/g, '/')
  sDate2 = sDate2.replace(/-/g, '/')
  var oDate1 = new Date(sDate1)
  var oDate2 = new Date(sDate2)
  var iDays = parseInt((oDate2 - oDate1) / 1000 / 3600 / 24)
```

```
    //把相差的毫秒数转换为天数
    return iDays
}
```

在公共 JS 文件(utils/utils.js)中添加自定义函数 getNextBirthday,用于计算当前日期距离下个生日还有多少天,相关函数代码如下:

```
//计算距离下个生日还有多少天
function getNextBirthday(b_day) {
  //获取当前日期
  var today = getToday()
  //获取当前年份
  var y = getFullYear()

  //计算日期差
  var n = dateDiff(today, y + '-' + b_day)

  //今年生日已经过完了
  if (n < 0) {
    //获得明年年份
    y++
    //计算日期差
    n = dateDiff(today, y + '-' + b_day)
  }

  return n
}
```

最后需要在 utils.js 中使用 module.exports 语句暴露函数出口,代码片段如下:

```
module.exports = {
  getToday:getToday,
  getFullYear:getFullYear,
  dateDiff: dateDiff,
  getNextBirthday: getNextBirthday
}
```

现在就完成了公共逻辑处理的部分,还需要分别在首页(index)和好友信息展示页(detail)的 JS 文件顶端引用这个公共 JS 文件,引用代码如下:

```
var utils = require('../../utils/utils.js')          //引用公共 JS 文件
```

需要注意小程序在这里暂时还不支持绝对路径引用,只能使用相对路径。

视频讲解

2 云数据库逻辑

在首页(index)、好友信息编辑页(edit)和好友信息展示页(detail)的 JS 文件顶端都需要追加对云数据库的声明,相关函数代码如下:

```
const db = wx.cloud.database()
const birthday = db.collection('birthday')
```

此时这 3 个页面的 JS 文件均可以访问云数据库中的 birthday 数据集了。

20.5.2 好友信息编辑页逻辑

好友信息编辑页(edit)有两种进入渠道,一是点击首页的“添加新朋友”按钮打开,此时需要录入全新的数据；二是点击好友信息展示页(detail)的“修改”按钮打开，此时需要展示当前好友的信息，并允许用户进行修改。

视频讲解

1 更新生日数据

当前的日期选择器是暂时无法将选择的日期显示在页面上的，因此需要对其进行修改。

WXML(pages/edit/edit.wxml)代码片段修改如下：

```
<form>
  …

  <!-- 第 3 行 -->
  <van-row>
    <van-col span="6">
      <label>生日</label>
    </van-col>
    <van-col span="18">
      <picker name='birthday' mode='date' bindchange='dateChange' value='{{date}}'>
        <view>{{date}}</view>
      </picker>
    </van-col>
  </van-row>

  …
</form>
```

在 edit.js 文件的 Page()内部追加 dateChange 函数，代码片段如下：

```
  /**
   * 自定义函数 -- 更新页面上显示的出生日期
   */
  dateChange: function(e) {
    this.setData({
      date: e.detail.value
    })
  },
```

此时页面效果如图 20-17 所示。

由图可见，此时已经可以获取日期选择器中的数据并显示在页面上。接下来将分别考虑录入新朋友信息和修改已存在朋友信息两种情况。

视频讲解

2 录入新朋友信息

假设当前是点击首页的“添加新朋友”按钮跳转而来，修改 edit 页面的编译模式并携带参数 id=new 表示新朋友，如图 20-18 所示。

可以在 edit.js 文件的 onLoad 函数中获取该参数，代码片段如下：

```
  /**
   * 生命周期函数 -- 监听页面加载
   */
  onLoad: function(options) {
    //获取携带的参数 id
    let id = options.id
    //更新 id 数据
    this.setData({ id: id })
  },
```

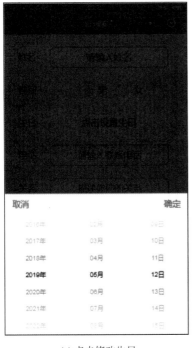

(a) 点击修改生日

(b) 生日更新后的页面显示

图 20-17　生日数据更新效果图

自定义编译条件

模式名称 edit

启动页面 pages/edit/edit

启动参数 id=new

进入场景 默认

下次编译时模拟更新 (需 1.9.90 及以上基础库版本)

删除该模式　取消　确定

图 20-18　修改 edit 页面的编译模式

为< form >组件添加表单提交事件，并为其中的“保存记录”按钮添加 form-type 属性。WXML(pages/my/my. wxml)代码片段修改如下：

```
<form bindsubmit = 'onSubmit'>
  …

  <!-- 第 6 行 -->
  <van - row>
    <van - col span = "18" offset = "3">
      <button form - type = 'submit'>保存记录</button>
    </van - col>
    <van - col span = "18" offset = "3">
      <button>取消修改</button>
```

```
    </van-col>
  </van-row>
</form>
```

在 edit.js 文件的 Page()内部追加 onSubmit 函数，代码片段如下：

```
  /**
   * 自定义函数 -- 提交表单数据
   */
  onSubmit: function(e) {
    //获取表单中提交的全部数据
    let info = e.detail.value

    //追加一个不带年份的生日信息
    let date = info.birthday.substring(5)
    info.date = date

    //获取好友 id
    let id = this.data.id

    //添加新朋友
    if(id == 'new') {
      //随机选择一个头像
      let i = Math.ceil(Math.random() * 9)
      info.avatar = '/images/avatar/00' + i + '.jpg'

      //往云数据库中添加当前好友信息
      birthday.add({
        data: info,
        success: res => {
          //成功后返回首页
          wx.navigateBack()
        },
        fail: err => {
          //失败提示
          wx.showToast({
            title: '保存失败',
          })
        }
      })
    }
    //好友已存在
    else {
      //暂不填写
    }
  },
```

此时页面效果如图 20-19 所示。

由图可见，目前已经成功录入数据到云数据库中。开发者可以多录入几条测试数据，用于后续首页的好友列表展示。

视频讲解

3 修改当前好友信息

假设当前是点击好友展示页的“修改”按钮跳转而来，修改 edit 页面的编译模式并携带参数 id= _id 表示已录入过的朋友，如图 20-20 所示。

需要注意的是，这里的_id 属性值仅为参考效果，开发者在云数据集中可

(a) 录入测试数据

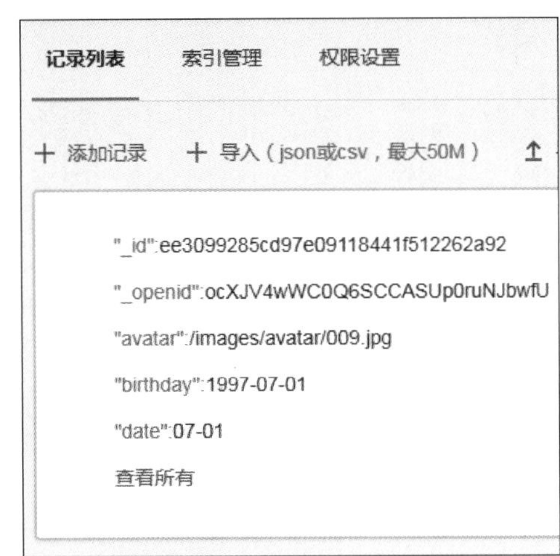

(b) 录入成功后云数据库中的显示效果

图 20-19 录入新朋友信息

图 20-20 修改 edit 页面的编译模式

以查到，从中选择任意一条记录进行使用即可模拟跳转效果。

在 edit.js 文件的 onLoad 函数中根据 id 参数的取值获取好友信息，代码片段如下：

```
/**
 * 生命周期函数 -- 监听页面加载
 */
onLoad: function(options) {
  //获取携带的参数 id
  let id = options.id
  //更新 id 数据
  this.setData({ id: id })

  //如果好友已存在
  if (id != 'new') {
    //根据好友 id 从云数据库中获取好友信息
    birthday.doc(id).get({
      success: res => {
        this.setData({
          info: res.data,
          date: res.data.birthday
```

```
                })
            }
        })
    }
},
```

然后将获取到的数据展示在页面中，WXML(pages/edit/edit.wxml)代码片段修改如下：

```
<form bindsubmit = 'onSubmit'>
  <!-- 第 1 行 -->
  <van-row>
    <van-col span = "6">
      <label>姓名</label>
    </van-col>
    <van-col span = "18">
      <input name = 'name' placeholder = '请输入姓名' value = '{{info.name}}'></input>
    </van-col>
  </van-row>

  <!-- 第 2 行 -->
  <van-row>
    <van-col span = "6">
      <label>性别</label>
    </van-col>
    <van-col span = "18">
      <radio-group name = 'gender'>
        <radio color = '#DE6E6D' value = '1' checked = '{{info.gender == 1}}' />男
        <radio color = '#DE6E6D' value = '2' checked = '{{info.gender == 2}}' />女
      </radio-group>
    </van-col>
  </van-row>

  <!-- 第 3 行(代码略) -->

  <!-- 第 4 行 -->
  <van-row>
    <van-col span = "6">
      <label>电话</label>
    </van-col>
    <van-col span = "18">
      <input name = 'tel' type = 'number' placeholder = '请输入联系电话' value = '{{info.tel}}'></input>
    </van-col>
  </van-row>

  <!-- 第 5 行 -->
  <van-row>
    <van-col span = "6">
      <label>关系</label>
    </van-col>
    <van-col span = "18">
      <input name = 'relationship' placeholder = '描述你们的关系' value = '{{info.relationship}}'></input>
    </van-col>
  </van-row>

```

```
    <!-- 第 6 行(代码略) -->
</form>
```

此时的页面已经可以显示当前的好友信息了，如图 20-21 所示。

在 edit.js 文件中修改 onSubmit 函数，补充关于好友信息修改的相关代码。

图 20-21　显示当前好友信息

对应的 JS(pages/my/my.js)代码片段如下：

```
/**
  * 自定义函数 -- 提交表单数据
  */
onSubmit: function(e) {
    …

    //添加新朋友
    if (id == 'new') {
      …
    }
    //好友已存在
    else {
      //根据好友 id 更新数据
      birthday.doc(id).update({
        data: info,
        success: res => {
          //成功后返回上一页
          wx.navigateBack()
        },
        fail: err => {
          //失败提示
          wx.showToast({
            title: '保存失败',
          })
        }
      })
    }
},
```

现在尝试修改当前好友信息并提交保存，页面效果如图 20-22 所示。

此时查看云数据库对应的记录，会看到数据已经被更新。

视频讲解

4 取消修改并返回上一页

如果不希望修改数据，可以点击"取消修改"按钮停止当前操作并返回上一页。

为"取消修改"按钮添加点击事件，WXML(pages/edit/edit.wxml)代码片段修改如下：

```
<form bindsubmit = 'onSubmit'>
  …

  <!-- 第 6 行 -->
  <van - row>
    <van - col span = "18" offset = "3">
      <button form - type = 'submit'>保存记录</button>
    </van - col>
    <van - col span = "18" offset = "3">
```

(a) 初始好友信息

(b) 修改好友生日后

图 20-22　修改当前好友信息

```
            <button bindtap = 'cancelEdit'>取消修改</button>
        </van-col>
    </van-row>
</form>
```

然后在对应的 edit.js 文件中添加 cancelEdit 函数的内容，代码片段如下：

```
Page({
    /**
     * 自定义函数 -- 取消修改并返回上一页
     */
    cancelEdit: function() {
        wx.navigateBack()
    },
})
```

当前还不能真的返回上一页，需要等待其他页面的对应逻辑代码完成后才可以。

20.5.3　首页逻辑

首页(index)主要有 4 个功能需要实现：

- 点击顶部的“添加新朋友”按钮可以跳转 edit 页面录入好友信息；
- 展示好友列表；
- 点击好友列表跳转新页面展示好友具体信息；
- 搜索好友关键词。

视频讲解

1 跳转添加新朋友页面

修改顶部“添加新朋友”按钮的代码，为其添加点击事件 addFriend，用于跳转新页面。

相关 WXML(pages/index/index.wxml)代码片段如下：

```
<!-- "添加新朋友"按钮 -->
<van-button block type='default' bindtap='addFriend'>添加新朋友</van-button>
```

在 JS 文件中添加自定义函数 addFriend，相关 JS(pages/index/index.js)代码片段如下：

```
Page({
  /**
   * 自定义函数 -- 添加好友信息
   */
  addFriend: function(options) {
    let id = 'new'
    wx.navigateTo({
      url: '../edit/edit?id=' + id
    })
  },
})
```

此时页面效果如图 20-23 所示。

(a) 页面初始效果

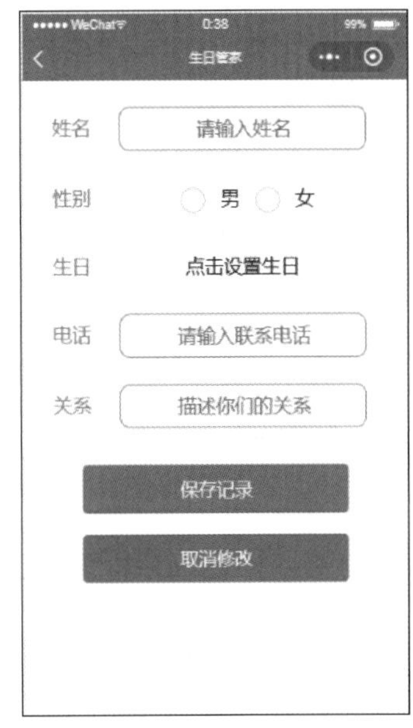

(b) 点击"添加新朋友"按钮跳转新页面

图 20-23 "添加新朋友"按钮点击效果

2 展示好友列表

在 JS 文件中创建 getFriendsList 函数用于获取云数据库中的好友列表，按照出生日期升序排列，并需要对该数据进行后续处理(追加距离下个生日的天数显示)。

视频讲解

相关 JS(pages/index/index.js)代码片段如下：

```
Page({
  /**
   * 自定义函数 -- 获取好友列表
   */
  getFriendsList: function() {
    //查找好友列表，按照出生日期升序排列
```

```
      birthday.orderBy('date', 'asc').get({
        success: res => {
          this.processData(res.data)
        }
      })
    },

    /**
     * 自定义函数--处理数据(计算距离下个生日的天数)
     */
    processData: function(list) {
      for (var i = 0; i < list.length; i++) {
        //获取不带年份的生日
        let date = list[i].date
        //计算相差几天
        let n = utils.getNextBirthday(date)
        list[i].n = n
      }

      this.setData({
        friendsList: list
      })
    },
})
```

相关 WXML(pages/index/index.wxml)代码片段修改如下：

```
<!-- 好友列表 -->
<block wx:for='{{friendsList}}' wx:key='{{item._id}}'>
  <van-card centered desc="{{(item.date)}}" title="{{item.name}}" thumb-class="test" thumb="{{item.avatar}}">
    <view slot="footer">
      距离下个生日
      <text style='color:red;font-weight:bold;'>{{item.n}}天</text>
    </view>
  </van-card>
</block>
```

此时页面效果如图 20-24 所示。

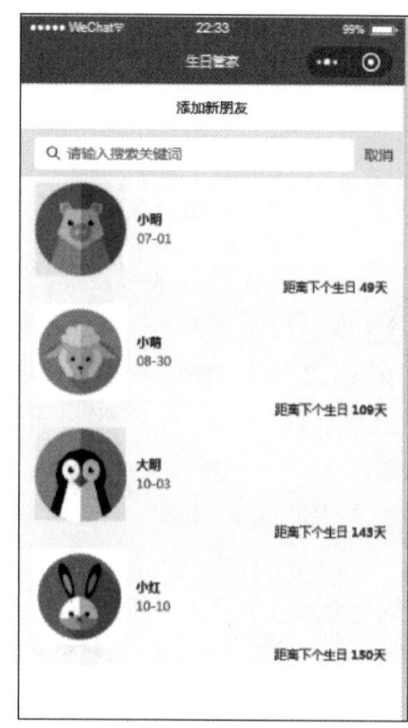

图 20-24 首页好友列表加载效果展示

最好在 JS 文件的 onShow 中也调用一下 getFriendsList 函数，以便添加新朋友后返回可以直接更新看到最新好友列表。相关 JS(pages/index/index.js)代码片段如下：

```
Page({
  /**
   * 生命周期函数--监听页面显示
   */
  onShow: function() {
    //获取好友列表
    this.getFriendsList()
  },
})
```

3 点击跳转好友信息展示页

视频讲解

可以修改< van-card >组件，使得用户点击好友头像即可跳转新页面。

相关 WXML(pages/index/index.wxml)代码片段修改如下：

```
<!-- 好友列表 -->
<block wx:for = '{{friendsList}}' wx:key = '{{item._id}}'>
  < van - card centered desc = "{{(item.date)}}" title = "{{item.name}}"
thumb - link = '../detail/detail?id = {{item._id}}&n2 = {{item.n}}' thumb = "{{item.avatar}}">
    < view slot = "footer">
      距离下个生日
      < text style = 'color:red;font - weight:bold;'>{{item.n}}天</text >
    </view >
  </van - card >
</block >
```

此时已经可以点击跳转到 detail 页面，并且成功携带了好友的 id 和距离下个生日还有 n 天这两个数据，但是仍需在 detail 页面进行携带数据的接收处理才可显示正确的内容。

4 关键词搜索功能

视频讲解

在 JS 文件中添加关键词组件< van-search >的 onSearch 和 onCancel 事件的具体内容。

相关 JS(pages/index/index.js)代码片段修改如下：

```
/**
 * 自定义函数 -- 取消搜索
 */
onCancel: function(e) {
  //获取好友列表
  this.getFriendsList()
},

/**
 * 自定义函数 -- 搜索关键词
 */
onSearch: function(e) {
  //获取搜索关键词
  let keyword = e.detail

  //使用正则表达式模糊查询
  birthday.where({
    name: db.RegExp({
      regexp: keyword,
      options: 'i',
    })
  }).orderBy('date', 'asc').get({
    success: res => {
      this.processData(res.data)
    }
  })
},
```

此时在首页搜索框中尝试输入关键词进行搜索，会看到筛选后符合条件的好友列表。

运行效果如图 20-25 所示。

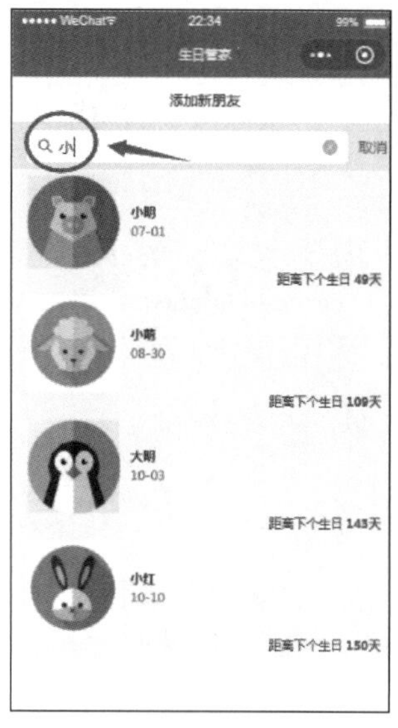

(a) 输入关键词

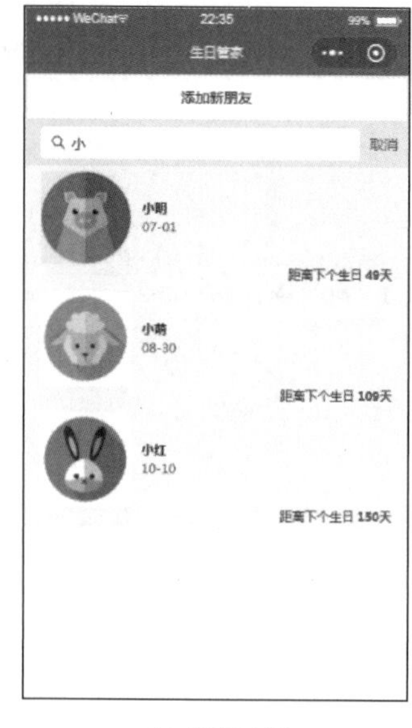

(b) 搜索结果

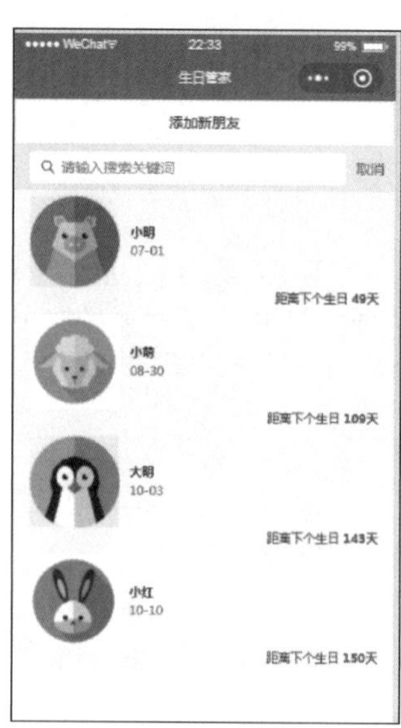

(c) 取消搜索

图 20-25 关键词搜索效果展示

20.5.4 好友信息展示页逻辑

好友信息展示页(detail)主要有两个功能需要实现,一是显示对应新闻;二是点击新闻底部按钮可以添加/取消新闻收藏。

1 显示当前好友信息

视频讲解

假设当前是点击首页好友列表中的某个好友头像跳转而来,修改 detail 页面的编译模式并携带参数 id 和 n2 分别表示当前好友的_id 以及距离下个生日的天数,如图 20-26 所示。

需要注意的是,这里的 id 和 n2 属性值仅为参考效果。其中 id 取值可以由开发者在云数据集中查到,从中选择任意一条记录进行使用即可模拟跳转效果。

自定义编译条件

模式名称 detail

启动页面 pages/detail/detail

启动参数 id=ee3099285cd97e09118441f512262a92&n2=49

进入场景 默认

下次编译时模拟更新 (需 1.9.90 及以上基础库版本)

删除该模式 取消 确定

图 20-26 修改 detail 页面的编译模式

可以在 JS 文件的 onLoad 函数中分别获取从首页传来的参数 id 和 n2,并更新到页面数据中。相关 JS(pages/detail/detail.js)代码片段如下:

```
Page({
  /**
   * 生命周期函数--监听页面加载
   */
  onLoad: function(options) {
    //获取从首页传来的参数
    let id = options.id               //好友 id
    let n2 = options.n2               //距离下个生日的天数

    //更新页面数据
    this.setData({
      id: id,
      n2: n2
    })
  },
})
```

然后在 JS 文件的 onShow 函数中根据好友 id 查找云数据库，获取当前好友信息。相关 JS(pages/detail/detail.js)代码片段如下：

```
Page({
  /**
   * 生命周期函数--监听页面显示
   */
  onShow: function() {
    //获取当前好友 id
    let id = this.data.id

    //从云数据库中查找当前好友信息
    birthday.doc(id).get({
      success: res => {
        //获取当前日期
        let today = utils.getToday()

        //获取生日(带年份)
        let b_day = res.data.birthday

        //计算距离出生的天数
        let n1 = utils.dateDiff(b_day, today)

        //更新页面数据
        this.setData({
          info: res.data,
          n1: n1
        })
      }
    })
  },
})
```

最后修改 WXML 页面，相关 WXML(pages/detail/detail.wxml)代码片段如下：

```
<!-- 顶端头像和姓名 -->
<view class = 'avatarBox'>
  <image src = '{{info.avatar}}'></image>
  <view>{{info.name}}</view>
</view>
```

```
<!-- 个人信息展示 -->
<van-cell-group>
    <van-cell title="性别" value="{{info.gender==1?'男':'女'}}" />
    <van-cell title="生日" value="{{info.birthday}}" />
    <van-cell title="电话" value="{{info.tel}}" />
    <van-cell title="关系" value="{{info.relationship}}" />
    <van-cell title="距离出生已经" value="{{n1}}天" />
    <van-cell title="距离下个生日还有" value="{{n2}}天" />
</van-cell-group>
```

此时重新从首页点击好友头像跳转就可以发现已经能够正确显示对应的好友信息了。运行效果如图 20-27 所示。

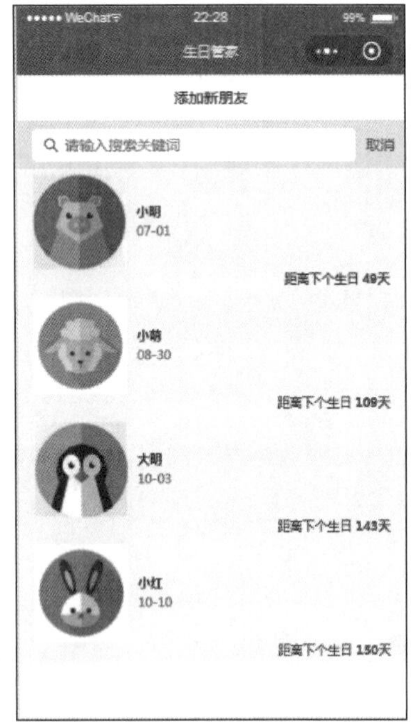

(a) 首页好友列表

(b) 点击好友头像查看详情

图 20-27　在首页点击好友头像跳转显示好友详情的效果

2 修改好友信息

视频讲解

首先要为"修改"按钮添加点击事件，点击后跳转好友信息编辑页。WXML(pages/detail/detail.wxml)代码片段修改如下：

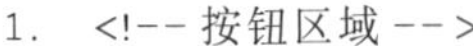

```
<!-- 按钮区域 -->
<van-button block type='warning' bindtap='editFriend'>修改</van-button>
<van-button block type='danger'>删除</van-button>
```

在 detail.js 文件中添加 editFriend 函数，用于携带好友 ID 信息并跳转好友信息编辑页。对应 JS(pages/detail/detail.js)中的 itFriend 函数的代码片段修改如下：

```
Page({
  /**
   * 自定义函数--编辑好友信息
```

```
   */
  editFriend: function() {
    //获取当前好友 id
    let id = this.data.id
    //跳转到编辑页面并携带参数 id
    wx.navigateTo({
      url: '../edit/edit?id=' + id
    })
  },
})
```

现在尝试点击"修改"按钮,可以成功携带好友ID跳转到好友编辑页(edit)。此时页面效果如图20-28所示。

(a) 好友信息展示页

(b) 点击"修改"按钮跳转编辑页

图 20-28 好友信息展示页中"修改"按钮的使用效果

3 删除当前好友

视频讲解

首先要为"删除"按钮添加点击事件,点击后直接从云数据库中删除此好友记录。

WXML(pages/detail/detail.wxml)代码片段修改如下:

```
<!-- 按钮区域 -->
<van-button block type='warning' bindtap='editFriend'>修改</van-button>
<van-button block type='danger' bindtap='deleteFriend'>删除</van-button>
```

在detail.js文件中添加deleteFriend函数,用于根据好友ID删除指定记录。对应JS(pages/detail/detail.js)中的deleteFriend函数的代码片段修改如下:

```
Page({
  /**
   * 自定义函数--删除好友
   */
  deleteFriend: function() {
```

```
    //获取当前好友 id
    let id = this.data.id

    //删除当前好友
    birthday.doc(id).remove({
      success: res => {
        //删除成功后返回上一页
        wx.navigateBack()
      }
    })
  },
})
```

此时重新从首页点击任意好友头像跳转到好友信息展示页，然后尝试点击“删除”按钮即可删除当前好友信息并返回首页了。

运行效果如图 20-29 所示。

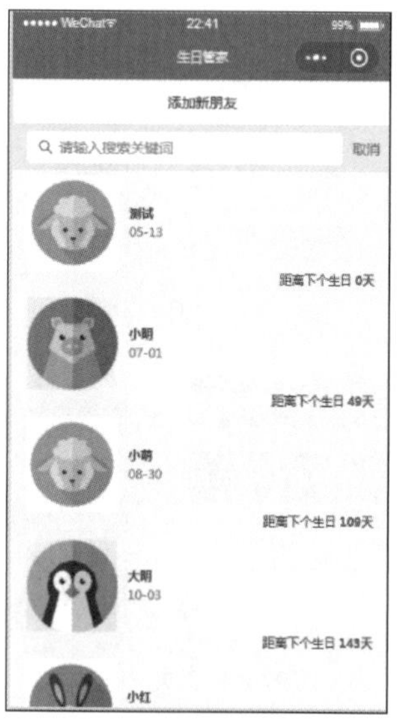

(a) 首页初始效果

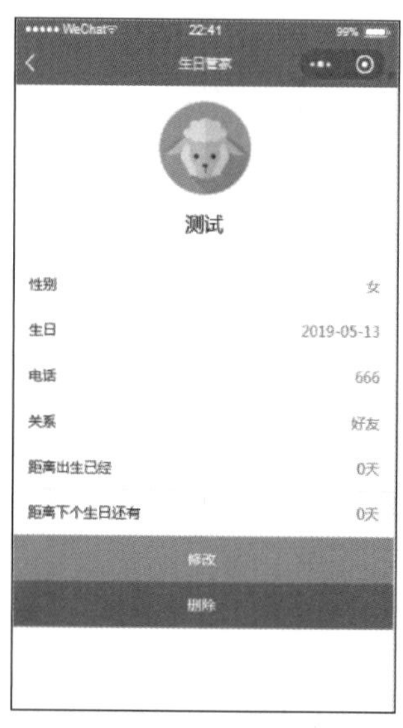

(b) 好友信息展示页

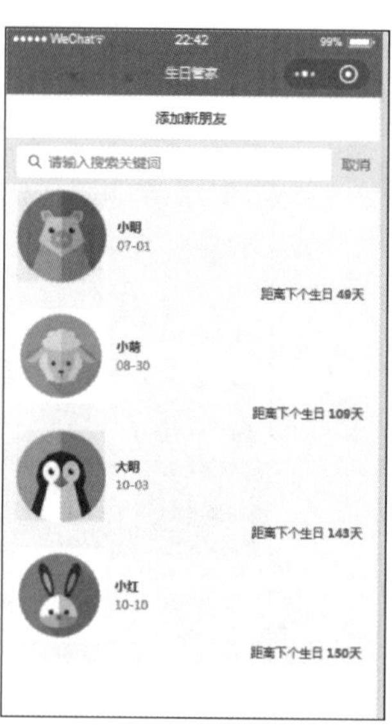

(c) 删除好友后的首页效果

图 20-29 删除指定好友效果展示

20.6 完整代码展示

20.6.1 应用文件代码展示

app.json 文件的完整代码如下：

```
{
  "pages": [
    "pages/index/index",
    "pages/detail/detail",
    "pages/edit/edit"
  ],
  "window": {
    "navigationBarBackgroundColor": "#DE6E6D",
```

```
      "navigationBarTitleText": "生日管家"
    }
}
```

app.js 文件的完整代码如下(创建项目时自动生成)：

```
App({
  onLaunch: function() {

    if (!wx.cloud) {
      console.error('请使用 2.2.3 或以上的基础库以使用云能力')
    } else {
      wx.cloud.init({
        traceUser: true,
      })
    }

    this.globalData = {}
  }
})
```

20.6.2 公共函数文件代码展示

JS 文件(utils/utils.js)的完整代码如下：

```
//获取当前格式化日期
function getToday(){
  //获取当前日期对象
  var now = new Date()
  //获取当前年份(4 位数)
  var y = now.getFullYear()
  //获取当前月份
  var m = now.getMonth() + 1
  //获取当前日期
  var d = now.getDate()
  //格式化当天日期
  var today = y + '/' + m + '/' + d

  return today
}

//获取当前年份(4 位数)
function getFullYear() {
  //获取当前日期对象
  var now = new Date()
  //获取当前年份(4 位数)
  var y = now.getFullYear()

  return y
}

//计算天数差
function dateDiff(sDate1, sDate2) {
  sDate1 = sDate1.replace(/-/g, '/')
  sDate2 = sDate2.replace(/-/g, '/')
```

```
  var oDate1 = new Date(sDate1)
  var oDate2 = new Date(sDate2)
  var iDays = parseInt((oDate2 - oDate1) / 1000 / 3600 / 24)
  //把相差的毫秒数转换为天数
  return iDays
}

//计算距离下个生日还有多少天
function getNextBirthday(b_day) {
  //获取当前日期
  var today = getToday()
  //获取当前年份
  var y = getFullYear()

  //计算日期差
  var n = dateDiff(today, y + '-' + b_day)

  //今年生日已经过完了
  if (n < 0) {
    //获得明年年份
    y++
    //计算日期差
    n = dateDiff(today, y + '-' + b_day)
  }

  return n
}

module.exports = {
  getToday:getToday,
  getFullYear:getFullYear,
  dateDiff: dateDiff,
  getNextBirthday: getNextBirthday
}
```

20.6.3 页面文件代码展示

1 首页代码展示

JSON 文件(pages/index/index.json)的完整代码如下：

```
{
  "usingComponents": {
    "van-search": "/vant-weapp/dist/search/index",
    "van-card": "/vant-weapp/dist/card/index",
    "van-button": "/vant-weapp/dist/button/index"
  }
}
```

WXML 文件(pages/index/index.wxml)的完整代码如下：

```
<!--"添加新朋友"按钮-->
<van-button block type='default' bindtap='addFriend'>添加新朋友</van-button>

<!--搜索框-->
```

```
  <van-search placeholder="请输入搜索关键词" show-action bind:search="onSearch" bind:cancel="onCancel" />

  <!-- 好友列表 -->
  <block wx:for='{{friendsList}}' wx:key='{{item._id}}'>
    <van-card centered desc="{{(item.date)}}" title="{{item.name}}" thumb-link='../detail/detail?id={{item._id}}&n2={{item.n}}' thumb="{{item.avatar}}">
      <view slot="footer">
        距离下个生日
        <text style='color:red;font-weight:bold;'>{{item.n}}天</text>
      </view>
    </van-card>
  </block>
```

JS文件(pages/index/index.js)的完整代码如下：

```
var utils = require('../../utils/utils.js')
const db = wx.cloud.database()
const birthday = db.collection('birthday')

Page({
  /**
   * 自定义函数--添加好友信息
   */
  addFriend: function(options) {
    let id = 'new'
    wx.navigateTo({
      url: '../edit/edit?id=' + id
    })
  },

  /**
   * 自定义函数--取消搜索
   */
  onCancel: function(e) {
    //获取好友列表
    this.getFriendsList()
  },

  /**
   * 自定义函数--搜索关键词
   */
  onSearch: function(e) {
    //获取搜索关键词
    let keyword = e.detail

    //使用正则表达式模糊查询
    birthday.where({
      name: db.RegExp({
        regexp: keyword,
        options: 'i',
      })
    }).orderBy('date', 'asc').get({
      success: res => {
        this.processData(res.data)
      }
```

```
    })
  },

  /**
   * 自定义函数 -- 获取好友列表
   */
  getFriendsList: function() {
    //查找好友列表,按照出生日期升序排列
    birthday.orderBy('date', 'asc').get({
      success: res => {
        this.processData(res.data)
      }
    })
  },

  /**
   * 自定义函数 -- 处理数据(计算距离下个生日的天数)
   */
  processData: function(list) {
    for (var i = 0; i < list.length; i++) {
      //获取不带年份的生日
      let date = list[i].date
      //计算相差几天
      let n = utils.getNextBirthday(date)
      list[i].n = n
    }

    this.setData({
      friendsList: list
    })
  },

  /**
   * 生命周期函数 -- 监听页面显示
   */
  onShow: function() {
    //获取好友列表
    this.getFriendsList()
  },
})
```

2 好友信息编辑页代码展示

JSON 文件(pages/edit/edit.json)的完整代码如下:

```
{
  "usingComponents": {
    "van-row": "/vant-weapp/dist/row/index",
    "van-col": "/vant-weapp/dist/col/index"
  }
}
```

WXML 文件(pages/edit/edit.wxml)的完整代码如下:

```
<form bindsubmit='onSubmit'>
  <!-- 第1行 -->
  <van-row>
```

```
  < van - col span = "6">
    < label >姓名</label >
  </van - col >
  < van - col span = "18">
    < input name = 'name' placeholder = '请输入姓名' value = '{{info.name}}'></input >
  </van - col >
</van - row >

<!-- 第 2 行 -->
< van - row >
  < van - col span = "6">
    < label >性别</label >
  </van - col >
  < van - col span = "18">
    < radio - group name = 'gender'>
      < radio color = '#DE6E6D' value = '1' checked = '{{info.gender == 1}}' />男
      < radio color = '#DE6E6D' value = '2' checked = '{{info.gender == 2}}' />女
    </radio - group >
  </van - col >
</van - row >

<!-- 第 3 行 -->
< van - row >
  < van - col span = "6">
    < label >生日</label >
  </van - col >
  < van - col span = "18">
    < picker name = 'birthday' mode = 'date' bindchange = 'dateChange' value = '{{date}}'>
      < view >{{date}}</view >
    </picker >
  </van - col >
</van - row >

<!-- 第 4 行 -->
< van - row >
  < van - col span = "6">
    < label >电话</label >
  </van - col >
  < van - col span = "18">
    < input name = 'tel' type = 'number' placeholder = '请输入联系电话' value = '{{info.tel}}'></input >
  </van - col >
</van - row >

<!-- 第 5 行 -->
< van - row >
  < van - col span = "6">
    < label >关系</label >
  </van - col >
  < van - col span = "18">
    < input name = 'relationship' placeholder = '描述你们的关系' value = '{{info.relationship}}'></input >
  </van - col >
</van - row >

```

```
  <!-- 第 6 行 -->
  <van-row>
    <van-col span="18" offset="3">
      <button form-type='submit'>保存记录</button>
    </van-col>
    <van-col span="18" offset="3">
      <button bindtap='cancelEdit'>取消修改</button>
    </van-col>
  </van-row>

</form>
```

WXSS 文件(pages/edit/edit.wxss)的完整代码如下：

```
/*行布局*/
van-row {
  margin: 20rpx 20rpx;
  text-align: center;
}

/*文本标签*/
label {
  padding: 10rpx;
  color: #DE6E6D;
  line-height: 80rpx;
}

/*文本输入框*/
input {
  border: 1rpx solid #DE6E6D;
  width: 480rpx;
  height: 80rpx;
  border-radius: 20rpx;
}

/*单选框组*/
radio-group {
  width: 480rpx;
  line-height: 80rpx;
}

/*单选框*/
radio{
  margin: 0 20rpx;
}

/*日期选择器中的 view*/
picker view {
  width: 480rpx;
  line-height: 80rpx;
}

/*按钮*/
button {
  margin: 20rpx;
  background-color: #DE6E6D;
```

```
  color: white;
}
```

JS文件(pages/edit/edit.js)的完整代码如下：

```
const db = wx.cloud.database()
const birthday = db.collection('birthday')

Page({
  /**
   * 页面的初始数据
   */
  data: {
    date: '点击设置生日'
  },

  /**
   * 自定义函数 -- 更新页面上显示的出生日期
   */
  dateChange: function(e) {
    this.setData({
      date: e.detail.value
    })
  },

  /**
   * 自定义函数 -- 提交表单数据
   */
  onSubmit: function(e) {
    //获取表单中提交的全部数据
    let info = e.detail.value

    //追加一个不带年份的生日信息
    let date = info.birthday.substring(5)
    info.date = date

    //获取好友 id
    let id = this.data.id

    //添加新朋友
    if (id == 'new') {
      //随机选择一个头像
      let i = Math.ceil(Math.random() * 9)
      info.avatar = '/images/avatar/00' + i + '.jpg'

      //往云数据库中添加当前好友信息
      birthday.add({
        data: info,
        success: res => {
          //成功后返回首页
          wx.navigateBack()
        },
        fail: err => {
          //失败提示
          wx.showToast({
            title: '保存失败',
```

```
            })
          }
        })
      }
      //好友已存在
      else {
        //根据好友 id 更新数据
        birthday.doc(id).update({
          data: info,
          success: res => {
            //成功后返回上一页
            wx.navigateBack()
          },
          fail: err => {
            //失败提示
            wx.showToast({
              title: '保存失败',
            })
          }
        })
      }
    },

    /**
     * 自定义函数 -- 取消修改并返回上一页
     */
    cancelEdit: function() {
      wx.navigateBack()
    },

    /**
     * 生命周期函数 -- 监听页面加载
     */
    onLoad: function(options) {
      //获取携带的参数 id
      let id = options.id
      //更新 id 数据
      this.setData({
        id: id
      })

      //如果好友已存在
      if (id != 'new') {
        //根据好友 id 从云数据库中获取好友信息
        birthday.doc(id).get({
          success: res => {
            this.setData({
              info: res.data,
              date: res.data.birthday
            })
          }
        })
      }
    },
})
```

3 好友信息展示页代码展示

JSON 文件(pages/detail/detail.json)的完整代码如下：

```
{
  "usingComponents": {
    "van - button": "/vant - weapp/dist/button/index",
    "van - cell": "/vant - weapp/dist/cell/index",
    "van - cell - group": "/vant - weapp/dist/cell - group/index"
  }
}
```

WXML 文件(pages/detail/detail.wxml)的完整代码如下：

```
<!-- 顶端头像和姓名 -->
< view class = 'avatarBox'>
  < image src = '{{info.avatar}}'></image >
  < view >{{info.name}}</view >
</view >

<!-- 个人信息展示 -->
< van - cell - group >
  < van - cell title = "性别" value = "{{info.gender == 1?'男':'女'}}" />
  < van - cell title = "生日" value = "{{info.birthday}}" />
  < van - cell title = "电话" value = "{{info.tel}}" />
  < van - cell title = "关系" value = "{{info.relationship}}" />
  < van - cell title = "距离出生已经" value = "{{n1}}天" />
  < van - cell title = "距离下个生日还有" value = "{{n2}}天" />
</van - cell - group >

<!-- 按钮区域 -->
< van - button block type = 'warning' bindtap = 'editFriend'>修改</van - button >
< van - button block type = 'danger' bindtap = 'deleteFriend'>删除</van - button >
```

WXSS 文件(pages/detail/detail.wxss)的完整代码如下：

```
/* 头像和姓名区域 */
.avatarBox{
  display: flex;
  flex - direction: column;
  align - items: center;
}

/* 头像图片 */
.avatarBox image{
  width: 200rpx;
  height: 200rpx;
  margin: 20rpx;
}

/* 姓名 */
.avatarBox view{
  margin - bottom: 50rpx;
}
```

JS 文件(pages/detail/detail.js)的完整代码如下：

```
const utils = require('../../utils/utils.js')
const db = wx.cloud.database()
const birthday = db.collection('birthday')

Page({
  /**
   * 自定义函数 -- 编辑好友信息
   */
  editFriend: function() {
    //获取当前好友 id
    let id = this.data.id
    //跳转到编辑页面并带参数 id
    wx.navigateTo({
      url: '../edit/edit?id=' + id
    })
  },

  /**
   * 自定义函数 -- 删除好友
   */
  deleteFriend: function() {
    //获取当前好友 id
    let id = this.data.id

    //删除当前好友
    birthday.doc(id).remove({
      success: res => {
        //删除成功后返回上一页
        wx.navigateBack()
      }
    })
  },

  /**
   * 生命周期函数 -- 监听页面加载
   */
  onLoad: function(options) {
    //获取从首页传来的参数
    let id = options.id              //好友 id
    let n2 = options.n2              //距离下个生日的天数

    //更新页面数据
    this.setData({
      id: id,
      n2: n2
    })
  },

  /**
   * 生命周期函数 -- 监听页面显示
   */
  onShow: function() {
    //获取当前好友 id
    let id = this.data.id

```

```
    //从云数据库中查找当前好友信息
    birthday.doc(id).get({
      success: res => {
        //获取当前日期
        let today = utils.getToday()
        //获取生日(带年份)
        let b_day = res.data.birthday
        //计算距离出生的天数
        let n1 = utils.dateDiff(b_day, today)

        //更新页面数据
        this.setData({
          info: res.data,
          n1: n1
        })
      }
    })
  },
})
```

附录A 服务器部署

APPENDIX A

A.1 服务器域名配置

每一个小程序在与指定域名地址进行网络通信前都必须将该域名地址添加到管理员后台白名单中。

A.1.1 配置流程

小程序开发者登录 mp. weixin. qq. com 进入管理员后台，单击“设置”下的“开发设置”，在“服务器域名”下添加或修改需要进行网络通信的服务器域名地址，如图 A-1 所示。

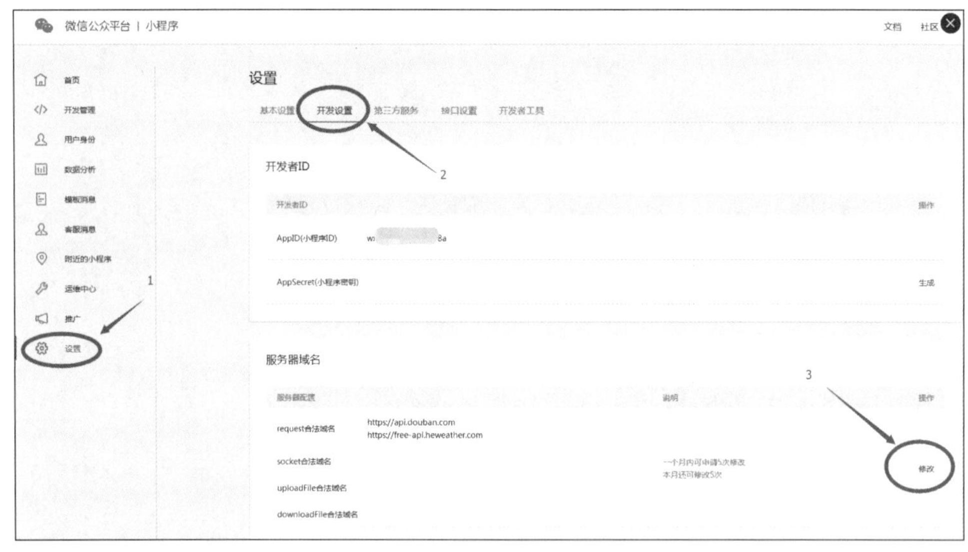

图 A-1　服务器域名配置

开发者可以填入自己或第三方的服务器域名地址，但在配置时需要注意以下几点：

(1) 域名只支持 HTTPS(request、uploadFile、downloadFile)和 WSS(connectSocket)协议。

(2) 域名不能使用 IP 地址或 localhost。

(3) 域名必须经过 ICP 备案。

(4) 出于安全考虑，api. weixin. qq. com 不能被配置为服务器域名，相关 API 也不能在小程序内调用，开发者应将 AppSecret 保存到后台服务器中，通过服务器使用 AppSecret 获取

AccessToken,并调用相关API。

(5) 每类接口分别可以配置最多20个域名。

配置完之后再登录小程序开发工具就可以测试小程序与指定服务器域名地址之间的网络通信情况了,注意每个月只可以申请修改5次。

A.1.2 HTTPS证书

需要注意的是,小程序必须使用HTTPS请求,普通的HTTP请求是不能用于正式环境的。判断HTTPS请求的依据是小程序内会对服务器域名使用的HTTPS证书进行校验,如果校验失败,则请求不能成功发起。

因此开发者如果选择自己的服务器需要在服务器上自行安装HTTPS证书,选择第三方服务器则需要确保其HTTPS证书有效。小程序对证书的要求如下:

(1) HTTPS证书必须有效,证书必须被系统信任,部署SSL证书的网站域名必须与证书颁发的域名一致,证书必须在有效期内。

(2) iOS不支持自签名证书。

(3) iOS下证书必须满足苹果App Transport Security (ATS)的要求。

(4) TLS必须支持1.2及以上版本,部分旧Android机型还未支持TLS 1.2,请确保HTTPS服务器的TLS版本支持1.2及以下版本。

(5) 部分CA可能不被操作系统信任(例如Chrome 56/57内核对WoSign、StartCom证书限制),请开发者在选择证书时注意小程序和各系统的相关通告。

由于系统限制,不同平台对于证书要求的严格程度不同。为了保证小程序的兼容性,建议开发者按照最高标准进行证书配置,并使用相关工具检查现有证书是否符合要求。

A.2 临时服务器部署

A.2.1 软件部署

若开发者条件受限,可以将个人计算机临时部署为模拟服务器进行开发和测试。小程序对服务器端没有软件和语言的限制条件,用户可以根据自己的实际情况选择Apache、Ngnix、Tomcat等任意一款服务器软件进行安装部署,以及选用PHP、Node.js、J2EE等任意一种语言进行后端开发。

这里以phpStudy 2016套装软件(包含了Apache和PHP)为例,部署步骤如下:

(1) 下载安装包,在本地计算机中双击安装。

(2) 完成后启动Apache+MySQL服务,启动画面如图A-2所示。

此时模拟服务器就已经启动,打开浏览器在地址栏中输入"http://localhost",如果可以访问成功(如图A-3所示),说明Apache和PHP已经开始工作了。

将页面往下翻到"MySQL数据库连接检测"版块,数据库的初始用户名和密码均为root,输入后单击"MySQL数据库连接检测"按钮进行检测(如图A-4所示)。

此时如果连接成功会出现图A-5的提示,说明MySQL数据库可以正常使用了。

需要注意的是,部分计算机在安装启动时会提示缺少某版本的Visual C++库。使用的PHP版本和运行库的对照关系如下:

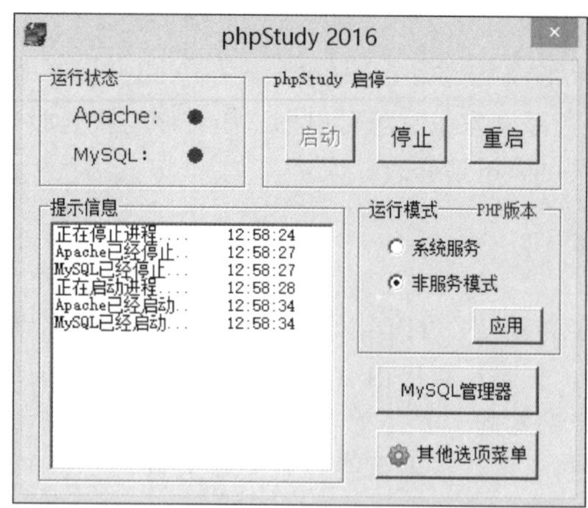

图 A-2 模拟服务器启动状态

图 A-3 本地页面访问成功

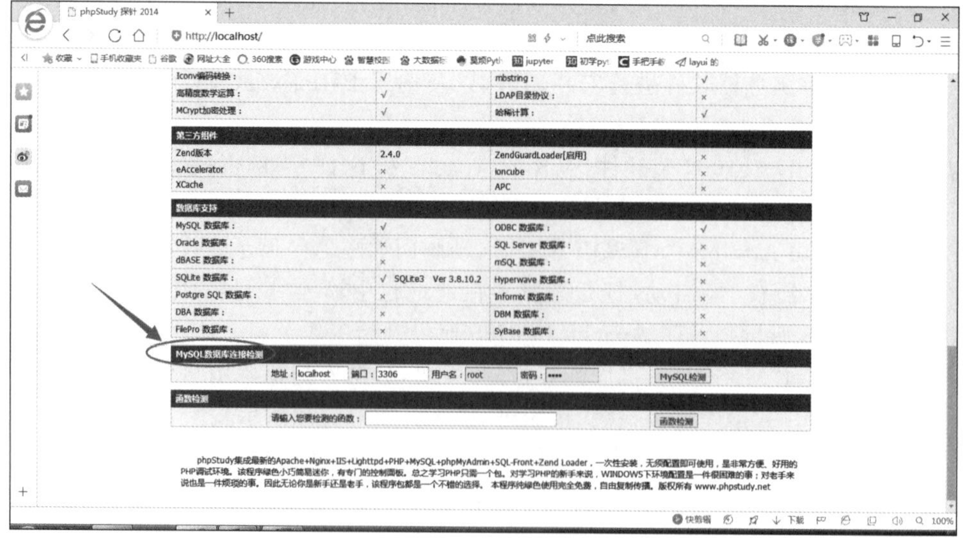

图 A-4 MySQL 数据库连接检测

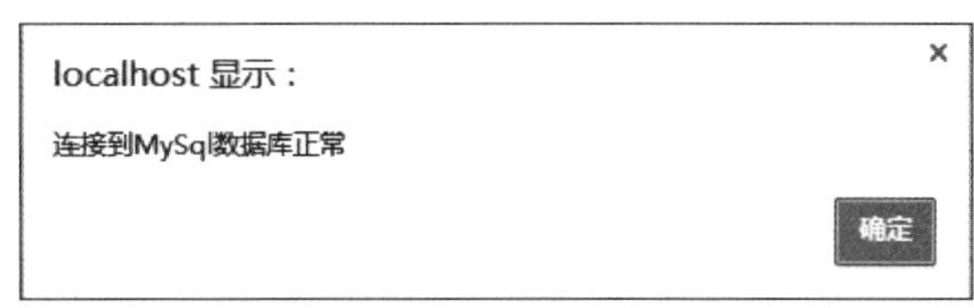

图 A-5 MySQL 数据库连接正常提示消息

(1) PHP 5.3、PHP 5.4 和 Apache 都是用 VC9 编译，计算机必须安装 VC9 运行库才能运行。

(2) PHP 5.5、PHP 5.6 是用 VC11 编译，如用 PHP 5.5、PHP 5.6 必须安装 VC11 运行库。

(3) PHP 7.0、PHP 7.1 是用 VC14 编译，如用 PHP 7.0、PHP 7.1 及以上版本必须安装 VC14 运行库。

A.2.2 网络请求

服务器安装路径下的 WWW 目录就是根目录，它的网络地址是"http://localhost/"或"http://127.0.0.1/"。开发者可以在根目录下自行创建目录和文件，例如在 miniDemo 中创建了 test.php 文件，那么网络请求地址就是"http://localhost/miniDemo/test.php"。

PHP 文件的返回语句是 echo，例如：

```
<?php
    echo '网络请求成功!';
?>
```

这样小程序将会收到引号里面的文字内容。开发者也可以直接用浏览器访问该地址，能获得同样的文字内容，因此可以在开发之前直接使用浏览器测试 PHP 文件是否正确。

需要注意的是，本地模拟服务器地址只能用于学习或测试阶段，带有无效域名的小程序是无法正式发布上线的。未来在正式服务器域名配置成功后，建议开发者更新网络请求地址并在各平台下进行测试，以确认服务器域名配置正确。

A.2.3 跳过域名校验

如果开发者暂时无法登记有效域名，可以在开发和测试环节暂时跳过域名校验。具体做法是在微信 web 开发者工具中单击右上角的"详情"按钮，然后勾选"不校验合法域名、web-view(业务域名)、TLS 版本以及 HTTPS 证书"选项，如图 A-6 所示。

此时，在开发者工具中运行或开启手机调试模式时都不会进行服务器域名的校验。

图 A-6 跳过域名校验设置

附录B APPENDIX B

可视化数据库搭建

为了方便对 MySQL 数据库的操作，这里推荐一款可视化数据库工具软件 Navicat for MySQL。这款软件是一套专为 MySQL 设计的高性能数据库管理及开发工具，支持绝大部分 MySQL 最新版本的功能。

B.1 软件部署

这里假设已经安装完成了 phpStudy 2016 套装软件并已经启动了 Apache 与 MySQL 服务(安装和启动方式见“附录 A”)，Navicat for MySQL 工具的部署步骤如下：

(1) 下载安装包，在本地计算机中双击安装。

(2) 完成后启动 Navicat。

(3) 单击左上角的“连接”图标(如图 B-1 所示)，在弹出的对话框中分别填入自定义连接名、主机地址、端口、用户名和密码，并单击“确定”按钮完成连接(如图 B-2 所示)。

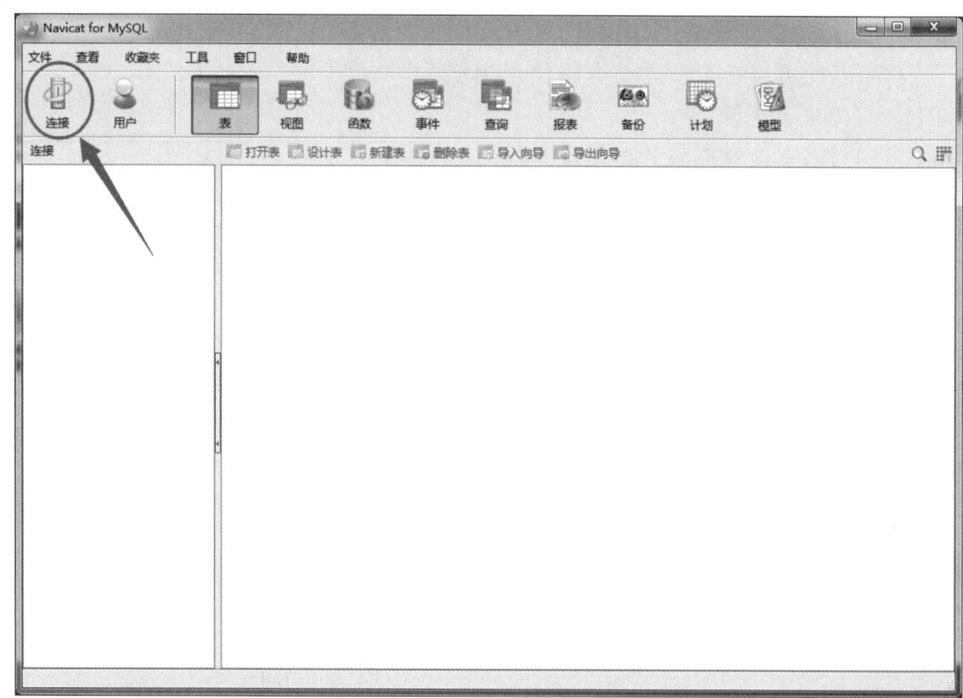

图 B-1 创建数据库连接

图 B-2　填入数据库连接信息

注意,如果是使用 phpStudy 2016 套件进行安装的,初始用户名和密码均为 root。完成后会在左侧列表中出现连接名信息,如图 B-3 所示。

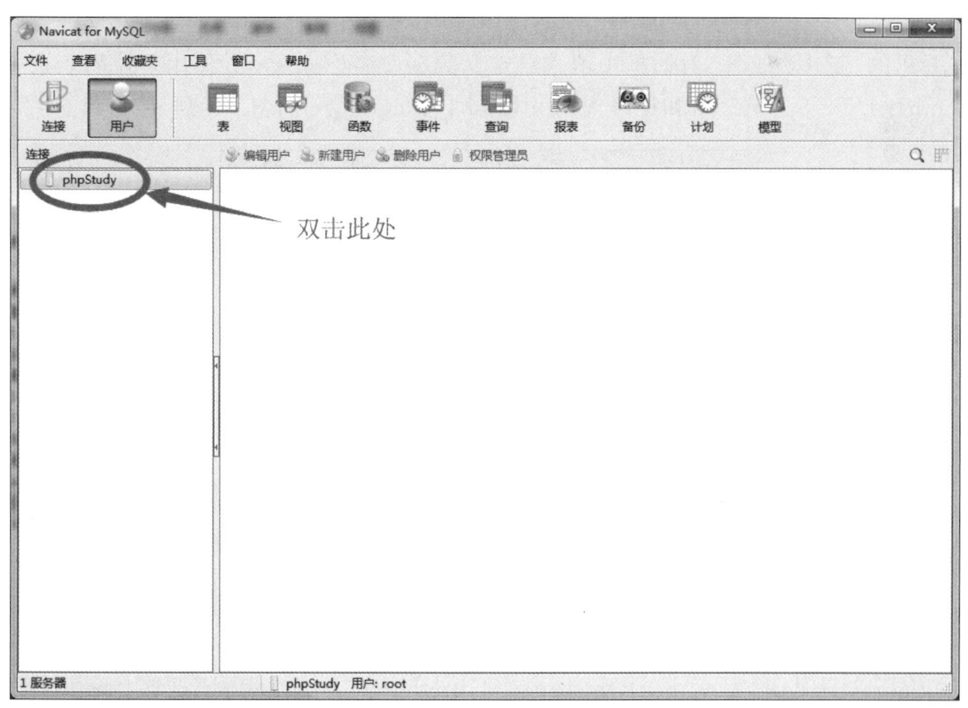

图 B-3　数据库连接列表

双击连接名后可看到已经存在的数据库列表,可以新建自定义名称的数据库。

B.2 创建数据库

在连接创建并激活后，可以右击该连接，选择“新建数据库”命令，如图 B-4 所示。

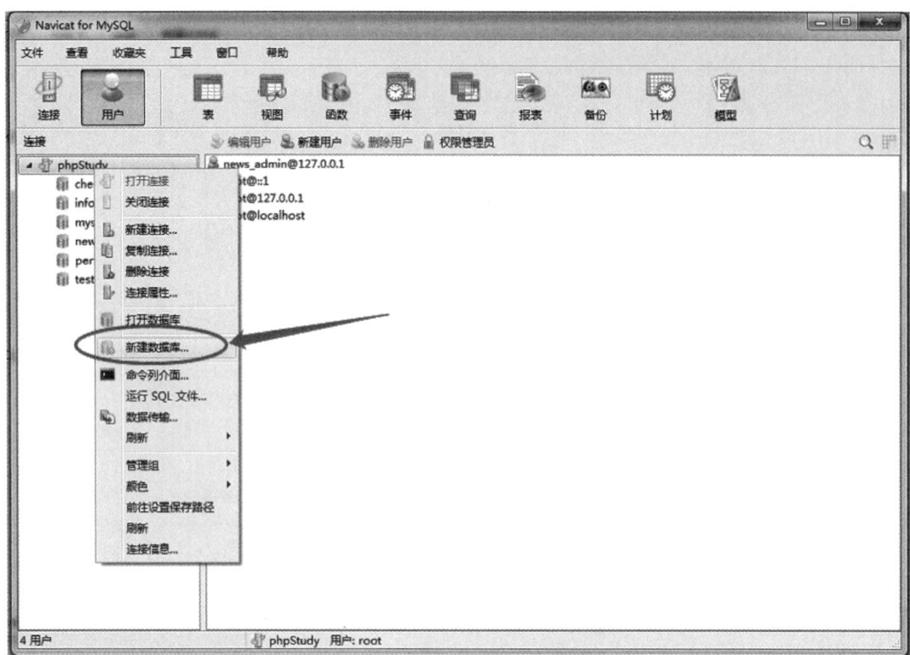

图 B-4 选择“新建数据库”命令

在弹出的“新建数据库”对话框中填入自定义数据库名称 news，并使用下拉列表选择字符集 utf8mb4--UTF-8 Unicode 和排序规则 utf8mb4_general_ci，如图 B-5 所示。

图 B-5 “新建数据库”对话框

单击“确定”按钮后完成数据库的创建，双击进入数据库，并单击“表”→“新建表”，如图 A-6 所示。

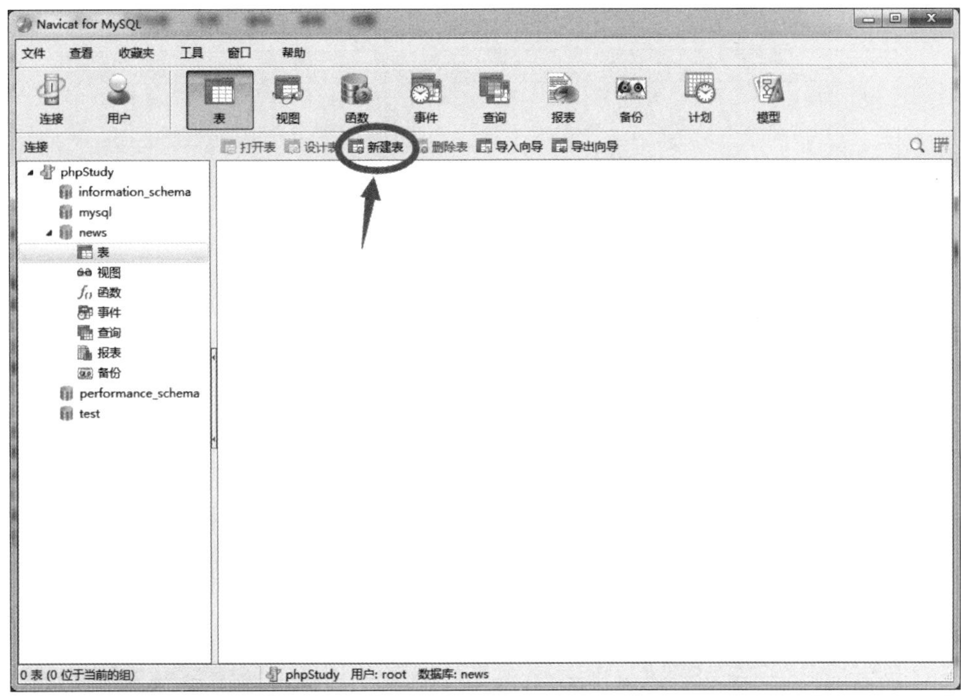

图 B-6 新建数据表

然后根据实际需要录入表的字段名称、类型、长度等信息(如图 B-7 所示),保存后录入数据表名称,例如 campus_news。

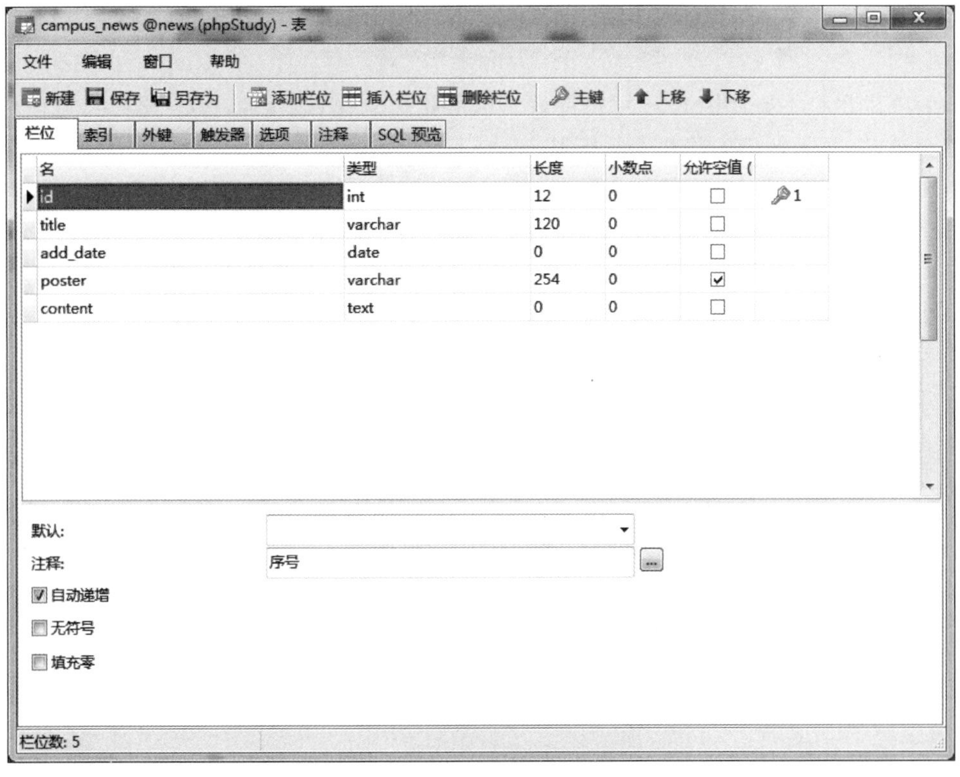

图 B-7 创建数据表字段信息

双击打开数据表,并录入若干条数据,如图 B-8 所示。

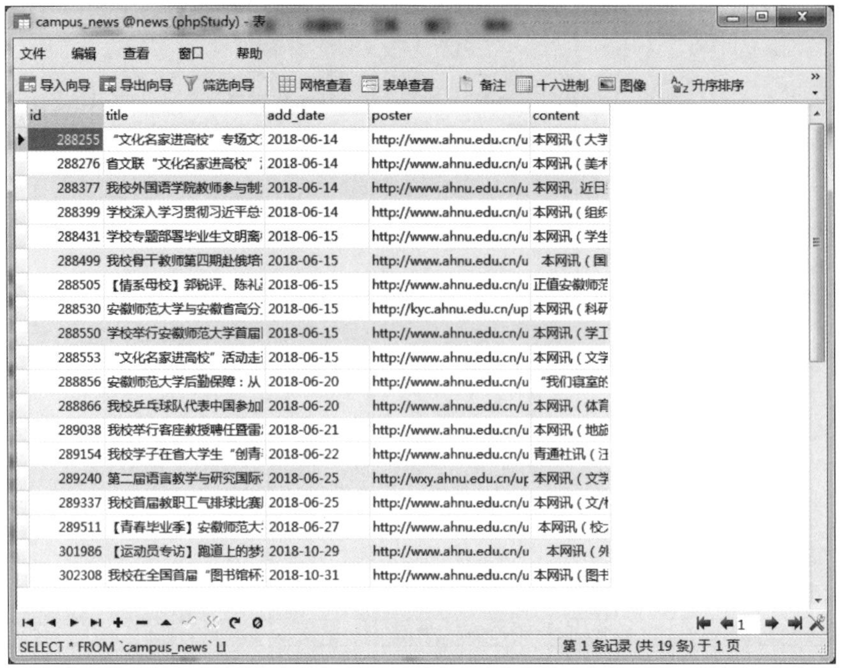

id	title	add_date	poster	content
288255	"文化名家进高校"专场文	2018-06-14	http://www.ahnu.edu.cn/u	本网讯(大学
288276	省文联"文化名家进高校"	2018-06-14	http://www.ahnu.edu.cn/u	本网讯(美术
288377	我校外国语学院教师参与制	2018-06-14	http://www.ahnu.edu.cn/u	本网讯 近日
288399	学校深入学习贯彻习近平总	2018-06-14	http://www.ahnu.edu.cn/u	本网讯(组织
288431	学校专题部署毕业生文明离	2018-06-15	http://www.ahnu.edu.cn/u	本网讯(学生
288499	我校骨干教师第四期赴俄培	2018-06-15	http://www.ahnu.edu.cn/u	本网讯(国
288505	【情系母校】郭锐评、陈礼	2018-06-15	http://www.ahnu.edu.cn/u	正值安徽师范
288530	安徽师范大学与安徽省高分	2018-06-15	http://kyc.ahnu.edu.cn/up	本网讯(科研
288550	学校举行安徽师范大学首届	2018-06-15	http://www.ahnu.edu.cn/u	本网讯(学工
288553	"文化名家进高校"活动走	2018-06-15	http://www.ahnu.edu.cn/u	本网讯(文学
288856	安徽师范大学后勤保障:从	2018-06-20	http://www.ahnu.edu.cn/u	"我们寝室的
288866	我校乒乓球队代表中国参加	2018-06-20	http://www.ahnu.edu.cn/u	本网讯(体育
289038	我校举行客座教授聘任暨富	2018-06-21	http://www.ahnu.edu.cn/u	本网讯(地旅
289154	我校学子在省大学生"创青	2018-06-22	http://www.ahnu.edu.cn/u	青通社讯(注
289240	第二届语言教学与研究国际	2018-06-25	http://wxy.ahnu.edu.cn/up	本网讯(文学
289337	我校首届教职工气排球比赛	2018-06-25	http://www.ahnu.edu.cn/u	本网讯(文/
289511	【青春毕业季】安徽师范大	2018-06-27	http://www.ahnu.edu.cn/u	本网讯(校
301986	【运动员专访】跑道上的梦	2018-10-29	http://www.ahnu.edu.cn/u	本网讯(外
302308	我校在全国首届"图书馆杯	2018-10-31	http://www.ahnu.edu.cn/u	本网讯(图书

图 B-8 在数据表中录入数据

同一个数据库允许创建不同名称的多张数据表。

B.3 分配用户权限

一般来说尽量不要使用 root 用户进行后端的接口制作,以免带来安全隐患,可以创建一个独立用户,并赋予它相关数据库的权限。

首先单击顶部的"用户"图标,如图 B-9 所示。

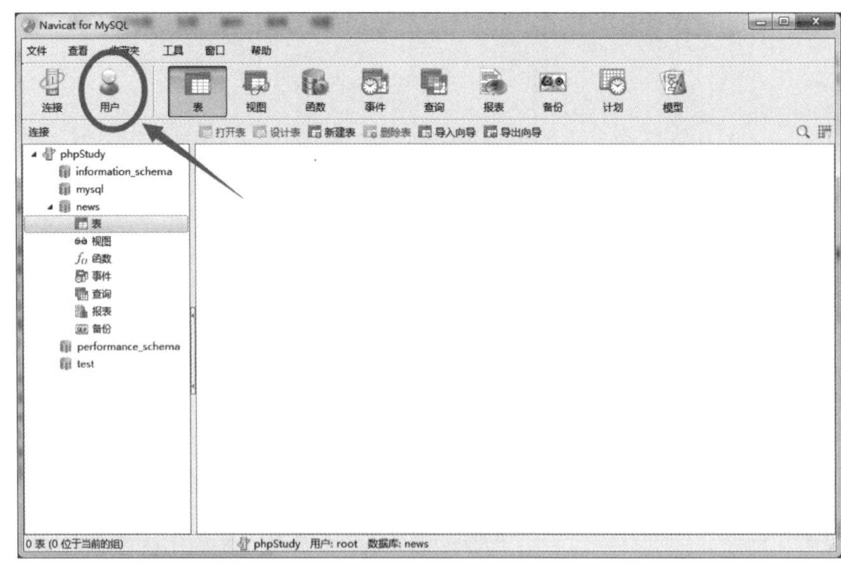

图 B-9 单击"用户"图标

然后单击"新建用户"按钮，切换到用户管理面板，如图 B-10 和图 B-11 所示。

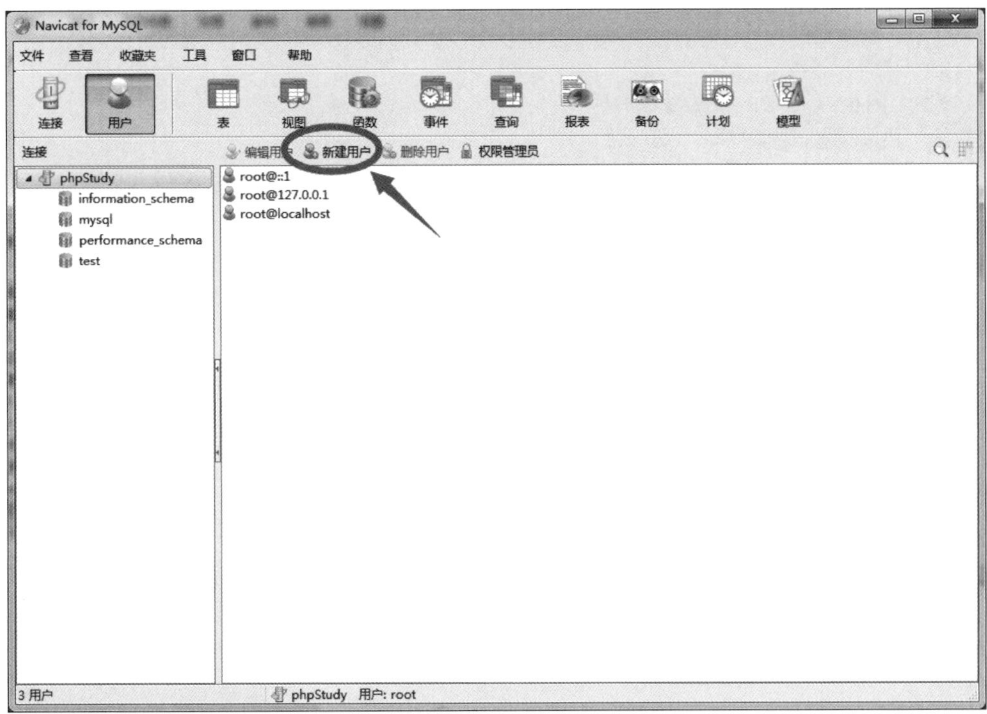

图 B-10　单击"新建用户"按钮

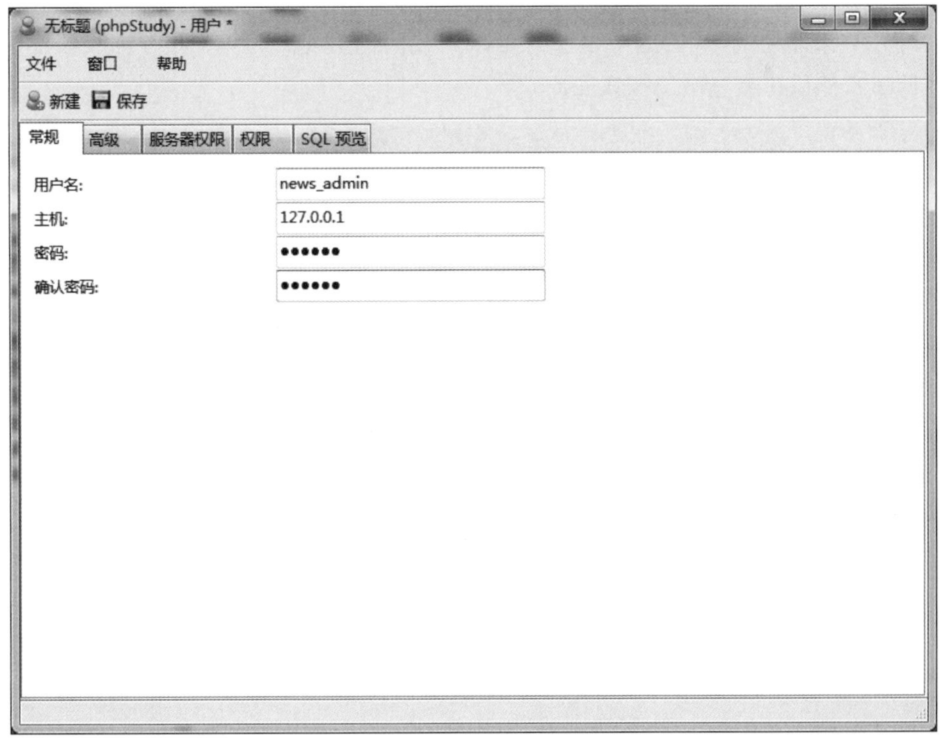

图 B-11　切换到用户管理面板

接着单击“添加权限”按钮，如图 B-12 所示。

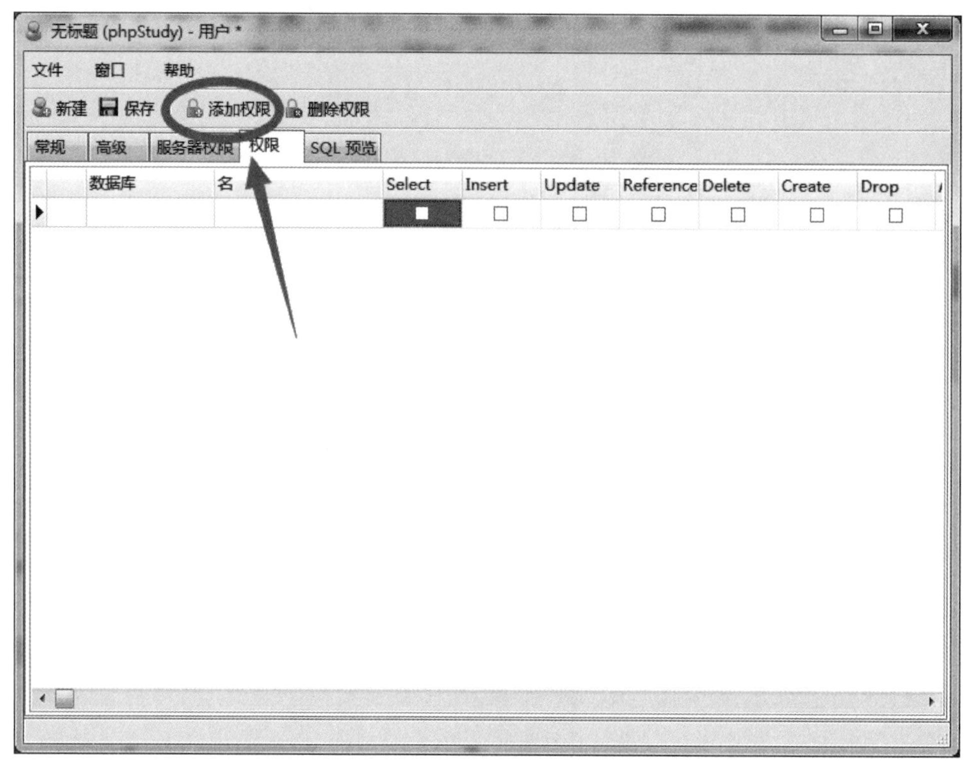

图 B-12 单击“添加权限”按钮

在弹出的“添加权限”对话框中勾选需要赋予权限的数据库 news 和查询权限 Select(如图 B-13 所示)，然后单击“确定”按钮完成。

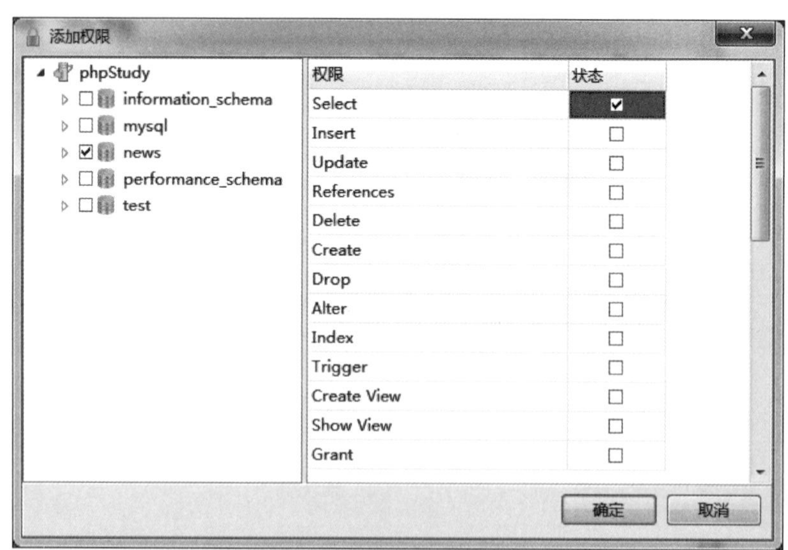

图 B-13 “添加权限”对话框

然后单击“保存”按钮完成权限分配(如图 B-14 所示)，这样就可以关闭了。

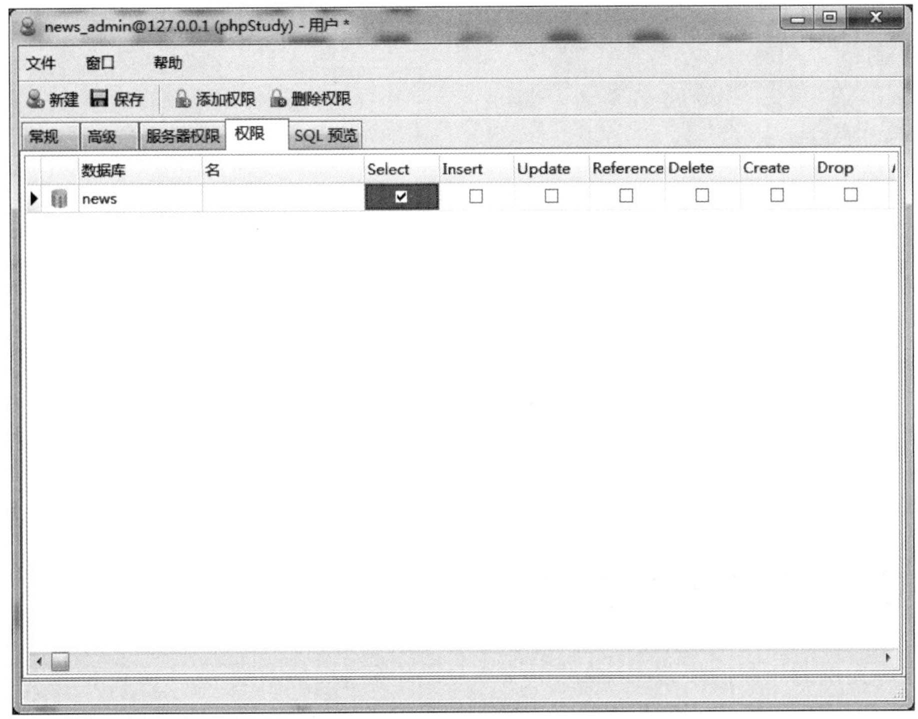

图 B-14 保存后完成权限分配

附录C APPENDIX C

后端框架搭建

小程序允许对接任意语言开发的后端接口，例如 PHP、Node. js、JavaEE 等。用户可以根据实际擅长情况任意选择一款进行后端开发和接口的制作。

对于初学者而言，PHP+MySQL 相对来说比较容易上手。因此这里以免费开源 PHP 框架 ThinkPHP 3.2.4 为例，说明如何在本地服务器进行后端框架的部署和接口制作。

C.1 后端框架部署

首先将提供的开源框架包 thinkphp_3.2.4 整个复制、粘贴到 phpStudy 的 WWW 目录下，并将其重命名成自定义名称，例如 myNews。

在确保 Apache 服务已经启动的情况下，使用浏览器访问“http://127.0.0.1/myNews”或“http://localhost/myNews”来安装该框架。当看到欢迎使用界面（如图 C-1 所示）时表示安装成功。

:)

欢迎使用 **ThinkPHP**！

版本 V3.2.4

图 C-1 欢迎使用界面

C.2 数据库对接配置

在确保 Apache 和 MySQL 服务已经启动的情况下，找到 myNews 文件夹下的公共配置文件 config. php（路径地址为 Application/Common/Conf/config. php），用文本编辑工具打开进行数据库对接配置。

参考代码如下：

```
<?php
return array(
   //'配置项'=>'配置值'
   'DB_TYPE'=>'mysql',                        //数据库类型
```

```
    'DB_HOST' =>'127.0.0.1',                   //服务器地址
    'DB_NAME' =>'news',                        //数据库名称
    'DB_USER' =>'news_admin',                  //数据库用户名
    'DB_PWD' =>'123456',                       //数据库密码
    'DB_PORT' => 3306,                         //端口号
    'DB_PARAMS' => array(),                    //数据库参数
    'DB_CHARSET' =>'utf8',                     //数据库字符集
    'DB_DEBUG' => TRUE,                        //数据库允许 debug
    'MODULE_ALLOW_LIST' => array('Home'),      //允许访问的模块
    'DEFAULT_MODULE' =>'Home',                 //默认模块
    'DEFAULT_CONTROLLER' => 'Index',           //默认控制器名称
);
```

请根据数据库的实际情况修改对应的服务器地址、数据库名称、用户名、密码、端口号等内容，使其能够与服务器进行对接。

C.3 接口制作示例

然后找到框架文件夹 myNews 中的控制器文件 IndexController. class. php（路径地址为 Application/Home/Controller/IndexController. class. php），用文本编辑器打开进行代码编写。

例如查询数据库中一张名为 student 的表中的全部数据：

```
<?php
namespace Home\Controller;
use Think\Controller;

class IndexController extends Controller
{
  public function getStuInfo(){
     $m = M();                                        //创建查询模型
     $rs = $m->query('select * from student');        //执行 SQL 语句并获得查询结果
    echo json_encode($rs);                            //把 JSON 格式数据发出去
    }
}
```

此时接口就制作完成了，其中函数名 getStuInfo 为自定义名称，开发者可以自行更改。

接口地址的格式如下：

```
http://服务器地址/框架名/控制器名称/函数名[/参数 1/值 1…/参数 N/值 N]
```

因此本次示例的接口地址为“http://127.0.0.1/myNews/Index/getStuInfo”可以直接使用浏览器进行测试访问，并且字母大小写不敏感。

接下来示范一下带参数查询。

例如查询数据库中一张名为 student 的表中指定某学号 id 的学生数据：

```
<?php
namespace Home\Controller;
use Think\Controller;

class IndexController extends Controller
{
```

```
    public function getStuById(){
        $id = I('id');                              //获取参数 id 的值
        $m = M();                                   //创建查询模型
        $rs = $m->query('select * from student where id = '.$id);   //获得查询结果
        echo json_encode($rs);                      //把 JOSN 格式数据发出去
    }
}
```

其中函数名 getStuById 为自定义名称，开发者可以自行更改。

此时接口地址为“http://127.0.0.1/myNews/Index/getStuById”，如果想使用浏览器进行测试访问，带参数示范的完整地址为“http://127.0.0.1/myNews/Index/getStuById/id/123”。

注意：对于接口制作所使用的数据库、后端语言和框架均没有固定要求，这里仅是其中一种示例，开发者完全可以根据自己所擅长的领域自由选择。

附录D 个人开发者服务类目以及小程序场景值、小程序预定颜色

个人开发者服务类目如表 D-1 所示。

表 D-1 个人开发者服务类目

一级分类	二级分类	三级分类
快递业与邮政	快递、物流	寄件/收件
		查件
	邮政	—
	装卸/搬运	—
教育	教育信息服务	—
	特殊人群教育	—
	婴幼儿教育	—
	在线教育	—
	教育装备	—
出行与交通	代驾	—
生活服务	票务	—
	生活缴费	—
	家政	—
	外送	—
	环保回收/废品回收	—
	摄影/扩印	—
	婚庆服务	—
餐饮	点评与推荐	—
	菜谱	—
	餐厅排队	—
旅游	旅游攻略	—
	出境 Wi-Fi	—
工具	记账	—
	日历	—
	天气	—
	办公	—
	字典	—
	图片/音频/视频	—

续表

一级分类	二级分类	三级分类
工具	计算类	—
	报价/比价	—
	信息查询	
	效率	—
	预约	—
	健康管理	—
	企业管理	—
商业服务	法律服务	法律咨询
		在线法律服务
	会展服务	—
	一般财务服务	—
	农林牧渔	—
体育	体育培训	—
	在线健身	—

注意：面向个人开发者开放的服务类目会随着相关政策、法律法规以及平台规定的变化而变化，请开发者以提交时开放的类目为准，本文档仅供参考。

小程序场景值如表 D-2 所示。

表 D-2　小程序场景值

场景值 ID	说　明
1001	发现栏小程序主入口，“最近使用”列表(从基础库 2.2.4 版本起将包含“我的小程序”列表)
1005	顶部搜索框的搜索结果页
1006	发现栏小程序主入口，搜索框的搜索结果页
1007	单人聊天会话中的小程序消息卡片
1008	群聊会话中的小程序消息卡片
1011	扫描二维码
1012	长按图片识别二维码
1013	手机相册选取二维码
1014	小程序模板消息
1017	前往体验版的入口页
1019	微信钱包
1020	公众号 profile 页相关小程序列表
1022	聊天顶部置顶小程序入口
1023	安卓系统桌面图标
1024	小程序 profile 页
1025	扫描一维码
1026	附近小程序列表
1027	顶部搜索框的搜索结果页，“使用过的小程序”列表
1028	我的卡包
1029	卡券详情页
1030	自动化测试下打开小程序
1031	长按图片识别一维码

续表

场景值 ID	说明
1032	手机相册选取一维码
1034	微信支付完成页
1035	公众号自定义菜单
1036	App 分享消息卡片
1037	小程序打开小程序
1038	从另一个小程序返回
1039	摇电视
1042	添加好友搜索框的搜索结果页
1043	公众号模板消息
1044	带 shareTicket 的小程序消息卡片(详情)
1045	朋友圈广告
1046	朋友圈广告详情页
1047	扫描小程序码
1048	长按图片识别小程序码
1049	手机相册选取小程序码
1052	卡券的适用门店列表
1053	搜一搜的结果页
1054	顶部搜索框的小程序快捷入口
1056	音乐播放器菜单
1057	钱包中的银行卡详情页
1058	公众号文章
1059	体验版小程序绑定邀请页
1064	微信连 Wi-Fi 状态栏
1067	公众号文章广告
1068	附近小程序列表广告
1069	移动应用
1071	钱包中的银行卡列表页
1072	二维码收款页面
1073	客服消息列表下发的小程序消息卡片
1074	公众号会话下发的小程序消息卡片
1077	摇周边
1078	连 Wi-Fi 成功页
1079	微信游戏中心
1081	客服消息下发的文字链
1082	公众号会话下发的文字链
1084	朋友圈广告原生页
1089	微信聊天主界面下拉,“最近使用”栏(从基础库 2.2.4 版本起将包含“我的小程序”栏)
1090	长按小程序右上角菜单唤出最近使用历史
1091	公众号文章商品卡片
1092	城市服务入口
1095	小程序广告组件
1096	聊天记录
1097	微信支付签约页

续表

场景值 ID	说　明
1099	页面内嵌插件
1102	公众号 profile 页服务预览
1103	发现栏小程序主入口，“我的小程序”列表（从基础库 2.2.4 版本起废弃）
1104	微信聊天主界面下拉，“我的小程序”栏（从基础库 2.2.4 版本起废弃）

小程序目前预定颜色有 148 个，颜色名称大小写不敏感，如表 D-3 所示。

表 D-3　小程序预定颜色

颜色名称	RGB 十六进制	RGB 十进制	中文名
AliceBlue	#F0F8FF	240,248,255	爱丽丝蓝
AntiqueWhite	#FAEBD7	250,235,215	古董白
Aqua	#00FFFF	0,255,255	青　色
Aquamarine	#7FFFD4	127,255,212	碧　绿
Azure	#F0FFFF	240,255,255	青白色
Beige	#F5F5DC	245,245,220	米　色
Bisque	#FFE4C4	255,228,196	陶坯黄
Black	#000000	0,0,0	黑　色
BlanchedAlmond	#FFEBCD	255,235,205	杏仁白
Blue	#0000FF	0,0,255	蓝　色
BlueViolet	#8A2BE2	138,43,226	蓝紫色
Brown	#A52A2A	165,42,42	褐　色
BurlyWood	#DEB887	222,184,135	硬木褐
CadetBlue	#5F9EA0	95,158,160	军服蓝
Chartreuse	#7FFF00	127,255,0	查特酒绿
Chocolate	#D2691E	210,105,30	巧克力色
Coral	#FF7F50	255,127,80	珊瑚红
CornflowerBlue	#6495ED	100,149,237	矢车菊蓝
Cornsilk	#FFF8DC	255,248,220	玉米穗黄
Crimson	#DC143C	220,20,60	绯　红
Cyan	#00FFFF	0,255,255	青　色
DarkBlue	#00008B	0,0,139	深　蓝
DarkCyan	#008B8B	0,139,139	深　青
DarkGoldenRod	#B8860B	184,134,11	深金菊黄
DarkGray	#A9A9A9	169,169,169	暗　灰
DarkGrey	#A9A9A9	169,169,169	暗　灰
DarkGreen	#006400	0,100,0	深　绿
DarkKhaki	#BDB76B	189,183,107	深卡其色
DarkMagenta	#8B008B	139,0,139	深品红
DarkOliveGreen	#556B2F	85,107,47	深橄榄绿
DarkOrange	#FF8C00	255,140,0	深　橙
DarkOrchid	#9932CC	153,50,204	深洋兰紫
DarkRed	#8B0000	139,0,0	深　红
DarkSalmon	#E9967A	233,150,122	深鲑红

续表

颜色名称	RGB 十六进制	RGB 十进制	中文名
DarkSeaGreen	#8FBC8F	143,188,143	深海藻绿
DarkSlateBlue	#483D8B	72,61,139	深岩蓝
DarkSlateGray	#2F4F4F	47,79,79	深岩灰
DarkSlateGrey	#2F4F4F	47,79,79	深岩灰
DarkTurquoise	#00CED1	0,206,209	深松石绿
DarkViolet	#9400D3	148,0,211	深　紫
DeepPink	#FF1493	255,20,147	深　粉
DeepSkyBlue	#00BFFF	0,191,255	深天蓝
DimGray	#696969	105,105,105	昏　灰
DimGrey	#696969	105,105,105	昏　灰
DodgerBlue	#1E90FF	30,144,255	湖　蓝
FireBrick	#B22222	178,34,34	火砖红
FloralWhite	#FFFAF0	255,250,240	花卉白
ForestGreen	#228B22	34,139,34	森林绿
Fuchsia	#FF00FF	255,0,255	洋　红
Gainsboro	#DCDCDC	220,220,220	庚氏灰
GhostWhite	#F8F8FF	248,248,255	幽灵白
Gold	#FFD700	255,215,0	金　色
GoldenRod	#DAA520	218,165,32	金菊黄
Gray	#808080	128,128,128	灰　色
Grey	#808080	128,128,128	灰　色
Green	#008000	0,128,0	调和绿
GreenYellow	#ADFF2F	173,255,47	黄绿色
HoneyDew	#F0FFF0	240,255,240	蜜瓜绿
HotPink	#FF69B4	255,105,180	艳　粉
IndianRed	#CD5C5C	205,92,92	印度红
Indigo	#4B0082	75,0,130	靛　蓝
Ivory	#FFFFF0	255,255,240	象牙白
Khaki	#F0E68C	240,230,140	卡其色
Lavender	#E6E6FA	230,230,250	薰衣草紫
LavenderBlush	#FFF0F5	255,240,245	薰衣草红
LawnGreen	#7CFC00	124,252,0	草坪绿
LemonChiffon	#FFFACD	255,250,205	柠檬绸黄
LightBlue	#ADD8E6	173,216,230	浅　蓝
LightCoral	#F08080	240,128,128	浅珊瑚红
LightCyan	#E0FFFF	224,255,255	浅　青
LightGoldenRodYellow	#FAFAD2	250,250,210	浅金菊黄
LightGray	#D3D3D3	211,211,211	亮　灰
LightGrey	#D3D3D3	211,211,211	亮　灰
LightGreen	#90EE90	144,238,144	浅　绿
LightPink	#FFB6C1	255,182,193	浅　粉
LightSalmon	#FFA07A	255,160,122	浅鲑红
LightSeaGreen	#20B2AA	32,178,170	浅海藻绿

续表

颜色名称	RGB 十六进制	RGB 十进制	中文名
LightSkyBlue	#87CEFA	135,206,250	浅天蓝
LightSlateGray	#778899	119,136,153	浅岩灰
LightSlateGrey	#778899	119,136,153	浅岩灰
LightSteelBlue	#B0C4DE	176,196,222	浅钢青
LightYellow	#FFFFE0	255,255,224	浅　黄
Lime	#00FF00	0,255,0	绿　色
LimeGreen	#32CD32	50,205,50	青柠绿
Linen	#FAF0E6	250,240,230	亚麻色
Magenta	#FF00FF	255,0,255	洋　红
Maroon	#800000	128,0,0	栗　色
MediumAquaMarine	#66CDAA	102,205,170	中碧绿
MediumBlue	#0000CD	0,0,205	中　蓝
MediumOrchid	#BA55D3	186,85,211	中洋兰紫
MediumPurple	#9370DB	147,112,219	中　紫
MediumSeaGreen	#3CB371	60,179,113	中海藻绿
MediumSlateBlue	#7B68EE	123,104,238	中岩蓝
MediumSpringGreen	#00FA9A	0,250,154	中嫩绿
MediumTurquoise	#48D1CC	72,209,204	中松石绿
MediumVioletRed	#C71585	199,21,133	中紫红
MidnightBlue	#191970	25,25,112	午夜蓝
MintCream	#F5FFFA	245,255,250	薄荷乳白
MistyRose	#FFE4E1	255,228,225	雾玫瑰红
Moccasin	#FFE4B5	255,228,181	鹿皮色
NavajoWhite	#FFDEAD	255,222,173	土著白
Navy	#000080	0,0,128	藏　青
OldLace	#FDF5E6	253,245,230	旧蕾丝白
Olive	#808000	128,128,0	橄榄色
OliveDrab	#6B8E23	107,142,35	橄榄绿
Orange	#FFA500	255,165,0	橙　色
OrangeRed	#FF4500	255,69,0	橘　红
Orchid	#DA70D6	218,112,214	洋兰紫
PaleGoldenRod	#EEE8AA	238,232,170	白金菊黄
PaleGreen	#98FB98	152,251,152	白绿色
PaleTurquoise	#AFEEEE	175,238,238	白松石绿
PaleVioletRed	#DB7093	219,112,147	白紫红
PapayaWhip	#FFEFD5	255,239,213	番木瓜橙
PeachPuff	#FFDAB9	255,218,185	粉扑桃色
Peru	#CD853F	205,133,63	秘鲁红
Pink	#FFC0CB	255,192,203	粉　色
Plum	#DDA0DD	221,160,221	李　紫
PowderBlue	#B0E0E6	176,224,230	粉末蓝
Purple	#800080	128,0,128	紫　色
RebeccaPurple	#663399	102,51,153	丽贝卡紫

续表

颜色名称	RGB十六进制	RGB十进制	中文名
Red	#FF0000	255,0,0	红色
RosyBrown	#BC8F8F	188,143,143	玫瑰褐
RoyalBlue	#4169E1	65,105,225	品蓝
SaddleBrown	#8B4513	139,69,19	鞍褐
Salmon	#FA8072	250,128,114	鲑红
SandyBrown	#F4A460	244,164,96	沙褐
SeaGreen	#2E8B57	46,139,87	海藻绿
SeaShell	#FFF5EE	255,245,238	贝壳白
Sienna	#A0522D	160,82,45	土黄赭
Silver	#C0C0C0	192,192,192	银色
SkyBlue	#87CEEB	135,206,235	天蓝
SlateBlue	#6A5ACD	106,90,205	岩蓝
SlateGray	#708090	112,128,144	岩灰
SlateGrey	#708090	112,128,144	岩灰
Snow	#FFFAFA	255,250,250	雪白
SpringGreen	#00FF7F	0,255,127	春绿
SteelBlue	#4682B4	70,130,180	钢青
Tan	#D2B48C	210,180,140	日晒褐
Teal	#008080	0,128,128	鸭翅绿
Thistle	#D8BFD8	216,191,216	蓟紫
Tomato	#FF6347	255,99,71	番茄红
Turquoise	#40E0D0	64,224,208	松石绿
Violet	#EE82EE	238,130,238	紫罗兰色
Wheat	#F5DEB3	245,222,179	麦色
White	#FFFFFF	255,255,255	白色
WhiteSmoke	#F5F5F5	245,245,245	烟雾白
Yellow	#FFFF00	255,255,0	黄色
YellowGreen	#9ACD32	154,205,50	暗黄绿色

注意：RebeccaPurple 是 CSS Level 4 中的一种新颜色，是 Web Community 全体成员以队友 Eric 去世的女儿 Rebecca 命名的，以此来支持他。

图书资源支持

感谢您一直以来对清华版图书的支持和爱护。为了配合本书的使用，本书提供配套的资源，有需求的读者请扫描下方的“书圈”微信公众号二维码，在图书专区下载，也可以拨打电话或发送电子邮件咨询。

如果您在使用本书的过程中遇到了什么问题，或者有相关图书出版计划，也请您发邮件告诉我们，以便我们更好地为您服务。

资源下载、样书申请

书圈

我们的联系方式：

地　　址：北京市海淀区双清路学研大厦 A 座 701

邮　　编：100084

电　　话：010-83470236　010-83470237

资源下载：http://www.tup.com.cn

客服邮箱：tupjsj@vip.163.com

QQ：2301891038（请写明您的单位和姓名）

扫一扫，获取最新目录

课 程 直 播

用微信扫一扫右边的二维码，即可关注清华大学出版社公众号“书圈”。